# ENCYCLOPÉDIE
## DES
## TRAVAUX PUBLICS

Fondée par **M.-C. LECHALAS**, Inspr génal des Ponts et Chaussées

*Médaille d'or à l'Exposition universelle de 1880*

*202*

## PROCÉDÉS GÉNÉRAUX DE CONSTRUCTION

# TRAVAUX DE TERRASSEMENT

# TUNNELS

# DRAGAGES & DÉROCHEMENTS

PAR

## ERNEST PONTZEN

INGÉNIEUR CIVIL

## PARIS

### LIBRAIRIE POLYTECHNIQUE

## BAUDRY ET Cie, LIBRAIRES-ÉDITEURS

### 15, RUE DES SAINTS-PÈRES

#### MÊME MAISON A LIÈGE

PROCÉDÉS GÉNÉRAUX DE CONSTRUCTION

# TRAVAUX DE TERRASSEMENT

## TUNNELS

### DRAGAGES ET DÉROCHEMENTS

Tous les exemplaires de l'ouvrage de M. E. PONTZEN devront être revêtus de la signature de l'auteur.

# ENCYCLOPÉDIE

## DES

## TRAVAUX PUBLICS

Fondée par **M.-C. LECHALAS**, Insp<sup>r</sup> gén<sup>al</sup> des Ponts et Chaussées

*Médaille d'or à l'Exposition universelle de 1889*

---

## PROCÉDÉS GÉNÉRAUX DE CONSTRUCTION

# TRAVAUX DE TERRASSEMENT

# TUNNELS

# DRAGAGES & DÉROCHEMENTS

PAR

# ERNEST PONTZEN

INGÉNIEUR CIVIL.

---

## PARIS

### LIBRAIRIE POLYTECHNIQUE

### BAUDRY ET C<sup>ie</sup>, LIBRAIRES-ÉDITEURS

15, RUE DES SAINTS-PÈRES

MÊME MAISON A LIÉGE

—

1891

# PRÉFACE

---

Le champ qu'embrasse l'art de l'ingénieur devient de jour en jour plus vaste.

Dans les temps anciens, l'ingénieur était en même temps architecte; mais depuis que les machines ont pris une grande importance, que les industries des mines et des manufactures de toute sorte et en dernier lieu les applications de l'électricité ont pris un immense développement, il ne suffit plus de scinder en architecture et art de l'ingénieur les connaissances qu'un homme spécial peut sérieusement embrasser.

Tout en comprenant dans les programmes des écoles la connaissance générale de toutes les branches de l'art de l'ingénieur et de l'architecture, il faut s'attacher particulièrement à des applications déterminées, pour préparer par l'enseignement l'éducation pratique des ingénieurs des diverses spécialités.

Le livre que nous présentons s'adresse plus particulièrement aux ingénieurs chargés de l'exécution de travaux publics.

Un ingénieur qui rédige des projets de travaux publics, chemins de fer, routes, canaux ou ports, ne saurait bien s'acquitter de sa tâche s'il ne possède, en dehors des connaissances théoriques indispensables pour la détermination des dimensions à donner aux ouvrages, une expérience suffisante pour pouvoir apprécier si et comment les ouvrages dont il trace les plans pourront être exécutés.

En donnant la description des procédés employés pour l'exécution des travaux, nous ne songeons pas à suppléer à l'enseignement que donne le séjour sur les chantiers. Il nous parait toutefois permis de dire qu'après avoir étudié, en quelque sorte « en chambre », le côté pratique de l'art, l'ingénieur possédant déjà les connaissances théoriques arrivera plus vite, c'est-à-dire par un séjour moins prolongé sur les chantiers, à compléter son savoir.

Ce qu'il aura appris sur les procédés employés pour l'exécution des travaux attirera, dès ses premiers pas dans la vie pratique, son attention sur les questions qui méritent l'étude.

Ce n'est pourtant pas un traité embrassant tous les procédés généraux de construction que nous livrons à nos lecteurs.

Même après avoir détaché l'art de l'architecte, après avoir laissé de côté tout ce qui est spécial à l'ingénieur des mines et à l'ingénieur des manufactures, en ne voulant nous adresser qu'à l'ingénieur de travaux publics, le besoin de diviser la tâche s'est imposé.

Les travaux qu'un ingénieur chargé de l'exécution de travaux publics peut avoir à diriger sont des travaux de terrassement, de maçonnerie, ou des travaux de charpente. Ces derniers peuvent être exécutés soit en bois, soit en métal. Tout en ne traitant que des travaux de terrassement, nous nous sommes néanmoins trouvé en face d'une tâche complexe et ardue. Ces travaux sont en effet très variés, non seulement suivant la nature des terrains rencontrés, mais aussi et surtout suivant les conditions dans lesquelles ils se trouvent.

Nous avons cru devoir distinguer les travaux de terrassement s'effectuant en plein air, ceux qui se poursuivent sous le sol, c'est-à-dire en souterrain, et enfin ceux qu'il faut exécuter dans l'eau.

C'est cette division suivant le milieu dans lequel on travaille qui nous a conduit à partager notre étude en trois parties.

Les questions de terrassement proprement dites, c'est-à-dire l'exécution des remblais et des déblais à ciel ouvert, ont déjà fait l'objet d'un grand nombre de monographies et d'ouvrages. Les circonstances qui peuvent compromettre la stabilité des remblais ou le maintien des tranchées sont très variées, et il a fallu souvent faire preuve de grande sagacité et d'une grande expérience pour vaincre les obstacles qui s'opposaient à l'exécution de ces sortes d'ouvrages. Certains remblais ou déblais peuvent comporter des difficultés à peu près impossibles à prévoir lors de la rédaction des projets.

Les travaux souterrains ne présentent pas moins de circonstances imprévues.

En employant le mot « imprévu », nous devons y rattacher une réflexion : Plus on aura étudié l'historique des percements de tunnels, plus le nombre des incidents dits imprévus diminuera. On pourra d'autant mieux prévoir ces incidents qu'on aura vu ou étudié un plus grand nombre de travaux de même nature, exécutés dans des terrains et dans des circonstances analogues.

La littérature scientifique française, si riche en monographies sur des travaux souterrains, ne l'est pas au point de vue de recueils comparatifs et raisonnés sur l'art de la construction des tunnels.

Ce fait nous a conduit à donner une extension plus grande à notre deuxième partie, dans laquelle nous traitons de ces sortes d'ouvrages.

De même que pour le reste de notre travail, nous avons tenu à citer de préférence des exemples pris en dehors de la France.

Loin de nous la pensée d'attribuer une plus grande valeur au savoir-faire des ingénieurs étrangers et de considérer dès lors leur mode d'agir comme plus digne d'être cité en exemple ; mais nous avons cru qu'en entrant dans cette voie, en multipliant le nombre des travaux dont la connaissance pourra contribuer à l'édification de nos propres ingénieurs, nous les aiderions dans leur tâche.

Pour peu qu'un travail fait en France présente quelque intérêt, nous en rencontrons la description dans nos excellentes publications périodiques. Ce n'est que depuis peu de temps, et seulement pour les plus importants, que cette publicité s'étend au delà de nos frontières.

Exclure tout exemple et toute citation de travaux faits en France eût créé des vides regrettables dans notre travail, et l'eût rendu encore plus incomplet qu'il ne l'est déjà en raison du cadre restreint que nous nous sommes imposé.

Ce n'est du reste pas sans un sentiment de grande satisfaction que nous pouvons constater ici que, parmi les travaux faits à l'étranger sur lesquels il est utile d'appeler l'attention, il s'en trouve un grand nombre qu'ont dirigés ou inspirés des ingénieurs français.

Quant aux travaux sous l'eau, désignés par le mot de travaux sous-marins, nous avons dû nous borner à des indications un peu sommaires. Les remarquables publications faites dans l'Encyclopédie des travaux publics, sur les travaux relatifs à la navigation intérieure et aux ports de mer, ont déjà traité des procédés employés pour exécuter les travaux rentrant dans ces spécialités, ce qui nous a permis d'abréger les chapitres traitant des travaux de terrassement sous l'eau.

Sans que nous ayons cru devoir le signaler toutes les fois que l'occasion s'en présentait, on sera frappé de voir combien les inventions et perfectionnements de tous genres ont trouvé promptement leur application dans les travaux de terrassement de toute nature.

Les machines se sont substituées au travail manuel, non seulement à l'air libre et sous l'eau, mais aussi dans les souterrains, où l'exiguité de l'espace et l'éloignement des machines motrices paraissait rendre cette substitution particulièrement difficile.

L'affranchissement de la sujétion des grandes accumulations d'ouvriers, l'abaissement des prix de revient et l'accélération des travaux sont les résultats précieux de l'intervention prépondérante des machines (excavateurs, perforateurs, dragues).

Le transport a dans tous les travaux de terrassement une très grande importance. Depuis longtemps, pour peu que les distances et les masses à transporter soient considérables, on a recours aux chemins de fer; mais, l'outillage étant fort coûteux, il fallait des circonstances particulières pour favoriser leur emploi. Depuis que les chemins de fer à voie très réduite et à rails de faible poids ont fait leurs preuves, il n'y a presque plus de chantier sans chemin de fer et les tombereaux et camions ont fait place aux wagonnets.

Des explosifs beaucoup plus puissants que la poudre ordinaire se rencontrent maintenant sur tous les chantiers où la mine doit jouer, et permettent la réduction des travaux de forage.

Grâce à l'électricité, l'allumage simultané d'une série de mines présente aujourd'hui moins de difficulté qu'avec les fusées de sûreté, lesquelles constituaient déjà un grand progrès.

L'électricité rend du reste, en dehors de l'allumage des mines, de bien grands services comme moyen d'éclairage.

Nous avons signalé ses avantages dans les travaux à l'air comprimé, mais nous tenons à insister aussi sur l'éclairage des chantiers en général, qui permet de poursuivre nuit et jour les travaux urgents, sans que, comme autrefois, le rendement utile des heures de nuit soit inférieur à celui des heures de jour.

Dans les travaux à la mer, où il s'agit de profiter des marées, l'éclairage électrique est d'une énorme utilité.

En cherchant à appeler l'attention sur les progrès réalisés par l'application des inventions, améliorations ou découvertes de ces derniers temps, nous avons été amenés à d'assez grandes inégalités dans les développements donnés aux divers chapitres, suivant le plus ou moins de modifications récentes aux procédés qui y sont traités.

Nous avons de plus cru devoir joindre à notre travail quelques annexes, où l'on trouvera notamment, sous forme d'instructions, certaines règles à observer lors de l'exécution des travaux. Des renseignements sur des procédés anciens viennent ensuite, et nous donnons en dernier lieu les résultats tout récents de perfectionnements nouveaux introduits sur quelques chantiers. Sans rompre la continuité de notre travail, ces annexes nous ont permis de tenir le lecteur au courant de tous les détails pouvant l'intéresser, dans le cercle des sujets traités dans ce volume.

Le plus souvent, et surtout lorsque les procédés suivis étaient plus particulièrement dus aux ingénieurs chargés des travaux, nous avons cité les noms. Là où il y avait dans notre esprit des doutes sur la personne à laquelle devait être attribué le mérite ou la responsabilité des moyens employés, nous nous sommes borné à décrire les procédés.

En dehors des mémoires ou monographies, nous avons profité des ouvrages publiés sur les travaux publics envisagés à un point de vue plus général.

En suivant l'ordre dans lequel nous avons traité la matière, nous citerons comme tels les ouvrages de M. *Degousée* sur les sondages, de M. *Hentz* sur les travaux de terrassement (en allemand), de M. *Bruère* sur la consolidation des talus ; enfin les ouvrages sur les tunnels de M. *Henry S. Drinker* (en anglais), de M. *Georges Schön* et de M. *F. Rziha* (en allemand), l'ouvrage sur les ports de mer de M. *Voisin-Bey*.

La citation des mémoires ou monographies donnerait lieu à une longue liste, à laquelle nous avons suppléé par des renvois dans le texte même de notre travail.

Nous croyons devoir pourtant rappeler spécialement les noms des ingénieurs dont les travaux nous ont été le plus utiles : MM. *Bridel; Léon Dru; Ph. Forchheimer; R. de Gunesch; Petsch: L. de Rosenberg.*

Parmi les documents que nous avons souvent consultés figure, en première ligne, le cours de Procédés généraux professé à l'Ecole des Ponts et Chaussées par M. *Guillemain*, inspecteur général, actuellement directeur de cette Ecole. Ce cours embrasse toutes les branches de l'art de l'ingénieur; aussi avons-nous dû, ne traitant qu'une partie du sujet, donner un plus grand développement à certaines questions que ne le comportait un cours sur l'ensemble des procédés généraux de construction.

Le cours professé à la même Ecole par M. *Sevène*, sur les travaux de chemins de fer, nous a aussi été fort utile; les additions qu'y a faites son successeur, M. l'inspecteur général *Jules Martin*, ont également été mises à profit.

Nous tenons à adresser ici nos remerciements à tous ces ingénieurs distingués, dont les travaux nous ont fourni tant de renseignements utiles et d'exemples intéressants à signaler.

Le présent volume fait partie de l'*Encyclopédie des Travaux publics*, dont M. l'inspecteur général *Lechalas* est le fondateur et le directeur. Nous sommes heureux de pouvoir constater qu'il est allé, vis-à-vis de nous, au delà du rôle de directeur d'une publication de ce genre, en s'intéressant activement à l'élaboration de notre ouvrage. Non seulement il nous a aidé de sa grande expérience; mais encore, en se constituant avec bienveillance notre premier lecteur, il nous a facilité par une critique compétente le contrôle de nos appréciations.

Paris, avril 1891.

E. P.

# INTRODUCTION

---

## RENSEIGNEMENTS GÉNÉRAUX

### TRAVAUX PRÉLIMINAIRES

Les travaux de terrassement se font à l'air libre, sous l'eau ou bien en souterrain. On peut, dans tous les cas, envisager cinq opérations à effectuer successivement, savoir : la production ou *le déblai* ; *le chargement* ; *le transport* ; *le déchargement*, et enfin *l'emploi*.

Dans certains cas, plusieurs de ces opérations peuvent se faire simultanément ; dans d'autres, une ou plusieurs peuvent être supprimées. Il n'est donc pas aisé de traiter successivement, par ordre de genre d'opération, des outils et de leur emploi. Sans vouloir faire une séparation rigoureuse suivant que les travaux se font à l'air libre, sous l'eau ou sous terre, il faut néanmoins, surtout pour le déblai proprement dit, signaler et décrire les grandes différences que présentent les outils et les procédés suivant le milieu dans lequel on travaille. Pour les autres opérations, les différences sont souvent moins marquées, mais elles existent pourtant et entraînent dès lors la nécessité de certaines dispositions particulières

## § 1.

## GÉNÉRALITÉS

Avant de commencer des travaux de terrassement dont l'importance et l'étendue se trouvent indiquées par le projet, on procède à la constatation de l'état primitif des lieux qui, surtout lorsque les travaux sont confiés à une entreprise, peut avoir une grande importance pour le règlement des comptes et présente de plus un intérêt technique, car maintes mesures de détail, qui en général ne se trouvent pas indiquées dans les projets, peuvent encore être prises à la suite de cet examen des lieux.

**1. Piquetage**. — Le *piquetage* délimitant les fouilles et les remblais précède nécessairement l'exécution des ouvrages ; il faut, dans cette opération, qui se rattache à la ligne de base ou à l'axe des travaux à exécuter, employer un nombre suffisant de repères ou piquets, pour ne plus avoir à recourir aux agents spéciaux chargés du levé des plans, si dans le cours des travaux quelques piquets venaient à être dérangés.

Fig. 1.

Au moyen de lattes ou tringles fixées contre des piquets, on indiquera, pour les tranchées et pour les remblais, l'inclinaison des talus et leur intersection avec le sol naturel.

Les instruments dont on se sert pour donner aux lattes les inclinaisons prescrites, indiquant celles des talus, sont rustiques. Si les talus de même inclinaison sont fréquents, on emploie une équerre présentant l'inclinaison voulue, dont on

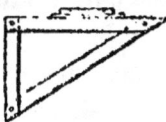

Fig. 2.

applique l'hypothénuse sur la latte, en s'assurant, au moyen d'un niveau à bulle d'air, de la position horizontale du côté supérieur, contre lequel ce niveau est généralement fixé d'une façon invariable. Souvent on se sert du fil à plomb pour s'assurer de la position verticale de l'autre côté.

Pour pouvoir, avec une même équerre, vérifier des inclinaisons variées, on marque les positions que doit prendre un fil à plomb pour les inclinaisons usuelles exprimées par les rapports de la base à la hauteur, tels que 1/1, ou 2/3, ou 3/4, ou 3/2, et ainsi de suite.

Si les remblais ne sont pas très hauts, on fera bien de figurer leur profil transversal complet, en soutenant les tringles qui indiquent les talus, au moyen de jalons marquant les arêtes supérieures des remblais.

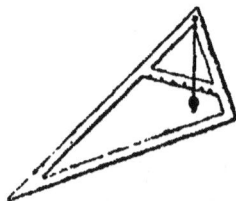
Fig. 3.

Les projets comprennent en général l'indication des emplois à faire des déblais pour l'exécution des remblais ; si les cubes extraits ne correspondent pas exactement aux cubes à employer dans ceux-ci, ils font connaître, en cas d'insuffisance des déblais, les lieux d'emprunt, et dans le cas inverse les lieux de dépôt des excédents.

**2. Témoins.** — Le lever du plan et du relief antérieur au commencement des fouilles ayant été fait avec précision, on peut, après l'achèvement de la fouille, par le rapprochement de la situation créée à celle qui subsistait antérieurement, déterminer le cube des déblais. Il est néanmoins utile de laisser, de distance en distance, subsister des témoins. — Ces témoins sont des îlots que l'on respecte dans les fouilles et qu'on maintient avec la couche superficielle et même avec la végétation. On leur donne la forme de pyramides tronquées pour prévenir leur effondrement.

Ces témoins rendent plus facile l'évaluation approximative des déblais effectués, aux époques où l'on établit dans le courant des travaux des décomptes partiels.

**3. Ballsage.** — Pour les travaux de terrassement qui doivent s'effectuer dans l'eau et en particulier pour les travaux sous-marins, qui se trouvent généralement dans des eaux assez profondes, il n'est pas possible de se servir de repères ou jalons plantés dans le sol pour indiquer d'une façon précise à la surface des eaux des points déterminés.

Des corps flottants, maintenus au moyen d'amarres ou de chaînes sur des ancres ou blocs immergés, remplacent les piquets ou jalons.

Ces repères flottants ou balises sont généralement des tonnes ou flotteurs, d'une forme calculée pour qu'ils se maintiennent verticaux. Même dans les eaux à niveau constant, et même lorsque, pour limiter les déviations auxquelles ils sont sujets, on les amarre à plusieurs ancres ou blocs, on ne peut éviter des girations résultant du mouvement des eaux. Le rayon de giration augmente avec les profondeurs. Les balises ne fournissent donc que des indications approximatives sur les emplacements des travaux.

Pour indiquer les limites d'un remblai sous-marin, c'est-à-dire d'une digue, on se sert avec avantage de perches en bois blanc, amarrées par le bout mince à des blocs noyés aux points voulus.

La longueur de la perche permet de réduire celle de l'amarre, et de plus l'inclinaison que montre le bout émergeant de la perche indique le sens de la déviation du flotteur.

Dans les eaux peu profondes, on plante des perches dans le fond.

Lorsque ces repères sont destinés à indiquer les limites de fouilles, c'est-à-dire de dragages, il est toujours à recommander de les fixer ou amarrer à une distance convenue du bord des fouilles, pour ne pas compromettre leur stabilité en cours d'exécution des travaux.

Des vérifications fréquentes de l'emplacement des balises sont nécessaires, surtout lors des variations dans l'état des eaux, particulièrement après les crues dans les fleuves, et en mer après les tempêtes.

**4. Repères en souterrains.** — Dans les travaux souterrains, les repères ont une très grande importance pour guider les mineurs. En dehors des piquets enfoncés dans le seuil, on en fixe dans le ciel des excavations, et le fil à plomb bien éclairé ou des lampes suspendues aux repères du ciel des galeries servent de guides dans le courant des travaux, sans toutefois dispenser l'ingénieur de vérifier fréquemment, à l'aide d'instruments de précision, la direction suivie.

Des observatoires placés à de grandes distances des entrées sont de règle pour les tunnels de grande longueur, afin d'assurer l'observation précise des directions à suivre.

**5. Foisonnement.** — Le déblai donne en général, en remblai, un volume plus considérable que celui de la fouille ; autrement dit les terres subissent un foisonnement. Il varie avec la nature du terrain et avec les soins que l'on apporte dans l'exécution.

Il est dès lors aisé de comprendre que le coefficient du foisonnement est loin d'être constant.

Dans son ouvrage sur la construction des canaux et des chemins de fer, M. Graëff, ingénieur en chef des ponts et chaussées, cite des exemples où un mètre cube de déblai de roc massif donnait 1.50 à 1.60 de remblai ; mais dès qu'il y avait mélange de roc et de terre, la terre se logeait dans les vides et dans l'ensemble un mètre cube de déblai ne donnait guère qu'un mètre de remblai.

Des remblais en terres fines étant exécutés avec beaucoup de soin pour la construction d'un canal, en les pilonnant et assurant leur tassement par le passage des brouettes et des tombereaux, M. Graëff constata même une diminution, qu'il nomme un *foisonnement négatif*. Il fallait 1.10 à 1 m. 25 c. de déblai de terre, prise vers le fond de la vallée, pour former un mètre cube de remblai compact. Aussi conclut-il en recommandant de ne pas compter dans les études sur le foisonnement et d'admettre, au contraire, pour les déblais en terres légères un retrait d'environ un dixième du volume des déblais.

M. Geo. J. Specht, qui a exécuté de grands travaux de terrassements en Californie et s'est attaché à rechercher les coefficients de foisonnement, a trouvé que pour de la terre lourde, le remblai étant mesuré trois semaines après son achèvement, le foisonnement était de 0.75 0/0, que pour le sable très argileux il variait entre 2.9 0/0 à 4.5 0/0 et enfin que pour l'argile très compacte avec parties sablonneuses il s'élevait à 9.4 0/0.

Dans les Indes, où les terrassements pour les grandes digues formant réservoirs sont encore exécutés à l'aide de paniers ou d'écopes d'une capacité d'environ 0 mc. 03 et où le tassement est assuré par le passage des porteurs des remblais et par le pilonnage à l'aide de pilons pesant 5 à 6 kilogrammes, où de plus on arrose quelquefois les terres pour rendre les remblais plus compactes, M. Flynn affirme que les tassements ultérieurs sont nuls et qu'il n'y a généralement pas de foisonnement.

Un ingénieur américain, M. Ellwood Morris, opérant sur des terres légères, exécutant les remblais par couches et ayant interrompu les travaux pendant l'hiver, trouva, comme M. Graëff, qu'il y avait foisonnement négatif, c'est-à-dire compression d'environ 10 0/0. Sur la terre mélangée de gravier la réduction était d'environ 8 0/0.

M. de Kaven, ingénieur allemand, admet que dans les remblais construits pour routes et chemins de fer, les déblais donnent un volume qui est : dans les marais et les argiles tendres de 2 0/0, dans le grès tendre de 3 0/0, dans l'argile dure de 5 0/0 et dans le roc de 8 à 10 0/0 supérieur à celui des remblais.

Un autre ingénieur allemand, M. Hentz, admet pour le foisonnement constaté après le tassement des remblais 1.0 à 1.5 0/0 pour le sol sablonneux ; 3 0/0 pour le sol argileux ; 4 à 5 0/0 pour les marnes ; 6 à 7 0/0 pour l'argile dure et 8 à 12 0/0 pour le roc.

Ces chiffres confirment la grande influence qu'exerce sur le foisonnement le mode d'exécution, le temps écoulé depuis l'achèvement des travaux et l'effet des pluies tombées ou de l'eau répandue sur les remblais. Ce ne peuvent, en effet, être que ces causes qui amènent les grands écarts dans les résultats d'observations faites sur les mêmes matériaux.

L'eau répandue sur la terre légère ou sur le sable fin doit nécessairement, en entraînant les petites particules dans les vides, amener une réduction considérable du volume des remblais. Qui ne connaît l'effet d'un seau d'eau jeté sur un tas de sable : il fait son trou.

En France on admet généralement, en pratique, que le foisonnement correspond du quinzième au dixième pour les ter-

rains sablonneux ou la terre ordinaire ; du septième au cinquième pour l'argile compacte ou les terres crayeuses ; au
quart pour les blocailles, et qu'il atteint 2/5 pour le rocher extrait à la mine.

Dans les études de répartition des terres, on admet en Autriche et en Hongrie que le cube de déblai dans le rocher n'est
que de 70 0/0 de celui mesuré en remblai fraîchement exécuté
sans soins particuliers, mais que ce rapport atteint 80 0/0 lorsque le remblai est fait par assises. Pour les autres terrains
on admet en moyenne le rapport de 90 0/0 entre le volume du
déblai et celui des remblais [1].

**6. Tassement.** — Quelque soin qu'on mette à l'exécution
des remblais, il se produira toujours à la longue une diminution des vides qui subsistent après leur achèvement ; c'est-à-

----

[1] Si tous les éléments constituant un remblai étaient de même dimensions
et avaient la forme sphérique, le cube total de toutes ces sphères contenues
dans un volume $v$ de remblai, ne serait que de $\frac{\pi}{6} v$, soit $0.5236v$.

Si l'on introduisait, entre ces sphères qui se touchent, d'autres petites sphères
pouvant être logées en touchant toutes les grandes sphères voisines de rayon
$R$, le rayon de ces petites sphères devrait être : $r = R(\sqrt{3} - 1) = 0.732 R$.
Dès lors leur cube serait $\frac{\pi}{6} v (\sqrt{3} - 1)^3$, soit $0.2054v$, et le cube total des
grandes et des petites sphères contenues dans le volume $v$ du remblai, ainsi
formé, serait $0.729 v$.

En introduisant successivement des séries de sphères plus petites, pour
remplir les intervalles entre les sphères plus grandes, on se rapprochera du
plein absolu.

Dans la pratique les éléments constituant les remblais ne sont ni sphéri-
ques ni tous de même dimension, les coefficients ci-dessus trouvés ne s'appliquent donc pas rigoureusement. Ils montrent toutefois que les vides
laissés dans un remblai qui serait formé de sphères atteignent leur maximum,
voisin de la moitié du volume, lorsque tous les échantillons, quelle que soit
leur grandeur, sont égaux et qu'ils décroissent par la variété des dimensions.

Les matériaux durs, tels que les débris de roches, ne se brisent pas lors
de leur emploi dans les remblais, en petites particules remplissant les vides
laissés par les gros morceaux; cela explique le foisonnement, d'autant plus
considérable que les matériaux sont plus résistants.

dire que le foisonnement initial diminuera avec le temps et pour certains terrains deviendra même nul comme il a été dit.

C'est cette diminution du foisonnement qui constitue le tassement ; on a soin de donner aux remblais qui doivent atteindre un niveau déterminé une surélévation correspondant à ce tassement, dont on s'applique à connaître d'avance l'importance.

Plus le remblai est haut, plus les terres sont cohérentes au début mais friables dans la suite, moins les moyens de transport et de mise en place assurent la compression, plus le tassement sera considérable. Par conséquent, plus le surhaussement à donner devra être grand. Il varie entre 2 et 12 pour cent de la hauteur du remblai.

Sur le chemin de fer du Saint-Gothard, on a donné un surhaussement de 8 0/0 aux remblais exécutés en terres et de 6 0/0 à ceux en pierraille ou débris de roche.

L'importance du tassement dépend essentiellement du mode d'exécution des remblais, car il est fonction du foisonnement initial ou brut, et du foisonnement qui subsiste ou net ; cela explique les grands écarts que l'on constate entre les coefficients de tassement donnés pour les mêmes terrains par divers auteurs.

**7. Altération de la forme des remblais.** — Lorsqu'il importe d'assurer une largeur déterminée à la plate-forme d'un remblai, il est prudent de donner un surélèvement en vue du tassement pour être certain de ne pas avoir à recharger après coup le remblai, car toute addition sur la plate-forme réduirait la largeur en couronne, à moins d'un redressement des talus. En prévision de tels rechargements ultérieurs, on peut, du reste, au lieu d'exagérer la hauteur initiale des remblais, donner dès le début un surcroît de largeur en couronne et raidir en conséquence les talus pour leur assurer après le tassement l'inclinaison voulue.

Soit $h$ la hauteur que devra présenter le remblai après son tassement et $l$ sa largeur en

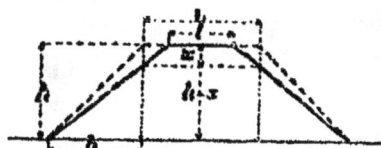

Fig. 4.

couronne ; les talus ayant $b$ de base sur $h$ de hauteur, il faudra, si le tassement prévu est de $x$ en hauteur, que le surcroît de largeur donné en prévision d'un rechargement ultérieur soit $L — l = 2x \frac{b}{h}$. Dans le cas des talus de 45°, la largeur en couronne initiale $L$ devra donc dépasser la largeur définitive que l'on veut assurer au remblai de deux fois le tassement prévu.

Un excès de largeur a moins d'inconvénient qu'une insuffisance, et mieux vaut s'y exposer que d'avoir à réduire la hauteur. Aussi, dans le piquetage des remblais, attribue-t-on le
plus souvent à la couronne une largeur d'autant plus grande
que la hauteur est plus considérable et que le coefficient du
tassement $\frac{x}{h}$ paraît devoir être plus important. Il va de
soi que si l'emprise des remblais, c'est-à-dire l'intervalle des
pieds des talus, a été fixée à raison de la forme finale du remblai, les gabarits pour l'établissement des talus en cours des
travaux doivent marquer des inclinaisons majorées.

**8. Profil définitif des tranchées.** — Les talus des tranchées doivent, si faire se peut, recevoir dès le début l'inclinaison qui leur est destinée, car toute reprise ultérieure, pour règlement des surfaces ou pour modification de l'inclinaison, est
plus coûteuse que si ce travail avait marché de front avec l'extraction.

Lorsque le déblai n'a pas pour but l'ouverture d'une tranchée, mais qu'il a lieu pour fournir des remblais, en d'autres
termes lorsqu'il s'agit d'emprunts, les considérations de sécurité des ouvriers occupés dans la fouille sont, en général, les
seules qui influent sur le choix des talus à ménager.

**9. Mouvements des terres.— Compensation.** — Il n'est
pas toujours possible de rédiger les projets de travaux de façon à assurer l'emploi de tous les déblais en remblais, mais
un ingénieur bien avisé recherchera toujours cette compensation. S'il s'agit d'un chemin de fer ou d'une route, le déplacement de l'axe, une modification apportée au profil en long,

ne présentent généralement pas de grandes difficultés et permettent la compensation ou pour le moins une grande réduction des cubes à porter en dépôt ou à emprunter en dehors de la ligne.

Pour l'évaluation des cubes dont on dispose, il y a lieu de tenir compte, surtout pour les roches, dont le foisonnement est considérable, de la différence entre le volume mesuré en déblai et celui que présentera le remblai.

Pour les terrains qui foisonnent moins et pour lesquels les prévisions du tassement contrebalancent l'influence du foisonnement, on négligera cette considération.

A moins de circonstances particulières, on cherchera à se dispenser de l'emploi des déblais, tels que ceux de terre glaise, dont la nature pourrait compromettre la stabilité des remblais qui en seraient formés.

Il ne suffit pas que la somme des déblais et la somme des remblais soient égales. Il faut encore que les lieux d'extraction et de remploi soient situés de telle sorte que les transports n'entraînent pas des parcours trop grands. En dehors des cas où les distances peuvent justifier le dépôt en cavaliers des déblais et l'exécution des remblais au moyen d'emprunts latéraux, il y a des circonstances où le transport peut considérablement grever l'opération.

Pour que la solution soit économique, il faut que les distances des centres de gravité des déblais et des remblais ne soient pas trop considérables ; de plus, il est nécessaire de fixer pour chaque déblai l'endroit où il doit être porté et, suivant les distances horizontales ou verticales, les moyens de transport à employer.

Les calculs pour déterminer les cubes des terrassements d'une route, d'un chemin de fer ou d'un canal, sont très longs ; suivant la plus ou moins grande précision qu'on s'impose, les méthodes à employer diffèrent.

Dans l'ouvrage : *Routes et chemins vicinaux*, faisant partie de l'Encyclopédie des travaux publics, M. Léon Durand-Claye a traité avec beaucoup de détail la question de la rédaction des projets (chap. V) et y a développé les diverses méthodes appliquées pour le calcul des terrassements et la détermination des mouvements des terres. Nous croyons donc pouvoir nous dispenser de l'étude de ces questions et nous consacrer uniquement à l'examen des procédés employés pour mettre à exécution les opérations indiquées par les pièces constituant les projets.

La connaissance des outils et leur mode d'emploi rentre en première ligne dans ce cadre.

## § 2.

## ÉTUDE DE LA NATURE DU TERRAIN ET SONDAGES

**10. Reconnaissance superficielle et géologique.** — Quel que soit l'ouvrage à exécuter, la connaissance du relief et de la nature du sol sur lequel ou dans lequel on aura à opérer doit toujours être la préoccupation de l'ingénieur.

La formation géologique reconnue par une étude préalable, ou par les indication des cartes spéciales, donne les premières indications.

Souvent l'inspection des puits, à proximité des travaux projetés, ou les renseignements sur des fondations d'ouvrages d'art établis aux environs peuvent suffire.

La végétation rencontrée sur les emplacements des travaux fournit parfois des indications fort utiles. Ainsi les herbes marécageuses dénotent un sous-sol imperméable ; la position déviée des troncs d'arbre est un signe de glissement, sinon d'éboulements survenus depuis leur croissance, etc.

Plus l'inclinaison des couches de terrains stratifiés sera forte, plus il faudra se défier de la stabilité de ces terrains, qui tout en ne manifestant nulle tendance à un déplacement, tant qu'on n'aura pas altéré leurs conditions d'équilibre, pourraient, sous les charges qu'on leur ferait porter ou par suite d'entailles opérées, donner naissance à des déplacements (Voir la *Géologie appliquée* de M. Nivoit, I, 57).

Arrêter ces glissements présente en général de grandes difficultés, et il faut surtout s'efforcer de les prévenir. Or, ce n'est que par une reconnaissance préliminaire que le danger peut être constaté et que les moyens préventifs peuvent être indiqués.

**11. Reconnaissance par sondages.** — Lorsqu'il ne s'agit que de tranchées ou de remblais de faible hauteur, on peut se borner à l'examen de la superficie, tandis que pour la fixation du mode de fondation des ouvrages d'art, ou pour le choix de l'emplacement des souterrains, on fera toujours bien d'avoir recours à des sondages.

Dans les terrains présentant une stratification régulière, un petit nombre de sondages suffit pour la reconnaissance du sol sur une grande étendue ; il n'en est pas de même pour les terrains bouleversés, dans lesquels les sondages sont à rapprocher le plus possible.

*Sondes.* — Les sondages à de faibles profondeurs, pour la reconnaissance de l'épaisseur d'une couche de terre ou de sable recouvrant une couche solide sur 2 mètres au plus de hauteur, peuvent se faire avec la sonde dite de Bernard Palissy. C'est une tige de fer de 2 à 3 centim. de diamètre, terminée dans le bas par une pointe. En pesant sur cette tige, tout en la faisant tourner autour de son axe, on peut juger, d'après la résistance qu'on rencontre, de la nature des couches traversées et de la profondeur à laquelle se trouve un obstacle absolu à sa pénétration.

Lorsque les couches résistantes sont situées à une profondeur plus grande, ou si les terrains qui les recouvrent sont plus compactes, il faut recourir à des instruments plus perfectionnés.

Pour dispenser de manier dès le début des outils de grande longueur, on divise la tige des sondes en éléments que l'on assemble soit au moyen de vis, soit au moyen d'enfourchements et de boulons. Au fur et à mesure de la pénétration, on intercale de nouveaux éléments entre la pièce inférieure qui attaque le terrain et la pièce d'en haut, qui sert de point d'attache pour imprimer à la sonde le mouvement que comporte sa forme particulière.

Fig. 5.

Certaines sondes pénètrent grâce au mouvement de rotatión qu'on leur imprime, tout en pesant sur elles, d'autres agissent par percussion. Les assemblages étant faits à l'aide de vis, il faut veiller à ce que le mouvement de rotation qu'on imprime à la sonde soit toujours dirigé dans le sens inverse de celui des vis d'assemblage.

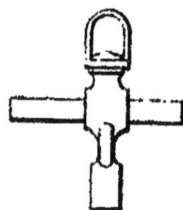

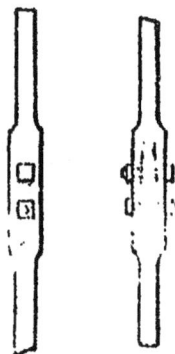

Fig. 8

Fig. 6.          Fig 7.

Les éléments des tiges ont de 2 à 4 mètres de longueur et leur diamètre ne dépasse pas, à moins qu'il ne s'agisse de sondages à des profondeurs exceptionnelles, 3 à 4 centimètres. Les assemblages présentent des renflements, dont le diamètre doit toujours être un peu moindre que celui des trous que doit percer la sonde.

L'instrument qui fraye la voie à la sonde est une espèce de ciseau ou burin, désagrégeant les roches sur lesquelles il vient frapper, ou bien une sorte de tarière qui pénètre grâce au mouvement de rotation qui lui est imprimé.

Depuis quelques années, on remplace avantageusement l'outil en forme de tarière par une couronne garnie de pointes de diamant ou bien d'acier très dur. Sous une légère pression et en tournant très vite, ces pointes pénètrent assez rapidement dans les roches les plus dures.

Les sondes qui pénètrent en brisant et en réduisant en poussière les roches traversées, c'est-à-dire les sondes à percussion, ne font connaître que fort incomplètement la nature des couches qu'elles ont traversées, tandis que les sondes à mouvement rotatoire permettent, lorsqu'elles sont bien construites et bien menées, la reconstitution des couches.

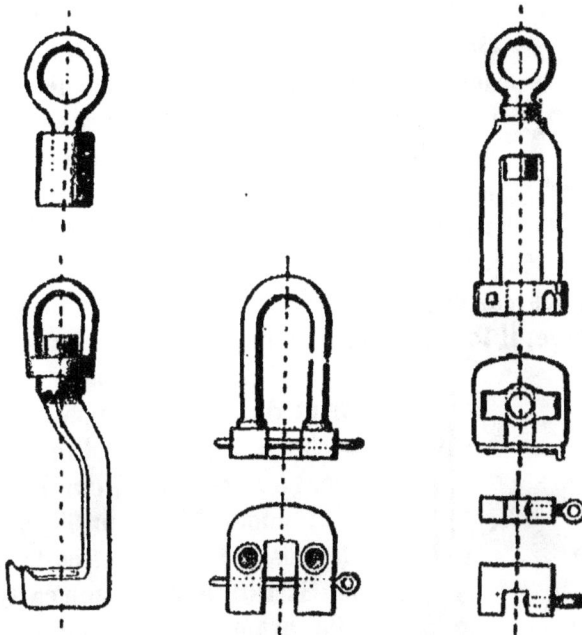

Fig. 9.

Les attachements pris sur la rapidité de la pénétration de la sonde sont très importants dans le premier cas ; ils doivent également être faits dans le second, pour servir de complément aux indications fournies par le noyau que l'on détache et ramène au moyen des tarières à couronne et à mouvement de rotation.

Quel que soit le procédé employé pour faire un sondage,

toujours faudra-t-il être installé pour pouvoir retirer l'outil sans causer une longue interruption du travail. A cette fin, la tête de la sonde est munie d'un anneau, pouvant être attaché à une chèvre surmontant la sonde.

*Tire-sonde.* — La rupture d'une tige arrête le travail et obligerait à abandonner le trou de sonde si l'on ne pouvait en retirer la partie brisée. Les appareils employés pour saisir au fond du trou la tige ou l'outil brisé, dits tire-sonde ou tire-bourre, finissent généralement, après avoir été tournés à plusieurs reprises, par saisir suffisamment la pièce cassée pour permettre de la remonter. — Dans le cas où la brisure s'est faite en un endroit qui ne permet pas de saisir la tige au moyen du tire-sonde qui l'embrasse, on se sert d'un instrument en acier trempé formant capuchon, taraudé à l'intérieur, et qui, à force de rotations, finit par entailler un pas de vis dans la tige brisée (fig. 11).

Fig. 10.

Il y a des cas où, quelque fâcheux que soit le bris de la tige de sondage, il faut cependant y recourir. C'est lorsque, arrivé à une grande profondeur, l'instrument de sondage employé dans une roche dure, c'est-à-dire le trépan, vient à se coincer. Pour briser à une profondeur d'environ 55 m. une tige de près de 15 centimètres de diamètre, M. Sarran employa une cartouche de 700 grammes de dynamite, introduite jusqu'au dessus du trépan et à laquelle il mit le feu par l'électricité. Le bris du trépan, de 8 centimètres d'épaisseur, fut opéré ensuite au moyen de cartouches de 100 grammes ; puis on en retira les débris et le forage put être repris.

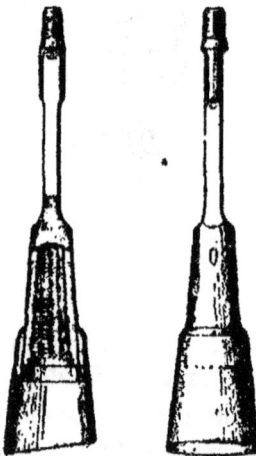

Fig. 11.

Une telle opération est coûteuse, elle prend beaucoup de temps et ne présente pas, lorsque l'on s'y résigne, toute sécurité de réussite. Aussi est-il souvent préférable, à moins de se trouver dans des conditions qui justifient la persévérance dans l'achèvement du sondage commencé, de l'abandonner et de faire un nouveau sondage à proximité, après avoir sauvé le plus possible de l'outillage.

*Tubage des trous de sonde.* — Dans les terrains peu résistants et dès que le sondage doit atteindre des profondeurs considérables, il devient nécessaire de se mettre à l'abri des éboulements. On introduit à cette fin dans le trou foré des tubes en

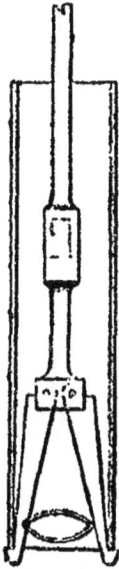

Fig. 12.

fer. Pour ce tubage, c'est-à-dire pour l'introduction des tubes et aussi pour le retrait des tubes lors de l'abandon d'un trou de sonde, on se sert ou bien de crochets tels que les montre la figure ci-contre, ou de tarauds, c'est-à-dire de mandrins à pas de vis, que l'on introduit dans l'extrémité supérieure des tubes.

*Installations.* — L'installation pour l'exécution d'un sondage peut se borner à l'établissement d'une chèvre surmontant l'emplacement du sondage.

En opérant avec une tarière ou cuillère, on règle à l'aide de la corde de suspension la part du poids que l'on fait porter sur la tranche de l'outil; en opérant par percussion on agit sur la corde de suspension comme pour la manœuvre d'une sonnette. Tant que la hauteur de chute n'est pas considérable, la suspension suit les mouvements des tiges de la corde de sonde; mais dès qu'il s'agit d'un sondage plus important, que les hauteurs de chute et le poids des tiges augmentent, on interpose entre la tête de la sonde et la corde un système de déclic qui assure la chute libre de l'appareil de sondage et qui permet de le ressaisir sans difficulté pour le relever de nouveau. Pour les sondages de très grande profondeur, il faut que les opérations puissent se faire avec précision et rapidité; dans ce cas, les installations prennent une importance considérable (treuils à vapeur, etc.).

**12. Sondage par percussion.** — *Tuyau-guide et tourne-à-gauche.* — Pour le forage à l'aide d'une sonde à percussion, on commence toujours par établir un tuyau vertical servant de guide. Ce tuyau, dont la longueur ne doit pas être inférieure à un mètre, se loge dans le sol, afin de pouvoir bien l'assujettir dans sa position verticale et pour ne pas surélever inutilement le bâti supportant la poulie, sur laquelle est le câble de suspension de la sonde.

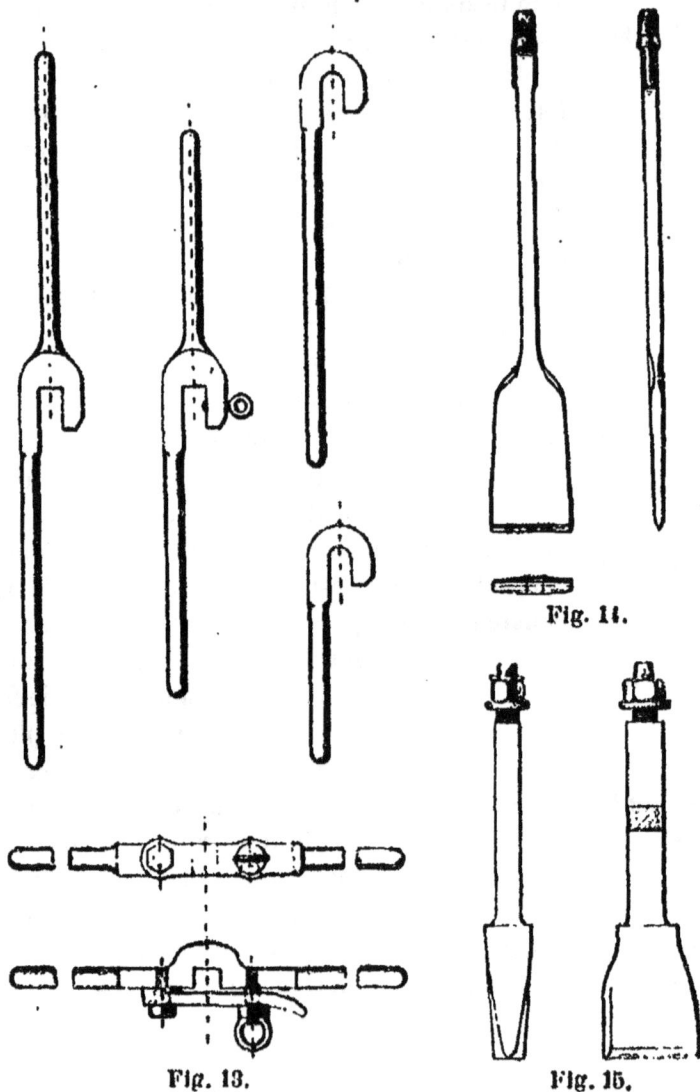

Fig. 14.

Fig. 13.

Fig. 15.

Lorsque la roche que l'on rencontre n'est pas très dure, on

2

peut se dispenser d'assurer un mouvement de rotation bien réglé au burin qui, par la percussion, pénètre dans le sol. Dans ce cas, on peut, dès que le poids de la sonde avec les tiges rajoutées est suffisant, se dispenser de l'addition de nouveaux éléments de tiges et suivre la descente de l'instrument avec la corde de suspension ; quand on rencontre des couches ébouleuses, il faut enfoncer le tube.

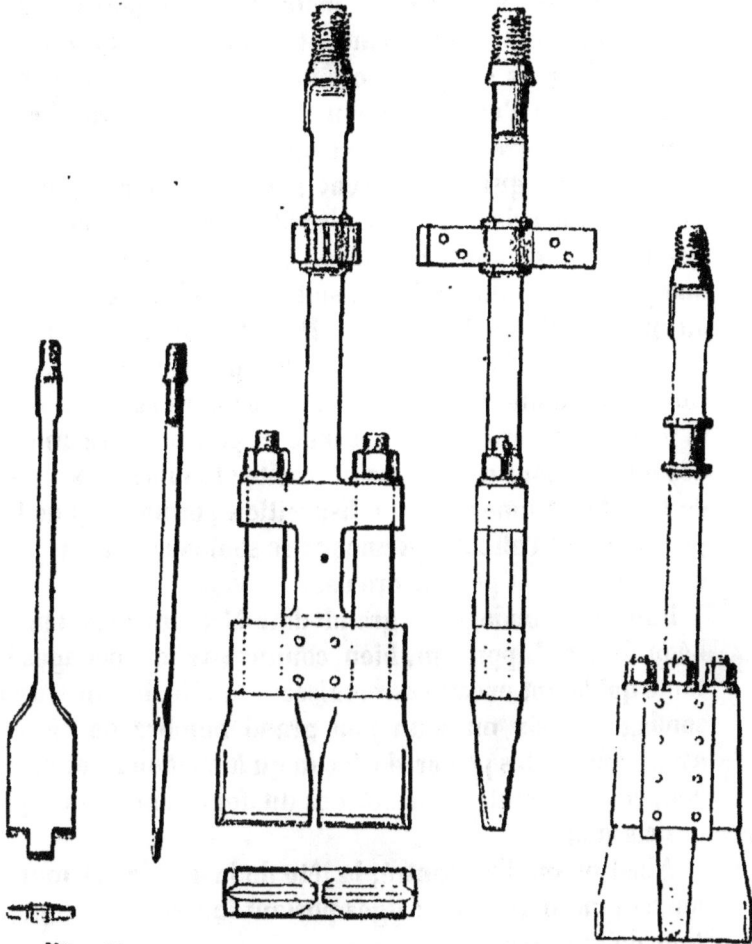

Fig. 16.          Fig. 17.          Fig. 18.

Chaque fois qu'il importe, au contraire, à raison de la dureté de la roche, d'assurer la rotation régulière du burin ou en général de la sonde, il faudra que la tête de sonde se trouve au-dessus du sol, car c'est au moyen du tourne-à-gauche, adapté soit à la tête de sonde, soit à l'une des jonctions de la tige, que s'opère la rotation.

Les figures ci-dessus montrent diverses dispositions données aux tourne-à-gauche. Pour les sondes dont la rotation nécessite un effort assez grand, on se sert des tourne-à-gauche à double poignée.

*Trépans.* — La forme des instruments à percussion varie suivant la dureté de la roche et le diamètre du trou de sondage. — Le plus simple de ces instruments, dits trépans, présente la forme d'un ciseau dont la largeur de tranche correspond au diamètre du trou de sonde.

Les trépans qui n'atteignent pas la roche à toute largeur permettent le bris des pierres les plus dures avec des poids et des hauteurs de chute moindres. Le trépan présente alors soit une partie centrale saillante, soit un terminus en deux, trois ou quatre pointes de diamant. Pour les sondes de grand diamètre, les tranches qui viennent frapper sur le rocher ne sont pas venues d'une pièce avec les tiges ; elles sont insérées dans la monture inférieure de la sonde et peuvent être remplacées dès qu'elles sont usées sans nécessiter la mise hors de service de tout l'instrument. Cette disposition permet de plus le remplacement et l'affutage d'une partie seulement des ciseaux, tant que l'autre n'est pas encore usée.

Pour les sondages à grand diamètre, les ingénieurs, MM. Léon Dru et Lippmann, bien connus par les sondages importants qu'ils ont exécutés, munissent la tête de l'instrument de sondage de six ou d'un plus grand nombre de ciseaux, en ayant soin de les placer de façon qu'à chaque rotation du trépan, chaque point de la surface du fond soit atteint par l'un des ciseaux.

Ainsi qu'on l'a montré, la tête de la sonde est munie d'un anneau qui permet aux tiges portant le trépan de tourner autour de leur axe.

*Curage des trous de sonde.* — L'efficacité des chocs produits par la chute des instruments de sondage diminue au fur et à mesure de l'accumulation des détritus au fond du trou. Il y a donc intérêt à retirer fréquemment ces détritus du fond du sondage ; mais plus le trou est profond, plus le relevage des trépans et le curage deviennent des opérations longues et coûteuses. — Dès 1846, M. Fauvelle avait employé l'eau sous pression, envoyée au fond du trou pour faire remonter les détritus.

Ce procédé a été récemment employé avec succès en Westphalie pour des forages à grande profondeur. Il paraît avoir surtout donné de bons résultats aux environs de Linntorf ; aussi est-il maintenant connu sous le nom de procédé de Linntorf. Les tiges et les trépans sont creux et servent à donner accès à l'eau sous pression, qui remonte avec les détritus par l'espace annulaire compris entre les tiges et les parois du forage.

**13. Sondage à la tarière.** — *Cuillère et tarière.* — Lorsque le terrain dans lequel doit se faire un sondage n'est pas très dur, ainsi que c'est le cas pour les marnes, l'argile ou les sables argileux, il suffit d'adapter au bas de la tige une cuillère ou tarière, qui par le mouvement de rotation et sous son propre poids pénètre dans le sol. On peut du reste, suivant les besoins, ajouter des charges ou soulager la charge due au poids des tiges.

Dans les marnes, le poids de l'outillage suffit généralement. Ainsi, pour des cuillères ou tarières de 4 centimètres de diamètre, devant descendre jusqu'à environ 15 mètres, les tiges ont 22 millimètres en carré et pèsent environ 100 kilog.

La rapidité de la descente de la sonde ne donne qu'une idée générale de la nature des couches rencontrées, et il importe le plus souvent d'être mieux renseigné. Les attachements pris, sur les points où des variations de résistance ont été constatées, doivent alors être complétés par la désignation des terrains perforés. Il faut donc ramener du trou de sonde des échantillons que l'on a soin de conserver et d'étiqueter, pour les joindre aux attachements.

Si le trou de sonde se fait à la cuillère ou à la tarière, on munit, pour ramener un échantillon plus considérable, le bas de l'outil d'un clapet ou d'une boule, qui retient les parties détachées.

Un outil de forme analogue est utilisé pour ramener les détritus lors du forage par percussion.

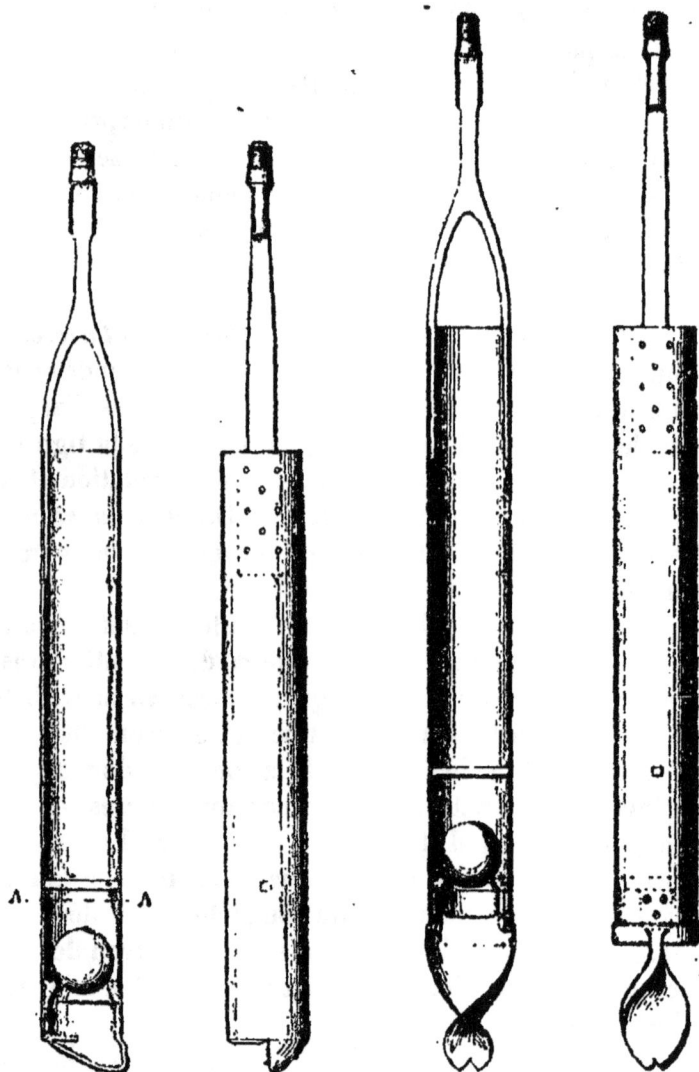

Fig. 19.                    Fig. 20.

*Sonde à couronne.* — Ni les échantillons ramenés par les sondages à la tarière, ni ceux provenant des sondages par percussion ne montrent bien la nature des couches traversées, car les matériaux se trouvent, suivant leur consistance et suivant l'outil employé, plus ou moins réduits et mélangés.

En donnant à l'outil une disposition annulaire, il détache dans le terrain un noyau qui, ramené à la surface, donne une idée précise des couches traversées.

L'outil, qui présente la forme d'une couronne munie de dents, peut agir soit par percussion, soit par rotation. Ce dernier moyen, plus généralement employé, n'expose pas autant le noyau à être brisé et permet de relever des échantillons de grande longueur.

Pour l'exécution de forages de ce genre on se sert d'appareils mécaniques, mus soit à la vapeur, soit à l'air ou à l'eau comprimés.

Les noyaux de roche sont retirés dès que par leur longueur ils gênent l'avance de l'outil, et l'on se sert à cet effet du tire-bourre dont il a été question, ou bien d'une cloche munie à l'intérieur d'aspérités qui retiennent le noyau dès qu'il s'en trouve coiffé. Le diamètre intérieur de la cloche n'excède pas sensiblement celui du noyau.

**14. Exemple de sondage. — Prix.** — M. Séjourné[1] a rendu compte de 28 sondages de 0 m. 21 de diamètre initial, exécutés en 1879 par M. Ed. Lippmann dans la vallée de la Garonne, sur la ligne de Marmande à Casteljaloux. Neuf sondages d'une profondeur totale de 243 mètres ont été exécutés dans l'emplacement du pont de Marmande.

Nous résumons ci-après les résultats relevés au point de vue du temps employé et des dépenses, sur les 28 sondages, dont les profondeurs ont varié entre 6 m. 50 et 31 m. 40.

Fig. 21.

1. *Annales des ponts et chaussées*, février 1883, page 178.

| DÉSIGNATIONS | | TOTAUX | MOYENNES |
|---|---|---|---|
| | | mètres | mètres |
| Couches traversées. { | terre et sable.......... m. | 114.74 | 4.41 |
| | graviers et galets.......... | 126.86 | 4.69 |
| | tuf..................... | 209.40 | 9.51 |
| | Ensemble............. | 451.00 | 6.20 |
| Avancement moyen { par heure de tra- { vail effectif...... { | dans terre et sable......... | | 0.270 |
| | graviers et galets .......... | | 0.062 |
| | tuf....... ............. | | 0.104 |
| | En moyenne.......... | | 0.100 |
| Nombre d'hommes employés pour installations, déplacements et arrêts, par heure de travail effectif............................... heures | | | 0.315 |
| Dépense par mètre { courant. { | dans la terre et le sable.. fr. | | 26.58 |
| | — le gravier et galets.... | | 97.85 |
| | — le tuf.............. | | 64.62 |
| | Ensemble............. | 27.656.52 | 65.65 |

Deux des sondages, descendus jusqu'à 16 m. 65 et 20 mètres de profondeur, ont été exécutés en rivière, et les dépenses de 2.582 fr. et 3.620 fr., soit 155 fr. 08 et 181 fr. 01 par mètre courant, auxquelles ils ont donné lieu, comprennent 1.494 fr. et 1.771 fr. pour location de bateaux, installation et personnel marin.

A l'emplacement de chaque sondage, commençant par la pénétration dans de la terre ou du sable, on a toujours établi un puits blindé de 2 mètres sur 2 mètres, et le prix de ce puits est compris dans celui porté au tableau pour le sondage dans la terre et le sable.

Les instruments dont on s'est servi sont ceux connus sous le nom de l'ingénieur Degousée, qui a su leur donner des formes bien appropriées aux terrains à traverser.

Pour permettre la comparaison avec d'autres sondages, nous ajouterons que la journée du maître sondeur était de 6 fr., que les tubes étaient payés à 1 fr. 40 le kilogramme, mais que ce prix n'était appliqué qu'aux tubes perdus ou laissés dans les trous de sonde. Ceux qui ont été utilisés dans un, deux ou trois sondages et non perdus, n'ont donné lieu qu'au paiement d'une location à raison de 0 fr. 30, 0,40 ou 0,50 par kilogramme.

Les renseignements fournis par les sondages en question sur la nature du terrain étaient très suffisants, sauf dans le cas de terrain argileux. Dans l'argile, les témoins retirés n'indiquaient pas, par suite de leur trituration, le caractère précis des couches.

Pour mieux préciser le prix de revient et l'avancement des sondages dans les divers terrains, nous indiquerons les écarts existant entre les chiffres dont les moyennes sont données dans le tableau précédent : le mètre courant de sondage a varié :

Dans la terre et le sable de. . .    8 fr. 77 à   74 fr. 44
—   le gravier ou les galets. .  67 fr. 12 à 118 fr. 17
—   le tuf. . . . . . . . . . .  36 fr. 31 à  89 fr. 33

L'avancement moyen par heure a varié :

Dans la terre et le sable de . .  0 m. 09 à 0 m. 50
—   le gravier et les galets . .  0 m. 04 à 0 m. 10
—   le tuf. . . . . . . . . . .  0 m. 08 à 0 m. 14

Pour être parfaitement édifié sur la nature et la dureté des terrains rencontrés, on a fait, en dehors des sondages, un puits de reconnaissance, ayant 8 mètres carrés de section. Ce moyen est infiniment plus coûteux que le forage des trous, mais il renseigne beaucoup mieux sur les propriétés physiques des couches traversées.

# PREMIÈRE PARTIE

---

# TERRASSEMENTS A CIEL OUVERT

---

3

# CHAPITRE I

## TERRASSEMENTS A BRAS D'HOMME

### § 1.

### GÉNÉRALITÉS

**15.** — L'outillage pour l'exécution des terrassements varie avec la nature du terrain, avec l'importance du cube à exécuter et avec l'étendue sur laquelle les travaux sont disséminés ; de plus, le prix de la main-d'œuvre influe sur le choix des outils, en ce sens que les outils manœuvrés à bras d'homme doivent être exclus là où les ouvriers sont rares et chers, tandis que le bon marché de la main-d'œuvre conduit, surtout lorsque le cube des terrassements est faible et que la rapidité de l'exécution n'a pas une grande importance, à se passer le plus possible de tout appareil ou engin quelque peu coûteux.

Ainsi, on verra encore sur des chantiers où les populations peuvent être appelées à fournir gratuitement ou contre une faible indemnité leur concours, pour des travaux de terrassement, des mouvements de terre se faire avec la bêche et la civière comme uniques instruments pour l'extraction, le chargement et le transport ; tandis que dans les grands chantiers de terrassement où la main-d'œuvre coûte cher, les excavateurs à vapeur et pour le transport les chemins de fer à locomotives sont substitués à tous les outils exigeant le concours d'un grand nombre d'ouvriers.

## § 2.

## OUTILS SIMPLES

**16. Outils pour faire les déblais.** — *Pelle et louchet.*
—La *pelle* est l'outil dont on se sert dans les terrains faciles à attaquer, tels que le sable et la terre légère. Après avoir été autrefois faites entièrement en bois, en affectant la forme d'une palette fixée à un manche, les pelles ont été armées d'une bande de fer à la tranche, puis ont fait place aux pelles toutes en fer. Aujourd'hui, les pelles sont généralement en fer à tranche aciérée, ou bien entièrement en acier. Le manche de la pelle a 0 m. 75 à 1 mètre de longueur (fig. 22).

Pour faciliter la pénétration de la pelle dans le terrain, on lui donne, suivant la nature des matériaux à attaquer, une forme plus ou moins pointue (fig. 23) ; la forme arrondie présente toutefois l'avantage d'augmenter le volume de matériaux pouvant être soulevé par pelletée, avec une même profondeur de pénétration de l'outil.

En appuyant du pied sur l'outil, l'ouvrier réussit plus aisément à le faire pénétrer dans le terrain. Les bords supérieurs horizontaux de la pelle sont à cette fin repliés ou recourbés. Souvent une pédale spéciale est fixée dans ce même but au bas du manche au-dessus de la pelle proprement dite.

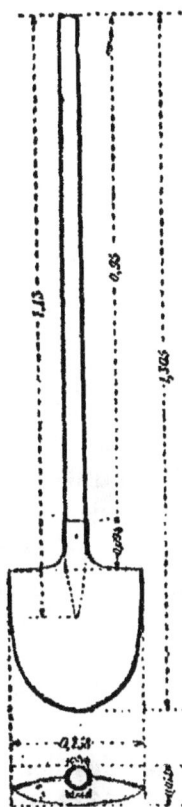

Fig. 22.

Un très bon ouvrier peut faire, d'après M. Heyne, ingénieur autrichien, professeur à l'École polytechnique de Gratz, 600 jets ou pelletées de terre meuble à ouviron un mètre de distance par heure.

Il faut compter de 280 à 320 pelletées par mètre cube de terre meuble ; aussi admet-on qu'un bon ouvrier, travaillant 10 heures, peut charger environ $20^{m3}$ de matières légères en brouettes [1]. Pour le chargement en tombereaux, on ne peut guère compter dans les mêmes conditions que sur 15 mètres cubes.

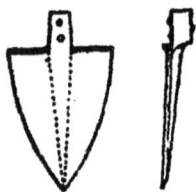

Fig. 23.

Pour des matières plus lourdes, telles que le ballast, il faut réduire ces chiffres à moitié, et pour des débris de roche, plus lourds et plus difficiles à faire tenir sur les pelles, le volume pouvant être remué par un ouvrier doit être réduit au quart.

Le *louchet* est la pelle particulièrement appropriée aux terrains plus résistants. Il se termine généralement par une tranche horizontale (fig. 24).

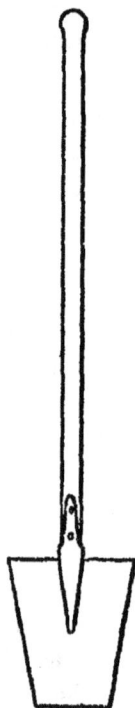

*Bêche.* — La *bêche* permet à l'ouvrier d'utiliser la force vive pour faire pénétrer la lame dans le sol ; c'est en somme une pelle dont la lame est repliée de façon à former un angle presque droit avec le manche. Elle sert à détacher la terre végétale et le sable argileux, mais ne se prête pas comme la pelle au soulèvement et au jet des matériaux détachés.

*Pioche, pic et tournée.* — La *pioche* et le *pic* sont des dérivés de la pelle. Ces outils servent tout particulièrement au détachage des terrains résistants et compactes, tels que marnes, argiles, agglomérés de graviers. Ils sont en fer forgé et présentent, ainsi que le montrent les figures 25 et 26, ou bien une tranche de 3 à 6 centimètres de longueur, perpendiculaire sur la direction du manche, ou une pointe.

La *tournée* est une combinaison des deux, et permet à l'ouvrier d'utiliser à volonté et suivant

Fig. 24.

1. Les brouettes présentent, suivant les matériaux qu'elles sont appelées à transporter, des dispositions différentes ; mais, pour le même genre de service, leur construction et même leur capacité varie aussi avec les pays. — Ainsi les brouettes pour terrassements ont les capacités et poids propres

les besoins la tranche ou la pointe, c'est-à-dire la pioche ou

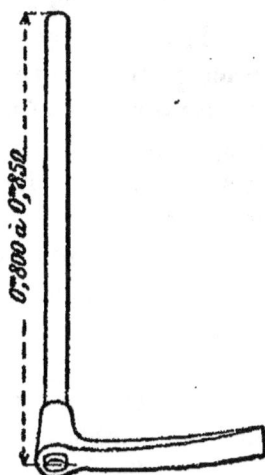

Fig. 25.

Fig. 26.

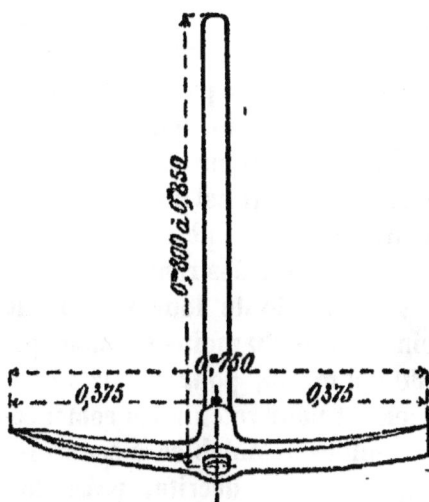

Fig. 27.

le pic. L'outil étant plus lourd, permet de frapper des coups plus forts, avec plus de fatigue, cela va sans dire. Les tranches et pointes sont généralement aciérées.

**17. Outils pour former les remblais. — Pilons. —** Les déblais trouvent en général leur emploi pour la formation

suivants : en Allemagne, 0 m. 060 et 53 kg.; en Angleterre, 0 m. 039 et 35 kg.; en Autriche, 0 m. 037 et 36 kg.; en Italie, 0 m. 040 et 32 kg. Les brouettes allemandes sont construites de façon à avoir un rapport du levier du centre de gravité et des poignées égal à 1/4, tandis que celles d'Angleterre ont ce rapport égal à 4/11, et celles d'Autriche et d'Italie à 1/3. Les roues ont généralement 0 m. 30 de diamètre, sauf en Autriche où on les réduit à 0 m. 22. La hauteur du centre de gravité de la brouette chargée est de 0 m. 30 dans les brouettes allemandes; elle est de 0 m. 32 en Angleterre, mais seulement de 0 m. 22 en Autriche et en Italie.

de remblais, et il importe souvent de réduire par le mode de formation de ceux-ci le tassement qui se produit au bout d'un certain temps. Ainsi qu'il sera dit dans la suite, le passage sur les couches successives du remblai, avec les engins de transport, est un moyen efficace pour comprimer les terrains rapportés, mais il ne suffit pas toujours et ne dispense pas d'user d'outils spécialement destinés à briser les mottes de terre et à comprimer les couches successivement déposées.

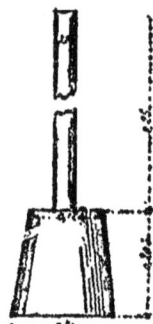

Disons de suite que la trituration et la compression sont d'autant plus complètes que les couches successivement rapportées sont plus minces.

*Les pilons* dont on se sert pour comprimer les couches horizontales des remblais sont manœuvrés par un seul homme ; ils pèsent 10 à 17 kig. et sont en bois ou en fer et fonte.

Fig. 28.

Le pilon en bois (fig. 28) ne peut rendre de service que si les couches sont de très faible épaisseur ; celui en métal, fig. 29, qui a été employé par M. A. Picard pour le corroyage des terres formant la digue du réservoir de Paroy, et en particulier des remblais contre les ouvrages d'art, est plus puissant et rend de très bons services ; il pèse 17 kilogrammes.

*Tappe.* — Les talus des remblais qui ne sont pas corroyés dans toute leur masse ont souvent besoin de l'être du moins sur une épaisseur de 0 m. 30 à 0 m. 50, pour mieux résister au ruissellement et pour retenir les semences.

Fig. 29.

Le pilonnage, avec des pilons semblables à ceux ci-dessus décrits, présente quelques difficultés, surtout sur des talus roides. Pour la compression, dans ces conditions, on se sert avec beaucoup d'avantage de *tappes* analogues à celle que montre la fig. 30.

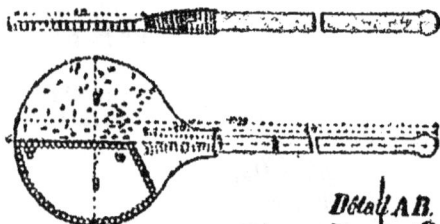

Fig. 30.

Détail A.B.

La charnière est faite en cuir et la tappe même est garnie de fer pour lui donner plus de poids.

De même que pour les pilons, l'effet de la tappe est d'autant plus efficace que la couche rapportée est plus mince, et il est toujours prudent de ne pas dépasser 0 m. 10 à 0 m. 15 d'épaisseur.

**18. Rendement journalier des outils simples.** — Au point de vue de la résistance qu'opposent les terrains à la pénétration de l'outil et au détachage de la partie attaquée du milieu ambiant, on divise les terrains en catégories. En faisant abstraction des roches nécessitant l'emploi de moyens spéciaux, et en n'envisageant que les terrains pouvant être déblayés à l'aide des outils ci-dessus décrits, on peut admettre trois classes.

Les indications relatives à ces trois catégories, données par M. l'ingénieur Ph. Forchheimer, professeur à Aix-la-Chapelle, et relatées ci-après, nous paraissent exactes au point de vue du travail d'un terrassier moyen, en comptant 3 fr. 10 par journée de 10 heures :

| Classes | Désignation des terrains | Outils employés | Nombre d'heures de terrassier par mètre cube | Prix de revient en centimes par mètre cube | | | | |
|---|---|---|---|---|---|---|---|---|
| | | | | Pour le déblai, y compris le jet dans des brouettes | Supplément pour usure des outils | Supplément pour jet dans des tombereaux ou wagons | Supplément pour surveillance | Ensemble prix moyen |
| 1 | Terre légère et sable....... | Pelle et bêche. | 0.5 à 1.0 | 15 à 31 | 1.25 | 3.75 | 2.5 | 31 |
| 2 | Terre lourde, gravier fin, sable argileux et argile désagrégée. | Pelle, bêche, pioche et louchet ....... | 1.0 à 1.6 | 31 à 50 | 5.0 | 6.25 | 5.0 | 57 |
| 3 | Gravier, galets, argile, marnes, et terre mélangée de pierraille....... | Pelle, pioche, pic, tournée et coins.... | 1.6 à 2.4 | 50 à 75 | 7.5 | 8.75 | 7.5 | 86 |

Le travail fourni par un terrassier en une heure étant de 25.000 kilogrammètres, on voit que le déblai d'un mètre cube de terrain demande en moyenne, pour les trois classes de terrain, 18.750, 32,500 et 50,000 kg. m., ce qui revient à dire qu'un cheval vapeur correspond, par heure, à environ 14 mc. 4 de déblai de 1re classe, 8 mc. 3 de déblai de 2e classe ou 5 mc. 4 de déblai de 3e claasse.

Ces chiffres ont trouvé leur confirmation dans l'emploi des appareils mécaniques, dont l'usage se propage de plus en plus sur les chantiers de quelque importance.

Dans les terrassements faits par le génie militaire, on précise la nature du terrain, au point de vue de la difficulté que rencontre le terrassier à l'extraire, par le rapport du nombre d'hommes nécessaire pour le déblai et le chargement en brouettes au nombre d'hommes qu'il faut pour transporter à 30 mètres, à l'aide de celles-ci, le déblai fourni et chargé, c'est-à-dire pour le premier relais. En supposant qu'il faille 2 rouleurs pour transporter, au fur et à mesure de la production et du chargement, les matériaux fournis par 5 hommes, on désigne le terrain en disant qu'il est à deux hommes et demi.

Le rapport du temps mis par un terrassier pour la fouille à celui nécessaire pour le jet à la pelle, varie avec la nature du terrain et avec la distance ou la hauteur à laquelle se fait le jet. En admettant que le jet se fasse à 1 m. 60 de hauteur, on a trouvé que pour le sable, par exemple, le terrassier met, sur 10 heures de travail journalier, 6 h. 25 à la fouille et 3 h. 75 au jet. Le rapport reste sensiblement le même si, au lieu de lancer à 1 m. 60 de hauteur en dépôt, l'ouvrier charge le déblai dans des brouettes successivement amenées à sa portée.

Des observations [1] sur des travaux où les fouilles avaient plus de 0 m. 20 de profondeur et 2 mètres de largeur, et où le jet se faisait à 1 m. 60 de hauteur, ont conduit à établir comme suit le cube de déblai par terrassier de force moyenne, en une journée de 10 heures :

[1]. Voir *Pratique de l'art de construire,* par MM. Claudel et Laroque.

3

|                                                          | M C.  |
| -------------------------------------------------------- | ----- |
| Terre végétale, alluvions, sables.                       | 7,70  |
| Terre marneuse et argileuse, moyennement compacte        | 6,00  |
| Terre compacte dure.                                     | 5,25  |
| Terre crayeuse.                                          | 4,90  |
| Terre fortement imbibée d'eau                            | 4,25  |
| Tuf moyennement dur.                                     | 2,85  |
| Tuf dur                                                  | 2,38  |
| Roc tendre, gypse, enlevé au pic et au coin.             | 2,00  |

## § 3

## PELLE A CHEVAL, RAVALE OU SCRAPER

Le terrain étant formé de matériaux meubles et assez uniformes, tels que sable, terre végétale ou graviers, on se sert avec avantage, lorsque le cube de déblai est de quelque importance, d'un outil qui a quelque analogie avec la pelle, mais qui, à cause de sa plus grande capacité, nécessite un effort dépassant la puissance de l'homme. On le fait manœuvrer par un cheval.

Fig. 31.

**10. Ravale. — Scraper.** — La *pelle à cheval* ou *ravale* est surtout employée dans les travaux agricoles et y rend de bons services.

Aux États-Unis cet outil, connu sous le nom de *scraper*, est très répandu; il est d'un usage fréquent dans les travaux publics et, pour l'employer même dans des terrains compactes et résistants, tels que la terre argileuse et le sable argileux, on prépare ces terrains en les labourant au préalable à l'aide de charrues.

Le scraper sert, de même que la ravale, à détacher, à charger, à transporter et à décharger le déblai. La forme qu'on donne à cet outil aux États-Unis, (figures 32 et 33), le rend plus propre au service de transport, par la réduction de frottement assurée par la glissière rivée à son fond. Cette pièce permet enfin à l'homme qui tient les bran-

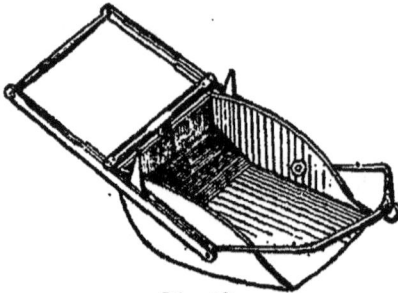

Fig. 32.

cards de la pelle, de modifier à volonté et suivant les besoins l'inclinaison de la tranche qui attaque le sol. Le scraper, de même que la ravale, est un godet à tranchant aciéré, tiré par un cheval et manœuvré par un homme au moyen de brancards.

Pour opérer le chargement, on ajoute quelquefois un cheval de renfort, qui, dès que le scraper est rempli, le quitte pour être attelé à un autre scraper qui commence l'opération du chargement.

Pour décharger le scraper, on soulève les deux brancards et il reprend de lui-même sa position de charge. Le fond de la caisse est en bois dur, en fer ou en acier et muni, ainsi qu'il a été dit ci-dessus, d'un patin facilitant son glissement, protégeant le fond de l'outil et pouvant être facilement renouvelé en cas d'usure.

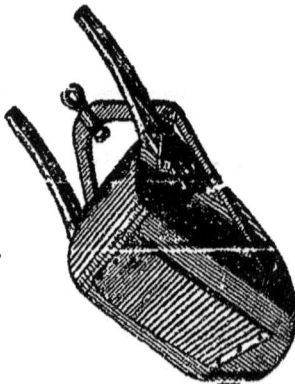

Fig. 33.

La capacité de ce genre de scra-pers atteint 0 mc. 25 et l'on peut, à l'aide de cet instrument, suivant que le terrain est plus ou moins difficile, déblayer et transporter à une distance de 60 m., de 35 à 50 mètres cubes par journée de 10 heures.

On compte un charretier et six cinquièmes de cheval par scraper, car pour l'opération du chargement on ajoute généralement un cheval de renfort par cinq hommes.

L'emploi du scraper est surtout avantageux pour l'exécution de remblais au moyen d'emprunts latéraux. On le charge en le promenant en biais sur l'emprunt, puis on le fait passer sur l'emplacement du remblai, où on le décharge, puis on revient par l'autre côté du remblai pour le charger de nouveau.

On a constaté que les remblais faits au scraper tassaient moins que les autres.

Le prix des terrassements effectués à l'aide du scraper varie, suivant la nature du sol et pour des distances de transport de 30 à 60 m., entre 0 fr. 50 et 1 fr. par mètre cube, dans un pays à main d'œuvre chère.

**20. Scraper à roues.** — On construit aussi des scrapers de plus grandes dimensions, à roues, et comportant une ou deux caisses. Dans le scraper Judd, il y a deux caisses ayant une capacité de 1/2 à 3/4 de mètre cube, et l'on peut extraire avec cet outil 150 à 225 mètres cubes par jour et les transporter de 60 à 250 m. de distance. Avec ce scraper, on compte en général, en sus du conducteur et des deux chevaux, par groupe de cinq scrapers, un ouvrier pour aider au chargement, un ouvrier pour le régalage, et suivant la distance du transport, un ou plusieurs chevaux de renfort.

§ 4

## ABATAGE

Pour faire des déblais d'une certaine importance dans des terrains durs, et obtenir une première fragmentation au moment de leur chute, ce qui diminue les difficultés et les frais de leur chargement et de leur emploi, on procède souvent par abatage, c'est-à-dire en provoquant des éboulements.

**21. Abatage au moyen de coins.** — L'abatage au moyen de coins ou de piquets se fait le long d'une fouille à pic. A une distance du bord supérieur de la fouille variant, suivant le terrain, entre 0 m. 60 et 1 m. 20, on enfonce, à coups de maillets, une rangée de piquets. Ces piquets ou coins sont espacés entre eux d'environ 1 mètre et déterminent des fentes qui finissent par amener la chute du prisme de terrain qui se trouve devant eux. Pour faciliter la chute, on fait des saignées perpendiculaires sur le front d'attaque, qui divisent le prisme ; souvent des leviers introduits dans les fentes et manœuvrés au moyen de cordes, auxquelles des hommes placés dans la fouille s'attèlent, aident à rompre l'équilibre et à faire tomber les prismes.

Fig. 21.

Ce procédé présente, surtout lorsqu'il est pratiqué dans des tranchées profondes, des dangers réels, et il y a des chantiers sur lesquels il est proscrit pour ce motif. En raison des avantages qu'il présente, il est toutefois assez difficile de l'exclure absolument, surtout quand les ouvriers travaillent à la tâche.

Les matériaux tombés par abatage sont parfois assez réduits, par la chute, pour qu'on puisse achever leur déblai et les charger au moyen de la pelle.

**22. Abatage au moyen de jets d'eau.** — L'abatage au moyen de jets d'eau est un autre moyen de provoquer volontairement des éboulements.

Ce procédé se pratiquait autrefois sur une très grande échelle en Californie, pour faire ébouler les sables et graviers aurifères. Depuis quelques années l'emploi des jets d'eau pour provoquer des éboulements a été limité par voie législative, à cause des dévastations qui furent la conséquence de ce procédé peu coûteux et très puissant,

On sait que l'or se trouve dans certaines couches de sable et de gravier; en faisant écouler le mélange aqueux de ces matières dans des rigoles pavées, les interstices du pavage se remplissent de grains d'or.

Des barrages ont servi à créer des réservoirs de très grande capacité; il y en a qui peuvent retenir jusqu'à 18 millions de mètres cubes et qui sont situés à de grandes hauteurs au dessus des bancs à déblayer et à entraîner. Les conduites faisant suite aux canaux d'amenée, qui atteignent jusqu'à 50 kilomètres de longueur, ont des diamètres allant à 0 m. 50 et même à 0 m. 75.

Pour donner aux jets d'eau une grande puissance, les réservoirs qui alimentent les conduites sont établis le plus haut possible; aussi les charges auxquelles ces conduites sont soumises ont-elles souvent dépassé 500 mètres.

Dans ces conditions on était conduit à donner aux tuyaux en fer 8 à 9 millimètres d'épaisseur.

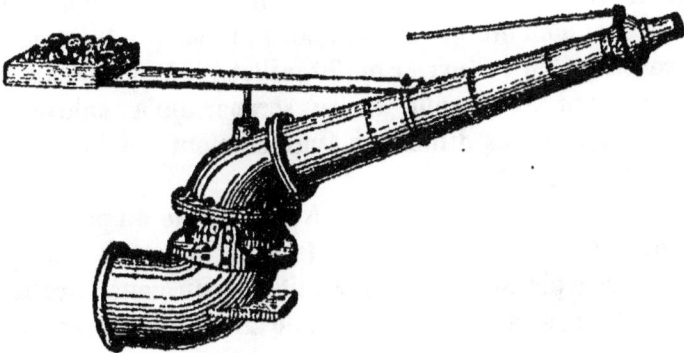

Fig. 35.

Les ajutages par lesquels sort le jet d'eau (fig. 35) sont toujours d'un diamètre moindre que la conduite; pour que la lame d'eau qui en jaillit soit bien concentrée, la tuyère porte à l'intérieur des lames radiales.

On conçoit qu'avec des jets d'eau aussi puissants, sortant de tuyères dont le diamètre atteint dans certaines localités 0 m. 30, on arrive à faire tomber et à entraîner dans les rigoles, non seulement des sables et des graviers, mais encore des couches solides de conglomérats qui, en tombant de grandes hauteurs, se brisent en morceaux qu'entraîne le flot du torrent artificiel[1].

Malgré l'élévation des dépenses pour la construction des barrages de retenue, pour l'établissement des canaux d'amenée et des tuyaux de chute de grande longueur, ce procédé l'emportait au point de vue de l'économie sur les autres moyens d'extraction.

*Exemple de l'abatage par jet d'eau.* — Les cas où ce moyen de terrassement est susceptible d'être appliqué sont rares, mais l'exemple ci-après montre qu'il peut avec avantage être employé dans certaines circonstances, sur des chantiers autres que ceux du lavage de l'or.

Dans la tranchée d'accès d'un tunnel exécuté aux Etats-Unis, on se trouvait sur environ 170 mètres dans l'argile aquifère et coulant. Cette matière adhésive, saturée d'eau, était bien difficile à attaquer ; il fallait mouiller les pelles pour qu'elles pénétrassent plus facilement et employer de l'eau pour vider les wagonnets transportant ces déblais. De plus, des éboulements de 2000 à 3000 m³ se produisaient dans la tranchée. Du 1er février au 20 juillet 1882, on n'était arrivé en travaillant à la pelle et au scraper qu'à enlever environ 15.000 m³ et les difficultés augmentaient au fur et à mesure de l'avancement.

C'est alors qu'on se décida à faire usage du procédé hydraulique. A environ cinq kilomètres de la tranchée on put créer un réservoir dont l'eau arrivait par un canal ayant environ 0 m²14 de section et une pente de 25 mm. par mètre en moyenne,

---

1. M. Duponchel, ingénieur en chef des ponts et chaussées, a proposé d'employer ce moyen pour déblayer de grandes masses argileuses pyrénéennes et faire couler le produit du déblayage des déblais dans des canaux qui l'auraient porté sur les terrains de sable des Landes. Le même ingénieur a même demandé qu'on étudiât l'application de ce procédé aux déblais du canal de Panama.

à 18 mètres au-dessus de la tranchée. Un tuyau de 0 m. 15 de diamètre, amena cette eau à pied-d'œuvre ; l'ajutage avait un orifice pouvant varier de 44 à 50 mm. de diamètre.

Du 10 août au 24 septembre 1882 on put enlever environ 13.000 m. c., au moyen de l'eau ainsi lancée dans la tranchée et il y eut des jours dans lesquels on abattit jusqu'à 560 m. c. Le prix de revient s'établit à 1 fr. 95 par mètre cube, très inférieur aux prix correspondant à l'ancien procédé ; ce résultat est d'autant plus important que les dépenses du réservoir et de la conduite n'ont été réparties que sur un cube relativement faible.

*Exemple de réglage de talus par jet d'eau.* — On ne s'est pas borné, aux Etats-Unis, à l'emploi du jet d'eau forcé pour l'abatage des grandes masses. En donnant une disposition particulière aux lances qui projettent l'eau, on est arrivé à s'en servir pour régler les talus des berges des grands fleuves, composées de sable et d'argile [1].

Pour régler un talus on enfonce, à environ un mètre en arrière de la crête à obtenir, un fort piquet en fonte, creux à sa partie supérieure, qui sert de support de la lance. Cette lance est attachée à un levier mobile autour d'un axe horizontal fixé à une armature en fonte, portant un goujon qui s'engage dans le piquet-support ; de cette façon la lance peut se mouvoir dans le sens horizontal et dans le sens vertical.

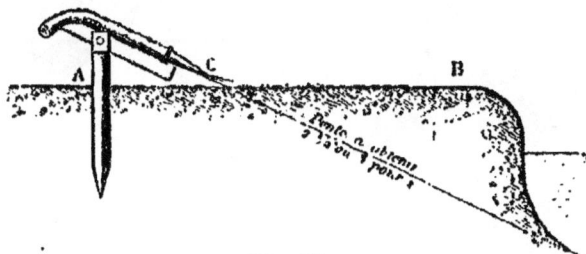

Fig. 36.

L'eau est aspirée et refoulée par une machine à vapeur

1. Mémoire de M. Gaston Cadart. *Annales des ponts et chaussées*, 1885, I, 468.

Voir aussi p. 162 de l'Introduction, par M. Lechalas, à l'ouvrage « *Ponts en maçonnerie* » de MM. Degrand et Résal, faisant partie de l'Encyclopédie des travaux publics.

dans le tuyau terminé par la lance dont l'orifice a 25 mm. de diamètre. La pression de l'eau dans la lance est d'environ 14 kilogrammes par centimètre carré et le débit varie de 50 à 60 litres par seconde.

On commence par diriger le jet sur la partie *B*, la plus avancée de la crête à enlever, et l'on abaisse successivement la lance jusqu'au point *C*, qui correspond au talus à obtenir, tout en lui imprimant un mouvement latéral de va et vient, embrassant une zone d'environ 1 m. de largeur. Une fois que le talus voulu est bien réglé sur cette zone, on déplace d'un mètre le piquet *A*, et l'on poursuit ainsi de proche en proche le dressement du talus.

Dans le sable on a pu enlever ainsi jusqu'à 600 m. c. par jour, à un prix inférieur à 0 fr. 10 par m. c. Dans l'argile et dans des terres où l'on rencontre des racines, les résultats sont moins bons, mais le prix par mètre cube ne dépasse guère 0 fr. 15.

# CHAPITRE II

## TERRASSEMENTS A L'AIDE DE MACHINES

---

### § 1

### GÉNÉRALITÉS

**22.** — Lorsque le cube des déblais à exécuter est considérable, qu'il se trouve concentré et que la main-d'œuvre est chère, on recourt aux moyens mécaniques.

La substitution des machines au travail à bras d'hommes avait été longtemps réservée aux déblais exécutés sous l'eau. Ainsi qu'on le verra dans la suite, les *dragues* ont servi de point de départ pour la construction des machines déblayant à ciel ouvert.

De même que les dragues, les machines pour déblayer à sec, c'est-à-dire les *excavateurs*, présentent des types bien différents les uns des autres.

Les uns imitent les mouvements qu'on imprimerait à bras d'homme à un outil qui, suivant la nature du terrain, présente l'aspect d'une forte cuillère ou de fortes griffes ; les autres, à l'instar des dragues, se composent d'une série de godets assemblés en chapelet, et venant successivement ramasser, après les avoir détachés, les débris du terrain à déblayer.

Il va de soi que le travail à bras d'homme se prête mieux que celui à la machine aux terrains de composition et de dureté très variables, mais il présente l'inconvénient de nécessiter l'accumulation d'un grand nombre d'ouvriers dès qu'il s'agit d'un cube de terrassement important. Même quand on pourrait concentrer un considérable personnel sur un chantier de terrassement, il ne sera pas souvent possible d'opérer à la main, avec la même vitesse et au même prix qu'avec des excavateurs.

§ 2

## EXCAVATEURS A CUILLÈRE

**24. Description générale.** — Les excavateurs dans lesquels l'outil effectue des mouvements semblables à ceux d'un terrassier sont très répandus aux États-Unis.

La chaudière et tout le mécanisme se trouvent établis sur un wagon à plateforme pouvant se déplacer sur une voie ferrée.

L'outil proprement dit, la cuillère, est de forme cylindrique et présente une capacité variant de 1/4 à 3/4 de mètre cube. Elle est en tôle à tranche aciérée, se terminant souvent, lorsque le terrain à attaquer est dur, par des pointes ou griffes en acier. Le fond est fermé par une porte s'ouvrant au moyen d'un déclancheur qu'on peut manœuvrer à l'aide d'une corde. Latéralement, au milieu de sa hauteur, la cuillère porte une articulation sur laquelle son manche est fixé.

Cette cuillère est supportée et manœuvrée par une grue établie à l'une des extrémités du wagon ; du côté opposé se trouve la chaudière servant à alimenter la machine à vapeur occupant le milieu du wagon, qui fait à volonté marcher les divers engrenages de manœuvre.

Le montant ou pivot de la grue porte à sa partie supérieure, ou bien à sa base, un tambour horizontal, dans la gorge duquel passe une chaîne pouvant faire tourner la grue. La flèche de la grue, formée de deux poutres, est tantôt susceptible d'être relevée et abaissée, tantôt reliée invariablement au sommet du pivot.

Entre les deux bras de la flèche passe le manche de la

cuillère, qui peut, au moyen de chaînes ou d'une roue-pignon s'engrenant dans une crémaillère rattachée au manche, se déplacer et rapprocher ou éloigner l'outil.

Un palan à trois brins, attaché au sommet de la flèche, saisit en outre la cuillère, munie à cet effet, vers son bec, d'un étrier.

On comprend qu'avec cette disposition l'on puisse, à l'aide d'un mécanisme mû par la vapeur et de leviers de manœuvre, faire avancer ou reculer le wagon portant l'excavateur, tourner la flèche de la grue dans le sens qui convient, abaisser la cuillère et faire reculer ou avancer son manche, puis, une fois. que le tranchant attaque le terrain, relever et au besoin avancer l'outil pour le remplir.

Pour opérer le dépôt du déblai, le mécanicien fait faire à la grue un mouvement de rotation autour du pivot vertical et avancer simultanément le manche de la cuillère, pour que celle-ci arrive au-dessus du véhicule qui doit recevoir le déblai ; il suffit alors de tirer la corde qui relient le déclanchement du fond de la cuillère pour que son contenu tombe dans le wagon, qui l'attend généralement sur une voie latérale à celle de l'excavateur.

Pour éviter tout soulèvement du côté opposé à l'emplacement de la grue, lors de l'attaque du terrain par la cuillère, on munit généralement le wagon qui porte l'excavateur, du côté de la grue, de béquilles qui viennent appuyer sur le sol, et de plus, du côté opposé, c'est-à-dire du côté de la chaudière, de griffes qui saisissent les rails.

**25. Exemples d'excavateurs à cuillère.**—La figure 37 montre les dispositions générales d'un excavateur du type adopté par l'*Établissement Vulcan à Toledo* (*État d'Ohio*).

L'établissement de M. *Starbuck, à Troy* (État de New-York) construit des excavateurs analogues pouvant extraire 0 mc.75 par minute en occupant un mécanicien, un chauffeur, deux dragueurs et deux hommes pour le service des wagons recevant les déblais. — On peut estimer que, tous frais de combustible, d'huile et d'entretien compris, ce service coûte par jour environ 100 fr. Le cube extrait en 10 heures dans les terrains peu résistants étant de 300 à 400 mc., la dépense par mètre cube de déblai s'établit donc entre 0 fr. 30 et 0 fr. 25.

Le bois entre pour une forte part dans la construction de cet excavateur ; aussi son poids n'est-il que d'environ cinq tonnes.

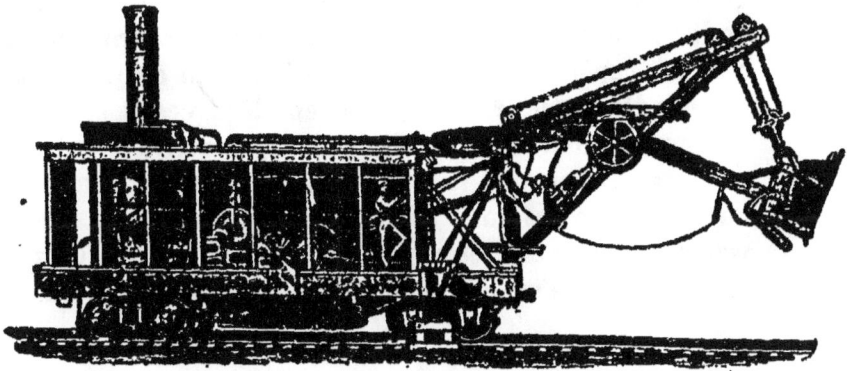

Fig. 87.

Les excavateurs de MM. *John Souther et Cie*, à *Boston* (État de *Massachusetts*) sont entièrement en fer ; la machine à vapeur est de 20 chevaux et le poids total de 26 tonnes. La capacité de la cuillère employée pour l'excavation de sable et de gravier est de 1 mc. 60 ; elle est réduite pour l'extraction du tuf à 0 mc. 90. — Avec un personnel de 2 mécaniciens, 1 chauffeur et 5 manœuvres, l'excavateur peut extraire de 750 à 900 mc. par jour dans le gravier et de 250 à 450 mc. dans les terrains plus résistants, en tenant compte du temps perdu à l'approche des wagons.

L'usine *d'Osgood, à Albany* (État de New-York), dont la compétence en fait d'appareils dragueurs est très grande, construit également des excavateurs. Celui du type Osgood et Mac-Naughton mérite d'être cité comme très puissant et présentant des dispositions très ingénieuses.

*Excavateur type Osgood, pouvant être retourné.* — Le même établissement *Osgood* construit pour certains usages des excavateurs dont la grue, portant la cuillère, peut à volonté être retournée du côté opposé, pour pouvoir, sans nécessiter une plaque tournante, seulement en ripant la voie, travailler tant à l'aller qu'au retour.

Le wagon qui supporte l'excavateur est à deux essieux sur voie de 1,44 ; il a 12 m. 20 de longueur et 4 mètres de largeur. Un peu en avant du centre du chassis, sous le centre de gravité de l'appareil, se trouve un truck circulaire de 4 mètres de diamètre, monté sur quatre roues. C'est sur ce truck portant à sa face supérieure dix galets, que le chassis du wagon peut tourner dès que les roues se trouvent dégagées de la voie.

Pour faire tourner l'excavateur, lorsque, arrivé à l'extrémité de sa course, on veut le faire travailler au retour, on abaisse ou l'on retire les rails sur lesquels s'appuient les roues du wagon ; dans ce cas les roues du truck circulaire s'engagent sur la voie et l'on fait pivoter l'appareil autour de l'axe du truck.

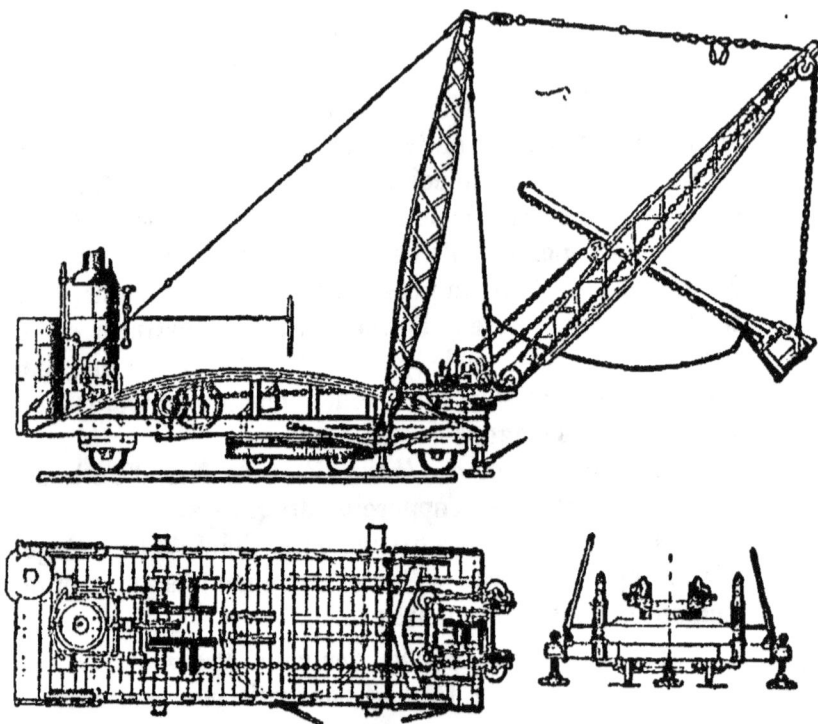

Fig. 38.

Ainsi que le montre la figure 38, le chassis du wagon porte sous les points d'appui de la grue des béquilles à vérins qui, dès que l'excavateur doit fonctionner, sont abaissées et appuient sur le sol pour donner une plus grande stabilité à l'ensemble de l'appareil.

Le poids total d'un tel excavateur est d'environ 50 tonnes et il peut dans un terrain compact enlever jusqu'à 800 m. c. par jour. Dans les terrains légers et meubles, le cube enlevé et déposé latéralement, soit en cavalier soit sur des wagons, peut atteindre 1200 à 1400 m. c.

La manœuvre de cet excavateur exige un mécanicien, un chauffeur, un chef terrassier et quatre ou cinq hommes pour la pose de la voie, le réglage des béquilles et la préparation des attaques. D'après les indications fournies, le travail de cet excavateur peut être considéré comme équivalent à celui de 75 à 100 terrassiers.

· Récemment l'établissement *Osgood* a fourni, d'après les dessins de M. John K. Howe, un excavateur monté sur un wagonnet. Cet excavateur est entièrement en fer et en acier, et il a fait ses preuves en travaillant à l'extraction de l'argile, pour une grande briqueterie.

A égalité de puissance, cet excavateur ne coûte qu'environ les deux tiers des engins équivalents employés jusqu'ici.

Tous les mouvements, l'avancement et le recul du manche, le changement de son inclinaison, la rotation autour du pivot vertical établi sur le wagonnet, de même que le déplacement sur la voie du chemin de fer de service, peuvent être imprimés par la machine à vapeur établie sur la plate-forme, en encorbellement sur le wagonnet pour équilibrer le poids de l'outil proprement dit.

L'excavateur porte une cuillère de 0 m. c 60 de capacité, il pèse dix tonnes, et sa machine est à double cylindre de 0 m. 16 de diamètre et 0 m. 50 de course. Il peut déblayer jusqu'à 4 m. 50 de part et d'autre de l'axe de la voie et déposer les produits jusqu'à 3 m. de hauteur au dessus de celle-ci.

Dans l'argile il fait deux, dans le gravier trois opérations par minute.

*Excavateur Dunbar et Ruston.* — Les travaux du canal de Manchester à Liverpool nécessitent des déblais considérables, et 55 excavateurs construits par l'établissement Dunbar et

Ruston y sont régulièrement employés. Ainsi que le montre la figure ci-dessous, la cuillère à fond mobile, attachée à un manche muni d'une crémaillère, peut, si le terrain l'exige, être munie de griffes. Dans les terrains moins difficiles à attaquer, les griffes sont supprimées et la tranche en acier suffit pour assurer l'attaque et le remplissage de la cuillère, dont la capacité peut varier de 1 m. c. 25 à 2 m. c. 25.

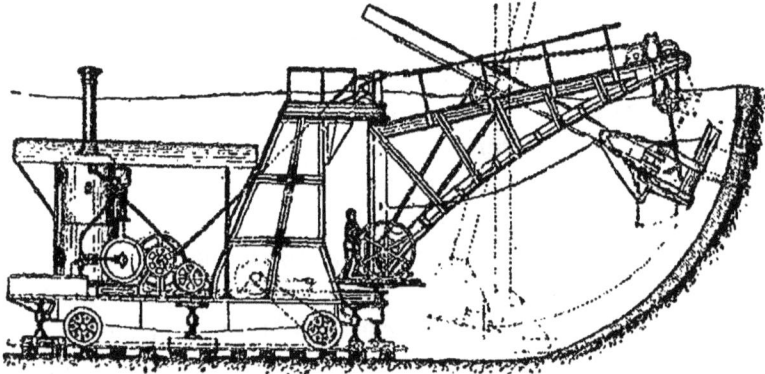

Fig. 39.

Le chariot repose sur deux essieux, et pendant le fonctionnement de la cuillère on a soin de soulager les roues en faisant porter la charge et les efforts sur six vérins, pouvant prendre appui sur les têtes des traverses de la voie. Un septième vérin est établi dans le même but dans l'axe du chariot, à l'aplomb du centre de rotation de la volée mobile de l'échafaudage, servant d'appui pour la manœuvre de la cuillère. La chaudière et la machine à double cylindre se trouvent établies, de même que les rouages de transmission, le plus près possible de l'essieu d'arrière, pour former contre-poids.

Les cylindres de la machine ont 188 mm. de diamètre sur 300 mm. de course ; le nombre de tours est de 160 à 175 par minute, et les 10 chevaux que donne cette machine servent alternativement, à la volonté du conducteur, à opérer le déplacement de l'appareil ou sa mise en fonction. Le personnel d'un excavateur de ce genre se compose du conducteur, du mécanicien et du chauffeur. La consommation journalière s'é-

4

lève à environ 500 kilogs de charbon avec un produit moyen d'environ 1.300 mc. par 10 heures de travail ; mais le cube déblayé et déposé dans les wagons, circulant sur des voies parallèles, a atteint certains jours, en travaillant 12 h. 1/2, jusqu'à près du double de cette production moyenne.

L'excavateur pèse environ 32 tonnes et revient à 30.000 fr. En tenant compte de l'équipe d'hommes pour le service du déplacement des wagons de transport, et en comptant la part des intérêts et de l'amortissement du matériel, on trouve que le mètre cube de déblais déposés en wagon revient, suivant la nature du terrain, de 9 à 14 centimes.

*Excavateur de M*$^c$. *Grew.* — L'entretien des lignes de chemin de fer nécessite, surtout lorsque les travaux n'ont pas, comme cela arrive aux États-Unis, été achevés dans tous leurs détails, des travaux assez considérables.

C'est ainsi que l'ouverture des fossés latéraux est souvent différée jusqu'à l'ouverture des lignes. — Un excavateur construit à *Chicago* d'après les plans de *M*$^c$. *Grew* a pour but d'effectuer l'ouverture de ces fossés, ou d'opérer leur curage lorsqu'ils se comblent par les détritus des talus. L'importance de ce genre de travaux et l'avantage que présente l'emploi d'un outil spécial justifient la construction de cet appareil. Il est monté sur un wagon à plateforme de grande longueur ; au milieu de la plateforme se trouve la chaudière et le mécanisme de commande des deux cuillères ayant 0 mc. 6 de capacité et pouvant travailler jusqu'à 3 m. 75 de l'axe de la voie. Ces cuillères sont supportées par des grues à portée variable pouvant pivoter. Elles sont situées l'une à gauche, l'autre à droite à mi-longueur de la plateforme.

L'avant et l'arrière de la plateforme servent au dépôt des produits du déblai. Au fur et à mesure du progrès du travail, la locomotive déplace cet excavateur, qui est conduit à la décharge dès que les déblais qui y sont déposés le nécessitent.

La manœuvre de cet appareil exige deux hommes et il fait le travail de 50 terrassiers.

## § 3

## EXCAVATEUR A CHAPELET

**26. Description générale.** — Les excavateurs à cuillère ne sont pas encore d'un usage courant en Europe. De même que les Américains donnent la préférence aux excavateurs qui, comme leurs dragues, attaquent le terrain au moyen d'un seul outil puissant et de grande capacité, de même, en Europe, les dispositions préférées pour les dragues ont aussi été adoptées pour les machines devant faire les déblais à ciel ouvert. Au lieu de la cuillère ou de la griffe unique fixée à l'extrémité d'un manche, on attache à une chaîne sans fin, passant sur des tambours fixés aux deux extrémités d'un cadre mobile, une série de godets ou de griffes. En donnant à ce cadre la position propice et en imprimant à la chaîne un mouvement continu, les godets ou griffes attaquent successivement le terrain.

Avec cette disposition le cube détaché et enlevé par chaque outil est moins grand, mais le nombre d'attaques du terrain augmente; l'opération est presque continue au lieu de se faire par intermittences, ce qui permet de réaliser des déblais aussi considérables qu'avec l'outil unique de capacité supérieure.

Depuis la grande extension prise par les travaux publics, il fallait aviser aux moyens permettant d'exécuter avec rapidité des terrassements considérables.

On se trouvait placé dans l'alternative d'une très grande accumulation d'ouvriers ou de l'emploi d'appareils puissants.

En dehors de la difficulté que présente souvent l'enrôlement d'un grand nombre d'ouvriers terrassiers et leur installation, à proximité de chantiers subissant de fréquents déplacements, le travail à bras d'homme tend à devenir de plus en plus coûteux.

*Excavateur Couvreux.* — M. *Couvreux*, entrepreneur de travaux publics, fut l'un des premiers, en Europe, à transformer les dragues à godets en outils susceptibles d'être employés pour des excavations à sec. C'est sur la ligne du chemin de fer des Ardennes, entre Sedan et Thionville, que MM. Watel et Cie firent le premier emploi de l'excavateur Couvreux pour l'extraction et le chargement en wagons de ballast (1860-1863).

Les bons services rendus par cet engin valurent à M. Couvreux d'être chargé, de 1863 à 1868, du creusement de la tranchée du seuil d'El-Guisr, pour la construction du canal de Suez.

Ces terrassements s'étendaient sur environ 15 kilomètres de longueur, comportaient un cube d'environ 6 millions de mètres cubes, et la tranchée atteignait jusqu'à 20 mètres de profondeur au-dessus du niveau de l'eau.

Sans pouvoir citer les nombreux chantiers sur lesquels l'excavateur Couvreux a depuis lors rendu d'excellents services, il convient de citer la régularisation du Danube près de Vienne (Autriche), où l'entreprise *Castor, Couvreux et Hersent* utilisa, de 1869 à 1875, cinq excavateurs, dans un terrain d'alluvion composé principalement de gravier, pour ouvrir un nouveau lit au fleuve.

Il va de soi que l'expérience conduisit M. Couvreux à apporter des modifications à son premier type d'excavateur, de même que d'autres constructeurs cherchèrent à créer des types répondant aux besoins, si variés, auxquels ces engins sont appelés aujourd'hui à répondre.

L'excavateur sert à la fois à détacher les terres, à les élever et à les déverser. L'appareil de M. Couvreux est entièrement construit en métal ; les outils qui attaquent le sol sont des godets réunis en chapelet et venant successivement s'emplir.

L'appareil est monté sur un chariot reposant sur quatre essieux ; chacun de ceux-ci est muni de trois roues, dont deux correspondent à la voie normale, tandis que la troisième, qui peut se démonter, est écartée de 0 m. 50 et se trouve à l'extrémité de l'essieu, tournée vers le côté de l'attaque du terrain.

Elle sert à donner plus de stabilité à l'excavateur pendant son fonctionnement.

L'excavateur couramment employé pèse environ 45 tonnes, il porte des godets d'une contenance de 170 litres et peut extraire 300 mètres cubes par heure.

Il est muni de deux machines, dont l'une, servant à l'extraction, est de la force de 20 chevaux ; l'autre sert à déplacer l'excavateur sur la voie de service et n'est que de 4 chevaux. Le générateur de vapeur est une chaudière horizontale tubulaire, ayant 40 mètres carrés de surface de chauffe ; elle est timbrée à 6 atmosphères 1/2.

Fig. 40.

Le tout est installé sur le chariot et disposé de façon à pouvoir mettre en mouvement un engrenage fixé sur un arbre horizontal placé au sommet de l'appareil, et muni de deux cames d'entraînement actionnant deux chaînes de Galle sur lesquelles sont fixés les godets.

Le chapelet de godets est monté sur un châssis portant à ses deux extrémités des tourteaux, sur lesquels s'opère la marche sans fin du chapelet.

Un bras, disposé comme celui d'une chèvre et se trouvant en porte-à-faux sur l'appareil, supporte, au moyen d'une chaîne et d'un palan, l'extrémité inférieure du châssis et permet de faire monter ou descendre le tourteau inférieur.

En passant sur le tourteau supérieur, les godets déversent leur contenu dans un couloir, d'où les matériaux extraits glissent jusqu'aux wagons que l'on amène sur une voie latérale de service.

En général, la machine commandant l'extraction marche à 80 tours à la minute et fait, dans ce temps, passer 30 godets à l'attaque. Dans ces conditions, la production par heure pourrait être de 300 mc. ou de 3.600 mc. par jour de 12 heures ; mais les pertes de temps pour le déplacement de l'excavateur et le changement des wagons réduisent à 2.400 mc. au plus le débit d'un tel excavateur, travaillant jusqu'à 5 mètres de profondeur dans un terrain meuble.

Il faut compter pour desservir l'appareil : un mécanicien, un chauffeur, deux ouvriers pour diverses manœuvres et 10 hommes pour l'entretien des voies.

Sur le chantier de régularisation du lit du Danube, à Vienne, où MM. *Castor, Couvreux et Hersent* employèrent cinq excavateurs semblables au type décrit, et où le terrain formé de gravier très meuble se prêtait très bien à leur emploi, la moyenne journalière du cube de terrain enlevé par chaque appareil n'a pas dépassé 1.500 mc. Cette moyenne a varié dans les années 1871, 1872, 1873, de 1.014 à 1.340 et 1.500 mètres et le nombre moyen de jours de travail de quatre excavateurs dans le courant de ces trois années, qui furent celles de la plus grande activité des déblais, n'a été que de 220, 221 et 195 par an.

Dans ces travaux, les excavateurs n'atteignaient pas des terres situées au-dessus du niveau du rail ; ils creusaient en restant au bord supérieur des fouilles. Dès lors, la marche et la position des godets étaient renversées ; pour opérer le déversement de leur contenu sur le couloir, leur fond était mobile et s'ouvrait lors du passage sur le tourteau supérieur. L'élinde avait une longueur suffisante pour atteindre, avec une inclinaison de 45°, la profondeur de 6 mètres sous le niveau des rails.

Comme il s'agissait souvent de déposer en cavalier les déblais extraits, le couloir ordinaire, court, ne servant qu'à l'envoi dans les wagonnets juxtaposés, fut remplacé par un couloir plus long ou par un appareil porteur, dans lequel une toile ou un tablier articulé, passant sur deux tambours et soutenu par des poulies, transportait les déblais à des distances considérables et à un niveau souvent plus élevé que celui du tambour supérieur.

*Excavateur Couvreux-Bourdon.* — Pour les travaux du percement du canal de Panama, les excavateurs devaient pouvoir travailler soit en fouille, soit en décapement. Il fallait verser les produits de l'excavation dans un couloir pour les charger à volonté en wagon ou sur un transporteur.

Le cahier des charges exigeait en outre des godets d'une capacité de 276 litres pour le travail dans l'eau et de 200 litres en décapement. Les fouilles devaient pouvoir être faites jusqu'à une profondeur de 6 mètres sous le niveau de la voie. Le rendement par heure devait pouvoir atteindre 240 mètres cubes dans les terrains durs et 300 mètres cubes dans les terrains moyens.

Tous les mouvements devaient être commandés mécaniquement, c'est-à-dire non seulement celui de la chaîne à godets, mais aussi le déplacement de l'excavateur et le relevage ou l'abaissement de l'élinde. De plus, les wagons en chargement devaient être manœuvrables par la machine de l'excavateur au moyen d'une bobine fixée contre cet appareil.

L'excavateur système Couvreux, qui répond à toutes ces exigences et qui présente tous les perfectionnements reconnus désirables dans le cours des nombreux emplois faits, tant en France qu'à l'étranger, peut être encore considéré comme le type de ce genre d'appareils.

La figure 41 montre cet excavateur, tel qu'il existe pour les travaux de décapement.

L'excavateur en question a été construit par la Société franco-belge d'après les plans de M. *Ch. Bourdon* ; il pèse à vide 42 tonnes et en état de service environ 50 tonnes.

Ainsi que l'indique le dessin, le chariot repose sur quatre

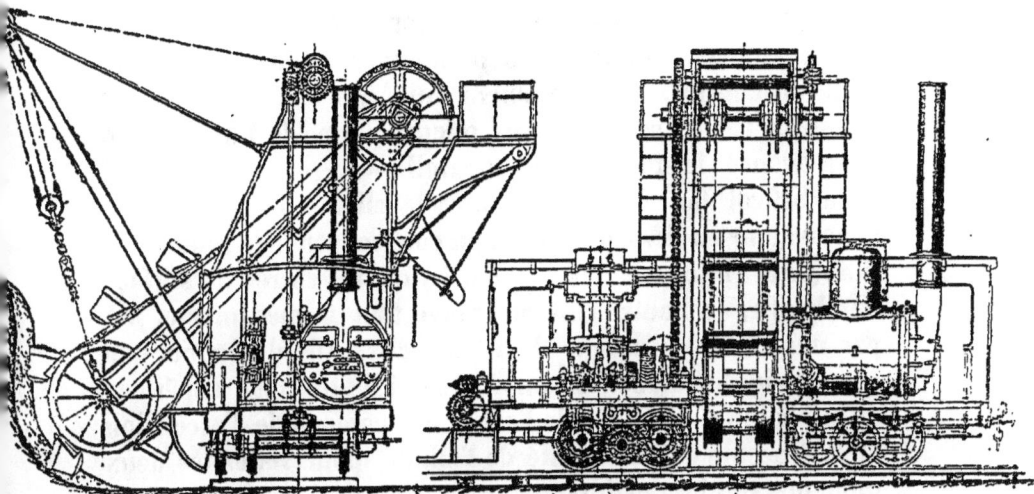

Fig. 41. — Excavateur système Couvreux. Société Franco-Belge.

essieux dont les roues correspondent à la voie de service. Une roue, servant à assurer une plus grande largeur d'appui à l'excavateur pendant son fonctionnement, avance de $0^m,50$ sur celles du côté de l'élinde ; elle est montée sur un essieu spécial, interposé entre les deux essieux qui se trouvent sous la chaudière. — Cet essieu est à une distance d'environ $1^m,90$ de l'axe du beffroi dans lequel se trouve l'élinde. On peut se demander s'il n'eût pas été désirable de placer symétriquement, de l'autre côté dudit beffroi et entre les deux essieux porteurs qui sont sous le mécanisme, un essieu muni d'une roue ou d'un galet appuyant sur le rail écarté de $0^m,50$ de la voie. — La nécessité d'interposer entre ces deux essieux l'arbre moteur, qui imprime le mouvement d'avance et de recul au chariot, a évidemment empêché les constructeurs d'assurer par ce second galet, mieux que ne le fait l'unique galet avancé, la stabilité de l'appareil.

Le beffroi dans lequel se trouve la chaîne à godets divise l'excavateur en deux parties ; d'un côté se trouve la chaudière, timbrée à 7 kilogrammes et ayant 45 mètres carrés de surface de chauffe, de l'autre côté se trouve tout le mécanisme, mû par une machine unique de 70 chevaux. Afin de donner une grande rigidité au beffroi, on s'est servi du tourteau supérieur de la chaîne à godets et de l'arbre qui commande l'ascension et la descente de l'extrémité de l'élinde, pour relier les deux montants qui la constituent.

Tous les mouvements sont commandés par le mécanicien sans qu'il ait à se déplacer. L'arbre du tourteau supérieur, qui fait mouvoir les godets, reçoit son mouvement par l'intermédiaire d'une forte chaîne Galles ; le treuil de relevage de l'élinde, les roues métrices effectuant la translation de l'excavateur et la bobine servant à la manœuvre des wagons sont commandés par des vis sans fin, s'engrenant dans des roues dentées.

Des embrayages à griffes et à frottement permettent la mise en marche des divers éléments de ce mécanisme très complet, dans lequel on a eu soin de réduire au minimum le nombre des pièces différentes, pour pouvoir avec peu de pièces de rechange suffire à son entretien.

Pour ne pas fatiguer les ressorts par l'intermédiaire desquels le poids de l'appareil est réparti sur les essieux, on peut en opérer le calage pendant que l'excavateur fonctionne au moyen de supports rivés aux longerons.

La répartition des charges, sur le châssis de l'excavateur, est telle que le centre de gravité se trouve en général plus rapproché du rail éloigné de la fouille que de l'autre. Grâce à cette disposition, à la faible élévation du centre de gravité au-dessus du niveau de la voie et enfin à l'établissement du troisième rail sur lequel roule le galet avancé, l'excavateur peut attaquer au moyen de ses godets des terrains assez résistants et les bien remplir sans danger de basculement.

Les godets de l'excavateur travaillant à décaper mordent en remontant du dessous du tambour inférieur vers le haut ; ils se déversent après avoir passé par dessus le tourteau supérieur.

Lorsque l'excavateur opère des fouilles, c'est-à-dire lorsqu'il fait des excavations sous le niveau de la voie, les godets attaquent après avoir passé par dessus le tambour inférieur ; le remplissage s'achève en général pendant leur marche ascendante en attaquant les talus de la fouille.

**27. Dispositions facilitant le remplissage et le déversement des godets.** — Dans les terrains résistants, le poids des godets ne suffit pas pour les faire attaquer le terrain et pour assurer leur remplissage. Un moyen qui réussit, lorsque le sol n'est pas d'une trop grande consistance, consiste dans l'adaptation à l'élinde de rouleaux qui pèsent sur la chaîne formée par les godets. Le treuil qui soutient l'élinde permet le réglage de cette pression.

Dans des terrains plus résistants on remplace le tranchant uni des godets par une tranche dentelée, et pour ceux très résistants on intercalle entre les godets des griffes qui labourent le sol, pour que les godets rencontrent toujours un sol déjà ameubli.

Dans les terrains argileux, le contenu des godets adhère aux parois, on assure le déversement, ou bien en faisant arriver un jet d'eau ou en donnant aux godets une disposition telle que, dès qu'ils viennent passer sur le tourteau supérieur, leur face inférieure s'ouvre. Un soc venant alors s'introduire successivement dans chaque godet assure le déversement et la chute du contenu, sur le couloir ou dans la trémie qui se trouve au-dessous.

**28. Couloirs et trémies.** — Pour que les déblais descendent par ce couloir sans arrêt et sans qu'il y ait lieu de faire intervenir des ouvriers pour empêcher des engorgements, le couloir doit être incliné à environ 45°. Les galets permettent un amoindrissement de cette inclinaison, tandis que les terrains argileux demandent une pente plus raide, à moins que des jets d'eau ne viennent faciliter leur glissement. Ces couloirs servent en général au déversement des produits de l'excavateur dans des wagons pour être transportés aux lieux d'emploi. Dès qu'un wagon se trouve rempli, le train doit se déplacer de la longueur d'un wagon, pour permettre le remplissage du véhicule suivant.

*Trémie système Vering.* — Les déplacements fréquents des wagons sont une cause de perte de temps, et nous signalons comme une disposition heureuse la trémie, à double débouché alternatif, que construit M. *Vering* de Hanovre.

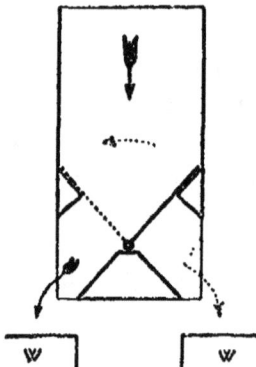

Fig. 42.

Ainsi que le montre la figure ci-contre, l'axe de la trémie est placé entre les têtes de deux wagons voisins ; il suffit de déplacer le volet qui donne alternativement accès vers l'un ou l'autre des couloirs pour remplir ces deux wagons, entre lesquels on a fait arriver la trémie. Les déplacements du train ne sont dès lors nécessaires qu'après remplissage de deux véhicules.

En diminuant ainsi le nombre des interruptions du travail on augmente le rendement de l'installation.

*Couloirs de grande longueur.* — Dans les cas où les déblais doivent être déposés en cavalier et étendus sur une certaine largeur au-dessus du bord de l'excavation, il y a tout intérêt à les faire arriver par la gravité, en allongeant les couloirs jusqu'au lieu de leur dépôt, ou pour le moins à proximité de l'emplacement qui leur est destiné. Plus la distance du lieu d'emploi augmente, plus il faudrait augmenter la hauteur à laquelle l'excavateur amène les déblais, à moins qu'on n'arrive, par des dispositions spéciales, à pouvoir adoucir la pente sur laquelle les produits poursuivent leur descente.

L'augmentation de la hauteur d'élévation des déblais est un moyen coûteux ; on recourt donc plus volontiers au procédé qui sera plus particulièrement décrit en parlant des dragues et qui a trouvé une application bien connue au creusement du canal de Suez (couloirs à section fermée, dans lesquels l'eau assure le déplacement sur une faible pente). A défaut d'eau, on fait mouvoir un chapelet formé de palettes qui poussent les déblais.

L'emploi de ce moyen mécanique dispense non seulement de donner une pente, mais il permet même de faire remonter le couloir à un niveau supérieur à celui du tourteau de l'excavateur.

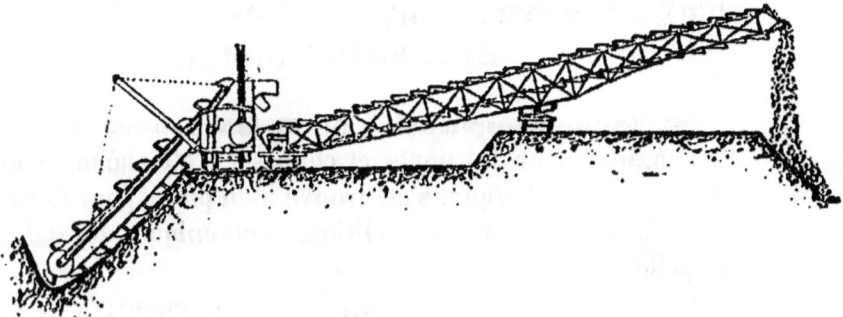

Fig. 43.

*Tablier-transporteur.* — Au lieu d'établir un couloir sur lequel on fait glisser ainsi les déblais, on a recours également et avec succès à des courroies sans fin animées d'un mouvement continu, sur lesquelles les déblais sont versés et transportés à des distances et hauteurs quelconques, pourvu que les rampes ne dépassent pas l'angle de glissement des matières sur le plancher mobile formé par la toile ou courroie.

Ces tabliers mobiles, au lieu d'être formés par des toiles ou cuirs, sont quelquefois formés par l'assemblage d'une série de plateaux.

La figure 43 montre la disposition que la maison J. Boullet et Cie de Paris donne à ces transporteurs. On voit que, pour supporter ces installations, il faut établir des voies parallèles semblables à celle qui sert à l'excavateur, et que la mise en mouvement du chapelet transporteur nécessite une force motrice. On peut estimer à environ 600 fr. le prix par mètre courant d'un tel transporteur.

Les excavateurs et leurs accessoires ont été perfectionnés ces temps derniers, grâce aux études provoquées par leurs nombreux emplois. Il est juste de citer les noms de MM. Evrard, Boullet, Demange, Satre, Gabert, Le Brun, Bourdon, Weyer et Richemont, Jacquelin et Chèvre, comme ayant contribué aux progrès réalisés.

## § 4

## PRIX DE REVIENT DES DÉBLAIS A L'EXCAVATEUR ET A BRAS D'HOMME

**20. Étude comparative de M. Dardenne.** — M. Dardenne, ingénieur des ponts et chaussées, attaché aux travaux du port de Dunkerque, s'est trouvé bien placé pour faire une étude impartiale sur les conditions économiques des déblais à la pelle et à l'excavateur.

Un extrait d'une note de cet ingénieur montrera qu'il faut se défier de la tendance à trop généraliser l'emploi des outils compliqués, ou à exagérer, en se basant sur les résultats d'essais de courte durée, le rendement moyen sur lequel on peut compter dans l'exécution des grands travaux.

*Description de l'excavateur.* — L'excavateur dont on s'est servi de 1881 à 1884 à Dunkerque, pour faire les terrassements des bassins de Freyssinet, comprend une noria, portée sur une élinde, qu'on peut relever ou abaisser à l'aide de palans ; les godets ont une capacité de 0 mc. 150.

La machine motrice est à un seul cylindre ; elle actionne directement un arbre sur lequel se trouve le volant, et qui transmet le mouvement par trois roues d'engrenage à l'arbre du tourteau sur lequel passe la noria.

La machine qui met en mouvement le chariot à quatre essieux est à 2 cylindres verticaux accouplés ; elle actionne une roue dentée montée sur un arbre parallèle aux essieux, au moyen d'un arbre horizontal à vis sans fin. Une chaîne galle, qui passe sur un pignon fixé sur cet arbre parallèle aux essieux et sur une roue dentée calée sur l'un de ceux-ci, transmet le mouvement à cet arbre.

La machine actionnant la noria a une force de 25 chevaux ; elle fait 90 tours. En marche normale l'arbre du tourteau fait dix-sept tours par minute, ce qui correspond à 25,5 godets par minute, soit théoriquement 229 mc. 5 par heure. En réalité, les arrêts et les petites réparations réduisent à 65 pour cent le nombre des godets passants, soit à 150 mètres le cube possible par heure.

Le travail utile théorique n'étant que les 437 millièmes du travail moteur, le travail utile réel n'est donc que les 0,65×0,437=0,283 du travail moteur.

La machine qui déplace l'excavateur est de la force de 7 chevaux ; elle fait faire aux roues un tour par minute, ce qui correspond à un déplacement de 2 m. 82 dans ce temps. Le poids de l'excavateur est de 55 tonnes.

Une seule chaudière tubulaire horizontale alimente les deux machines ; elle a une capacité de 3 mc. 5 et sa surface de chauffe est de 26 mq.

L'excavateur se déplace sur une voie de largeur normale, c'est-à-dire de 1 m. 44 ; mais le troisième rail sur lequel roulent les galets d'appui est à 0 m. 56, ce qui porte à 2 m. la largeur totale de la voie à trois rails.

Les wagons qui reçoivent les déblais circulent sur une voie parallèle, distante de 1 m. 50 à 1 m. 80 de la première. Les wagons ont une capacité de 7 mc. Un wagon portant une bâche d'alimentation et un petit atelier pour les petites réparations est attelé à l'excavateur.

La journée de travail est de 13 heures et les prix payés à la journée sont fixés pour une production de 14 trains de 14 wagons au moins. Pour le travail supplémentaire, des indemnités sont accordées par train supplémentaire aux mécanicien, chauffeur et chefs de chantier. Grâce à ce système, on est arrivé à faire avec l'excavateur, en 13 heures, 391 wagons au lieu de 196, tandis qu'à la pelle, en travaillant 12 heures, on n'a pas dépassé 12 trains ou 168 wagons.

*Conditions d'installation.* — L'excavateur donne son maximum de rendement dans le sable, et encore faut-il que le sable ne soit pas très mouillé. S'il est trop mouillé, le cube utile est moindre et, vu la tendance aux éboulements, il faudrait éloigner la voie du bord de l'excavation. Pour améliorer les conditions dans lesquelles travaille un excavateur dans les sables mouillés, on lui fait souvent creuser d'abord une cuvette d'assèchement.

L'excavateur présente dans tous les cas le grand avantage de réduire le nombre d'ouvriers. Il permet l'exécution de fouilles jusqu'à 6 mètres de profondeur sans établissement de rampes d'accès.

Un chantier à excavateur, pour être avantageux, doit être important ; aussi a-t-on toujours soin de commencer la fouille à la pelle pour établir les voies et pour préparer le moment où l'appareil, sans se déplacer par trop fréquemment, trouvera les cubes de déblai nécessaires pour une marche avantageuse.

Le travail utile d'un excavateur est nécessairement variable avec la nature et l'homogénéité du terrain, le degré de siccité, la profondeur de la fouille et la bonne organisation du service des transports. Sa production journalière moyenne a varié, suivant les mois, de 1.130 à 2.540 mc. par 13 heures de travail. La moyenne journalière pour toute la durée du travail a été de 1.800 mc. Ces variations de production expliquent celles des frais de personnel par mètre cube, qui ont été de 0 fr. 321 à 0 fr. 237.

Les chantiers à la pelle sont également sujets à des variations considérables de rendement et de prix ; pour comparer le prix de revient des terrassements par les deux procédés, il faut donc envisager des cas particuliers présentant des conditions analogues.

En prenant pour base une production mensuelle de 50,000 m. c., la fouille se faisant dans du sable sec, il faut compter d'une part un chantier à l'excavateur et d'autre part deux chantiers à la pelle.

Chantier de l'excavateur : Le chantier a 500 m. de longueur et la profondeur est de 3 à 4 m., les wagons sont à bascule et cubent 7 mc. La distance du transport est de 2.600 m. On a travaillé vingt-trois jours dans le mois pour faire 50.000 environ avec l'excavateur de Dunkerque, qui pèse 55 tonnes.

Chantiers à la pelle : Il y a deux chantiers distincts de 250 m. de longueur et la profondeur est de 3 à 4 m. Les wagons à plate forme cubent 6 m. c , la distance du transport est de 3.000 m.; dans le même nombre de jours on a fait le même travail de 50.000 mc.

*Prix de revient.* — Le tableau ci-dessous donne les prix élémentaires par mètre cube dans les deux cas. le charbon étant compté à 21 fr. par tonne. L'excavateur étant compté pour 53.000 fr., la valeur du matériel pour fouille et charge de son chantier est de 70.000 fr. et celle du matériel de transport de 220.000 fr., tandis que pour les chantiers à la pelle il n'y a que le matériel de transport, dont le prix s'élève à 270.000 fr.

Pour dépréciation et amortissement du matériel, on a porté 15 pour cent de la valeur par an.

| Nature des dépenses | Chantier de l'excavateur | Chantiers à la pelle |
|---|---|---|
| | francs | francs |
| Frais de première installation des chantiers.. | 0.217 | 0.274 |
| Personnel employé aux terrassements...... | 0.237 | 0.500 |
| Combustible .................... | 0.049 | 0.029 |
| Graisse, éclairage et divers............ | 0.022 | 0.014 |
| Outillage et matériel de décharge......... | 0.010 | » |
| Entretien et réparation du matériel....... | 0.143 | 0.080 |
| Dépréciation et amortissement du matériel.. | 0.075 | 0.068 |
| Dépenses totales par mètre cube......... | 0.753 | 0.965 |

L'analyse des prix de revient fait ressortir l'influence du genre d'extraction sur les frais de transport et de décharge.

| Détail des dépenses | Chantier de l'excavateur | | Chantiers à la pelle | |
|---|---|---|---|---|
| Frais le première installation........... | 0.011 | | 0.039 | |
| Ripage et entretien des voies de charge.. | 0.055 | | 0.117 | |
| Manœuvre de l'excavateur............. | 0.037 | | | |
| Combustible........................ | 0.019 | | | |
| Graisse, éclairage et divers............ | 0.006 | | 0.154 | |
| Entretien et réparation du matériel...... | 0.072 | | | |
| Dépréciation et amortissement du matériel. | 0.018 | | | |
| Total pour fouille et charge.......... | ..... | 0.248 | ..... | 0.310 |
| Frais de première installation.......... | 0.165 | | 0.216 | |
| Personnel des machines et de la voie.... | 0.047 | | 0.045 | |
| Entretien des voies de parcours........ | 0.034 | | 0.033 | |
| Combustible........................ | 0.030 | | 0.029 | |
| Graisse, éclairage et divers............ | 0.016 | | 0.014 | |
| Entretien et réparation du matériel...... | 0.071 | | 0.080 | |
| Dépréciation et amortissement du matériel. | 0.057 | | 0.068 | |
| Total pour transports................ | ..... | 0.420 | ..... | 0.485 |
| Frais de première installation.......... | 0.011 | | 0.019 | |
| Personnel à la décharge.............. | 0.064 | | 0.151 | |
| Outillage de décharge................ | 0.010 | | | |
| Total pour la décharge.............. | ..... | 0.085 | ..... | 0.170 |
| Total général..................... | | 0.753 | | 0.965 |

Ainsi qu'il ressort de cette analyse, les frais généraux et les intérêts des fonds engagés ne sont pas compris dans les prix de revient de 0 fr. 753 et 0 fr. 965 par mètre cube. Il n'est pas sans intérêt d'ajouter que le prix moyen payé à l'entreprise par mètre cube est de 1 fr. 085.

L'excavateur de Dunkerque a fonctionné depuis le mois d'avril 1881 jusqu'en janvier 1884, soit pendant 34 mois, et le nombre de jours effectifs de travail a été de 753 ; le cube total déblayé a été de 1.360.000 mètres cubes, ce qui donne 22,2 jours de travail par mois et un rendement de 1.806 mètres cubes par jour.

## § 5

## ROULEAUX COMPRESSEURS ET CORROYEURS

**30. Rouleaux compresseurs.** — Lorsque la nature des terrains employés à faire des remblais n'assure pas un tassement suffisant pour rendre le remblai aussi compact que l'exige le but qu'il doit remplir, rien que par le passage des véhicules qui amènent les déblais, il faut recourir à la compression artificielle.

Tant que l'étendue du remblai n'est pas grande et que la main d'œuvre est bon marché, on peut se servir des pilons et autres outils à main dont il a déjà été parlé; mais pour les remblais considérables on passe avec avantage, de même que nous l'avons dit pour les déblais, de l'outil manœuvré à bras d'hommes aux appareils plus puissants. Il faut que ceux-ci exercent une pression considérable sur les couches successivement rapportées.

Le rouleau compresseur[1] dont on se sert d'une façon courante dans le service de la construction et de l'entretien des routes peut, avec avantage, être utilisé pour comprimer les couches rapportées successivement. En régalant les nouveaux apports en couches minces, de 15 à 20 centimètres au plus, la compression s'opèrera bien si les matières ne sont pas comme les terres argileuses sujettes à former des mottes, difficiles à réduire avec le rouleau compresseur seul.

Pour pouvoir revenir plusieurs fois sur son trajet, sans avoir à tourner chaque fois le rouleau, on donne à la flèche la possibilité d'être ramenée à volonté de l'avant à l'arrière.

Dans le dessin ci-après, nous montrons un rouleau construit à Chemnitz (Allemagne); la flèche, fixée à un cadre circulaire, comme celui qui sera décrit ci-dessous, peut à volonté être placée à l'avant ou à l'arrière.

Le cylindre peut être rempli d'eau pour augmenter son

---

1. Voir le volume *Routes*, par M. Léon Durand-Claye, p. 348.

poids. Un rouleau compresseur de ce genre ayant 1 m. 37 de diamètre et 1 m. 07 de longueur pèse à vide environ quatre tonnes et coûte près de 3.000 fr. Le modèle supérieur, ayant 1 m. 52 de diamètre et 1 m. 12 de longueur, pèse à vide environ 5 tonnes 25 et coûte près de 3.500 fr. Ces prix doivent être majorés d'environ 250 fr. pour les rouleaux munis de freins.

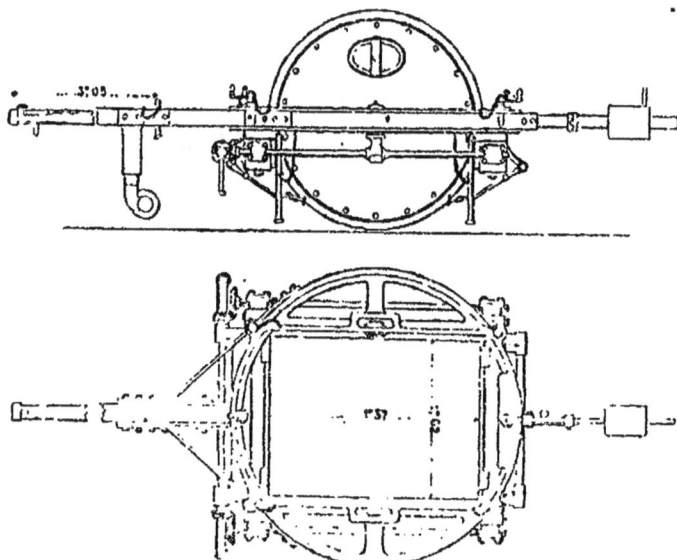

Fig. 44.

**31. Rouleau corroyeur**. — Pour assurer, par des moyens mécaniques, un tassement suffisant pour rendre des remblais récents susceptibles de présenter l'étanchéité qu'on demande par exemple aux digues de réservoirs, il faut que les terres soient à la fois corroyées et comprimées.

Un appareil répondant à ces buts a été employé par M. A. Picard[1] lors de la construction du réservoir de Paroy. Pour former les digues de ce réservoir les terres étaient amenées par voitures et régalées par couches de 0 m. 25 d'épaisseur, puis soumises au corroyage au moyen du rouleau dont nous donnons ci-après le dessin.

Cet appareil se compose de deux séries de disques de 0 m. 60 de diamètre et 0 m. 05 d'épaisseur, montées à 0 m. 122

1. Voir *Annales des ponts et chaussées*, 1880, premier semestre.

d'écartement sur deux axes distincts et se recoupant de
0 m. 08. La caisse destinée à recevoir la surcharge a 1 mètre
de côté et 0 m. 30 de hauteur. La flèche de traction est fixée à
un cadre de 1 m. 60 de diamètre, permettant de faire tourner
l'attelage pour changer le sens de la marche.

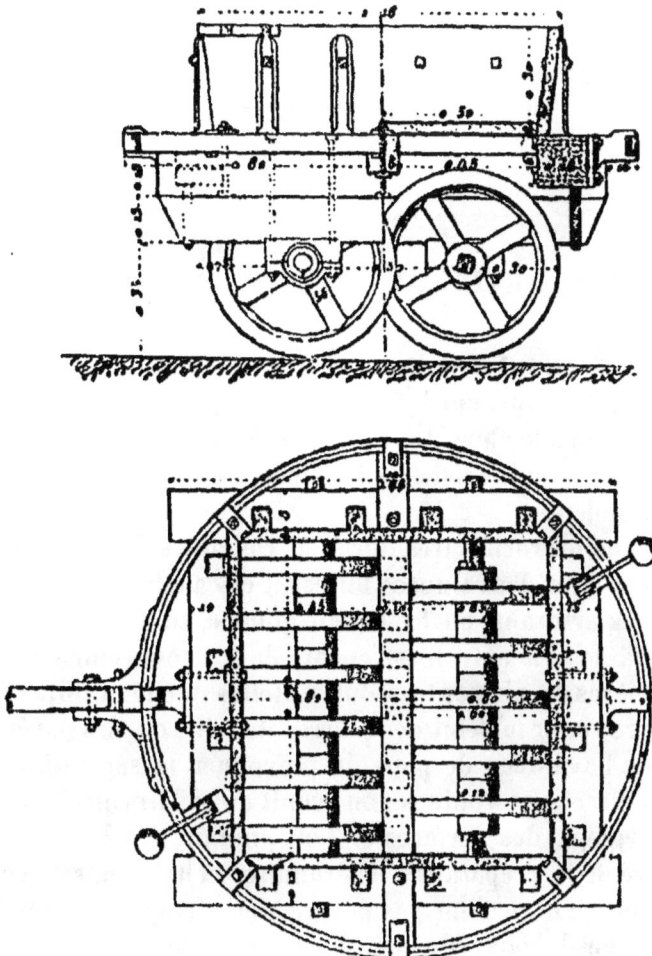

Fig. 45.

A vide cet appareil pèse 1.300 kilog., mais la surcharge
porte son poids à 2.100 kilog. L'attelage se compose de quatre
chevaux et on le fait passer quatre fois, en chargeant de plus
en plus. La compression et le corroyage de remblais argilo-
sablonneux étaient très satisfaisants ; le prix de revient était
de 0 fr. 07 par mètre cube.

# CHAPITRE III

## DÉBLAI DE ROCHER

### § 1.

### REVUE DES MOYENS EMPLOYÉS[1]

**32. Emploi de coins.** — Pour faire des déblais dans un terrain très dur, sur lequel le pic n'a pas d'action suffisante, la roche sous le choc des outils ne partant que par éclats, on a renoncé depuis les temps les plus anciens à l'emploi des outils contondants.

Dans les roches très dures et cassantes, les anciens enfonçaient dans des rainures faites au ciseau des coins en bois sec ; en les arrosant, on les faisait gonfler, ce qui déterminait des crevasses. Ce moyen est encore de nos jours employé dans les carrières de pierres très dures, telles que le granite ou le porphyre, pour le débit des pierres de taille ou des pavés. Il présente l'avantage de pouvoir provoquer la séparation suivant des directions voulues ; on réduit ainsi la main-d'œuvre pour le réglage des surfaces et l'on diminue les déchets. Le prix élevé de la préparation des rainures et la lenteur de cette opération ne la rendent pas propre à être employée pour l'exécution de déblais considérables, où il importe beaucoup plus d'aller vite que d'assurer des clivages suivant des directions déterminées.

L'emploi des coins en fer, chassés à coups de masses, se

1. Voir *Routes* par M. L. Durand-Claye, dans l' « Encyclopédie des travaux publics », chapitre VI.

prête mieux que celui des coins en bois à la désagrégation des roches à déblayer. Mais pour peu que la roche soit élastique l'effet utile diminue ; on n'en fait plus guère emploi que pour abattre des couches dures, rencontrées entre des couches de terrain meuble.

**33. Abatage et havage.** — En creusant sous les couches dures, on leur donne du surplomb, et l'on provoque leur chute en faisant pénétrer des coins. C'est un abatage qui ne manque pas d'être dangereux pour les ouvriers, mais qui, dans certaines conditions, peut être assez avantageux. Ainsi des bancs de conglomérats, rencontrés dans des graviers ou sables non agglutinés, pourront être déblayés plus vite et plus économiquement au moyen de l'abatage aux coins qu'à l'aide de la poudre, dont l'effet se trouve souvent très compromis par les défauts de continuité de tels bancs.

Même pour le déblai de roches très compactes et ne présentant pas de lits, le déblai par havage pourra dans certains cas être à recommander. En détachant, au moyen d'outils spéciaux, des quartiers de roche sur plusieurs points, il suffira de quelques coins pour amener la séparation totale. Les blocs ainsi détachés présentent des formes régulières, les rendant aptes à certains emplois ; la roche dont on les a détachés n'est pas altérée, c'est ce qui engage à l'emploi des machines haveuses pour le creusement de certaines galeries ou des carrières dont on veut tirer des échantillons de grandes dimensions et bien sains.

Le havage peut se faire aussi bien en galeries qu'à ciel ouvert. Des appareils spéciaux permettent d'avancer à 1$^m$,50, et plus, les traits de scie qui détacheront sur quatre facés les roches à extraire. Nous reviendrons dans la suite sur des appareils de ce genre, en particulier sur ceux de M. Taverdon.

**34. Emploi d'explosifs.** — La mine est le moyen le plus généralement employé pour les déblais de roches, depuis le commencement du dix-septième siècle.

Pour que les gaz développés par l'inflammation des explosifs produisent la dislocation de la roche, il faut que ceux-ci soient logés à l'intérieur, en quantité déterminée, proportionnée à la résistance.

Pour avoir les meilleurs effets utiles, il faut que l'explosif se trouve à une certaine distance de la surface de la roche, que l'ouverture par laquelle il est introduit soit bien close et que les gaz produits instantanément par l'explosion ne trouvent pas d'issue, afin qu'ils agissent de toute leur force à la dislocation.

Les progrès faits dans l'usage des mines, dans le courant des dernières 50 années, sont énormes. — Autrefois on se servait exclusivement de petites mines forées à bras d'hommes, dans lesquelles on versait un peu de poudre, à laquelle on mettait le feu à l'aide d'une paille remplie de grains de poudre traversant la bourre ; aujourd'hui, sans avoir renoncé aux mines forées, on en est arrivé à de grandes galeries aboutissant à des chambres remplies d'explosifs beaucoup plus puissants dont l'allumage, simultané dans tous les éléments de la masse explosible, est assuré à l'aide de l'électricité. Sans nous arrêter à toutes les étapes, nous allons analyser les procédés employés de nos jours pour effectuer des déblais dans le roc.

## § 2.

## FORAGE DES TROUS DE MINE

**35. Forage à bras d'homme.** — Pour forer des trous dans la roche, on se sert de fleurets et de masses. Lorsque le même ouvrier manœuvre de la main droite la masse pour frapper sur le fleuret tenu de la main gauche, on dit que le forage se fait à un homme. Dès que les trous doivent avoir plus de profondeur et être d'un diamètre de deux centimètres ou plus, un homme est chargé spécialement de tenir le fleuret et de lui imprimer un petit mouvement de rotation après chaque coup ; un ou plusieurs autres mineurs portent des coups sur la tête du fleuret et l'on dit alors que la mine se fait à deux, à trois hommes, etc.

Pour le travail à un homme, la masse pèse de 2 à 4 kilogrammes et le manche n'a guère que 25 centimètres ; ce poids atteint jusqu'à 8 kilogrammes et le manche reçoit 60 à 70 centimètres de longueur pour le travail à plusieurs hommes.

L'ouvrier qui tient le fleuret est chargé d'introduire de l'eau dans le trou de mine pendant le forage, et de le vider de temps en temps à l'aide d'une curette.

Le travail à la barre à mine sert dans certaines circonstances à l'approfondissement des trous. L'outil employé est alors une barre pesante, dont la manœuvre demande généralement plusieurs hommes.

La barre est employée pour les forages sous-marins plutôt que pour ceux à ciel ouvert ; un tube en fer, maintenu en place par des tringles, sert à la guider. On la suspend à une corde, passant sur une poulie fixée au sommet d'une chèvre, et on l'élève pour la laisser retomber.

*Travail fourni par mineur.* — Les mines qui ne doivent avoir que peu de profondeur sont faites par un seul homme ; dès que leur profondeur atteint environ deux mètres, on travaille à deux, puis, lorsqu'on dépasse 4 à 5 mètres, à trois hommes.

Dans les carrières de calcaire on fait souvent, pour la préparation des mines à poches acidées, des trous de plus de $10^m$. Pour forer ces trous dans le calcaire on compte que :

| | | |
|---|---|---|
| Le 1er jour, un mineur fait . . . . . . . . . | $2^m25$ | |
| Le 2e — deux mineurs font . . . . . . | 2 50 | |
| Le 3e — trois — — . . . . . . | 2 00 | $10^m$ |
| Le 4e — — — — . . . . . . | 1 75 | |
| Le 5e — — — — . . . . . . | 1 50 | |

On arrive ainsi en 5 jours, avec 12 journées de mineur, à forer un trou de 10 mètres de profondeur.

En travaillant à deux hommes, on estime qu'en une journée un trou de 25 millimètres peut être fait sur 2 mètres de profondeur dans le granite, sur environ 3 m. dans le calcaire et sur près du double dans le grès.

D'après M. Schön, le nombre d'heures de mineur nécessaire pour forer, à deux hommes, un trou d'une même profondeur varie, comme l'indique le tableau ci-dessous, avec le diamètre et la nature de la roche.

| Diamètre du trou, en millimètres. | Nombre d'heures de mineur par mètre de trou. | | |
|---|---|---|---|
| | Syénite peu dure. | Granite. | Quartz, ou Feldsp. dur. |
| 30 | 12.5 | 18.5 | 32.0 |
| 33 | 15.5 | 22.0 | 38.0 |

En dehors des mineurs manœuvrant le fleuret et la masse ou la barre, on emploie souvent des garçons pour verser de l'eau dans les trous. Cette eau empêche le tranchant en acier de perdre la trempe, et facilite l'enlèvement de la roche réduite en poudre.

*Dimensions des trous de mine.* — Il existe une certaine relation entre la profondeur et le diamètre des trous de mine. Ce diamètre ne descend guère au-dessous de 2 centimètres.

Pour les mines devant être chargées de poudre ordinaire, forées dans des roches de dureté moyenne, telles que les roches calcaires, le diamètre des trous d'une profondeur supérieure à 1 m. 50 est généralement voisin du soixante cinquième de la profondeur.

Le rapport entre le diamètre et la profondeur augmente avec la résistance de la roche et diminue avec l'énergie de l'explosif employé. Il en est de même pour la hauteur occupée par la charge dans le trou de mine, hauteur ne dépassant généralement pas le tiers de la profondeur de ce trou.

*Prix de revient du forage à la main.* — Les profondeurs de trou de mine, par journée de mineur dans les diverses roches, permettent d'établir, le prix de la main-d'œuvre étant connu, l'un des éléments du prix de revient. Il y a toutefois à ajouter au prix de la main-d'œuvre, directement employée au forage, celui de l'entretien des outils.

L'entretien des fleurets joue un très grand rôle dans les frais de forage, surtout si la roche est très dure.

Dans la roche calcaire, le prix de revient du forage d'un mètre courant de trou de mine varie de 2 fr. à 4 fr., suivant la profondeur et le diamètre du trou. Dans les roches dures, comme le granite, ce prix peut dépasser 6 fr.

En faisant la comparaison des effets des divers explosifs, nous donnerons des exemples comprenant en même temps des indications sur le prix de revient des forages à la main.

L'usure des fleurets étant grande et ces outils présentant un poids considérable, il est utile, pour diminuer les frais de leur entretien, d'établir à proximité des chantiers d'extraction des forges pour leur réparation.

Il en résulte une économie dans cet entretien, qui ne peut être obtenue qu'en cas d'importance et de concentration des chantiers.

**36. Forage à l'aide de machines.** — La substitution d'appareils mécaniques au travail manuel a dû nécessairement être tentée pour la perforation des trous de mine, qui est une opération des plus uniformes, paraissant devoir se prêter à ce progrès, encore mieux que les travaux de déblais.

L'énumération des appareils, en l'absence de description des dispositions (très ingénieuses, mais généralement assez compliquées), ne présenterait pas grand intérêt, et le cadre du présent ouvrage ne comporte pas de tels détails.

*Classification générale.* — Nous devons donc nous borner à signaler que les appareils mécaniques pour le déblai des roches dures se divisent : en appareils effectuant des saignées, permettant l'abattage de grands blocs ; appareils effectuant des forages sur de grandes sections ; et enfin appareils opérant mécaniquement le forage de trous.

. La première perforatrice proposée par M. Maüs, pour le percement du tunnel du mont Cenis, devait détacher la roche sur toute la section des galeries ; elle rentre dans la première catégorie de ces appareils, mais n'a pas été employée dans l'exécution de ce tunnel. Depuis lors, d'autres outils du même genre ont été inventés et appliqués dans des travaux de mine et dans des carrières.

Pour opérer les entailles et faire ce qu'on appelle le havage des roches, c'est-à-dire pour en détacher des quartiers, on se sert de scies dans les roches tendres, mais on recourt, ainsi que le fait M. Taverdon, à un outil garni de diamants ou de pointes d'acier et agissant par usure.

Le câble ou le ruban métallique sans fin portant les pointes se meut avec grande vitesse sur une poulie, que l'on pousse en avant dans le joint frayé par cette espèce de scie dans la roche à détacher.

Quant à la seconde catégorie des machines opérant le déblai des roches sur de grandes sections, la perforatrice du colonel Beaumont, qui a effectué sur plusieurs kilomètres de longueur l'ouverture de la galerie de reconnaissance pour le tunnel projeté sous la Manche en est le spécimen le plus remarquable.

Les perforateurs, ouvrant des trous de mine avec plus de rapidité et à de plus grandes profondeurs que cela n'a été possible en travaillant à la main, sont des engins de la plus grande importance.

Les machines de ce genre sont vite entrées dans la pratique; elles sont employées sur une grande échelle dans les travaux publics, pour les déblais de roc dans les carrières et dans les souterrains.

De même que les forages pour sondage, les forages pour déblais au moyen de ces machines se font soit par percussion, soit par rotation.

En Europe, les perforateurs ont trouvé, dès leur invention, une application très importante dans le percement des trois grands tunnels des Alpes. Ils ont permis de mener ces travaux avec une rapidité qu'il eût été impossible d'atteindre sans cela.

Aux États-Unis, les perforateurs ont trouvé des applications plus nombreuses dès le début : dans les carrières, dans les mines et dans des tunnels même de longueurs ordinaires ; le travail mécanique s'est vite substitué au travail à bras d'homme. Il va de soi que les grandes excavations préparant les dérochements sous-marins près de New-York et le percement des grands tunnels de Hoosac, de Sutro et autres, ont été effectués à l'aide de perforateurs.

*Perforateurs à percussion.* — Les perforateurs à percussion étaient au début mûs à la main. Tel était le perforateur John Singer employé dès 1838 sur les travaux du canal Michigan-Illinois. Le succès obtenu en 1861 au tunnel du mont Cenis avec le perforateur Sommeiller, mû à l'air comprimé, dirigea les inventeurs dans une nouvelle voie. Les perforateurs de Keane, de Cranston et surtout ceux de Ferroux et de Dubois et François, marquent les progrès faits en Europe. Dans tous ces appareils, le fleuret frappe jusqu'à 600 coups et plus par minute, en faisant à chaque coup un léger mouvement de rotation. Dès que le fleuret a avancé d'une certaine quantité, l'appareil qui le porte avance lui-même.

Aux États-Unis, le nombre des inventeurs ayant modifié ou perfectionné les perforateurs est très grand, après Burleigh, Ingersoll, Reynolds, Waring, Allison, Dunn, Wood et Rand, on pourrait encore en citer bien d'autres.

Des sociétés, formées pour la construction de perforateurs de ces divers systèmes, cherchent à faire valoir leurs produits en publiant les résultats obtenus dans divers chantiers.

Nous citerons le perforateur Burleigh, donnant de 200 à 300 coups par minute, qui a pu faire dans les roches dures du tunnel de Hoosac environ 3 mètres courants de trous de 52 mm. de diamètre par heure. Les perforateurs Ingersoll ont fait en moyenne dans le granite environ 1 mètre de trous de 75 à 100 mm. de diamètre par heure.

Le perforateur Donald, d'invention assez récente, fait dans la roche de dureté moyenne, en 30 minutes, un trou de 40 millimètres de diamètre sur 1 m. 75 de profondeur.

Dans une année, un perforateur de ce genre, travaillant à l'air comprimé à 3,5 atmosphères, a foré en moyenne, par jour, 21 mètres courants de trous de 40 mm. de diamètre; le prix de revient a été le tiers de celui du forage à la main.

Les forages faits aux perforateurs système Dunn et Ingersoll, dans les carrières de porphyre de Quenast, ont amené les ingénieurs de ces carrières à introduire quelques modifications dans la construction des appareils et à créer ainsi un type nouveau. Avec ces divers perforateurs, on a pu avancer d'environ 0 m. 60 par heure les forages commencés avec un

diamètre de 0 m. 11 et d'environ un mètre ceux dont le diamètre initial n'est que de 0 m. 06.

A moins de remplacer très souvent les fleurets, le diamètre de
ces outils, et dès lors le diamètre des trous, diminue au fur et à
mesure de l'avancement du forage. Les trous forés jusqu'à 6 m.
de profondeur, aux carrières de Quenast, commencés à l'aide
de fleurets ayant 108 millimètres de tranchant, présentaient
au début 110 mm. de diamètre ; mais ce diamètre se réduisait
finalement à 60 mm., le fleuret ayant été usé au point de ne
plus avoir que 58 mm. de tranchant.

Pour des trous horizontaux ayant 3 m. 30 de profondeur,
un fleuret de 60 mm. s'est réduit à 42 mm., et le diamètre du
trou a diminué dans la même proportion. Les perforateurs
dont les parties mobiles ne sont pas trop lourdes sont d'un
maniement plus facile. Le poids de ces éléments varie entre
130 et 175 kilogrammes.

On travaillait à l'air comprimé à 4 atmosphères, donnant
environ 300 coups par minute et consommant environ 635
litres d'air comprimé.

Les essais faits aux Etats-Unis, pour le choix à faire de tel
ou tel système de perforateurs, sont publiés par les constructeurs qui l'emportent sur leurs concurrents.

C'est ainsi que la « Rand Drill Company » signale, d'après
des essais ayant duré de 32 à 42 heures, que ses divers types de perforateurs ont pu faire en moyenne,
par heure, 2 m. 29, 2 m. 20 et 2 m. 09 de trou, tandis
qu'un perforateur fourni par une maison concurrente,
très estimée du reste, n'a pu effectuer que 1 m. 50 dans
les mêmes conditions.

Des essais faits avec ces mêmes perforateurs Rand
ont permis de constater que dans le calcaire un trou
de 63 mm. de diamètre pouvait être foré à 0 m. 60 de
profondeur en quatre à six minutes.

Les fleurets portent à leur partie inférieure l'outil

Fig. 46.

qui attaque la roche, et dont la forme est analogue à
celle des outils pour sondage dont il a déjà été parlé. Cependant on adopte très souvent la forme à deux tranchants se
croisant à angle droit (fig. 46).

*Perforateurs à rotation.* — L'usure des roches par la rotation d'une couronne garnie de pointes très dures, frayant ainsi le chemin à l'outil qui porte les pointes, a été très souvent employé aux Etats-Unis, où la société dite « Diamond Drill Company » se chargeait de ce genre de forages. Les pointes dures sont fournies par des diamants enchassés dans la couronne de l'outil. En imprimant un mouvement de rotation à cette couronne, elle s'ouvre une voie annulaire et le noyau central peut aisément être brisé et retiré. Des forages de ce genre présentent le grand avantage de fournir par l'âme détachée un témoin des formations traversées. Dans ce travail il faut éviter l'élévation de la température à l'emplacement de l'outil. On injecte toujours de l'eau sur celui-ci, qui fait de 400 à 600 tours à la minute ; on n'exagère pas la pression contre la roche.

M. Brandt, ancien ingénieur du tunnel du Saint-Gothard, a réalisé en 1877 un grand progrès dans les procédés de forage : au lieu de garnir de diamants la couronne d'un outil, il emploie un tube en acier dentelé sur la face d'attaque.

Ce tube ne fait que 7 à 8 tours par minute ; mais, contrairement à ce qui se fait avec les outils garnis de diamants, il est fortement pressé contre son front d'attaque. Ainsi sur un tube de 80 mm. de diamètre extérieur, muni de cinq dents, la pression est de 6.000 kilogrammes. Au lieu d'user la roche par frottement, le perforateur Brandt la scie.

L'eau comprimée sert à la fois à faire marcher l'appareil et à lui imprimer la pression contre la roche.

Les perforateurs Brandt employés au tunnel de Sonnstein, en 1877, travaillaient à 50 et 60 atmosphères de pression dans le calcaire tendre, mais on comprimait l'eau jusqu'à 100 ou 125 atmosphères pour perforer des calcaires durs. Avec des forets ayant 80 mm. de diamètre, on avançait de 30 mm. par minute dans le calcaire dur; à la main on n'avait pas dépassé un avancement de 15 mm. par minute, dans des trous n'ayant que 26 mm. de diamètre.

## § 3.

## PRÉPARATION DE POCHES POUR LES EXPLOSIFS AU FOND DES TROUS DE MINE

En logeant la matière explosive dans le trou de mine qui est cylindrique, elle y occupe une certaine hauteur et l'effet est inférieur à celui qu'eût donné la même quantité d'explosif concentrée à une profondeur moins grande que celle du trou de mine. Il y a donc à la fois excès de dépense pour le forage et perte sur l'effet de l'explosif, par suite du défaut de concentration de la matière explosive, à l'intérieur du rocher.

**37. Cavateurs mécaniques.** — Pour pouvoir concentrer la charge au fond des trous de mine, on a essayé divers outils pouvant, soit par rotation, soit par percussion former au fond des trous de mine des poches à poudre.

M. Trouillet a donné le nom de cavateur à un outil de ce genre qui consiste en une barre à mine, dont la partie inférieure porte deux ailes, pouvant se loger dans une entaille de la barre, mais qui par l'effet de ressorts s'écartent et attaquent les parois du trou de mine. Il donnait à ces ailes des dispositions qui les rendaient aptes à travailler soit par rotation soit par percussion. L'emploi de cet outil ne s'est pas répandu.

**38. Procédé Courbebaisse pour former des poches à poudre.** — Pour former des poches à poudre dans les *roches calcaires*, M. Courbebaisse [1] eut l'ingénieuse idée d'amener au fond du trou de mine de l'acide hydrochlorique.

Le dispositif pour renouveler l'acide et pour enlever, simultanément, les produits de la décomposition de la roche calcaire est indiqué dans la figure ci-après.

Le trou de mine étant arrivé à la profondeur voulue, on

1. *Annales des Ponts et Chaussées*, 1855, 1ᵉʳ semestre.

introduit un tube qui remplit à peu près le trou et qu'on arrête à une certaine distance du fond. C'est cette partie non garnie du trou de mine qui s'élargit et se transforme, tout en s'approfondissant, en poche. On descend un bourrelet en chanvre jusqu'au bord inférieur du tube, légèrement rebroussé, et l'on assure ainsi une fermeture étanche de l'espace circulaire entre le tube et la roche. Un second bourrage en chanvre se fait au bord supérieur du trou foré dans la roche.

On introduit ensuite un tuyau en caoutchouc de faible diamètre jusqu'au fond du trou de mine, on plonge son extrémité supérieure dans un récipient contenant l'acide muriatique et l'on amorce le syphon ainsi formé.

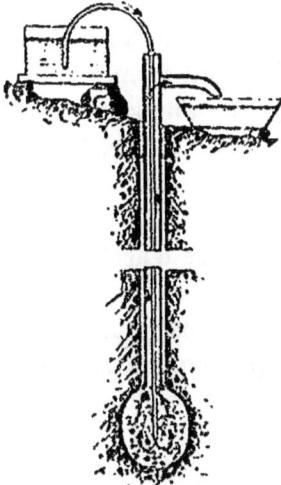

Fig. 47.

Le tube extérieur a 3 à 4 centimètres de diamètre intérieur et le tuyau en caoutchouc, servant à l'introduction de l'acide, n'a que 1 centimètre et demi de diamètre extérieur.

L'acide pénètre dans le trou de mine et remonte dans l'intervalle entre le tuyau-syphon et le tube, pour retomber dans le récipient contenant l'acide.

Quelquefois, pour laisser décanter le liquide chargé d'impuretés lorsqu'il remonte de la poche, le tube est muni, à un niveau inférieur, d'une branche pour déverser dans un autre réservoir.

L'acide étant en contact avec la roche calcaire, au fond du trou de mine, y décompose le calcaire en formant du chlorure de calcium et dégageant de l'acide carbonique, et produit ainsi la poche. Le chlorure de calcium se dissout dans le liquide dont l'ascension est hâtée par les bulles d'acide carbonique, qui de plus entraînent les impuretés ou corps non dissous, entrant dans la composition de la roche.

La décomposition du carbonate de chaux pur exige 0,72 de son poids d'acide hydrochlorique pur. En employant de l'acide d'une densité de 1,20, contenant 40 0/0 d'acide pur, chaque kilogramme de carbonate de chaux consomme $1^k,80$ de cet acide pour sa décomposition, et dégage 217 litres, soit $0^k,43$ d'acide carbonique.

Dans un marbre sans fissures, dont la densité était 2,7, on a constaté qu'il fallait environ $6^k$ d'acide pour former le vide d'un litre, qui est nécessaire pour loger près d'un kilogramme de poudre. Sur certains chantiers, il a même fallu 10 kilogrammes d'acide pour faire un vide correspondant à un kilogramme de poudre.

Cette consommation de 6 à 10 kilogrammes d'acide hydrochlorique, au lieu de $2,7 \times 1,8 = 4^k,86$ d'après les équivalents chimiques, s'explique par les pertes et particulièrement par le fait qu'une partie de l'acide muriatique remonte sans avoir agi sur le calcaire. L'effervescence qui se produit dans la poche va en croissant avec l'augmentation de la surface de roche mise à découvert par l'agrandissement de la poche, et hâte souvent plus qu'il ne convient la remonte du liquide.

Au début, la poche n'augmente que d'environ 7 à 8 litres par jour, mais la corrosion allant en croissant on règle le courant du liquide en réduisant les orifices. On la règle aussi par la quantité d'acide employé ; ainsi pour une poche de 50 kilogrammes de poudre on commence par 75 kilogrammes d'acide ; au bout de 6 heures on en rajoute 110 kilogrammes, puis après 12 heures de nouveau 110 kilogrammes, et on ne verse qu'au bout d'environ 18 heures les 130 kilogrammes d'acide qui suffisent pour achever la poche.

Lorsque la poche est terminée, on arrête l'introduction d'acide muriatique. Le dégagement de l'acide carbonique refoule alors la presque totalité du liquide contenu dans la poche. Le restant est retiré après l'enlèvement des tuyaux, à l'aide d'étoupe fixée à l'extrémité d'une tige.

Pour se rendre compte de la capacité de la poche, on y introduit alors un mélange de sciure de bois et de poudre, dosé de façon à fuser sans explosion. La capacité de la poche étant bien établie par le volume de sciure qu'elle a pu recevoir, on met le feu à ce mélange, dont les cendres n'occupent guère de place, mais dont la combustion termine l'opération du séchage.

Si la poche est reconnue suffisante, on introduit la charge de poudre, la mèche et on finit par la bourre.

*Exemples. — Prix de revient.* — Le procédé Courbebaisse a trouvé de nombreuses applications pour l'ouverture de grandes tranchées et pour l'exploitation de carrières dans des roches calcaires, telles que celles de l'île de Frioul, fournissant les enrochements pour le port de Marseille, et celles de Sistiana, dont on tire les enrochements pour les travaux du port de Trieste.

Une des plus grandes mines préparées suivant le procédé Courbebaisse a été tirée, le 12 septembre 1868, à Sistiana. Elle avait 12$^m$ de profondeur et la consommation d'acide chlorhydrique a été de 6.375 kilogrammes. On a pu loger 620 kilogrammes de poudre dans la poche, ce qui correspond à une consommation d'environ 10 kilogrammes d'acide par litre de poche. Le devant de la mine était d'environ 11 mètres et l'on a estimé le volume de roche bouleversé à 3.500 mètres cubes.

Le prix de revient de l'acide ayant été très élevé, mais celui de la poudre par contre très bas, la mine est revenue à environ 2.900 francs, soit le mètre cube de roche détachée à environ 80 centimes.

La consommation journalière d'acide dans cette mine a été en moyenne de 225 kilogrammes.

La rapidité avec laquelle les poches se forment dépend beaucoup de la nature de la roche ; quant à la consommation d'acide, elle subit du même fait des variations ; mais, de plus, des fuites ou failles rencontrées peuvent amener des déperditions. Ces accidents de terrain sont d'autant plus fâcheux que des fuites de gaz, lors de l'explosion, peuvent se produire par les failles et compromettre l'effet de la mine.

Dans une mine préparée avec un trou de 6 centimètres de diamètre, de 10$^m$ de profondeur, et une charge de 200 kilogrammes de poudre, il a été consommé 2.000 kilogrammes d'acide, soit 10 kilogrammes par kilogramme de poudre.

Le prix de revient de cette dernière mine, exécutée à l'île du Frioul, s'établit comme suit :

Forage (main d'œuvre)............................ 36 fr.

Acidage.
{
1 journée d'acideur,............ 4.65
1 » d'aide acideur......... 4
1 » de manœuvre......... 3
2000 kil. d'acide à 8 f. les 100 kgs 160
} 171.65

Chargement de la mine.
{
1 heure de maitre mineur........ 0.66
1 » d'aide » ........ 0.20
200 kilogr. de poudre à 2 fr. 30..460
13 m. de fusée à 0 fr. 08......... 1.04
Sable pour bourre............. 0.80
} 462.70

Division et déblai des blocs détachés................. 131

801.35

Environ 5 0/0 pour outils et faux frais............... 40.65

Total.................... 845 fr.

L'effet de cette mine ayant été d'environ 600 mc., soit 3 mc. par kilogramme de poudre, le mètre cube de déblai est revenu à 1 fr. 41.

Dans certaines mines, l'effet par kilogramme de poudre s'est élevé à 4 mc. et plus. Le chef mineur apprécie d'avance pour chaque mine l'effet probable, et détermine en conséquence la dimension à donner à la poche.

Dans une autre mine, dont le trou avait été foré à 5 m. de profondeur, 425 kilog. d'acide ont creusé en 3 jours une poche pour 50 kilogrammes de poudre. La consommation d'acide n'a donc été que de 8 kilog. 5 par litre de poche et 142 kilos d'acide d'une densité de 1,20 ont été consommés en 24 heures.

Donnons, enfin, le détail du prix de revient d'une mine de 2 m. 50 de profondeur, exécutée à l'île du Frioul :

Forage (main d'œuvre................................ 6 fr.

Acidage.
{
0,25 journée d'acideur............ 1.16
0,25 journée d'aide acideur....... 1
0,25 » de manœuvre....... 0.87
75 kil. d'acide à 8 fr. les 100 kilog. 6
} 9.03

Chargement de la mine.
{
1/4 d'heure de maitre mineur..... 0.16
1/4 » d'aide » ..... 0.05
7.5 kil. de poudre à 2 f. 30 le kil. 17.25
5 mètres de fusée à 8 centim...... 0.40
Sable pour bourre............... 0.10
} 17.96

Division des blocs détachés......................... 1.86

34.85

5 0/0 outils et faux frais........... 1.75

Total............... 36.60

## § 4

## GRANDES MINES

**39. Généralités.** — Lorsqu'il s'agit de détacher des cubes considérables de roche, sans attacher une importance particulière à la forme qu'auront les blocs détachés, et si le rocher qui doit être détruit est compact, sans fissures, on a recours à de très grandes mines, devant disloquer d'un seul coup de très grands volumes. Les débris présentent alors les dimensions les plus variables, depuis la pierraille jusqu'à des blocs tellement lourds que, pour pouvoir les enlever, il faut les réduire à l'aide de mines de proportions ordinaires.

En employant de la poudre on a trouvé, par l'expérience acquise aux carrières du Frioul, près de Marseille, et de celles de Sistiana, près de Trieste, ouvertes dans le calcaire compact, que le cube bouleversé ou remué par kilogramme de poudre était de près de quatre mètres cubes. En ne comptant dans la détermination de la charge que sur 3 mc. environ, le bris des blocs était plus parfait et nécessitait moins de mines supplémentaires pour la réduction des blocs de trop grande dimension.

Avec ces grandes mines tout change de proportion : un puits ou une galerie remplace le trou foré ; l'espace dans lequel se loge l'explosif n'est plus le fond de cette voie d'accès. La charge étant considérable, il faut une vaste chambre de mine en cet endroit. Pour la poudre, il faut environ un mètre cube de vide par 800 kilogrammes. La bourre, qui dans les mines ordinaires se compose d'un peu de sable sec sur lequel on tasse de l'argile, est remplacée par de la maçonnerie faite en plâtre, durcissant très vite et derrière laquelle on fait un remplissage en pierres sèches, interrompu de distance en distance par d'autres murs maçonnés. De plus, on a toujours soin de ne pas arriver en ligne droite du puits ou de la galerie à la chambre de mine. On fait des retours à angle

droit, et ces coudes contribuent à prévenir le rejet du remplissage faisant office de bourre.

**40. Nombre de chambres.** — L'établissement de deux
chambres de mine à l'extrémité de chaque puits ou galerie
d'accès a souvent été préconisé. Les avantages que l'on y voit
sont multiples : le creusement du puits ou de la galerie d'accès,
toujours coûteux, peut servir à deux chambres ; la charge à lo
ger dans chaque chambre peut être réduite et diminue les
chances de perte de poudre résultant de l'inflammation incomplète de trop grandes masses d'explosifs, dont les parties brû-
lées après l'inflammation première ne produisent plus grand
effet. Il paraît que la charge par chambre ne devrait pas dépasser 10.000 à 12.000 kilog. de poudre pour que cet inconvénient fût évité.

Les partisans de l'établissement et de l'allumage simultané
de deux ou plusieurs chambres de mine, estiment que l'explosion simultanée présente une garantie contre le rejet des murs
et remplissages formant la bourre, qui se trouvent alors sol-
licités des deux côtés opposés par des pressions à peu près
égales.

Pour arriver du puits ou de la galerie de pénétration à deux
chambres de mine, on embranche à angle droit, dans les deux
sens opposés, des galeries conduisant vers les chambres à
poudre.

Tous les avantages espérés de la création de deux chambres
seraient atteints si les deux explosions se produisaient absolument au même instant. Malgré les moyens perfectionnés dont
on dispose, cette simultanéité n'a pas pu toujours être atteinte,
et alors les fentes produites par la charge partie la première
compromettent l'effet de la seconde.

L'expérience a prouvé que l'effet produit par unité d'explosif
est, en moyenne, moindre lorsque l'on divise la charge en deux
chambres allumées simultanément.

**41. Puits ou galeries d'accès.** — La section des puits ou
galeries d'accès doit toujours être réduite au minimum, c'est-
à-dire à la dimension strictement nécessaire pour le travail des

mineurs. Elle reste, en général, au-dessous d'un mètre carré. Dans ces conditions, un mineur peut avancer de 4 à 5 mètres par semaine dans la roche calcaire. Le mineur ouvrant une telle galerie est aidé d'un ou de deux manœuvres; on lui fournit la poudre et les outils et il gagne 65 francs à 75 francs par mètre d'avancement.

**42. Dispositions spéciales des chambres.** — Pour que la charge de poudre puisse être entièrement utilisée, il faut qu'elle s'enflamme instantanément dans toute sa masse. Des dispositions doivent donc être prises, surtout lorsque la charge est considérable, pour que le feu soit mis vers le centre de l'explosif et non à sa surface; de plus, il faut que la poudre ne soit pas déposée en sacs, mais vidée dans le creux de la chambre, et, dès lors, il est indispensable que les chambres soient absolument sèches. On avait fait quelquefois sous les chambres des puisards pour recueillir l'eau d'infiltration, pendant le remplissage et jusqu'à la mise du feu. Ce moyen doit être condamné, car le vide ainsi ménagé fait perdre une partie de l'effet des gaz. C'est comme si les gaz de l'explosion trouvaient des fissures ou des cavernes dans lesquelles ils pourraient se dilater. Si les circonstances locales le permettent, on pourrait assurer aux eaux un écoulement naturel vers l'entrée de la galerie ou vers le fond du puits prolongé en guise de puisard; mais, comme il y a généralement intérêt à placer les chambres de mine le plus profondément possible, et que cet écoulement exige toujours qu'on ménage une ouverture au fond de la chambre à travers le mur de fermeture, on ne saurait conseiller ce moyen. Il ne reste donc plus que le bouchage de toutes les voies d'eau. Cela est d'autant plus indiqué que, par ce moyen, on prévient en même temps l'échappement des gaz par les fissures. Il y a des cas où l'on a dû faire un revêtement hydraulique complet de toute la chambre.

**43. Détermination de la charge.** — Pour déterminer la charge et, dès lors, le volume du vide de chaque chambre de mine, on calcule d'abord le cube probable de roche pouvant être remué par l'explosion. Si le front de la carrière est à peu près uni et que la roche ne présente pas de stratifications, on a trouvé par expérience que l'épaisseur $d$, mesurée à partir de la chambre perpendiculairement au front de la carrière, ne devait pas dépasser 2/3 de la profondeur $h$ de la chambre sous cette surface du terrain. Le cube de roche remué peut alors atteindre $dh^2$. En divisant le cube, qui se trouve ainsi approximativement fixé pour chaque cas particulier, par 3 ou 4, suivant le rendement en mètres cubes que l'on croit pouvoir espérer par kilogramme de poudre, on trouve le poids de celle-ci que la chambre doit pouvoir contenir. Ainsi qu'il a été dit, il faut compter environ un mètre cube de vide pour 800 kilog. de poudre.

Avec cette consommation d'un kilogramme de poudre pour 3 à 4 mètres cubes, il est bien entendu que la roche n'est que remuée ou disloquée. L'expérience acquise dans les grandes carrières ouvertes près de Marseille et de Trieste, dans des roches calcaires, montre que la division des trop gros blocs augmente sensiblement la consommation de poudre.

Dans le courant des quatre premières années d'exploitation des carrières de Sistiana, près de Trieste, on a consommé :

Dans les grandes mines. . . kilog. de poudre.  295 190

Dans les petites mines, pour la division des gros blocs provenant des grandes mines. . . . . . .  64.370

Ensemble. . . .  359.560

On a déblayé en tout 735.000 mc. de roche, soit par kilogramme de poudre 2 mc. 04.

Il va de soi qu'en employant des explosifs modernes plus puissants, le rendement par kilogramme est supérieur à 4 mètres cubes et qu'un mètre cube de chambre correspond à un volume remué supérieur à quatre mille mètres cubes.

**44. Allumage.** — Pour mettre le feu aux chambres de mine, on employait autrefois des tuyaux de plomb remplis de poudre fine. Un tel tuyau partait de la tête de la galerie ou du puits et aboutissait à une boîte remplie de poudre, placée à l'endroit de la bifurcation des galeries, s'il y avait deux chambres. De cette boîte partaient, vers chaque chambre, des tuyaux ayant exactement la même longueur pour aboutir dans le milieu de la charge. Le feu était mis au tuyau émergeant de la voie d'accès au moyen d'une mèche de sûreté, d'une longueur suffisante pour laisser au chef mineur le temps de s'éloigner.

Souvent aussi on s'est servi de l'étincelle électrique pour mettre le feu à des cartouches logées dans la masse des charges.

Le chargement et le murage des chambres de mine sont des opérations très délicates, nécessitant la plus grande surveillance, et d'autant plus difficiles à exercer que le tout se fait dans l'obscurité. — Quel que soit le moyen employé pour la mise du feu, il importe de mettre les fils électriques, ou les tuyaux en plomb remplis de poudre fine, à l'abri des ruptures par les pierres formant, à l'état de maçonnerie à plâtre ou à l'état de maçonnerie sèche, la fermeture. On les entoure pour ce motif d'une gaine en bois.

**45. Effets produits par les grandes mines.** — Si la charge est bien proportionnée, si la roche n'est pas fissurée et si le feu est bien communiqué, l'explosion ne déterminera qu'un bruit sourd. La roche ébranlée se soulève, s'affaisse et se renverse vers l'avant, sans qu'il y ait projection ou détonation.

L'existence de fissures ou de cavernes peut altérer cette marche régulière et il y a dès lors lieu de tenir les ouvriers et le public, curieux et souvent imprudent, à grande distance des mines de ce genre.

Longtemps après l'explosion d'une grande mine, surtout si l'air est calme, des gaz mortels recouvrent l'amas de débris résultat d'une telle explosion.

Nous avons vu plusieurs ouvriers tomber asphyxiés pour avoir eu l'imprudence d'enfreindre la défense d'approcher du lieu de la mine avant qu'un signal les y ait autorisés.

La préparation d'une grande mine prend toujours des mois. On travaille généralement, sur les grands chantiers, à de nouvelles grandes mines avant que celles de l'avant soient tirées. Mais ce n'est qu'après s'être rendu compte de l'effet produit par les mines de premier plan que l'on fixe définitivement l'emplacement et la dimension des chambres de la rangée suivante.

En procédant de cette façon, on peut, dans une carrière de calcaire compacte dont le front a 20 à 40 m. de hauteur, compter par an sur un déblai de 10 à 12 mc. par mètre carré de front de carrière.

Il va de soi que pour arriver à ce résultat il faut que le chantier soit muni de voies de transport et de grues puissantes, et que les mines ordinaires soient exécutées avec célérité partout où des quartiers de rochers, détachés par les grandes mines, en exigent l'usage, pour permettre l'enlèvement des débris que les grues ne sauraient remuer sans cela.

**46. Exemples de grandes mines.** — Une très grande mine fut tirée en 1857 sur l'île de Frioul. On avait creusé quatre galeries d'environ 20 m. de longueur, se terminant chacune en forme de T par deux galeries de 10 à 12 m. de longueur, se dirigeant en sens opposés vers les chambres, au nombre de huit, à chargements variant de 2.500 à 4.500 kilogrammes de poudre, quantités déterminées pour chaque chambre d'après le volume probable de l'abatage correspondant.

La charge des huit chambres était ensemble de 26.000 kilogrammes et l'allumage s'est effectué simultanément à l'aide d'un appareil Rhumkorff. Le volume de roche remué a été d'environ 100.000 mc., soit sensiblement 4 mc. par kilogramme de poudre.

Dans la carrière de Sistiana, les mines ont été presque toutes allumées à l'aide de tuyaux remplis de poudre. Une mine à chambre unique, contenant 13.100 kilogrammes de poudre logée à 40 m. sous le sol et à 25 m. du front de la carrière, n'a donné que 2 m. 67 par kilogramme de poudre.

Fig. 48.

La plus grande de toutes les mines est bien celle tirée le 20 février 1870 à Sistiana. On était entré par une galerie de

17 m. 50 de longueur dans le front de la carrière ; à 15 m. de l'entrée, on avait branché à angle droit une galerie conduisant vers la chambre de droite, tandis que la galerie vers la chambre de gauche partait sous un angle de 140° de l'extrémité de la galerie d'accès. La distance en ligne droite entre les deux chambres était d'environ 30 m. Pour arriver à la chambre de droite, on fit une galerie de 15 m., puis on descendit par un puits de 4 m. pour reprendre sous un angle d'environ 80° en galerie de 4 m. de longueur jusqu'à la chambre, dont le seuil se trouvait à 7 m. en contre-bas sur cette dernière petite galerie. L'accès de la chambre de gauche présentait moins de coudes : la galerie fut poussée en ligne droite sur 20 m. de longueur, puis on descendit vers la chambre, dont le seuil s'est trouvé de 9 m. en contre-bas.

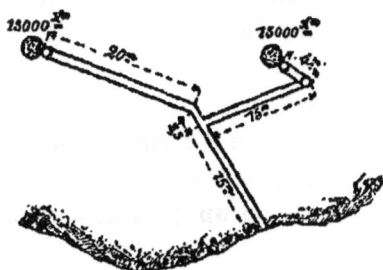

Fig. 49.

Chaque chambre contenait une charge de 15.000 kilogrammes de poudre, soit la mine entière une charge totale de 30 tonnes.

La préparation de cette mine avait commencé le 6 août 1868 ; les galeries et les poches étaient terminées le 11 décembre 1869.

L'introduction de la poudre dans chacune des chambres s'est effectuée en 7 heures à l'aide de 150 ouvriers. Vint ensuite la fermeture des accès, qui fut effectuée par 40 ouvriers en trois jours.

L'allumage avait été préparé à l'aide de tuyaux remplis de poudre, et, malgré tous les soins apportés en vue de l'explosion simultanée, on a pu constater que la chambre de gauche était partie 1 ou 2 secondes avant l'autre. Il n'y eût pas la moindre projection ; mais cependant, par suite sans doute de la non-coïncidence, l'effet de la mine n'a porté que sur environ 70.000 mc., soit 2 mc. 33 par kilogrammes de poudre. De plus, il se trouvait des blocs si énormes dans les débris qu'il a fallu faire de nombreuses mines ordinaires, et même des mines acidées, pour les réduire à des dimensions permettant leur transport.

Les frais occasionnés à l'entreprise Dussaud frères, (la même qui avait été chargée des carrières de Frioul), pour le creusement, le chargement et le tirage de cette mine gigantesque, se sont élevés à plus de 55.000 francs. Ainsi qu'il a été dit, il faut ajouter les dépenses assez considérables de la division des trop gros blocs, pour arriver au prix de revient du déblai.

Le rendement par kilogramme de poudre était généralement plus favorable dans la carrière de Sistiana, et il est certain qu'il eût atteint 3 mc. 50 environ dans la mine en question, si les deux charges étaient parties simultanément.

Lorsque le front de la carrière de Sistiana avait atteint environ 750 m. de développement et que sa hauteur moyenne était d'environ 40 m., la production journalière dépassait 1.000 mc.

Dans le cas particulier, il a fallu faire, pour établir un bon front de carrière, deux mines supplémentaires de 4.480 kilogs et de 2.500 kilogs de poudre et consommer de plus 2.220 kilogs pour la division des gros blocs.

En prenant la somme de la production de la grande et des deux mines supplémentaires, on trouve que les 39.200 kilogs de poudre ont fourni un déblai de 79.500 mètres cubes, soit en moyenne 2 mc. par kilogramme.

Le prix de revient de ces trois mines et de la division des trop gros blocs s'est élevé à 75.000 fr. environ, ce qui fait ressortir le prix du mètre cube de roche détachée à environ 0 fr. 95.

## § 5.

## LES EXPLOSIFS

**47. La poudre.** — Ainsi qu'il a été dit en parlant des moyens employés pour faire des déblais de rocher, c'est à la force d'explosion des gaz produits par la décomposition instantanée de certaines substances, dites explosives, enfermées dans des espaces créés à l'intérieur des roches, que l'on recourt le plus généralement.

La poudre ordinaire a longtemps été le seul explosif employé et le fulmi-coton ne l'a pas reléguée au second plan, bien que sa combustion produise moins de gaz nuisibles à la santé, et que pour un poids égal sa puissance soit en moyenne cinq fois supérieure à celle de la poudre.

Les qualités de la poudre sont suffisamment connues. Nous rappellerons seulement que son *poids spécifique est voisin de celui de l'eau*, et que dès lors on compte qu'il faut un creux d'un litre environ pour pouvoir loger un kilogramme de poudre.

Le pouvoir de la poudre pour le détachage des roches ne saurait être exprimé d'une façon générale par le volume fourni par kilogramme d'explosif.

On peut toutefois dire que suivant la nature de la roche un kilogramme de poudre peut détacher en carrière ouverte 2 à 4 mètres cubes de roche, tandis que ce rendement se trouve réduit à environ la moitié lorsque le travail s'effectue en galerie ou en puits. Les dimensions des mines, la nature et la configuration de la roche peuvent amener des écarts assez notables de ces chiffres.

On a constaté de plus que l'effet était souvent plus considérable dans une roche dure que dans des roches tendres et non cassantes. Dans des roches crevassées ou poreuses, l'emploi de la poudre ne donne pas les résultats voulus.

La poudre est versée dans les trous de mine et recouverte d'une bourre en terre glaise ou argile, comprimée pour obliger les gaz à rompre la roche au lieu de s'échapper par l'orifice d'introduction. Lorsque les trous de mines ne peuvent pas être parfaitement asséchés, la poudre est mise en cartouches imperméables que l'on introduit au fond. Les cartouches ne peuvent pas remplir les vides aussi complètement que le fait la poudre non encartouchée. Aussi les gaz de l'explosion perdent-ils une partie de leur puissance et n'a-t-on recours à ce procédé qu'en cas de véritable nécessité.

**48. La nitroglycérine et la dynamite.**[1] — La nitroglycérine, découverte en 1847 par M. Sobreto, professeur à Turin, joue aujourd'hui un rôle si important dans les travaux publics qu'il faut s'y arrêter plus longtemps. Ce corps, d'une apparence huileuse, fabriqué par l'action d'un mélange d'acide nitrique et d'acide sulfurique sur de la glycérine, n'a trouvé qu'environ 15 ans après sa découverte des applications industrielles.

Aux États-Unis, la nitroglycérine a souvent été employée à l'état liquide pour faire sauter les mines. C'est ce qui a eu lieu pour le dérasement des roches sous-marines du Hell-Gate ; la nitroglycérine, fabriquée sur un îlot voisin, y a été presque exclusivement employée.

Le plus généralement on mélange à cette huile des absorbants pour en faire une pâte ou un corps solide, dont la manipulation est plus facile. Suivant le corps absorbant, on obtient ainsi de la dynamite à la Guhr, à la cellulose ou à toute autre base ; mais c'est toujours la nitroglycérine qui constitue dans ces mélanges l'élément essentiellement explosif. La proportion de nitroglycérine est de 75 0/0 avec 25 0/0 de Guhr dans la dynamite Nobel N° 1, et de seulement 50 0/0 sur 50 0/0 de Guhr dans la dynamite Nobel N° 2.

Après l'industriel M. Nobel, qui a fait faire de grands progrès à la fabrication de cet explosif, il faut citer M. Trauzl, officier autrichien, qui emploie la cellulose comme absorbant pour faire de la dynamite contenant 75 0/0 de nitroglycérine.

Pour déterminer l'explosion de la nitroglycérine, il faut la chauffer à près de 180°, ou bien faire éclater des cartouches renfermées avec elle dans les chambres de mine.

La combustion de la nitroglycérine produit environ 1.250 volumes de gaz (554 de vapeur d'eau, 569 acide carbonique, 236 d'azote et 38 d'oxygène) ; sous l'effet de la chaleur développée, le gaz tend à occuper 10.000 fois le volume de l'explosif.

L'addition de 7 à 8 0/0 de fulmi-coton à la nitroglycérine transforme celle-ci en gélatine explosive. Cette gélatine peut subir des chocs très violents sans faire explosion, si l'on ajoute environ 3 à 4 0/0 de camphre.

1. Brochure sur les explosifs modernes du professeur A. Tetmayer, traduite par M. Cerbelaud.

C'est là une supériorité de cet explosif, car malgré toutes les précautions on ne saurait éviter des chocs dans les transports et lors de la manipulation des explosifs. D'autre part, l'insensibilité aux chocs amène la nécessité d'employer des cartouches spéciales, plus énergiques que les capsules ordinaires au fulminate, pour provoquer l'explosion.

L'abaissement de la température accroît l'insensibilité de la dynamite, qui, à la température de 6° au-dessous de zéro est absolument dure et non plastique. Aussi a-t-on soin de tenir les cartouches de dynamite à une température tiède, en se servant de réservoirs à double paroi, l'intervalle entre les deux parois étant rempli d'eau chaude.

L'eau ne décompose pas les explosifs dont il est question, mais le séjour prolongé de la dynamite dans l'eau amène l'exsudation de la nitroglycérine ; aussi est-il de règle d'encartoucher la dynamite et la gélatine dans du papier parcheminé.

Pour éviter les ratés il est très important que la cartouche attachée à la mèche, qui par son explosion doit mettre le feu à toute la charge, soit très puissante et noyée dans la charge. L'effet de l'explosion sera d'autant meilleur que l'explosif aura mieux rempli le trou. Il importe pour cette raison que la dynamite ou la gélatine soit plastique et qu'elle ait été bien tassée à l'aide d'un bourroir en bois.

On procède à cette fin de la façon suivante : la mèche de sûreté, dont l'extrémité doit être fraîchement coupée, est introduite dans la capsule au fond de laquelle elle touche le fulminate. Pour l'assurer dans cette position on serre, à l'aide d'une pince, la douille en cuivre contre la mèche.

La capsule ainsi assujettie est introduite jusqu'à l'endroit où elle a été comprimée, dans une cartouche de dynamite plastique, dont l'enveloppe en papier parchemin est ligaturée contre la mèche pour prévenir la pénétration de l'humidité.

Fig. 50.

Le trou de mine ayant reçu le nombre de rtouches de dynamite voulu, toutes successivement tassées pour emplir entièrement le trou, on y dépose la cartouche contenant la capsule, avec précaution, pour ne pas compromettre la liaison avec la mèche. Le remplissage au-dessus de la charge se fait ensuite, en commençant par du sable fin qui protège la cartouche supérieure et terminant par le bourrage en argile comprimée.

Dans du terrain humide ou submergé, on a soin de goudronner la cartouche reliée à la mèche et la mèche elle-même sur toute la longueur exposée à l'eau.

En général, la charge ne doit pas dépasser la moitié de la profondeur du trou, et ce n'est que par exception qu'elle s'élève jusqu'aux deux tiers.

L'expérience a montré que l'emploi des dérivés de la nitroglycérine ne présente aucun des inconvénients qu'on redoutait autrefois. L'usage presque exclusif fait de ces explosifs au percement du tunnel du Saint-Gothard n'a donné lieu à aucun accident, et les ratés,

Fig. 51.            Fig. 51 bis.

assez fréquents autrefois, ont pu être prévenus par l'utilisation de cartouches puissantes, incorporées dans les charges.

On met souvent le feu aux mines, aujourd'hui, en provoquant une étincelle électrique entre les extrémités de deux fils conducteurs placés dans la charge à une petite distance l'une de l'autre (fig. 51). On se sert à cet effet de l'appareil dit *coup de poing*, de Bréguet (voir *Routes et chemins vicinaux*, dans l'Encyclopédie des travaux publics), fig. 51 bis. [1]

---

1. A, barre de fer doux qu'un levier permet de séparer brusquement de l'aimant en fer à cheval ; *a* et *b*, bornes auxquelles sont attachés deux fils conducteurs ; B, bouton sur lequel on donne un coup de poing pour séparer A du fer à cheval ; V, verrou qui empêcherait le fonctionnement après un coup de poing prématuré.

*Effet produit.* — L'effet brisant des dérivés de la nitroglycérine étant supérieur à celui de la poudre ordinaire, on peut
atteindre les mêmes résultats avec des trous moins profonds et
de diamètre moindre. On estime, en tenant compte de cet avantage, que l'économie résultant de ces explosifs, au lieu de poudre ordinaire, peut varier suivant les circonstances entre 13
et 14 pour cent.

Dans le granite, avec des mines d'environ 4 m. de profondeur et 5 centimètres de diamètre, le rendement d'un kilogramme de nitroglycérine varie de 65 à 70 tonnes de roche ;
dans les dolomies avec 2 à 3 m. de profondeur de mine le
rendement est d'environ 75 tonnes.

Dans les marnes, la nitroglycérine produit des bouleversements et fentes, non seulement de part et d'autre du trou de
mine, à des distances voisines de la profondeur du trou, mais
encore vers l'intérieur du terrain. On cite une mine, chargée
de 1 litre et demi, soit environ 2 kg. 4 de nitroglycérine,
ayant soulevé ou fissuré près de 190 mètres cubes.

M. Trauzl cite les chiffres suivants :

| DÉSIGNATION de la roche. | Poids des roches disloquées par un kilogramme de | |
|---|---|---|
| | nitroglycérine. | poudre ordinaire. |
| Granite, | 75000 kg. | |
| Dolomie, | 55000 | |
| Calcaire, | 52500 | 25000 kg. |
| Conglomérat, | 150000 | (très dur) 11,000 kg. |
| Ardoise, | 150000 | |
| Grès, | | 16000 à 25000 kg. |
| Basalte, | | 16000 kg. |

Pour l'exploitation de carrières, M. Trauzl estime qu'*à égalité de poids* de poudre et de nitroglycérine, l'effet produit par
ce dernier explosif est de 5 à 6 fois plus grand.

Le poids spécifique de la dynamite étant 1,6, celui de la
poudre environ 1, le résultat obtenu par des *volumes égaux*
serait donc à peu près 8 fois plus grand avec la dynamite.
D'après d'autres expérimentateurs, et en particulier de l'avis

d'observateurs américains, l'effet de la nitroglycérine serait à poids égal 8 et même 10 fois celui de la poudre. Il est certain que le rapport devient d'autant plus favorable à la nitroglycérine que la roche attaquée est plus cassante, moins élastique.

Pour montrer l'économie pouvant être réalisée, en employant la dynamite au lieu de la poudre ordinaire, M. Schoen analyse comme suit les prix de revient de l'extraction, à ciel ouvert, d'un mètre cube de roches pour les deux cas.

| NATURE DES DÉPENSES. | Prix de revient de l'extraction à ciel ouvert d'un mètre cube de | | |
|---|---|---|---|
| A. *En employant de la poudre.* | Syénite pas très dur. | Granite. | Quartzite. |
| Poudre (à 1 fr. 90 le kilogramme)...... | 0f.83 | 1f.27 | 2f.85 |
| Accessoires (Fusées à 5 cent. le mètre).. | 0.12 | 0.18 | 0.45 |
| Main d'œuvre(à 0 fr. 25 l'heure de mineur) | 4.25 | 12 | 28.75 |
| Entretien des fleurets, etc............ | 1 | 2.75 | 6.85 |
| B. *En employant de la dynamite.* | 6f.20 | 16.20 | 38.90 |
| Dynamite (à 6 fr. le kilogramme)...... | 1.15 | 1.57 | 2.75 |
| Fusées (à 5 cent. le mètre et amorces à 4 cent. la pièce.................. | 0.15 | 0.23 | 0.45 |
| Main d'œuvre (0f.25 l'heure de mineur). | 2.25 | 6 | 13 |
| Entretien des fleurets, etc........... | 0.55 | 1.50 | 5.65 |
|  | 4f.10 | 9f.30 | 21f.85 |
| Economie réalisable par l'emploi de la dynamite sur le prix de revient résultant de l'emploi de la poudre....... | 35 0/0 | 43 0/0 | 44 0/0 |

Il ressort des exemples donnés par M. Schoen que l'avantage de l'emploi de la dynamite est plus grand pour l'extraction à ciel ouvert que pour l'extraction en souterrain, et qu'il est, ainsi que nous l'avons déjà dit, d'autant plus considérable que la roche est plus dure.

Le même ingénieur fournit une comparaison analogue des prix de revient pour l'ouverture d'une galerie dans le rocher.

| NATURE DES DÉPENSES. | PRIX DE REVIENT PAR MÈTRE COURANT DE GALERIE D'AVANCEMENT. | |
| --- | --- | --- |
| | En roche dure (Schiste) | En roche très dure (Quartzite). |
| **A. En employant de la poudre.** | | |
| Poudre (à 1 fr. 50 le kilogramme)........ | 12f. | 9f. |
| Main-d'œuvre (mineurs, et forgerons pour l'entretien des fleurets)............. | 63.45 | 70.50 |
| | 75.45 | 79.50 |
| **B. En employant de la dynamite.** | | |
| Dynamite (à 5 fr. le kilogramme).......... | 25f. | 15f. |
| Main d'œuvre (mineurs, et forgerons pour l'entretien des fleurets)............. | 39.95 | 39.95 |
| | 61.95 | 54.95 |
| Economie réalisable par l'emploi de la dynamite, sur le prix de revient résultant de la poudre...................... | 13 0/0 | 31 0/0 |

**49. Explosifs divers.** — Le nombre des explosifs de date récente est considérable, et il n'est guère possible de les énumérer tous. On recherche des composés supérieurs en effet utile, d'un maniement plus facile et offrant plus de stabilité que les produits dont nous venons de parler.

Certains inventeurs ont eu l'idée, pour éviter les dangers que présente le transport et la conservation des explosifs très puissants, d'ajourner l'achèvement de leur fabrication jusqu'au dernier moment, avant l'introduction dans la chambre de mine. Tel est le cas de l'explosif *Rackarock*, assez répandu aux États-Unis, qui n'acquiert ses qualités que par une immersion qui se fait sur le chantier par l'ouvrier mineur. Les cartouches tout achevées sont plongées pendant 3 à 6 secondes dans un liquide qui, en les pénétrant, les rend explosives.

La nitro-cellulose, fabriquée à l'aide de paille d'avoine traitée avec un mélange d'acides azotique et sulfurique et de salpêtre, inventée par le commandant Lanfrey, a un effet balistique trois à quatre fois plus grand que la poudre. En faisant absorber à ce corps de la nitro-glycérine, la puissance et la stabilité du produit, dit *paléine*, dépassent celles de la dynamite.

En remplaçant dans la gomme explosive le collodion par la

cellulose de bois, M. Anders a produit la *gélatine-diaspon* que
l'on dit plus stable que la gomme explosive.

On pourrait encore citer la *furfurine*, le *pétrolithe*, la *poudre de géant* et tant d'autres produits analogues, sans en épuiser la liste.

Pour les travaux de mine en souterrain, les explosifs dont
les gaz de combustion sont le moins toxiques méritent la préférence.

Il a déjà été parlé des divers modes d'allumage des mines.
L'utilisation de l'électricité a fait des progrès, mais, néanmoins, l'emploi des fusées de sûreté est encore infiniment plus
général.

Nous croyons donc devoir parler ici de ces mèches ou fusées.

**50. Fusées de sûreté.** — Les fusées de sûreté pour le
tirage des mines chargées de poudre ont été inventées par
William Bickford, qui prit, le 6 septembre 1831, un brevet en
Angleterre.

Ainsi que le relate M. Le Chatelier dans son mémoire inséré
dans les *Annales des ponts et chaussées* (1847, 2° semestre),
M. Combes introduisit leur emploi en France en 1833.

Les fusées de sûreté se composent d'une corde en chanvre
ou en coton dont l'âme est formée par un filet continu de poudre fine ; un ruban roulé en hélice et enduit de goudron ou de
résine protège la corde contre l'humidité.

La fabrication des fusées de sûreté a subi quelques perfectionnements, mais les fusées sont restées sensiblement telles
qu'on les employait dès le début ; elles présentent l'aspect
d'une corde de 4 à 5 millimètres de diamètre. On en fait pour
le tirage sous l'eau et pour le tirage dans des conditions normales ; les premières ont une enveloppe protectrice plus soi-
gnée et leur prix était en France, au début, par paquet de 10 m.
de longueur, de 1 fr. 50, tandis que les fusées de sûreté ordinaires se vendaient à 1 fr. Ces prix sont aujourd'hui un peu
moins élevés.

Le grand avantage des fusées de sûreté, au point de vue de
la sécurité des ouvriers mineurs, est la régularité de la propagation du feu. Suivant le mode de fabrication, la combustion

se propage dans les fusées avec des vitesses variant entre 0 m. 50 et 1 m. 25 par minute. Cette vitesse de propagation est d'autant moindre que la fusée se trouve plus comprimée.

Connaissant la vitesse de combustion, le mineur chargé de mettre le feu à une ou plusieurs mines peut régler la longueur des mèches, entre la cartouche et le bout auquel il met le feu, afin de s'assurer le temps nécessaire pour se garer.

Ayant un certain nombre de mines chargées, le mineur peut, de cette façon, à volonté, provoquer le tirage simultané ou successif de toutes les mines.

L'extrémité de la fusée qui pénètre dans la cartouche doit être éméchée pour que la mise du feu soit bien assurée. On déroule à cette fin sur quelques centimètres le ruban formant enveloppe et l'on plonge la fusée, ainsi préparée, sur environ 5 centimètres dans la cartouche, en se servant du ruban déroulé pour la rattacher à celle-ci.

En dehors de la transmission régulière et à vitesse déterminée du feu, les fusées de sûreté présentent encore l'avantage de dispenser de l'usage des épinglettes, c'est-à-dire de ces tiges d'au moins 5 millimètres de diamètre que l'on maintenait enfoncées dans la charge jusqu'après l'achèvement du bourrage, pour créer le canal dans lequel, après les avoir enlevées, on introduisait de la poudre à l'aide d'une paille préalablement remplie ou autrement. Ce canal donnait toujours une issue à une partie assez considérable des gaz et diminuait ainsi l'effet de l'explosion. Les fusées de sûreté introduites avant la pose de la bourre ont, ainsi qu'il a été dit, seulement 4 à 5 millimètres de diamètre et, de plus, leur enveloppe n'est pas entièrement détruite par la combustion, elles n'offrent donc qu'une bien faible voie d'échappement aux gaz produits par l'explosion.

En somme, il est permis de dire que les fusées de sûreté ont été un énorme progrès dans les travaux de mine. Celles que l'on consomme en France sont fabriquées à Rouen par Davey, Bickford et C.[o].

# CHAPITRE IV

# MODE D'EXÉCUTION DES DÉBLAIS ET DES REMBLAIS

## § 1

## GÉNÉRALITÉS

**51.** — Les travaux de terrassement permettent en général une évaluation exacte de leur importance comme cube et comme dépense, si les projets sont bien étudiés et si les reconnaissances de la nature du terrain ont été faites avec les soins nécessaires.

Des mécomptes sérieux ne peuvent résulter que des éboulements, auxquels l'on est aussi bien exposé dans les tranchées que dans les remblais.

Les causes qui peuvent déterminer des accidents de ce genre sont très variées, mais elles peuvent souvent être écartées par des précautions prises dans le courant des travaux.

Pour les tranchées, de même que pour les levées, la nature du terrain impose l'inclinaison qu'il convient de donner aux talus. S'ils sont trop raides, les éboulements ont plus de chance de se produire ; or, ainsi qu'il sera démontré dans la suite, il est sage de se résigner à quelques frais supplémentaires pour prévenir des éboulements et par là se garer d'un gros risque.

Pour une nature donnée du sol, on pourra admettre des talus plus raides, en usant de certaines précautions dans l'exécution des remblais et prenant des dispositions pour la protection des talus. Cette dernière observation s'applique également aux tranchées.

Les mesures à prendre pour se mettre à l'abri d'accidents devront souvent s'étendre au-delà de l'emplacement et du corps même des terrassements.

Pour les remblais, les mesures prises pour écarter les chances d'éboulements contribuent souvent à réduire les tassements ultérieurs, ce qui présente toujours un intérêt et devient en certains cas une nécessité.

## § 2

## PRÉPARATION DE L'EMPLACEMENT

**52. Enlèvement du gazon et de la terre végétale.** — Avant de commencer des travaux de terrassement, il y a lieu de procéder à des travaux préliminaires, consistant dans la préparation de l'emplacement.

Si le sol est couvert de gazon et de terre végétale, on l'enlève pour en faire un emploi utile dans le revêtement des talus ; s'il est boisé, on procède préalablement au défrichement, car les arbres ont une valeur et seraient une gêne au moment de l'exécution des déblais.

Pour enlever le gazon, on le divise au moyen de pelles ou de louchets spéciaux suivant des lignes droites, se croisant à angle droit, en carrés ayant de 0 m. 25 à 0 m. 30 de côté, et on les détache de façon à leur assurer 0 m. 075 à 0 m. 10 d'épaisseur.

Après avoir déposé ces briquettes en tas hors de l'emplacement du terrassement, on enlève généralement la couche de bonne terre végétale qui se trouve au-dessous, à moins que son emploi n'exige des transports à des distances trop considérables.

**53. Entailles de gradins.** — Lorsque le terrain sur lequel on doit établir un remblai présente une pente accentuée, l'enlèvement du gazon est d'autant plus indiqué que les terres rapportées glissent plus facilement sur le gazon que sur le sol mis à nu par son enlèvement.

L'entaille de gradins dans le sol augmente la sécurité contre le glissement du remblai.

Si la pente du terrain n'est pas très accentuée et que le sol soit formé de terre ou de sable argileux, le mariage du remblai avec le sol peut être assuré d'une façon satisfaisante par l'ouverture de sillons. Ceux-ci peuvent être faits à bras d'homme, ou plus économiquement au moyen d'une charrue. Mais si le sol est très dur, par exemple s'il est formé de roche présentant une surface lisse inclinée, il est très utile de faire des entailles en forme de gradins  Cette précaution est plus indiquée dans le cas où le sol présente une pente transversale que dans celui d'une pente dans le sens longitudinal du remblai. S'il est admissible de s'en départir dans la partie supérieure de l'assiette, on aurait tort de ne pas entailler, pour le moins dans la moitié inférieure de l'emprise, un certain nombre de gradins ; c'est une bonne précaution contre le glissement du remblai.

La largeur, la hauteur et l'espacement des gradins dépendent de la nature du terrain, du profil et de la constitution du remblai lui-même.

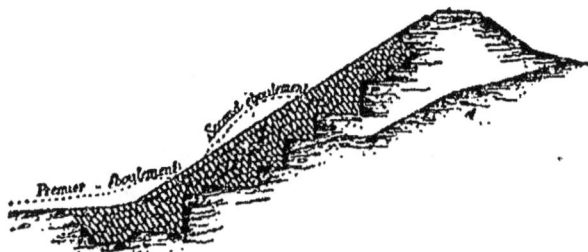

Fig. 52.

Un remblai formé de débris de roche sera bien moins exposé à subir un glissement sur un pré, présentant une forte pente, qu'un remblai composé de terre, de gravier et en général d'éléments non susceptibles de pénétrer dans le fond et de s'y enraciner comme des éclats de rocher.

La figure ci-dessus montre un cas où l'on a eu recours à

l'exécution en moellons du pied et d'une partie du remblai,
parce que, malgré les entailles faites dans le sol, le remblai
en terre s'éboulait. Ce moyen, employé sur la ligne de Pistoie
à Bologne, au remblai de Scappucci, a donné les meilleurs résultats. La dépense eût été bien moindre si l'on s'était décidé
à ce mode d'exécution sans attendre l'effondrement réitéré
du remblai, primitivement fait entièrement en terre.

**54. Enlèvement des vases.** — Quand l'emplacement
d'un remblai est recouvert de vase, il faut, si faire se peut, enlever complètement celle-ci.

M. Croizette-Desnoyers a cru pouvoir se borner à un dévasement partiel, lors de l'exécution d'un remblai de 40 m. de
hauteur sur la ligne de chemin de fer de Saint-Germain-des-
Fossés à Roanne sur un ancien étang. Il fit enlever la vase à
l'emplacement du pied de chacun des talus et établir sur le
terrain solide, mis à nu, deux fortes banquettes en terre bien
pilonnée, en ayant soin de ménager quelques pierrées pour
l'écoulement des eaux de la partie centrale. — Il avait sup-
posé que la vase, ainsi maintenu au centre du remblai, se
tasserait sans donner lieu à accident.

Ainsi qu'il le dit dans un mémoire inséré aux *Annales des
ponts et chaussées* (1859, 2ᵉ semestre), la vase n'a en effet pu
s'écarter ni d'un côté ni de l'autre ; mais elle a reflué au fur
et à mesure de l'exécution en avant du remblai entre les
deux banquettes, et le remblai est allé atteindre le terrain
solide.

En définitive, on a dû enlever toute la vase en avant de la
décharge. Si, au lieu d'être en terre, le remblai eût été composé de débris de roches, la vase aurait pu se cantonner entre
les pierres et débris, et la complication signalée n'aurait pro-
bablement pas eu lieu.

M. Croizette-Desnoyers estime que, lorsqu'il y a danger
d'emprisonner de l'eau, il faut, pour prévenir des glissements,
établir le remblai sur une couche de sable ou de débris de
rocher, ou bien le couper par des drains. Une pierrée de
2 m. de largeur dans l'axe d'un remblai de 28 m. de hauteur
et un enrochement enraciné dans le sol, au pied du talus

aval, lui a suffi pour arrêter un commencement de glissement.

Il s'est toujours attaché à éviter l'emploi d'argiles ou de glaises pures pour la formation des remblais.

**55. Défrichage.** — Si le terrain sur lequel des terrassements doivent être faits est couvert d'arbres et d'arbrisseaux,
on ne se borne pas à l'enlèvement de ce qui dépasse le niveau
du sol, mais on cherche aussi à extirper les racines les plus
fortes de l'emplacement des remblais, car leur pourriture pourrait provoquer des tassements. L'enlèvement des racines est
également indiqué sur les emplacements des tranchées, pour
faciliter le déblai et pour prévenir le mélange des débris de
racine aux matériaux à employer.

Pour retirer les souches d'arbres, on peut se servir de verrins ou crics, agissant sur des chaînes que l'on passe sous
les racines. Mais ce moyen ne dispense pas, dans les terrains
très résistants et lorsqu'il s'agit d'arbres ayant des racines
étendues, de concourir à l'opération en faisant, à bras
d'homme, des fouilles autour du tronc, ce qui rend le travail
coûteux.

La destruction des troncs d'arbre par le feu est certes le
moyen le plus économique, mais ce procédé détruit une valeur et n'atteint guère les racines.

*Emploi d'explosifs.* — L'emploi d'explosifs, en particulier
de la dynamite, pour l'essartement, présente généralement des
avantages sur les autres moyens.

S'il s'agit de souches n'ayant pas un nœud de racines par
trop fort, on doit, d'après M. de Hamm [1], conseiller au ministère de l'agriculture en Autriche, forer un trou de mine de
0 m. 15 à 0 m. 25 de profondeur, obliquement, jusqu'au
cœur du tronc et y introduire une cartouche de 50 à 65 gr.
de dynamite. L'explosion assure le bris de la souche sans projection à grande distance.

Quand il s'agit de souches à chicot et à fort pivot, on per-
fore perpendiculairement la face tranchée de la souche jus-

1. *Journal de l'agriculture*, Vienne (Autriche), 1877.

qu'à la profondeur du pivot, et l'on porte la charge à 100 et même à 300 grammes de dynamite.

Si les souches ont plus d'un mètre de diamètre et que les racines latérales soient fortes, il sera bon d'introduire en outre dans celles-ci des cartouches proportionnées à leur diamètre.

En employant des cartouches contenant autant de grammes de dynamite que le diamètre de la souche ou de la racine mesure de centimètres, on obtient généralement de bons résultats ; c'est-à-dire que l'explosion fait sortir la souche du terrain en la fendillant dans le sens de sa longueur, ce qui facilite son débitage et son extraction.

La nature du sol, l'essence du bois et le dégarnissage préalable plus ou moins complet des souches doivent être pris en considération pour fixer l'importance de la charge.

## § 3

## EXÉCUTION DES TRANCHÉES

**56. Disposition générale des chantiers.** — Des tranchées de faible hauteur sont d'emblée exécutées à toute profondeur ; le chantier d'attaque ne présente pas alors d'étages échelonnés. On y installe autant de terrassiers que le comporte le front d'attaque, en ayant soin de les espacer suffisamment pour qu'ils ne se gênent pas réciproquement et que les ouvriers chargés du transport des déblais puissent venir soit prendre les matériaux détachés pour les charger, soit emmener les véhicules chargés par les terrassiers eux-mêmes, au fur et à mesure du détachage.

L'équipe de terrassiers opérant l'ouverture d'une tranchée est toujours suivie des ouvriers taluteurs qui règlent les talus et le fond de la tranchée, suivant les indications fournies par les surveillants.

Les déblais sont ou transportés à une certaine distance, dans le sens longitudinal de la tranchée, pour être employés à la formation de remblais, ou déposés de part ou d'autre de la tranchée. Dans ce dernier cas, si la tranchée est longue, on attaque souvent celle-ci en plusieurs endroits ; cela ne se pratique que dans le cas de grande urgence, lorsqu'il s'agit de tranchées dont les déblais doivent être transportés dans le sens longitudinal, à cause des difficultés que présente alors le transport des déblais provenant d'attaques intermédiaires.

Pour les tranchées d'une certaine profondeur, l'enlèvement des déblais ne se fait plus d'un coup sur toute la hauteur ; on échelonne les chantiers en hauteur, en donnant à chaque étage 1 m. 50 à 2 mètres, suivant la nature du terrain.

Pour les tranchées de grande profondeur, la largeur en général augmente considérablement et la saignée centrale de l'étage supérieur est élargie, pour permettre aux moyens de transport qui éloignent les déblais de l'attaque d'avancement et des chantiers d'élargissement du même étage, de suivre, de part et d'autre de l'axe, des voies rapprochées des bords de la tranchée. Dans l'espace occupé par le chantier de déblai et de transport de l'étage supérieur des chantiers analogues, mais situés à des niveaux inférieurs, sont établis en s'échelonnant vers l'entrée et vers le fond de la tranchée.

Lorsque le terrain comporte l'exécution d'une cunette profonde avec des talus raides, on a avantage à réduire le cube du déblai à extraire en cunette, en ne donnant à celle-ci que la largeur correspondant à l'établissement d'une voie pour les wagonnets, et à procéder à l'enlèvement du surplus du déblai par élargissement, c'est-à-dire par attaques latérales.

Pour l'avancement d'une cunette profonde, le front est échelonné en chantiers ayant environ 1 m. 50 de hauteur et 10 m. de longueur, et les déblais sont transportés au moyen de brouettes vers les wagons amenés au fond de la cunette. Pour faire arriver les brouettes des divers étages au-dessus des wagons, on établit, au moyen de madriers soutenus ou suspendus, des passerelles volantes.

**57. Profondeur limite des tranchées et hauteur limite des remblais.** — Il n'est pas possible de donner d'une façon précise les limites de hauteur des remblais et des tranchées, car les conditions particulières à chaque cas font varier les hauteurs à partir desquelles il y a intérêt à substituer un viaduc au remblai et une tranchée voûtée ou un tunnel à la tranchée ordinaire.

Le prix de revient d'un mètre courant de viaduc ou de tunnel peut toujours être établi, de même que celui du mètre courant du remblai ou de la tranchée correspondant aux diverses hauteurs.

La hauteur des travaux de terrassement, c'est-à-dire des remblais ou des tranchées, à laquelle il y aura égalité de prix de revient du mètre courant avec l'ouvrage d'art, doit toujours être considéré comme une limite supérieure.

Les remblais très élevés et les tranchées très profondes exposent en effet, par les difficultés que présente le maintien de leurs talus, bien plus à des dépenses imprévues que les ouvrages d'art qui peuvent les remplacer.

Pour les remblais faits avec des terres argileuses, pour des tranchées ouvertes dans des terrains ébouleux, on fera bien de rester de beaucoup au-dessous des limites indiquées par le calcul de l'égalité des dépenses normales par mètre courant.

Les remblais s'arrêtent généralement à des hauteurs variant entre 8 et 20 mètres. Ce grand écart s'explique par la variété des matériaux de remblai et par les convenances qu'il y a souvent de faire emploi des déblais de provenance voisine.

La profondeur des tranchées aux têtes des tunnels varie en général entre 15 et 17 mètres, mais, ainsi que le montrent les exemples qui suivent, les tranchées voûtées ont souvent été substituées à partir de 10 à 12$^m$ de hauteur sur l'axe aux tranchées ouvertes. Par contre, il y a des tunnels dont les abords présentent des tranchées de 20$^m$ et plus de profondeur, comme par exemple sur le chemin de fer entre Strasbourg et Saverne.

*Exemple de la grande tranchée du canal de Corinthe.* — Un exemple fort intéressant d'un chantier de terrassement est celui du canal de Corinthe. La tranchée a une longueur de 6.350$^m$ ; le point le plus élevé du terrain sur l'axe du canal se trouvant à la côte 80$^m$ au-dessus du niveau de la mer et le canal devant avoir un tirant d'eau de 8$^m$, la profondeur totale de la tranchée sera de 88$^m$.

La majeure partie des déblais a été déposée de part et d'autre de la tranchée et il y a eu avantage d'assurer, par l'établissement de dépôts échelonnés à des hauteurs variées, la réduction des distances auxquelles les déblais ont dû être conduits.

La configuration du terrain ayant montré qu'à la côte de 10$^m$ à 13$^m$, de même qu'à l'altitude comprise entre 34$^m$ et 40$^m$, de très grands dépôts pouvaient être faits, on a cherché à utiliser le mieux possible, c'est-à-dire pour des volumes considérables, les dépôts formés à ces niveaux et desservis au moyen de chemins de fer.

Les chantiers échelonnés ont été à cette fin reliés au moyen de voies à fortes inclinaisons aux lignes de chemins de fer conduisant vers ces dépôts. En dehors de cette disposition, qui permet l'envoi des déblais à des dépôts situés à des altitudes autres que celles des lieux d'extraction, on a pratiqué avec avantage, pour des dépôts situés beaucoup plus bas que le déblai, l'ouverture de galeries sur lesquelles s'ouvrent des entonnoirs.

La voie posée dans la galerie ouverte au niveau du dépôt permet d'y refouler le train composé de wagons de terrassement. Ces wagons viennent successivement se placer sous l'entonnoir formé par un puits qui descend du chantier de déblai dans la galerie, et reçoivent ainsi les déblais supérieurs sans qu'on ait à les amener eux-mêmes à son niveau.

L'importance du chantier de Corinthe n'a guère été dépassée jusqu'ici, si ce n'est par celui du canal de Panama, dont nous ne parlerons pas.

A la fin de l'année 1888, le cube des déblais exécutés pour le canal de Corinthe, commencé en 1882, a été d'environ 8.000.000 m. c. Le volume extrait n'a été fin 1883 que de 477.000 m. c., la production à laquelle on est arrivé de fin 1883 à fin 1888, soit en 5 ans, a donc été d'environ 7 millions et demi de mètres cubes.

Au fur et à mesure que les chantiers les plus élevés se rencontrent et que les déblais à opérer dans leur étendue s'achèvent, le nombre d'étages en œuvre diminue ; lorsque l'étage dont le fond correspond au seuil de la tranchée sera terminé, il ne restera plus que le réglage définitif des talus.

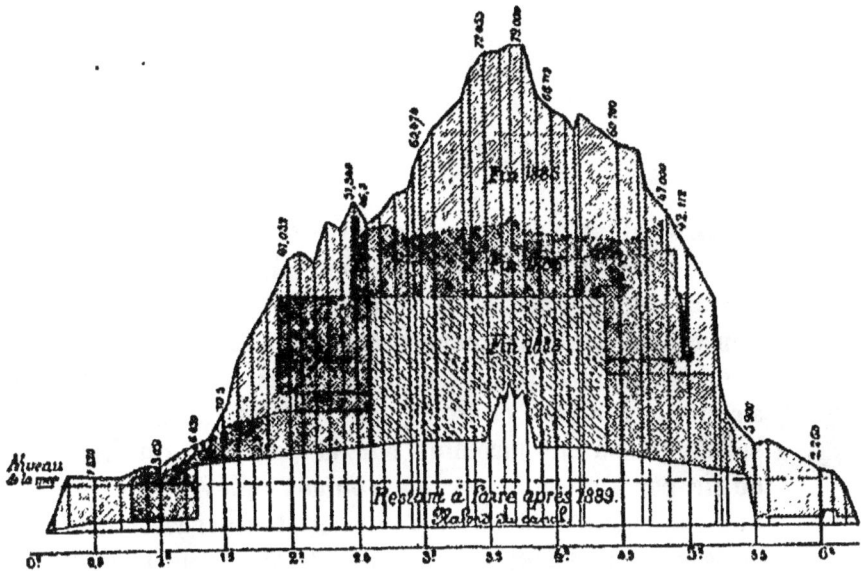

Fig. 53.

De fait, la nécessité de reprendre les travaux aux divers étages, pour adoucir les talus adoptés au début, altère cette marche qui avait été tracée dans le principe.

La rencontre de terrains non résistants et l'arrêt survenu dans les travaux, par suite de difficultés financières, ont également contribué à porter atteinte au programme suivant lequel devaient marcher ces grands travaux de terrassement.

L'organisation d'un grand chantier de déblai est un problème des plus complexes, car elle embrasse à la fois l'étude des transports et de l'emploi des produits. Le calcul de la distribution des terres doit être fait en tenant compte non seulement de la nature des matériaux, de leur foisonnement et de leur tassement, mais aussi des prix de transport et des limites que ces prix imposent à l'emploi des déblais.

Pour ne pas dépasser le cadre que nous nous sommes tracé, nous devons nous arrêter à la description sommaire donnée ci-dessus et renvoyer, pour plus de détails sur l'organisation

des chantiers et sur le mode de calcul de la répartition des
terrassements et du prix des transports à l'ouvrage *Routes
et Chemins vicinaux*[1].

## § 4.

## TALUS DES TRANCHÉES

**58. Inclinaison à donner aux talus.** — Suivant la nature du terrain dans lequel on doit faire des déblais, l'inclinaison à donner aux talus varie dans des limites très larges.
Ainsi, dans certains rochers on peut sans danger laisser les
parois presque à pic, et si le jeu des mines laissait subsister en certains endroits, des parties de roc en encorbellement ou en surplomb sur la verticale, on ferait bien
de ne pas y revenir, car en voulant enlever des aspérités
non compromettantes, on s'exposerait à dépasser les limites
assignées au déblai. — Des considérations de beauté ou de
bonne apparence peuvent toutefois, de même que celles du
passage d'un profil ou gabarit, nécessiter un tel réglage.
Dans ce cas on aura soin de n'agir qu'avec précaution, en
n'employant que des mines peu profondes et à faible charge.

Dans le sable pur, par contre, qui ne présente nulle cohérence, le talus à donner sera celui que prendrait ce sable si
on le versait, c'est-à-dire 60° avec la verticale. La terre sèche
présenterait dans les mêmes conditions un angle de 55° (d'a-
près M. Cornaglia), mais se maintiendrait encore sous un
angle de 46°30' (d'après M. Claudel); les terres les plus fortes
et les plus dures se maintiendraient avec un talus formant un
angle de 35° avec la verticale.

Ces mêmes terrains exigeraient des talus plus doux s'ils
étaient imbibés d'eau. Pour la terre il faudrait s'arrêter à 54°
et pour le sable pur qui, étant légèrement humecté se tien-
drait sous des talus plus raides qu'à l'état de sécheresse, le
talus devrait être considérablement adouci s'il pouvait être noyé.

1. Léon Durand-Claye et Marx, *Routes et Chemins vicinaux.*

Dès qu'il s'agit de mélanges argileux, il n'est plus possible d'établir des moyennes ; l'observation et l'expérience pourront seules guider l'ingénieur.

La durée pendant laquelle un talus devra rester exposé aux intempéries ne doit pas être perdue de vue, car les effets alternatifs de la sécheresse et de l'humidité, de même que ceux du gel et du dégel, exercent une grande influence sur la stabilité des talus.

Les pluies qui tombent sur un talus sont en partie absorbées, mais le reste ruisselle suivant la ligne de plus forte pente, en quantité d'autant plus considérable que la hauteur du talus est plus grande, le terrain moins absorbant et l'inclinaison plus douce.

Des travaux de défense ou de protection sont nécessaires sur les talus qui doivent, comme ceux des tranchées pour routes, canaux ou chemins de fer, rester indéfiniment exposés aux influences des intempéries. Il n'en est pas de même pour les tranchées qui ne sont maintenues que pendant l'exécution de certains travaux, ni pour les emprunts dont les talus peuvent sans compromettre la sécurité s'ébouler, après l'achèvement des travaux.

Pour des déblais de cette nature, le meilleur moyen pour éviter leur ravinement par les eaux pluviales consiste dans l'établissement de talus aussi raides que possible.

Le sable argileux doit être cité tout particulièrement à ce sujet. Ce terrain se tient presque à pic lorsqu'il est sec, mais il se ravine et s'éboule en formant une bouillie, sous l'effet de la pluie tombant sur ses talus adoucis. En opérant dans un terrain de ce genre on aura donc à faire des talus très raides et à les surveiller, pour abattre les prismes qui menaceraient de tomber, boucher à la surface les fissures qui s'ouvriraient et laisseraient pénétrer de l'eau et — toujours dans le même ordre d'idées — élever des bourrelets en terre rapportée, à une certaine distance de l'arête supérieure du talus, pour empêcher l'eau qui coule à la surface d'arriver soit dans les fissures voisines, soit sur le talus même.

Pour être à l'abri de surprises, c'est-à-dire pour protéger les ouvriers qui travaillent dans des *fouilles* de fondation, exécutées dans des terrains susceptibles de se maintenir pendant la durée des travaux avec des talus très raides, on usera quand ce sera possible, comme dans des fouilles de peu de largeur, de l'étresillonnage. On appliquera à cette fin des madriers contre les parois, et forcera des étais entre les madriers des faces opposées de la fouille ; ces étais se trouveront posés sous des angles s'écartant peu de la direction perpendiculaire aux plans des madriers.

En faisant les parois des fouilles presque verticales, on réduit à la fois le cube des terres à remuer et la longueur des étais, d'où réduction au minimum des frais de l'établissement et du maintien des fouilles et de ceux du comblement de l'espace restant libre après l'achèvement des maçonneries de fondation.

Les procédés et appareils employés pour faciliter, dans les divers terrains, l'exécution des déblais pour fondation sont traités spécialement dans l'ouvrage de MM. E. Degrand et J. Résal[1], de même que le procédé de congélation pour faciliter le creusement de puits et de souterrains, se trouve décrit ci-après au chapitre traitant des travaux souterrains, et nous revenons au cas du déblais à ciel ouvert en général.

Dès qu'une tranchée doit être maintenue, il faut, sauf certaines exceptions, faire des travaux de défense des talus.

La préoccupation de l'ingénieur chargé de travaux de cette nature doit être en première ligne la connaissance du genre de danger auquel les talus qu'il veut préserver sont exposés.

Le cas le plus facile à traiter — mais malheureusement le plus rare — est celui d'un terrain homogène, sans stratification ou à stratification horizontale et ne renfermant pas d'eau.

**59. Arrêt des eaux superficielles.** — L'ennemi à combattre, pour prévenir des éboulements, est dans ce cas l'*eau pluviale*. — Pour empêcher l'eau des terrains situés au-dessus de la tranchée de venir se déverser sur le talus ou de s'infiltrer par des fissures dans le sol en arrière, il faut, avec

---

1. *Ponts en maçonnerie*, dans l' « Encyclopédie des travaux publics ».

de la terre ou du gazon, boucher les fissures existant au-dessus
de l'arête supérieure de la tranchée, et élever le long de cette
arête un bourrelet de 0<sup>m</sup>12 à 0<sup>m</sup>20 de hauteur pour former
une rigole recevant les eaux superficielles. Il faut se garder
d'entamer le gazon ou en général la surface du sol naturel,
qui présente la meilleure garantie contre les infiltrations.
C'est donc en terre rapportée que ce bourrelet devra être exécuté.

Les rigoles formées par de tels bourrelets, au-dessus des
talus amont des tranchées, aboutissent, si la tranchée n'est
pas trop longue, de part et d'autre aux points zéro, c'est-à-
dire aux extrémités de la tranchée. Mais si celle-ci est
longue et que le volume d'eau retenu par le bourrelet puisse
devenir considérable, il vaut mieux établir de distance en dis-
tance, soit à des intervalles de 30<sup>m</sup> à 50<sup>m</sup>, des caniveaux amenant ces eaux dans le fossé placé au pied du talus. Il va de soi
que, suivant la nature du terrain, ces caniveaux, tracés suivant la plus forte pente du talus, devront être protégés au
moyen d'un pavage ou d'un plaquetage en gazon.

**60. Emplacement des cavaliers.** — Dans le cas où les
déblais, en raison de leur nature, ne se prêteraient pas à être
employés dans les remblais, ou dans celui d'un excédent de déblais, il y aurait lieu d'établir un dépôt. Pour réduire les distances de transport, on est tenté à former les dépôts en cavalier le long des tranchées. Mais, si la nature du terrain laisse
des doutes sur sa stabilité, il est fort imprudent d'établir des
dépôts considérables à une faible distance du bord de la
tranchée, car, en dehors de la charge qu'ils constituent, ils
peuvent s'imbiber d'eau et causer des infiltrations dans le sol
sur lequel ils reposent.

La surcharge du terrain voisin d'une tranchée est surtout
à redouter dans les cas où le maintien des talus n'est dû qu'à
un état voisin de l'équilibre, entre la cohésion des terres et la
composante du poids des masses qui tendent à descendre dans
la tranchée.

Sans pouvoir donner des règles générales au sujet des distances au-dessous desquelles il ne convient pas d'établir des

cavaliers près des tranchées, il convient de signaler que les économies recherchées sur les transports ou sur le prix des acquisitions de terrains peuvent, dans des sols peu résistants, donner lieu à des éboulements dont la réparation causerait des dépenses supérieures aux sacrifices commandés par la prudence.

Si le terrain dans lequel la tranchée est ouverte a une pente transversale très marquée, il est presque toujours *préférable* d'établir les cavaliers du côté aval que du côté amont. L'avantage d'arrêter, par les cavaliers formés du côté de la montagne, les eaux qui s'écoulent du haut des coteaux vers la tranchée, est accompagné de trop de dangers pour la stabilité du talus d'amont.

**61. Division des talus élevés.** — L'exécution de *bermes*, c'est-à-dire l'interruption des talus par des gradins présentant des surfaces légèrement inclinés vers l'intérieur des terres, pour empêcher l'eau qu'ils arrêtent de s'écouler par dessus, se trouve très indiqué pour des tranchées profondes.

Ces gradins ne doivent pas suivre horizontalement la direction des tranchées ; on leur donne des pentes longitudinales pour écouler en ruisseaux les eaux pluviales. Selon la longueur, ces bermes partent en arrêtes de poisson du milieu de la tranchée ou de plusieurs lignes génératrices du talus, pour aboutir à des rigoles ou caniveaux, qui conduisent les eaux aux fossés ouverts aux pieds des talus. Ces rigoles sont espacées de 15 à 25 mètres et protégées contre les affouillements.

La nature du terrain, l'intensité habituelle des pluies, l'inclinaison du talus, le prix des matériaux et surtout la hauteur des talus règlent l'espacement des bermes et des rigoles de descente.

D'une manière générale, on peut dire qu'il est prudent de ne pas trop augmenter ces espacements, pour éviter les trop grandes concentrations d'eau ; d'adoucir les talus vers le pied et de donner la préférence à des talus plus raides, mais interrompus par des bermes, aux talus moins raides reliant directement le pied à l'arête supérieure de la tranchée.

**69. Protection superficielle des talus.** — Quel que soit
le terrain dans lequel on ouvre une tranchée, à moins qu'il ne
soit inattaquable par les intempéries, et même lorsque la hauteur des talus n'est pas considérable, il sera généralement prudent de protéger la surface mise à nu par le déblai et exposée
au ravinement des eaux.

*Revêtement en terre végétale.* — Lorsque le terrain est humide et, par là, favorable aux plantations, il sera utile dans des
terrains peu cohérents, tels que terres légères ou mélanges de
sable et de gravier, de prévenir la dégradation de la surface
des talus en lui donnant un revêtement en terre végétale, susceptible d'assurer la croissance des semis et résistant dès lors
mieux aux effets des eaux pluviales.

Les terres retroussées des emprises des remblais et celles
provenant de la couche superficielle des tranchées, trouvent là
leur meilleur emploi.

Pour qu'un tel revêtement ne se détache pas du terrain, celui-ci est disposé en gradins avant de recevoir le revêtement en
terre végétale, dont l'épaisseur varie de 0 m. 15 à 0 m. 30.

Pour augmenter la stabilité de la couche rapportée, il est
utile de hâter le développement de la végétation. L'ensemencement s'impose tout d'abord, mais il y a souvent intérêt à prévenir les dégâts pouvant survenir avant le développement des
semis, d'où l'emploi du second système ci-après :

*Protection des talus par ensemencement.* — Pour prévenir
le ravinement des talus par les eaux de pluie, il faudra, si le
terrain est susceptible d'être attaqué et surtout si la hauteur
des talus est grande, protéger toute la surface par des plantations, des semis de gazon, de trèfle, de genêts ou d'autres
plantes poussant vite et ayant un grand développement de
racines. Ces plantations réduisent la vitesse de l'écoulement
de l'eau, et consolident les talus par leurs racines. Dans les
mauvais terrains, au point de vue de la réussite de l'ensemencement, on revêt les talus d'une couche de terre végétale.

Avec des talus de très grande longueur, ces précautions ne
suffisent pas toujours, car tout commencement de corrosion
s'accentue vite, surtout à la partie inférieure du talus, où l'accumulation des eaux forme à bref délai des rigoles et où toute

brèche s'aggrave, en s'étendant de proche en proche en hauteur et en profondeur.

En pareil cas, il faut diviser la hauteur du talus. La nécessité de cette division s'impose surtout lorsque les semis d'herbes ne sont pas possibles, soit à cause de la nature du terrain, soit à cause du danger que présenteraient de grandes surfaces d'herbes desséchées par la chaleur d'été, au point de vue des incendies, lorsque c'est un chemin de fer qui doit passer par la tranchée. [1]

*Protection par des briquettes de gazon.* — L'emploi des briquettes de gazon rend souvent de très bons services; il peut même, si le terrain n'est pas trop infertile, dispenser de l'application de la couche de terre végétale.

Les briquettes de gazon s'emploient à plat et on cherche à établir une bonne liaison entre la terre que retiennent les racines et la surface du talus, en battant, à l'aide de tappes, les briquettes appliquées sur celui-ci, après les avoir arrosées.

On peut considérablement réduire la quantité de briquettes servant à la protection des talus en se bornant à un recouvrement partiel de la surface.

On forme, à l'aide de ces briquettes posées à plat, des carrés dont les diagonales sont horizontales et dans le sens de la plus grande pente. Dans les champs non recouverts on fait les semis. Les côtés de ces carrés, entourés d'une rangée de briquettes de 0 m. 25 à 0 m. 30 de largeur, ont, suivant la nature du terrain et le plus ou moins de facilité à se procurer des briquettes, un, deux ou trois mètres.

Certains ingénieurs, et parmi eux M. de Sazilly, dont les études et les travaux sur la consolidation des talus ont, à juste titre, attiré l'attention générale, préconisaient l'emploi des briquettes de gazon posées par assises avec lits normaux à la surface. Ce mode d'emploi n'assure la croissance du gazon que sur le bord extérieur de chaque briquette, tandis que le corps de la briquette avec ses racines feutrées ne constitue qu'une couche de terre admettant un talus plus raide.

L'emploi à plat des briquettes de gazon, préconisé dès 1853,

---

1. C'est le cas dans les tranchées en pays chauds, tels, par exemple, que l'Algérie.

en opposition avec les idées de M. de Sazilly, par M. Chaperon [1] mérite toute attention.

Pour des terrains qui, même sous l'abri d'un revêtement
herbé, ne peuvent pas être maintenues avec un talus moyen
peu incliné ; mais qui, par une protection absolue contre
l'effet de l'eau et de la gelée, comporteraient des talus de ce
genre, *le pavage* peut rendre de bons services. Le pavage présente, toutefois, l'inconvénient déjà signalé de s'effondrer dès
qu'il y a infiltration et corrosion du talus à protéger. Le *plaquetage*, c'est-à-dire le *pavage avec des briquettes de gazon*
posées à plat, a sur le pavage en pierres l'avantage de former
un revêtement élastique qui s'enfonce dans les creux qui peuvent se produire et rend ainsi les commencements de corrosion
visibles, tout en protégeant, même après l'affaissement, les
parties endommagées. Il est donc, sur des talus affouillables,
généralement préférable au pavage en pierres.

*Clayonnage.* — Un autre mode de protection des talus consiste dans l'établissement de clayonnages. On enfonce à des
distances de 0 m. 50 à 0 m. 80 des piquets alignés dans le
talus, en leur donnant une position perpendiculaire sur la surface de celui-ci, tant qu'il n'est pas plus raide que 45° environ.
Sur des talus plus raides, on donne aux piquets une position
intermédiaire entre la verticale et celle qu'ils auraient si on
les plantait perpendiculairement sur le talus.

Les piquets sont des branches fraîches, et si faire se peut
droites, de saules ou d'acacias, ayant 2 à 4 centimètres de
diamètre et 0 m. 60 à 0 m. 80 de longueur. A coup de maillets on les enfonce de 0 m. 15 à 0 m. 30 dans le sol, après en
avoir affûté la pointe ; si le sol est humide, ils prennent au
bout de quelque temps racine, ce qui présente le double avantage de prévenir leur détérioration par pourriture et de les
transformer, au contraire, par les racines qu'ils développent

Fig. 51.

en auxiliaires utiles pour la consolidation Dans les
terrains durs, on facilite la pénétration des piquets
devant prendre racine en leur ouvrant la voie au
moyen d'un piquet armé qui contribue de plus, en
ameublissant l'emplacement, à faciliter le développement des racines.

1. *Annales des ponts et chaussées*, 1853, premier semestre, page 229.

Le but des piquets est de servir de points d'attache à un clayonnage, utile surtout dans les premiers temps, alors que la surface du talus n'est pas encore protégée par la végétation.

Les branches qui constituent ce clayonnage dépérissent, du reste, au bout de quelque temps, car elles ne sont pas comme les piquets dans des conditions à développer des racines de boutures. Tout au plus celles touchant le sol et se trouvant prises dans les détritus qu'y amènent les eaux, échappent-elles à ce sort. Elles constituent alors une protection durable.

Le vannage ou clayonnage entre les piquets se fait à l'aide de branches de saules, d'acacias ou de tout autre branchage mince et flexible ; il ne dépasse pas, en général, une hauteur de 0 m. 15 à 0 m. 20.

Au lieu d'interrompre des talus par des bermes, on y établit quelquefois des rangées parallèles de clayonnage. Ces petites haies arrêtent les détritus en faisant perdre leur vitesse aux eaux qui les transportent. Mais pour peu que ces dépôts à l'amont des vannages aient atteint quelque importance, il s'établit par la différence de niveau entre l'amont et l'aval de la rangée de clayonnage une chute par dessus les bourrelets et les eaux attaquent le talus au-dessous de chaque ligne de clayonnage. Les piquets sont déchaussés et des ruptures du clayonnage et des ravinements dangereux peuvent se produire. Il convient, dès lors, de ne pas tracer horizontalement les clayonnages, mais de les établir avec une pente telle que les eaux, arrivant sur elles et sur les dépôts qui se sont formés à leur amont, s'écoulent plutôt longitudinalement que transversalement à la tranchée.

De ces clayonnages établis par rangées obliques, on a souvent passé aux clayonnages en losanges, en entrecroisant des clayonnages obliques dans les deux sens.

Malgré la grande faveur dont jouissent ces clayonnages en losange, il suffit de raisonner leur fonctionnement et d'observer ce qui se passe en général au bout d'un certain temps sur les talus munis de ce genre de protection, pour reconnaître que de toutes les dispositions des clayonnages celle en losanges est la moins recommandable.

La protection des talus au moyen de clayonnages est deve-

nue trop générale. On en use même pour des talus dont
ni la hauteur, ni la nature du terrain ne comportent de protection.

Il est permis de dire qu'un talus, ayant résisté au ravinement qui se produit dans
le sens de la diagonale
des losanges, suivant la
plus forte pente du talus,
eût été certainement à
même de résister à la corrosion par les eaux s'é-
coulant d'un seul jet sur

Fig. 55.

toute son étendue, sans aucune protection. Les eaux concentrées en ruisseaux déchaussent à l'aval les piquets d'angle et
attaquent les surfaces encloses.

En somme, les clayonnages sont un excellent moyen pour protéger des talus de grande hauteur et ouverts dans des terrains
attaquables par les eaux, mais ils doivent être établis en files
parallèles, présentant en élévation une pente de 1 de hauteur
sur 10 à 15 de base et se raccordant, après des parcours de
10 à 20 m., en arêtes de
poisson à des rigoles descendant suivant la pente
du talus ; ces rigoles doivent être protégées par
un pavage ou par des bri-
quettes de gazon contre
les corrosions.

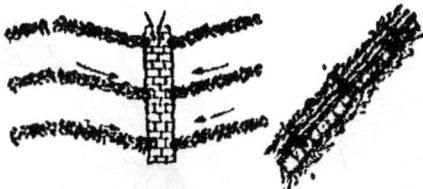

Fig. 55 bis.

Si, dans la suite des temps, les piquets ayant pris racine, forment des broussailles d'une certaine hauteur, il est prudent
de les tailler et leurs branchages pourront être utilisés à réparer les clayonnages ayant souffert par le temps.

Les rigoles superficielles servant à la descente des eaux le
long des talus ne sont, quelques soins que l'on apporte à leur
entretien et à celui de leur voisinage, pas exemptes de
dangers.

La protection au moyen de briquettes de gazon est en général la moins coûteuse et elle se recommande dès que l'humi-

dité ordinaire du terrain les met en mesure de rester vivantes, c'est-à-dire de ne pas se dessécher.

Le pavage des rigoles présente, ainsi qu'il a été dit, l'apparence d'une plus grande solidité, mais cette apparence est souvent trompeuse. Les eaux se perdent facilement dans les joints, elles détrempent le dessous et reparaissent à un niveau inférieur. Le pavage se trouve alors miné par endroits ; il s'effondre et donne lieu à des éboulements locaux, d'autant plus dangereux qu'ils se produisent aux endroits où les eaux sont conduites en masse et où l'on se croit à l'abri de toute avarie.

*Murs échelonnés.* — Un genre de protection des talus qui, de prime abord, paraît très coûteux, mais qui, dans certaines circonstances, peut néanmoins être appliqué avec avantage, c'est l'établissement de *murs de protection* ou *de revêtement*. Dans les terrains très compactes et pouvant, comme la craie ou certaines argiles sablonneuses, être maintenues presque à pic, on réduit considérablement le volume des terrassements en donnant aux gradins des faces presque verticales, sauf à les protéger contre les intempéries.

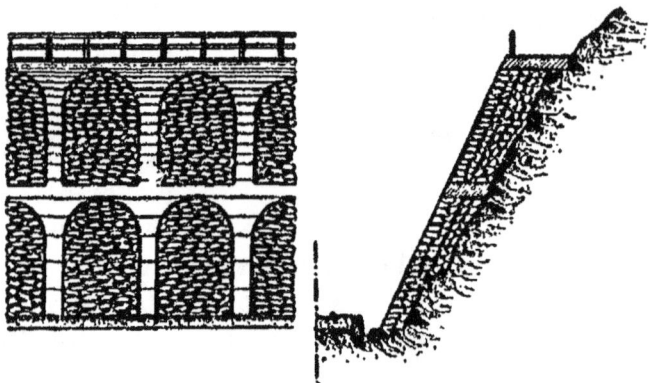

Fig. 56.

Ce genre de murs de revêtement ne doit pas avoir plus de 3 m. 50 à 5 m. 50 de hauteur et une épaisseur de 0 m. 75 au plus peut suffire. En donnant à ces murs un fruit très faible, on arrive, tout en ménageant des bermes de largeur suffisante pour l'écoulement des eaux et pour assurer le pied du mur supérieur, à ne pas dépasser un talus moyen de 1 de base sur 6 à 8 de hauteur.

Au lieu d'établir ces murs de soutènement, qui ne résiste-raient pas à une poussée quelque peu importante, on peut avec avantage enraciner des contreforts reliés au moyen de voûtes, dans les talus instables.,

. Il est utile de rappeler ici que ces contreforts ou piliers tournés vers l'intérieur des terres, rendront plus de service si les voûtes qui les relient se trouvent chargées par les terres ou par des pierrées (fig. 56).

En échelonnant de petites voûtes le long des talus, dans les-quels on enracine des piédroits, et en remplissant les champs d'un pavage à sec ou d'une couche de pierres, on arrive sou-vent à prévenir dans des terrains ébouleux des effondrements sans trop adoucir le talus.

C'est de cette façon qu'on a procédé, avec succès, dans la tranchée dite du Ladro, sur la ligne de Bologne à Pistoie.

**63. Protection contre les eaux souterraines.** — Il est fort rare qu'une tranchée de quelque profondeur ne ren-contre pas de couches présentant une certaine variété sous le rapport de la perméabilité et de la dureté. Tout en traversant un terrain géologiquement homogène, il est fréquent que les parties inférieures présentent des conditions différentes de celles du dessus. Tel est, par exemple, le cas d'une couche de sable reposant sur un lit d'argile : les eaux absorbées par le sable pourront donner lieu à plus de difficultés vers le fond de la tranchée qu'à sa partie supérieure.

*Généralités.* — Tant que les couches de nature différente se trouvent régulièrement superposées, la tâche de l'ingénieur est encore bien facile, comparée à celle qui s'impose pour les terrains bouleversés et tourmentés, où les limites entre les cou-ches perméables et celles qui ne le sont pas sont difficiles à discerner.

Dans le premier cas, c'est-à-dire lorsque les couches sont bien définies, on sait que c'est sur les faces supérieures des couches imperméables qu'il faut recueillir les eaux souterraines pour assurer leur écoulement et pour empêcher le détrempage de provoquer des glissements.

Dans les terrains irréguliers, l'eau qui s'infiltre doit être recherchée, et ce n'est souvent qu'en observant les talus des tranchées terminées qu'on réussit à bien se rendre compte des points à assainir. En temps de sécheresse et surtout le matin, avant que les rayons du soleil n'aient pu achever la dessication, les plaques humides qui apparaissent sur les talus, fournissent des indications utiles, dont il faut profiter sans hésitation, en établissant des drains, qui, partant de ces points et suivant la trace humide vers l'intérieur du sol, assurent des débouchés aux eaux souterraines, qui sans cela peuvent amener des désordres.

Les formations argileuses d'un bassin sont, comme l'a déjà fait remarquer M. Belgrand[1], en étudiant le bassin de la Seine, généralement très régulièrement stratifiées dans leur ensemble, et ce n'est qu'au bord des vallées qu'on trouve ces bouleversements qui rendent l'exécution des grands déblais difficile.

Il est donc infiniment plus dangereux d'attaquer une masse argileuse au pied d'un coteau que sur un plateau, non pas à cause de la surcharge que produit le terrain, mais parce que le long des coteaux on a beaucoup plus de chance de tomber dans des éboulements anciens.

C'est dans les parties qui n'ont pas subi ces bouleversements et où la succession des couches sableuses et glaiseuses n'a pas été altérée, que la méthode de M. de Sazilly, dont il sera question ci-après, peut rendre d'excellents services.

Si les couches imperméables présentent des inflexions, les eaux se rendent aux points bas et peuvent former des sources au lieu de donner lieu à des suintements sur de longues lignes de terrains perméables. En pareilles circonstances, des drains en pierres sèches pénétrant aux points bas dans le terrain sont très utiles et causent peu de frais.

Si, par contre, les couches imperméables, qui arrêtent les eaux dans les couches perméables superposées, ne présentent

1. *Annales des ponts et chaussées*, 1852, 1er semestre, Mémoire no 24.

pas d'inflexion, le suintement peut se produire sur toute la longueur de la ligne de contact entre les terrains de perméabilité différente.

Si la pente des couches imperméables amène les eaux vers la tranchée, ces eaux peuvent causer des dégâts par leur action sur la superficie ; mais de plus, et surtout lorsqu'elles rencontrent quelques difficultés à sortir par l'entaille de la tranchée, elles peuvent déterminer le détrempement des terres et amener des glissements.

Il ne faudrait pas croire que la tendance au glissement serait moins grande dans le cas où la pente des couches vers la tranchée est plus faible.

Les pentes plus accentuées facilitent bien l'écoulement des eaux souterraines, mais par contre l'ouverture de la tranchée peut d'autant plus souvent rompre l'équilibre des terrains. Les masses qui reposent sur des faces inclinées, humides et souvent lisses, ne restent plus en place, parce que le frottement qui seul les retenait ne suffit plus pour détruire la composante de la pesanteur qui tend à les faire descendre.

Il faut, en pareil cas, ne pas se borner à capter les eaux souterraines, à leur assurer l'écoulement et à protéger les surfaces des talus contre la corrosion, mais de plus rétablir l'équilibre et prévenir la descente des couches déchaussées. L'établissement de murs de soutènement est souvent nécessaire dans ces conditions.

La difficulté qu'on rencontre en maintenant par des murs les terres qui menacent les tranchées, c'est le maintien des voies d'écoulement pour les eaux souterraines. — Les barbacanes que l'on ménage dans les murs maçonnés se bouchent facilement ; aussi remplace-t-on volontiers les murs maçonnés au mortier par des maçonneries dans lesquelles on interpose de la mousse entre les pierres. C'est un genre de maçonnerie sèche qui présente l'avantage d'assurer la perméabilité, sans exposer les pierres à ne porter que sur peu de points.

Sur les talus qui se trouvent du côté où les couches plongent vers l'intérieur des terres, on n'est pas exposé à voir les eaux souterraines se déverser par les faces de contact des

couches tranchées. Mais si les talus sont élevés, il faut en
pareil cas, empêcher les eaux superficielles descendant le long
du talus de pénétrer dans les failles du terrain, car en s'y
accumulant elles pourraient donner lieu à des éboulements.

**61. Drainage.** — Lorsque, à proximité d'une tranchée, le
terrain perméable, reposant sur une couche peu ou pas perméable se trouve imbibé d'eau, il faut, ainsi qu'il a été dit,
aviser aux moyens de faciliter l'écoulement de celle-ci. A cette
fin il convient de concentrer les eaux et de les diriger ensuite
vers des orifices où leur écoulement ne compromet pas les talus.
Les drains peuvent être faits soit en pierres sèches, soit en
tuyaux de poterie. Si la couche imperméable est plissée, on
place les drains dans les points les plus bas de sa surface. En
desséchant la face de contact, elle devient moins favorable aux
glissements.

Même dans les cas où aucun glissement ne paraît imminent,
il est avantageux de faire des travaux préventifs, car il est
bien plus difficile et coûteux d'arrêter et de réparer un éboulement que de le prévenir.

Le drainage seul suffit souvent ; mais si les conditions
d'équilibre paraissent exiger l'établissement de murs, il ne faut
pas s'en remettre uniquement à eux, mais le plus souvent drai-
ner le terrain soutenu, afin d'en diminuer la poussée. La réduction alors admissible sur les dimensions des murs compense,
tout au moins, les dépenses occasionnées par le drainage.

*Drains en pierrées.* — Les drains dont on se sert pour l'assainissement des terrains sont en général des pierrées logées

Fig. 57.

au fond d'un fossé. Les eaux trouvent la
voie pour leur écoulement, par les vides
que laissent entre eux les enrochements.
Du gravier, gros et uniforme, peut au besoin être substitué à la rocaille.

Pour que l'eau qui passe par les vides
des masses constituant les drains ne s'infiltre pas dans le sol, il convient que le
fond des fossés atteigne les couches imperméables et que leur
pente soit continue. Pour que les eaux recueillies par les drains

n'entraînent pas des terres qui finiraient par boucher les vides, il faut superposer aux pierres ou aux gros galets constituant les drains des couches fonctionnant comme des filtres. On recouvrira à cette fin de petits galets, de gros sable et enfin de feuillage ou de paille le corps des drains, avant de combler la partie supérieure en terre.

*Drains en tuyau.* — Les drains formés de tuyaux en poterie, pareils à ceux dont on se sert pour le drainage en agriculture, sont rarement employés pour l'assainissement des tranchées, et on n'y a recours que lorsqu'il s'agit d'un drainage superficiel et que l'absence de pierres rend leur emploi plus économique.

La zone d'action de chaque drain s'élargit en général avec la profondeur à laquelle on le descend [1]. Ce n'est que dans des terrains très argileux et compactes que cette zone ne peut pas s'étendre à de grandes distances, mais comme ce n'est pas dans ce genre de terrains qu'on est conduit à faire usage de drains superficiels, on peut admettre que l'écartement des drains pourra être 8 et même 15 fois plus grand que leur profondeur.

*Drainage par galeries.* — Lorsque la nécessité ou l'utilité d'un drainage du terrain n'est constatée qu'après l'exécution du remblai, ou si l'emplacement des drains se trouve à une grande profondeur sous la surface du terrain, il peut y avoir avantage à ouvrir le drain par une galerie souterraine au lieu de procéder par tranchée, qui à raison de la profondeur qu'il faudrait lui donner serait plus coûteuse que la galerie, et plus exposée à des éboulements, à moins de faire des boisages d'une force extrême.

Il va de soi que le boisage des galeries ouvertes dans ces conditions doit également être très solide. La figure 58 représente une galerie de ce genre exécutée sur la ligne Bologne-Pistoie, pour l'assainissement du terrain sur lequel se trouve le remblai d'Iolo. Ces galeries sont remplies de pierres

---

1. *Instructions pratiques sur le drainage*, par M. H. Mangon, Paris, 1856. — Voir aussi le *Cours d'hydraulique agricole*, publié par M. A. Durand Claye, à l'École des ponts et chaussées, 1885, et l'*Hydraulique agricole* de M. de Cossigny, 1889.

et le bordage appuyé contre les cadres est à claire-voie pour ne pas arrêter l'absorption de l'eau à travers ces parois. Le caniveau, établi pour assurer pendant l'ouverture de la galerie l'écoulement des eaux, est maintenu.

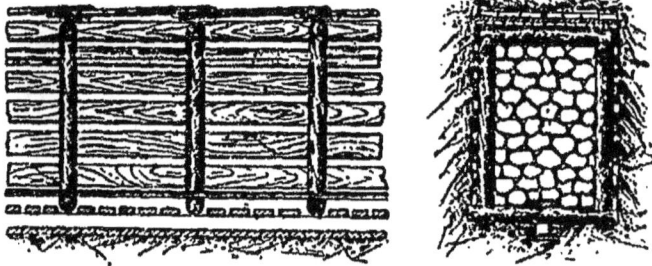

Fig. 58.

**65. Division des masses.** — Lorsque l'on constate que des talus de tranchées menacent de s'ébouler, on fait bien de donner aux drains qui doivent les assainir des dispositions qui assurent à la fois l'écoulement des eaux souterraines et la division des masses instables. A cette fin on donne des dimensions plus fortes aux drains qui suivent de distance en distance la ligne de plus grande pente des talus, c'est-à-dire aux drains dont la direction en plan est perpendiculaire à l'axe de la tranchée, et on les relie par des drains ayant en plan la forme d'un V renversé dont les jambages viennent s'appuyer et se souder aux drains principaux. Cette forme en ligne brisée, donnée aux drains situés entre les drains descendant le talus, est préférable au tracé en arc de cercle, parce qu'elle assure mieux l'écoulement uniforme des eaux recueillies. En formant les drains de moellons ou pierres, ils constituent de plus des supports pour les masses situées au-dessus. Ainsi qu'il a déjà été dit pour ce genre de drains en général, il est prudent de ne pas laisser arriver jusqu'à fleur de sol les pierrées formant la con-

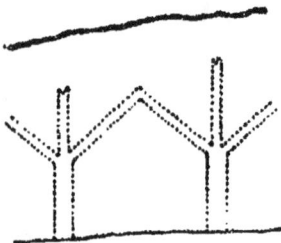

Fig. 59.

duite principale, pour éviter l'engorgement par les terres que les eaux superficielles y amèneraient.

Lorsque le pied d'un talus porte sur un mur de soutènement et que la nature du terrain nécessite de plus le drainage de la partie supérieure, il est bon de donner aux drains la disposition qui vient d'être indiquée. C'est à l'endroit où les drains descendants viennent s'appuyer contre le mur de soutènement que l'on ménage les barbacanes les plus utiles.

Lorsque les murs de soutènement sont renforcés par des contreforts, on place ces derniers à mi-chemin entre les drains.

## § 5

## EXÉCUTION DES REMBLAIS

**66. Généralités.** — La nature des matériaux employés pour la formation des remblais, et la hauteur qu'ils doivent atteindre, déterminent en première ligne leur mode d'exécution. Le but que doivent remplir les remblais n'est pas sans exercer aussi une certaine influence sur les procédés employés et le plus ou moins de soins à apporter à l'établissement de ce genre de travaux.

Un remblai destiné à supporter une route pourra, sans nécessiter la réfection de la chaussée, et dès lors sans causer un préjudice sérieux, subir après coup un tassement, qui serait déjà fâcheux si au lieu de la route il devait supporter une voie ferrée. Les remblais appelés à supporter des canaux ou à former des retenues, nécessitent des soins encore plus grands.

Les talus des remblais ordinaires ne sont exposés qu'aux eaux qui tombent sur eux et non pas, comme ceux des tranchées, à des eaux souterraines. Les talus des digues de retenues, de même que ceux bordant les canaux et plongeant dans les eaux, ne se trouvent plus dans le même cas; ils nécessitent en général une protection toute spéciale.

Suivant les cas, il faudra régler le choix des matériaux et le mode de leur emploi.

Si l'on était libre dans le choix des matériaux, on n'emploierait jamais de l'argile pour faire des remblais de quelque hauteur. Mais si un remblai est situé entre deux tranchées ouvertes dans de l'argile, il faut bien, à moins de mettre les déblais en dépôt et d'aller chercher tout le remblai à de grandes distances, ou de remplacer le remblai par un ouvrage d'art, aviser aux moyens de rendre aussi peu dangereux que possible l'emploi des matières argileuses.

**67. Limite de hauteur.** — Plus la hauteur des remblais est grande, plus les chances de déformations ou d'éboulements augmentent.

Nous avons dit qu'en général on ne dépasse pas pour les déblais la profondeur de 20 à 25 m. sur l'axe, et pour les remblais 25 m. à 30 m. de hauteur.

En atteignant ces limites, sur l'axe, dans des terrains présentant une forte inclinaison, l'un des talus aura alors une longueur correspondant à une hauteur beaucoup plus grande. Même avec des terrains bien solides, on ne peut guère, en pareil cas, compter sur des talus raides.

Pour des tranchées très profondes le cube à extraire devient si considérable, qu'à part la considération du maintien des talus, et à moins de circonstances particulières, l'exécution de souterrains se trouve tout indiquée au point de vue de l'économie.

Quant aux remblais, on peut bien, lorsqu'ils sont formés de matériaux résistants, tels que débris de roche, galets, sable à peu près pur, etc., aller jusqu'à 40 m. et même plus, sans courir grand danger, mais des considérations d'économie feront en général donner la préférence à un viaduc.

Si les remblais sont de grande hauteur il faut non seulement adoucir les talus, surtout vers le pied, c'est-à-dire réduire à 2 de hauteur au plus sur 3 de base l'inclinaison moyenne, mais de plus il paraît prudent d'établir à différentes hauteurs des banquettes de 0 m. 50 à 2 m. de largeur. A la partie supérieure les talus peuvent devenir un peu plus raides, mais il n'est pas possible de fixer les inclinaisons d'une façon absolue et, comme pour les déblais, il faut se laisser guider par la nature du terrain. Les remblais en argile, de 10 m. à 12 m de hauteur sont déjà fort dangereux, même en apportant tous les soins possibles à leur exécution et à leur protection.

**68. Mode d'exécution.** — Le mode d'exécution des remblais est d'une grande importance. En ayant soin de les comprimer, de réduire les mottes de terre et de les mélanger et triturer, c'est-à-dire de corroyer les terres entrant dans les remblais, on aura moins à redouter des glissements ou éboulements et les tassements seront réduits.

Le mode d'exécution dépend essentiellement des moyens employés pour l'extraction et le transport des matériaux. En faisant l'extraction à bras d'homme, les matériaux se trouvent beaucoup mieux réduits qu'en opérant au moyen d'excavateurs mécaniques ou par abattage. Si les matériaux employés sont rocheux et nécessitent pour leur extraction le jeu de mines, leur réduction s'effectue en échantillons moins gros et plus uniformes par les petites mines que par les grandes. Quant au mode de transport, celui par brouette assure le mieux, par le passage sur les parties déjà exécutées, la compression ou l'enchevêtrement des remblais. Les camions, tombereaux, et même les wagonnets roulant sur des voies de fer et opérant l'exécution des remblais par couches successives, déterminent une condensation des matériaux d'autant plus parfaite que l'épaisseur des couches est moindre.

En déversant les matériaux soit du haut d'un appontement, soit du haut de la tranchée qui précède l'emplacement du remblai, en avançant le point du déversement au fur et à mesure de l'achèvement des parties plus voisines des déblais, la mise en place des matériaux ne contribue pas à la compression des remblais.

Pour avoir un remblai qui ne tasse pas trop après-coup, c'est-à-dire pour avoir un remblai bien comprimé en cours d'exécution, il faut exclure ce dernier mode, dit par déversement.

*Remblais en terre.* — Les remblais exécutés en terres déversées du haut d'appontements, sur lesquels les matériaux arrivent en wagonnets ou en tombereaux, sont, ainsi qu'il vient d'être dit, des moins comprimés. Le transport à pied d'œuvre au moyen de brouettes ou de tombereaux passant sur les couches successives du remblai, assure une compression plus grande, car le piétinement des hommes ou des chevaux et le roulement des roues sur les terres précédemment déposées produit des réductions et des tassements utiles. En dehors du régalage qui peut se faire après chaque déchargement, la capacité des véhicules et l'épaisseur des couches successivement soumises à la compression par les attelages exerce une grande influence sur la compression des remblais.

La mise en place au moyen de brouettes donne les meilleurs résultats, mais elle entraîne nécessairement des frais plus considérables. Pour ne pas grever les transports à de grandes distances du prix beaucoup plus élevé du brouettage, on recourt, lorsque la mise en œuvre au moyen de brouettes est exigée en vue de la compression plus complète et de l'exécution par couches moins fortes, à la reprise par ces outils. Dans ce cas les matériaux, amenés et déversés par les wagonnets ou les tombereaux, sont repris et chargés en brouettes pour être conduits au lieu d'emploi proprement dit.

Lorsque la nature du terrain employé, la hauteur et le but du remblai exigent que les tassements futurs soient très faibles et que le corps du remblai soit très compact et imperméable, il ne suffit plus que les terres soient broyées et écrasées par le passage des brouettes. On procède en pareil cas au pilonnage et corroyage, c'est-à-dire à des opérations spéciales en vue de la compression.

Les matériaux employés étant des mélanges de terre et de sable argileux ou vaseux, on recourt avec avantage au *pilonnage* et au mélange très intime, c'est-à-dire au corroyage et au *pétrissage*. En se servant pour ce travail de la pioche et de la pelle pour le mélange, et de la tappe et du pilon pour la compression, il exige beaucoup de main d'œuvre et devient très coûteux.

Pour le corroyage des masses constituant le corps des remblais, on se sert avec avantage du rouleau corroyeur.

Un moyen économique, souvent employé avec succès en Angleterre, pour prévenir l'éboulement de remblais exécutés, par couches épaisses, consiste à procéder par couches concaves et non pas horizontales.

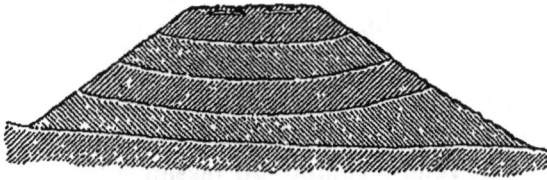

Fig. 60.

Lorsqu'on dispose de divers matériaux pour la formation des remblais, on est naturellement tenté de leur assigner la place qui répond le mieux à leur caractère particulier. Malheureusement il n'est pas toujours possible de les faire arriver à volonté, car les chantiers d'extraction règlent leur production.

*Remblais rocheux.* — Le passage d'un rouleau compresseur peut être employé pour des remblais en débris de roches. Lorsque les débris de roche sont employés par déversement, ils prennent des talus d'autant plus doux que les dimensions des échantillons sont plus variées. Les gros blocs, au lieu de s'enchevêtrer, glissent sur les petits débris qui font office de rouleaux. Pour pouvoir donner des talus raides aux remblais formés de débris de roche, on reprend à la main la partie extérieure et l'on en forme des gradins qui permettent le raidissement des talus et par cela même la réduction du volume et de l'emprise du remblai.

*Remblais en sable.* — L'eau, qu'il y a tout intérêt à tenir à l'écart des remblais argileux, est par contre très utile pour assurer, dès l'exécution, le tassement des remblais sablonneux. Elle rapproche les éléments de sable et enlève, surtout lorsqu'elle arrive en grande quantité sur ces remblais, les impuretés qui compromettent, par les lits peu perméables qu'elles forment, la stabilité de l'ensemble. Pour ces remblais, on peut se servir de l'eau pour les condenser.

C'est ainsi qu'en 1875, pour exécuter en terre légère, sable, et débris de granit le grand barrage du réservoir dit du Lac d'Oredon [1], qui retient les eaux de la Neste (département des

1. Notice sur les dessins et modèles exposés par le ministère des travaux publics à l'Exposition universelle de Melbourne, 1880.

Hautes-Pyrénées), on versait les déblais devant l'orifice d'une conduite d'eau que l'on ouvrait dès que 3 à 5 m. c. se trouvaient devant elle. Après avoir bien détrempé ce volume de remblai, on le régalait et l'eau s'en écoulait en entraînant une partie de la terre et du sable, mais la couche de remblai était devenue très dense et ne tassait presque plus.

Pour se rendre compte du tassement du sable sous l'action de l'eau, qu'on observe l'effet d'un seau d'eau jeté sur un tas de sable. Il y fait son trou.

*Remblais en argile.* — L'argile compacte constituerait une matière propre à être employée dans les remblais si on pouvait la soustraire à l'effet de l'humidité. Les mottes de terre très argileuse, tant qu'elles sont sèches, ne se brisent pas facilement ; elles s'emboitent et ne donnent pas lieu à de forts tassements ou autres mouvements. Mais l'humidité les altère considérablement : les mottes d'argile s'émiettent, se gonflent ou deviennent très plastiques, suivant le degré d'humidité et la nature du terrain.

Aussi faut-il exclure, quand on le peut, l'argile des remblais exposés aux infiltrations d'eau, et comme c'est le cas le plus général, il sera prudent de n'employer l'argile qu'à défaut d'autres matières. En s'appliquant à la mettre le mieux possible à l'abri des eaux de pluie et en effectuant un assainissement préalable du sol sur lequel on établit un remblai en argile, on en augmente la stabilité.

Une couche de terre corroyée ou du sable argileux constitue une assez bonne protection contre les infiltrations superficielles, mais il faut une surveillance constante pour éviter que des brèches ne s'ouvrent dans cette enveloppe imperméable, sans quoi des éboulements ou glissements dus au détrempement des argiles de l'intérieur finiront par se produire.

Les remblais argileux intérieurs devront, même lorsqu'ils se trouvent ainsi entourés de remblais de bonne qualité, être drainés. Des drains mal établis peuvent dans des remblais argileux contribuer à des éboulements, au lieu de les prévenir. Il suffit, en effet, d'un léger mouvement dans un remblai en argile pour que, si les drains qu'il renferme se trouvent de ce fait disjoints ou leur radier rompu, pour que des voies d'eau s'ouvrent dans le corps du remblai, détrempent l'argile et amènent des éboulements.

Dans les remblais en argile, rendus très compactes par corroyage, de même que dans les tranchées ouvertes en argile compacte, la zone sur laquelle les drains peuvent étendre leur effet d'assèchement est du reste très restreinte, souvent quasi-nulle. Il ne faut donc user qu'avec la plus grande réserve des drains dans les argiles compactes, mais dans beaucoup d'autre terrains ils constituent le moyen le plus efficace pour prévenir les éboulements.

La disposition adoptée en 1885 par M. Mouret, pour l'exécution en argile pure et sèche, sur un terrain solide, d'un remblai de 8 mètres de hauteur, de la ligne de Nontron à Sarlat (département de la Dordogne), mérite d'être citée.

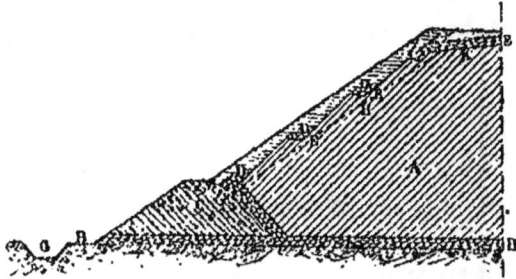

Fig. 61.

Avant de former le noyau A en argile pure et sèche, M. Mouret fit ranger à la main une couche BB de moellons : en s'élevant il forma un contrefort C en terre sablonneuse sur 3 m. 50 de hauteur, qu'il sépara de l'argile par une couche de moellons. Le talus du remblai en argile fut exécuté en gradins, et recouvert de terre végétale DD, en ayant soin de former sur les gradins des drains E en pierres cassées. Une couche K de pierres cassées est également étendue sur le couronnement du remblai et recouverte de terre sablonneuse. De distance en distance des chénaux, KII, traversant la plateforme et descendant dans les talus, jusqu'aux contreforts, assurent des débouchés aux drains.

Un fossé G, est ouvert à un ou deux mètres de distance du pied du contrefort C, tout le long du remblai.

Quelque soient du reste les précautions dont on use dans l'exécution des remblais argileux, il faut considérer 10 à 12 m. comme la hauteur limite ; au-delà, ils ne présentent plus les garanties de stabilité désirables.

*Remblais mixtes.*— Si l'on dispose pour former un remblai de débris de roche, de gravier ou de sable, et qu'il faille en outre employer de l'argile, on cherchera à se servir de bons matériaux pour l'assainissement des parties exécutées en argile, en les plaçant sur toute l'étendue, ou par zones transversales, au fond du remblai, dont le noyau sera formé des matériaux craignant l'humidité et nécessitant un drainage constant.

Lorsque l'on dispose d'un volume relativement grand de bons matériaux, tels que débris de roches, et qu'en dehors d'eux il y a intérêt à utiliser des déblais argileux, on exécute avec les bons matériaux des contreforts ou bourrelets, entre lesquels les matériaux de qualité inférieure peuvent, ainsi qu'il a été dit, être logés sans inconvénient.

## § 6.

## INFLUENCE DE LA NATURE DU SOL SUR LA STABILITÉ DES REMBLAIS.

**69. Terrain présentant un plan de glissement.** — On pourrait citer beaucoup de cas où, malgré tous les soins apportés à l'exécution des remblais, ceux-ci, dès qu'ils atteignent une certaine hauteur, rompent par leur poids l'équilibre grâce auquel le sous-sol se maintenait. Tel est le cas pour les remblais exécutés sur des terrains vaseux ou tourbeux.

Le remblai *dont le sous-sol subit un déplacement vers le fond de la vallée,* par suite de la descente le long d'un plan de glissement, suit en général ce mouvement sans subir lui-même de déformations appréciables. Mais il serait bien inefficace de rajouter des couches de remblai pour remédier à l'abaissement de la couronne, qui s'opère par le fait même du déplacement latéral sur le plan incliné. Toute addition de remblai ne ferait, en augmentant le poids, qu'accentuer le mouvement. Il faudra commencer par arrêter les mouvements du sol par les moyens indiqués au chapitre traitant des éboulements dans les terres à couches de glissement, et ne rétablir le niveau du remblai, par des additions, qu'après avoir obtenu par l'assainissement un équilibre plus stable dans les couches stratifiées du sol.

Il ne faudra même pas hésiter à avoir recours à l'enlèvement d'une partie des remblais qui se trouvent déjà faits, pour arrêter les mouvements pendant l'exécution des travaux de consolidation du sous-sol.

Des travaux de ce genre demandent beaucoup de temps et de plus leur effet ne se manifeste pas immédiatement. On ne peut cependant, si un remblai, se trouvant dans ces conditions, est destiné à supporter un chemin de fer, retarder notablement la pose de la voie. Poussé par la nécessité, l'ingénieur se risquera peut-être à élever le remblai jusqu'à la côte voulue, avant la consolidation parfaite du sous-sol ; mais il provoquera un nouveau glissement, et retardera ainsi la consolidation tout en aggravant les déplacements latéraux.

Pour satisfaire à la fois aux exigences de l'assainissement et de la consolidation, et à ceux de la circulation, il est très utile, en pareille circonstance, d'établir des estacades en bois, assises sur le remblai inachevé et formant un viaduc provisoire. Une telle construction peut servir pendant des années, et ce n'est qu'après avoir acquis, par la visite des drains et par l'aspect général du terrain, la certitude du dessèchement du plan de glissement et de l'arrêt absolu de tout mouvement que l'on procédera lentement et par couches successives à l'achèvement du remblai, jusqu'au niveau de la voie. Les matériaux de remblai peuvent être amenés par le chemin de fer: ils sont versés du haut de l'estacade qui finit par être enterrée. Pour que ces terres puissent se tasser librement, on a soin d'enlever successivement, et dès que les terres atteignent leur niveau, les bois autres que les chandelles [1]

---

1. Ce mode d'exécution de remblais, a été souvent pratiqué aux États-Unis, pour réduire les frais de premier établissement aux débuts d'une nouvelle ligne de chemin de fer. Nous l'avons appliqué avec succès sur une ligne

**70. Sol compressible.** — Les remblais établis sur un sol compressible subissent également des tassements, mais en général ils ne compromettent pas l'achèvement des travaux.

Les remblais établis dans ces conditions s'enfoncent verticalement, sans mouvement latéral, ni élargissement sensible.

Les terrains qui renferment des couches de tourbe desséchée sont essentiellement compressibles. Selon leur degré de dessication et l'épaisseur de la couche de terrain non compressible qui les recouvre, ces tourbes sèches peuvent supporter, sans céder, des charges plus ou moins grandes. La compression est plus grande sous la partie centrale du remblai que sous les bas-côtés. Aussi la base du remblai affectera-t-elle une forme convexe. La compression entraîne quelquefois la séparation de la zone comprimée de celle qui ne l'est pas et détermine des fissures parallèles à l'axe du remblai. Ces fissures ou crevasses doivent être soigneusement fermées à l'aide de terre rapportée, pour éviter la pénétration de l'eau dans les couches compressibles.

A moins de se trouver sur des couches compressibles très

de chemin de fer en Transylvanie, où un remblai établi à flanc de coteau avait déterminé un glissement, qui s'étendait jusqu'au fond de la vallée. Pour arrêter ce mouvement on avait d'abord pratiqué des drains perpendiculaires à la direction du remblai, du côté du fond de la vallée ; puis, voyant que le mouvement reprenait dès qu'on voulait procéder à l'exhaussement, on avait construit un puissant contrefort en pierres sèches, parallèlement au remblai.

Mais toute nouvelle addition de remblai et chaque pluie ou fonte de neiges provoquait, malgré ces travaux fort coûteux, des déplacements vers le fond de la vallée, et on put constater que le lit du ruisseau avait subi, à l'endroit du glissement, une surélévation.

Au lieu de poursuivre ce genre de travaux, nous arrêtâmes tout travail de terrassement et de consolidation, et fîmes, après avoir attendu quelques semaines l'arrêt de tout mouvement, établir sur le remblai inachevé une estacade en bois. L'exploitation du chemin de fer se fit pendant près d'une année sur cet ouvrage provisoire, puis on procéda à l'exhaussement du remblai et à la suppression de l'estacade ; il ne s'est plus produit le moindre tassement.

Il est certain qu'on avait fait plus de drains qu'il n'en fallait et que les murs parallèles avaient nui au lieu de contribuer à l'arrêt du glissement.

épaisses et d'avoir à établir des remblais de très grande hauteur, les tassements résultant de la compression du sous-sol n'ont pas un caractère inquiétant ; ils ne compromettent pas l'existence du remblai et ne font qu'augmenter le cube des terres à employer. La compression ne s'effectue généralement que successivement et nécessite dès lors des rechargements ultérieurs. Il faudra donc donner dès le début un surcroît de largeur à la plateforme en couronne, pour qu'elle ait après les additions successives la largeur voulue.

En cherchant à répartir sur toute l'emprise la charge du remblai, on pourrait amoindrir la flèche qu'affecte le fond de celui-ci et le cube des terres à rapporter. Mais les moyens qui pourraient être employés à cette fin sont souvent plus coûteux que les conséquences de l'inégalité des tassements. Ainsi en commençant le remblai par une forte couche de sable pur, qui répartit les pressions, ou amoindrirait l'inégalité des charges sur l'emprise ; mais on ne dispose généralement pas de sable aux abords des terrains tourbeux, et son apport de grandes distances serait hors de prix.

Un autre moyen pour répartir la charge consiste dans l'établissement d'une ou de plusieurs assises de fascines transversales ; mais les bois et branchages qui entrent dans la composition de ces couches sont sujets à pourrir, et ne font que retarder le tassement central, qui dans la suite, c'est-à-dire une fois que l'on est en droit de considérer le remblai comme bien assis, se produisent, à moins qu'on n'ait mis le temps à profit pour assainir et consolider le sous-sol.

Nous verrons que malgré cet inconvénient les fascines, dont nous parlerons dans la suite, peuvent rendre de très bons services, mais ce n'est pas sur les terrains compressibles, alternativement secs ou humides, qu'il faut y recourir.

*Emploi de pieux remplacés par du sable.* — S'il s'agit de travaux à établir sur un sol compressible, et de prévenir tout tassement, on recourt à une compression artificielle. On bat des pieux dans la couche compressible pour la rendre plus dense. Pour produire une forte compression, le nombre des pieux doit souvent être très considérable et augmenterait sensiblement les dépenses. En s'enfonçant et et en refoulant le sol compressible, le pieu a rempli son but. Aussi y a-t-il souvent avantage à retirer les pieux, une fois qu'ils ont agi, ainsi qu'il vient d'être dit, comme coin, sauf à remplir de sable le trou qu'ils laissent après avoir été retirés et avant d'effectuer leur battage en un emplacement voisin. Ce procédé, qui est souvent employé avec parfait succès, dans les fouilles pour fondation, est en général trop coûteux pour trouver son application dans les remblais.

**71. Sol compressible et déplaçable.** — Le cas des remblais à établir sur des terrains à la fois compressibles et déplaçables ou seulement sujets à fuir sous les charges, est plus fréquent que celui des terrains uniquement compressibles ; il présente des dangers constants.

Un remblai établi sur un tel terrain subit souvent aux débuts un enfoncement, que l'on efface par un rechargement ; mais l'on peut se tromper sur la nature du mouvement et de ses causes, en croyant le tassement arrêté. Il arrive souvent que, tout à coup, les pieds du remblai s'écartent et donnent lieu à un nouveau tassement plus considérable, accompagné d'un déplacement des pieds des talus.

Si l'observation pendant les premiers tassements avait embrassé la configuration du terrain voisin, on eut généralement pu constater dès les débuts un surélèvement de part et d'autre du remblai. Dès que celui-ci s'enfonce, ces surélèvements augmentent et il se forme de véritables bourrelets des deux côtés du remblai.

On a beau recharger, ce mouvement ne fait qu'augmenter, une fois qu'il a commencé, et souvent il ne s'arrête que lorsque le milieu du remblai, qui pénètre le plus profondément, atteint, après avoir refoulé de part et d'autre les matières constituant la couche mobile, une couche de terrain solide ; ou bien lorsque les bourrelets qui se sont formés aux deux côtés du remblai ont atteint une hauteur telle, que leur contrepression, aidée par la cohésion et viscosité plus ou moins grande de la couche mobile, fait équilibre à la charge du remblai.

Si la couche de mauvais terrain est assez mince pour pouvoir être pénétrée par le remblai, celui-ci finit par s'asseoir sur les couches résistantes, et l'on peut se borner à recharger. Si, au contraire, la couche de terrain, telle que tourbe humide ou vase, qui fuit sous une forte charge, est très puissante, le rechargement seul ne suffit que fort rarement et il faut avoir recours à des travaux de consolidation. Ces travaux, suivant les circonstances, sont limités à la zone occupée par le remblai ou s'étendent à de grandes distances.

Les couches supérieures d'un terrain fuyant sont moins compactes que la partie inférieure ; elles se déplacent dès lors plus facilement et un remblai assis sur elles s'y enfoncera, pour peu qu'il atteigne une certaine hauteur. — Cette pénétration commencera toujours à l'aplomb de la partie la plus élevée du remblai, c'est-à-dire entre les arêtes supérieures des talus. Le terrain plastique subit un déplacement latéral et le communique aux couches inférieures du remblai, lesquelles, manquant encore de cohésion, suivent le mouvement. Il se produit donc à la fois un tassement vertical et un élargissement dans le corps du remblai.

*Enlèvement des couches supérieures les plus mobiles et bordage des emprises.* — L'enlèvement de la couche la plus mobile du mauvais terrain amoindrit les mouvements transversaux ; il suffit quelquefois, pour rendre le déplacement transversal moins facile, de provoquer la pénétration des zones extérieures du remblai, en creusant des rigoles longitudinales sur l'emplacement futur des pieds des talus, et en les remplissant de pierres avant l'épandage de la première couche de remblai. Le battage d'une rangée de palplanches le long de chaque pied de talus produit à peu près le même résultat, car il augmente également les difficultés que rencontre le déplacement des masses plastiques, en intéressant une masse plus considérable à s'opposer à ce déplacement.

*Mattclassage et drainage.* — Les fascines se prêtent à l'établissement de couches à travers le corps des remblais et constituent un obstacle à l'élargissement de sa base.

On sait que les fascines sont un assemblage de branches et de rameaux rempli de gravier ou de pierrailles, formant des boudins, ligaturés de distance en distance.

Si l'on ne pose qu'une rangée de fascines, on place celles-ci en sens transversal, tandis que dans les cas les plus fréquents on superpose les couches de fascines, en les entrecroisant pour former un « *matelassage*. »

Par l'établissement d'un assainissement sur une grande échelle, les couches détrempées et mobiles peuvent acquérir une dureté suffisante pour résister, après la décomposition des branchages des fascines, aux charges et dès lors aux déplacements. Nous nous sommes déjà assez étendus sur la question du drainage pour pouvoir nous borner à cette indication.

*Banquettes latérales.*— Pour aider le maintien de l'équilibre entre les remblais et le sous-sol, tendant à se boursouffler, on peut enfin recourir à l'établissement de banquettes ou remblais latéraux, qui, en chargeant le terrain voisin du remblai préviennent son soulèvement à proximité, et augmentent, tout en élargissant la base du remblai, les résistances qui s'opposent au déplacement latéral des couches mobiles du sous-sol. Ces banquettes contribuent de plus à aplatir la courbe qu'affecte en coupe transversale le fond du remblai ; ce qui réduit la composante horizontale de la pression exercée par le remblai, qui agit comme un coin introduit dans le sol déplaçable.

Malgré tous les travaux de préservation entrepris pour réduire ou arrêter la pénétration des remblais dans les terrains vaseux ou tourbeux, on fait bien de ne pas compter sur un état stable dans ces conditions. Sauf le cas d'un assainissement tel, que les couches autrefois détrempées se trouvent transformées en couches sèches, on n'arrivera qu'à l'établissement de l'équilibre pour le remblai, qui flottera en quelque sorte sur une masse plus ou moins consistante. Toute surélévation du remblai, toute construction qu'on y élèverait, pourrait rompre cet équilibre.

Si le remblai exécuté dans de telles conditions est destiné à porter un chemin de fer, on aura soin de ne pas y établir une station ou des maisons de garde ; si cela ne pouvait être évité, les constructions devraient y être établies sur grillage et les murs exécutés en pans de bois, pour peser peu et se prêter dans une certaine mesure aux tassements. Si le remblai doit porter la cuvette d'un canal, il ne faudra pas ménager l'argile destinée à former la cuvette, et apporter les plus grands soins au corroyage de cette matière.

**72. Sol miné par des exploitations souterraines.** — L'exécution de remblais au-dessus d'un terrain dans lequel se trouvent des mines en exploitation, ou ayant été exploitées autrefois, peut également donner lieu à des mouvements dangereux. Lorsque les mines ne sont pas très profondes et surtout lorsqu'elles sont abandonnées et que les piliers que l'on y a laissé subsister sont insuffisants et mal entretenus, les surcharges dues aux remblais peuvent amener des effondrements souterrains, se traduisant par des affaissements superficiels. Pour prévenir de tels accidents il est indispensable de renforcer les piliers de la mine.

Lorsqu'un remblai, à la bonne conservation duquel se rattachent des intérêts importants, comme par exemple ceux de la sécurité d'un chemin de fer ou d'un canal, se trouve au-dessus d'une mine en exploitation, il est maintenant de règle d'interdire l'exploitation sur une certaine zone ; on n'y autorise que l'établissement de galeries mettant en communication les champs d'exploitation qui se trouvent de part et d'autre du remblai, en précisant la largeur de la zone à respecter, et l'ouverture à donner aux galeries passant sous le remblai. Les emplacements de ces galeries sont déterminés par l'autorité publique, et toujours en très petit nombre.

# § 7.

## TALUS DES REMBLAIS

**73. Considérations générales.** — Les talus des remblais ne sont jamais exposés, comme ceux des tranchées, à être baignés par d'autres eaux que celles qui tombent des cieux, réserve faite de celles des rivières en temps d'inondation. Même pour des remblais de grande hauteur, il suffira en général de revêtir les talus par un semis ou de leur appliquer des briquettes de gazon et d'interrompre la continuité des talus par des bermes espacées, suivant la nature du terrain, de 3 à 6 mètres. Ces banquettes devront avoir une plus grande largeur que celles que l'on ménage dans les talus des tranchées, elles n'auront pas moins de 0 m. 50 de largeur, et affecteront une légère pente longitudinale pour déverser les eaux dans des rigoles descendant suivant la pente du talus.

Ces rigoles seront tapissées de briquettes de gazon et non pas pavées, car les inconvénients qui peuvent résulter, ainsi qu'il a été dit, du pavage des rigoles de descente sur les talus de tranchées sont encore bien plus marqués pour les rigoles de descente sur des remblais.

Si les remblais sont exécutés par le déversement de terres et sans soins particuliers, il convient, pour prévenir leur dégradation, de reprendre à la pelle sur environ 0 m. 30 de profondeur la couche superficielle et de la réemployer par assises, que l'on comprime au moyen de pilons ou de tappes. Le piétinement des ouvriers exécutant ce travail, qui se poursuit du bas vers le haut, c'est-à-dire en partant du pied du talus, contribue également à la consolidation de la couche extérieure.

En parlant au paragraphe précédent du mode d'exécution des remblais, nous avons déjà signalé certaines mesures à prendre pour permettre l'établissement de talus plus raides et plus stables, qui en somme sont à la fois utiles pour réduire le volume des remblais et pour diminuer le danger de la pénétration par les eaux.

**74. Protection des pieds des talus.** — Lorsqu'un remblai traverse un ravin ou une dépression très accentuée du sol, on établit dans le corps de ce remblai un ouvrage d'art offrant un débouché suffisant pour l'écoulement des eaux.

Pour réduire la longueur de ces ouvrages d'art, on a souvent cherché à les placer à une certaine hauteur au-dessus du point le plus bas de la vallée, c'est-à-dire en un endroit où le remblai présente moins de largeur à sa base [1].

[1] Ce moyen pour réduire les dépenses pour ouvrages d'art a été souvent

En pareil cas, de même que lorsque les conditions locales ne commandent pas l'exécution d'un ouvrage au passage d'un vallon [1], il peut s'accumuler un certain volume d'eau derrière les parties les plus basses du remblai. Il faut alors, non seulement protéger le pied du talus amont, mais aussi prendre des dispositions pour permettre aux eaux de traverser sans endommager le corps du remblai.

Si celui-ci est fait en débris de roche, l'écoulement transversal se trouve tout assuré; mais s'il était fondé sur d'autres matériaux, il faudrait exécuter à la base une certaine longueur de remblai en enrochements et défendre le pied du talus amont par de grosses pierres.

En général il sera prudent, même dans les vallons les plus perméables, de ménager un aqueduc au point le plus bas et de faire quelques travaux de terrassement pour bien diriger les eaux vers cet aqueduc.

## § 8.

## MOYENS POUR ARRÊTER ET POUR RÉPARER DES ÉBOULEMENTS

**75. Généralités.** — Même les ingénieurs les plus prudents et prévoyants n'ont pas toujours pu prévenir des éboulements, et l'on pourrait citer de nombreux cas où des travaux de terrassement, considérés comme achevés, ont subi longtemps après leur exécution des mouvements dont la réparation présentait les plus grandes difficultés et donnait lieu à des dépenses considérables.

Les causes pouvant avoir provoqué des éboulements dans les tranchées sont bien plus difficiles à déterminer que celles

---

employé sur le chemin de fer d'Innsbruck à Botzen (ligne du Brenner), en Autriche. L'entretien coûteux des lits artificiels a fait reconnaître que l'économie sur les frais de premier établissement était plus que compensée par les grandes dépenses d'entretien.

2. Belgrand a constaté que jamais filet d'eau n'a passé sous certains ponts exécutés sur vallons très perméables.

qui provoquent des éboulements de remblais. A cause de la diversité des moyens employés pour remédier aux accidents de ce genre, il y a lieu d'examiner séparément les tranchées et les remblais.

Autrefois la nécessité d'exécuter des tranchées de grande profondeur ou des remblais de grande hauteur ne se présentait que lors de la construction de canaux, car les routes pouvaient en général, grâce à la flexibilité de leur tracé et des limites assez larges dans lesquelles peuvent varier leurs inclisons, éviter les grands travaux de terrassement.

Des soins tout particuliers étaient toujours apportés à l'exécution des terrassements devant recevoir la cuvette d'un canal.

Depuis l'ère des chemins de fer, le nombre des tranchées et des levées considérables s'est accru dans une proportion très forte, et le désir de faire vite et bon marché a souvent conduit à un mode d'exécution pour le moins imprudent.

Par contre, la nécessité d'ouvrir souvent des tranchées et d'asseoir des remblais dans des terrains menaçants a conduit des ingénieurs distingués à se livrer à l'étude approfondie de la question de la consolidation des talus et de la réparation des éboulements.

Les travaux de MM. de Sazilly [1], Collin, Chaperon [2], Perdonnet, bien que remontant à une époque assez éloignée, n'ont rien perdu de leur valeur; ils sont bien connus en France et à l'étranger. On pourrait ajouter à ces noms une longue liste d'ingénieurs qui, comme M. Bruère [3], en s'appuyant surtout sur les beaux travaux de M. de Sazilly, ont réussi à vaincre les plus grandes difficultés dans l'exécution et l'entretien de grands travaux de terrassements.

**76. Éboulements dans les tranchées.** — Lorsque la nature du terrain dans lequel on ouvre une tranchée conduit

---

[1]. Stabilité et consolidation des talus. *Annales des Ponts et Chaussées*, 1851, I.

[2]. Equilibre des terres. Revêtements. *Annales des Ponts et Chaussées*, 1853, I.

[3]. *Traité de la consolidation des talus.* Paris, chez J. Baudry, 1873.

à user dès les débuts des travaux, des moyens préventifs qui ont été signalés dans le chapitre précédent, et que néanmoins des éboulements commencent à se produire, cela tient à l'insuffisance ou au mauvais choix des moyens employés pour assurer la stabilité des talus.

Si des éboulements se produisent entre des drains en pierres sèches, logés de distance en distance dans le sol, il est permis de croire qu'il y a lieu de diminuer leur écartement en interposant d'autres drains de même nature.

Si les drains sont atteints par le mouvement qui se produit, il est permis de supposer autre chose que l'insuffisance de leur nombre. Peut-être n'ont-ils pas atteint les couches solides, ou sont-ils trop faibles, ou leur exécution a-t-elle été défectueuse. Il se peut même qu'au lieu d'assurer la concentration et l'évacuation des eaux souterraines, le drainage n'ait fait qu'ouvrir des voies d'eau dangereuses.

La réfection, voire même la suppression des travaux faits pour la consolidation des talus, peut en pareil cas être le parti à prendre.

*Utilité d'une intervention immédiate.* — La première règle qui s'impose lorsque l'on se trouve en face d'un commencement d'éboulements, c'est d'agir sans perte de temps, car, on ne saurait trop le dire, s'il est souvent difficile d'arrêter un commencement d'éboulement, il est toujours plus difficile et plus coûteux de réparer et de limiter un éboulement qui s'est produit.

Toute hésitation ou parcimonie, lorsqu'il s'agit d'arrêter un commencement de dégradation de talus, se paie cher dans la suite.

Les terres qui ont commencé à descendre sont en général imbibées d'eau, et, même si elles ne le sont pas, elles ont perdu leur cohérence dans toute leur étendue ou pour le moins suivant un plan qui devient le plan de glissement. Les eaux ont dès lors accès facile dans le corps du terrain ou vers la surface d'appui de la masse ébranlée. A moins d'être certain de pouvoir empêcher toute infiltration d'eau dans la partie du sol où se manifeste un commencement d'éboulement, soit par protection superficielle, soit par un drainage, ou par une combinaison de ces deux moyens, il faut recourir à l'enlèvement des masses ébranlées. C'est à ce même moyen qu'il faut recourir si l'éboulement s'est accompli ; mais comme l'étendue de l'ébranlement est alors plus considérable et le plan de glissement plus étendu que lors des premiers indices, la réparation du mal n'en devient que plus onéreuse.

*Réemploi des terres éboulées.* — Si les matériaux qui se sont détachés du sol sont des marnes ou des argiles, il faut en général se résigner à ne plus les employer. Il n'en est pas de même lorsque le terrain est propre à la formation du remblai rétablissant le talus de la tranchée.

Un tel remblai, établi avec les plus grands soins au lieu et place des parties éboulées, contribue à prévenir de nouveaux éboulements, et masque les inégalités que présenterait une tranchée, dans laquelle on se serait borné à enlever les terres éboulées. Cette dernière considération n'est que d'un ordre secondaire et sauf des cas particuliers, la préoccupation de l'aspect ne doit pas empêcher un ingénieur prudent d'appliquer les moyens les plus sûrs pour arrêter un éboulement. C'est ainsi qu'il ne faudra pas hésiter à adoucir les talus dans l'étendue sur laquelle les mouvements se sont produits, quand même cette modification conduirait à un aspect moins satisfaisant.

L'étendue d'un éboulement étant considérable, il n'est pas possible d'enlever de suite, et sur toute la longueur, les masses qui ont subi le mouvement. On procède alors par attaques dans le sens perpendiculaire à la direction de la tranchée, en limitant à quelques mètres la longueur de front de chaque attaque, séparée d'une longueur égale ou un peu supérieure des saignées voisines, qui se font simultanément. Ce n'est qu'après avoir rétabli, au moyen de remblais exécutés avec tous les soins désirables, ces parties de l'éboulement, qu'on attaque les zones intermédiaires.

Pour assurer aux remblais remplaçant les parties éboulées la stabilité nécessaire, on pousse le déblai, par gradins, jusque dans le sol naturel non remué.

*Captation de sources.* — En déblayant les éboulements, on constate souvent qu'ils sont dus à des sources ou couches d'infiltration d'eau, il importe alors d'assurer le dessèchement au moyen de drains, et on n'exécute qu'ensuite le remblai en procédant par couches horizontales ou légèrement inclinées vers l'intérieur du sol. Le pied d'un talus de tranchée reconstitué au moyen d'un tel remblai doit être exécuté avec des soins particuliers ; on le protège et le renforce au moyen d'enrochements ou d'un mur établi de préférence en pierres sèches, pour contribuer à l'assainissement. Si le mur est fait en maçonnerie, il présente plus de résis'ance au déplacement, mais il n'est plus perméable et il faut y ménager, surtout au droit des drains, des ouvertures pour l'écoulement des eaux.

Le champ de l'éboulement étant bien limité et le fait bien établi, que l'infiltration des eaux était la cause déterminante, il sera prudent et économique de ne pas se borner à n'exécuter que des drains absorbant les eaux qui jaillissent vers l'endroit de l'éboulement. Il faudra de plus recueillir les eaux au-dessus de l'éboulement, jusqu'à une certaine distance de sa limite supérieure. Suivant la profondeur à laquelle se trouve la nappe d'eau, cette captation pourra se faire au moyen d'une galerie remplie de rocaille ou au moyen d'une saignée profonde, c'est-à-dire d'un fossé. Sur toute la hauteur des couches aquifères rencontrées, un tel fossé d'assainissement devra être rempli de pierraille et de débris de roc. Ces drains isolateurs, contournant le champ d'un éboulement, demandent à être exécutés avec plus de soins encore que ceux devant prévenir les éboulements. Il faut, en particulier, veiller à ne jamais tomber dans les parties ayant déjà subi des mouvements, et présentant des crevasses par lesquelles les eaux recueillies pourraient rentrer dans l'emplacement de l'éboulement.

Un tel drain isolateur, établi à une distance suffisante des limites de l'éboulement, recueillant et déversant bien les eaux souterraines, peut quelquefois dispenser du remaniement de la masse totale de l'éboulement ; mais il importe, en pareil cas, d'établir une protection efficace contre les eaux superficielles. Dans ce but, les terres éboulées seront reprises sur une épaisseur de 0 m. 50 au moins ; elles seront rapportées en les pilonnant suivant le talus voulu et il faudra les recouvrir en

entier ou par zones de briquettes de gazon, et, dans ce dernier
cas, compléter l'opération par un ensemencement.

*Petits murs pour maintenir des talus raides.* — Les éboulements qui proviennent de la raideur des talus, s'étendent d'ordinaire au-delà des talus qu'il eût fallu donner. Dès que cette
insuffisance d'inclinaison est constatée, on fait bien d'adoucir
le talus, sans attendre le commencement de l'éboulement.
Mais il peut y avoir des circonstances où ni le pied ni l'arête
supérieure du talus ne peuvent être suffisamment déplacés
pour permettre l'exécution d'un talus moins raide sur toute
la hauteur. On recourt alors à l'exécution d'un mur au pied
du talus, ou bien à l'établissement d'une série de gradins
formés de petits murs, ayant devant eux des banquettes et
supportant des talus de hauteur restreinte.

Ce genre de murs de soutènement superposés peut rendre de très bons services dans les terrains stratifiés, formés de
couches dures, alternant avec des couches tendres. Il arrive
que si les talus sont trop raides pour les couches meubles,
celles-ci s'éboulent et laissent les couches dures superposées
en encorbellement. Dans les terrains récents, où les couches
de conglomérats durs alternent avec des couches de sable ou
de gravier, ce cas se rencontre fréquemment. L'établissement
de murs contre les zones formées de matières meubles qui
soutiennent les bancs durs est, en pareils cas, le moyen le plus
économique, et, en même temps, il remplit bien le but.

Dans les tranchées ouvertes dans des terrains de graviers et
débris de roches agglutinés par une gangue calcaire, les talus
peuvent être assez raides ; mais on rencontre dans ces terrains
des poches où la liaison des matières est moins avancée, et ces
poches se vident comme les couches meubles dont nous venons de parler. Suivant l'inclinaison du talus, il y a alors lieu
d'établir ou bien un pavage ou un mur, pour prévenir l'écoulement du contenu des poches. Avant d'exécuter les assises
supérieures des pavages ou des maçonneries obstruant ces poches, il faut, si celles-ci ont commencé à se vider et à former
des éboulements partiels, rapporter des matériaux en arrière
des murs ou pavages pour qu'il ne reste pas de vides à l'intérieur, derrière les pavages ou les murettes.

Si le porte-à-faux des bancs solides, résultant de l'éboulement de couches ou de nids de matières meubles, est considérable, on soutient ces bancs à l'aide de chandelles ou d'étais, que l'on n'enlève qu'après remplissage en sous-œuvre et tassement achevé.

*Emploi de la chaux délayée.* — En arrosant de chaux dissoute les parties du talus où la liaison des sables, galets ou débris de roche ne s'est pas effectuée naturellement par des infiltrations d'eau calcaire, on amène ces débris à se souder et à se tenir sous des pentes qui approchent de celles convenant au reste du terrain.

Cet arrosage avec du lait de chaux est encore plus efficace lorsqu'il se fait sur les couches, successivement rapportées et pilonnées, d'un mélange de sable et de gravier ou de débris.

**77. Éboulements de remblais.** — Les commencements d'effondrement ou d'éboulement de remblais nécessitent également l'intervention immédiate de l'ingénieur, car, dans les terres fraîchement rapportées, tout mouvement gagne vite en étendue.

*Recherche des causes.* — Les mouvements que peuvent subir les remblais sont dus aux causes les plus diverses : l'exécution défectueuse, l'emploi de matériaux impropres, avec inobservation des précautions nécessaires, l'insuffisance des talus, la mauvaise qualité du terrain sur lequel les remblais sont établis, le défaut d'assainissement ou de réglage de la surface d'appui, peuvent déterminer des éboulements.

Les caractères que présentent les mouvements des remblais n'indiquent pas toujours à laquelle de ces causes énumérées il faut les attribuer. Ainsi, une séparation dans le sens longitudinal, peut être la conséquence d'un déplacement du terrain qui supporte le remblai, d'un glissement du remblai sur ce terrain, du gonflement ou affaissement du remblai par suite d'exécution avec des matériaux impropres ou, enfin, de l'établissement de talus trop raides.

Ce n'est donc pas seulement l'aspect des dommages survenus, mais, de plus, la connaissance des conditions de l'exécution qui guidera dans le choix des moyens à employer pour le rétablissement des ouvrages et la préservation ultérieure.

*Protection et adoucissement des talus.* — On reconnait que les talus ont cédé sous l'effet des eaux pluviales s'ils présentent des ravinements superficiels ; de même si les eaux tombées sur la couronne du remblai, au lieu de s'écouler par des rigoles à ce destinées, s'infiltrent ou se déversent sur les talus en les dégradant, il faudra protéger les talus par des gazonnements ou plantations et assurer l'écoulement des eaux superficielles par des rigoles ou des fossés.

Si c'est la raideur des talus qui a causé l'éboulement, il ne faudra pas hésiter à procéder, pour le moins à l'emplacement de l'avarie, et dans les parties les plus élevées du remblai, à l'adoucissement de l'inclinaison moyenne. Ce n'est pas, en général, jusqu'à l'arête supérieure que s'étend un commencement d'éboulement causé par l'insuffisance de l'emprise du remblai. Il se produit le plus souvent au pied, en affectant une forme conchoïdale. L'adoucissement du talus doit alors s'étendre jusqu'au delà de la limite supérieure d'un tel affaissement et être effectué par l'addition d'une certaine quantité de bon remblai, exécuté avec des bermes et, en tous cas, être terminé dans le haut par une berme.

Les parties éboulées doivent être reprises, et, de plus, pour assurer une bonne liaison entre le remblai initial et celui qui vient le renforcer, il faut entailler des gradins dans le premier. En adoucissant le talus, en réduisant l'espacement des gradins ou en augmentant leur largeur vers le bas, l'inclinaison moyenne devient plus faible et l'emprise augmente.

S'il y a des ouvrages d'art noyés dans le remblai endommagé, ou s'il repose sur un terrain très coûteux, on peut, pour éviter les conséquences onéreuses de l'élargissement de l'emprise du remblai, revêtir sur une hauteur plus ou moins grande les talus, pour les rendre propres à se maintenir avec une forte inclinaison.

*Assainissement de la couronne.* — Si les infiltrations par la couronne du remblai doivent être considérées comme les causes déterminantes de l'éboulement, il faut non seulement assurer l'écoulement superficiel des eaux, fermer les voies par lesquelles elles pénétraient dans le remblai et reprendre les masses éboulées, pour les remplacer dans le corps du remblai par des couches bien assises et comprimées, mais aussi opérer, avec les précautions qui ont été signalées plus haut, le drainage du remblai jusqu'à une zone inférieure à celle de l'éboulement.

*Saignées. Isolement des éboulements.* — L'exécution de saignées est également un moyen efficace d'arrêter les mouvements, quand le pied du remblai n'a pas été mis à l'abri des eaux qui y arrivent des terrains élevés voisins.

Chaque fois qu'un remblai aura subi sur une partie de sa longueur un mouvement ou éboulement pénétrant profondément dans sa masse, et que l'on croira pouvoir se dispenser de refaire ou de renforcer le remblai dans toute son étendue, il faudra isoler la partie ébranlée de celles qui ne le sont pas.

La partie endommagée du remblai devra être assainie et renforcée au moyen d'une murette longitudinale et de contreforts, soit en pierrres sèches, soit en maçonnerie, dans laquelle des barbacannes seront ménagées à divers niveaux.

Pour effectuer l'isolement de la partie du remblai dont la stabilité a été profondément altérée, il convient d'exécuter transversalement des coupures que l'on remplit de pierrailles formant des drains transversaux. Ces entailles devront pénétrer dans le sol naturel et l'écoulement des eaux recueillies par elles devra être complètement assuré.

A moins de se trouver sur un sol à pente transversale suffisante pour assurer l'écoulement rapide des eaux de suintement dans un seul sens, on donnera aux drains transversaux, partant alors du milieu du remblai, des pentes dans les deux sens pour réduire au minimum la longueur de parcours des eaux sous la masse du remblai.

# DEUXIÈME PARTIE

---

# DÉBLAIS SOUTERRAINS

---

---

# CHAPITRE V

# DES TUNNELS EN GÉNÉRAL

## § 1.

## NATURE PARTICULIÈRE DES TRAVAUX

**78. Excavation.** — Les déblais en souterrain nécessitent l'emploi des mêmes outils et procédés que les déblais à ciel ouvert. Ce qui change, c'est l'espace dont on dispose pour toutes les opérations, car, quelles que soient les dispositions prises, on sera toujours plus gêné dans un chantier souterrain, sous le rapport du développement en largeur et en hauteur, que dans un chantier de déblai ordinaire.

De plus, le nombre des points d'attaque ne pouvant pas, dans un tunnel, être aisément multiplié comme sur un chantier à ciel ouvert, il faut, pour opérer avec quelque célérité, aviser aux moyens qui permettent la création d'un certain nombre de chantiers, dits attaques, échelonnés le long du tunnel, et employer des procédés qui permettent le plus d'avancement possible dans chacune des attaques.

La gêne que subit le service des transports à l'intérieur d'un souterrain contribue souvent à entraver, au moins autant que la restriction des fronts d'attaque, les progrès du travail, car le va et vient des ouvriers, l'approche des outils et des matériaux de construction et l'enlèvement des déblais comportent une circulation très active. Il est indispensable que le service des transports puisse se faire sans nécessiter des arrêts dans les travaux de déblai ou de construction des revêtements. Des dispositions spéciales, variées suivant les circonstances, doivent donc être prises pour concilier les exigences des divers services.

**79. Protection contre les éboulements.** — C'est surtout dans les tunnels à ouvrir dans des terrains nécessitant des revêtements que les difficultés de cet ordre sont grandes. Lorsque les revêtements devront seulement mettre les parois du tunnel à l'abri des influences de l'air, leur épaisseur sera faible et le boisage, c'est-à-dire le revêtement provisoire, ne sera guère encombrant. Il n'en est plus de même lorsque le terrain exerce des pressions ; pour éviter des éboulements ou déformations, le boisage et ensuite le revêtement devront présenter une grande résistance.

Le boisage devient d'autant plus compliqué que l'excavation qu'il doit soutenir est plus grande. Si de simples cadres suffisent pour les galeries de faible section, il faut des fermes formées de poutres armées et de vrais échafaudages dans les grandes excavations.

Plus le terrain est mauvais, plus le boisage doit être fort ; les revêtements définitifs seront alors dans le même cas, et nécessiteront l'agrandissement de l'excavation. Ce sera un nouveau motif pour renforcer le boisage ; mais aussi pour éviter l'ouverture et la mise sur boisage de la section entière du profil.

S'il fallait toujours maintenir le boisage intégral à l'endroit où l'on exécute la maçonnerie, la section de l'excavation prendrait des dimensions encore plus fortes et nécessiterait un remplissage onéreux entre la maçonnerie et le terrain. On peut en général retirer au fur et à mesure de l'avancement des maçonneries les supports provisoires. C'est en vue de cette démolition successive du boisage et pour faciliter la manœuvre de ses éléments qu'on cherche à lui donner des dispositions qui, tout en assurant une grande rigidité, permettent l'emploi de pièces de faible longueur.

Pour l'exécution des maçonneries, on utilise de préférence des matériaux de faible échantillon : très souvent des briques, souvent des moellons et seulement par exception des pierres de taille. On cherche également, toujours pour créer le moins d'obstacles à la circulation, à réduire le plus possible les cintres pour la construction des voûtes de revêtement.

Les voûtes en briques, exécutées par rouleaux superposés, présentent l'avantage de ne charger les cintres que le moins possible ; elles sont avec raison souvent employées. Il y a des cas dans lesquels, ainsi qu'on le verra, on se sert du terrain même pour supporter la voûte pendant sa construction.

**80. Multiplication des points d'attaque.** — Pour l'extraction des déblais, on s'attache avant tout à la recherche des moyens peu encombrants et puissants ; de plus, on a soin d'échelonner les chantiers d'extraction, de chargement et de transport des déblais, de façon qu'ils ne s'entravent pas réciproquement.

En s'appliquant à concilier toutes ces exigences dont l'importance varie avec la nature des terrains, avec la longueur des tunnels et avec la rapidité d'exécution exigée, on est arrivé à des procédés présentant de notables différences, procédés qu'on désigne sous les noms des pays où ils ont pris naissance, ou dans lesquels on les suit le plus généralement.

Autrefois, c'est-à-dire avant l'invention des perforateurs mécaniques, qui permettent d'avancer très vite les déblais même dans les roches les plus dures, le seul moyen pour hâter sensiblement l'achèvement d'un tunnel de quelque longueur était la création de points de départ intermédiaires, pour aller à la rencontre des avancements partant des têtes de tunnel. Pour créer ces chantiers intermédiaires, il fallait atteindre l'axe du tunnel au moyen de puits ou de galeries latérales. Aujourd'hui les perforateurs mécaniques permettent l'avancement très rapide des galeries de direction, sur lesquelles on échelonne à volonté un certain nombre de chambres de travail.

Mais l'emploi des perforateurs nécessite des installations spéciales trop coûteuses pour les tunnels de longueur moyenne ; le temps perdu à préparer et à mettre en train les installations spéciales ne serait pas regagné par l'accélération du travail. Chaque fois que la profondeur du tunnel sous le niveau du sol, ou sa distance au flanc du coteau, n'exclut pas la possibilité d'atteindre l'axe par des puits ou des galeries transversales, pour créer des chambres de travail intermédiaires, il reste donc à examiner si l'établissement de ces voies d'accès serait avantageux. Bien que chaque point de pénétration permette de pousser le percement du tunnel dans les deux sens, il faut bien se garder d'attribuer à une telle chambre de travail un effet utile double d'un chantier partant de l'une des têtes. — Les chambres de travail atteintes par des puits subissent, du fait de la nécessité d'élever les déblais, des sujétions particulièrement sensibles.

Pour les grands tunnels ouverts dans ces derniers temps, la longueur qu'auraient en les puits ou les galeries ne permettait pas de songer à leur concours, en présence de la rapidité que les perforateurs assurent aux travaux partant des extrémités.

Tout en reconnaissant le rôle très important que jouent les perforateurs mécaniques dans la construction des tunnels, ce serait sortir du cadre que nous nous sommes tracé que de donner ici la description détaillée de ces appareils. Ils se trouvent du reste aujourd'hui employés avec grand avantage dans certains chantiers à ciel ouvert et ne peuvent plus être considérés comme un outillage spécial aux travaux souterrains.

**81. Sections transversales.** — Le plus grand nombre des tunnels ouverts jusqu'à ce jour sert à donner passage à des lignes de chemins de fer. Les tunnels pour routes ou pour canaux sont pour la majeure partie antérieurs à l'ère des chemins de fer ; ils présentent les profils les plus variés et ne sont pas très nombreux.

Nous nous occuperons surtout des tunnels de chemins de fer, pour une ou pour deux voies.

Pour les chemins de fer à voie normale de 1 m. 45, la section libre d'un tunnel à voie unique varie de $19^{m2}$ à $27^{m2}$ et celle d'un tunnel à double voie de $40^{m2}$ à $52^{m2}$.

La largeur libre des premiers est de 3 m. 75 à 5 m. 00 ; elle atteint 8 m. 00 à 8 m. 60 dans les tunnels à double voie.

La hauteur libre mesurée au dessus du niveau des rails, à l'aplomb des rails les plus éloignés de l'axe du profil, varie en général entre 4 m. 70 et 5 m. 00, ce qui correspond à une plus grande hauteur libre sur l'axe pour les tunnels à double voie que pour ceux à voie unique.

La hauteur occupée par le corps de la voie varie de 0 m. 45 à 0 m. 75.

Ces indications s'appliquent à la section libre à ménager pour le passage des trains. Sauf le cas de tunnels pouvant rester sans revêtement, la section de l'excavation primitive est notablement plus importante.

En examinant, au § 7, la question du prix de revient des tunnels, on reviendra sur celle des profils.

**82. Galeries de direction.** — Le plus généralement, le percement commence par l'ouverture d'une galerie de faible section, dont on part ensuite pour opérer l'achèvement du tunnel à toute sa section.

L'emplacement de cette galerie par rapport au profil transversal du tunnel, de même que l'avance qu'on lui donne sur le travail d'abattage ou d'élargissement, varie nécessairement suivant la nature du terrain. Les habitudes, ou si l'on veut, la routine des ouvriers, entrent souvent pour une large part dans les considérations qui déterminent le choix de l'emplacement des galeries de direction, et de l'ordre dans lequel se font les travaux de déblai et de revêtement.

Malgré l'exiguité de l'espace dans les galeries de direction, dont la hauteur n'est souvent que de 2 mètres à 2 m. 50 et dont la largeur se trouve quelquefois limitée à environ 2 mètres, on arrive maintenant à leur faire dépasser beaucoup les chantiers d'élargissement, alors même que ceux-ci ont été installés presque dès l'origine des travaux.

En concentrant toute l'attention et une grande activité sur l'avancement des galeries de direction, on peut assez vite opérer leur rencontre, et dès lors attaquer l'élargissement sur toute la longueur.

Quels que soient les soins qu'on apporte au boisage de ces galeries, elles peuvent dans certaines circonstances donner lieu à des inconvénients et même à des dangers. Les exemples cités ci-après montrent que des mouvements peuvent être provoqués dans les terrains (tunnel de Lupkow), ou que des sources peuvent être ouvertes (tunnel sous la Mersey) pendant le travail des galeries d'avancement ; il est telles circonstances où la méthode adoptée peut, alors, rendre plus difficile et plus coûteux l'achèvement des travaux.

Par contre, il est des cas où l'ouverture d'une galerie sur toute la longueur du tunnel facilite considérablement la tâche à accomplir ; en assurant l'écoulement des eaux d'infiltration, en permettant à la ventilation naturelle de s'établir déjà en cours des travaux et en rendant la vérification du tracé plus aisée.

Même avant d'être arrivé au percement de toute la longueur, les galeries de direction qui devancent l'élargissement du tunnel présentent, ainsi qu'on l'a déjà signalé, le grand avantage de permettre l'ouverture de chambres de travail échelonnées ; elles peuvent ainsi largement contribuer à hâter l'achèvement des tunnels. Dans les chambres de travail intermédiaires, on ne se borne pas à l'élargissement et à l'approfondissement de l'excavation ; on y exécute aussi les revêtements et l'on termine ainsi le tunnel à l'aide de tronçons qui finissent par se rencontrer.

Les procédés suivis pour l'exécution des déblais ne constituent pas les seuls caractères distinctifs des systèmes de construction des tunnels. Le boisage et l'exécution des revêtements sont intimement liés à la marche des déblais, et nous verrons en analysant les divers procédés que le mode suivi pour ces travaux constitue souvent un argument très important pour le choix de la marche générale à observer. Mais, en somme, la nature du terrain, la longueur de l'ouvrage et le temps assigné aux travaux dominent les autres considérations.

**83. Eaux d'infiltration.** — Les eaux d'infiltration peuvent créer des difficultés considérables dans les travaux souterrains.

Ce n'est pas seulement dans les tunnels passant sous des cours d'eau ou lacs que des infiltrations sont à redouter. Il est même permis de dire que si les tunnels de ce genre se trouvent à une profondeur suffisante pour ne pas attaquer la couche étanche, et pour ne pas la faire rompre, ou se fissurer sous la charge d'eau supportée, ces tunnels se trouvent en général moins exposés à recevoir de grandes quantités d'eau que ceux qui traversent des cols, dans le terrain desquels le tunnel forme un drain recueillant les eaux souterraines.

Dans les sables aquifères, ou lorsque le tunnel traverse des nappes souterraines, l'affluence des eaux peut devenir si considérable que des procédés de construction spéciaux s'imposent. Il en sera parlé plus loin.

Mais, même en dehors de ces cas particuliers, on peut dire qu'il est rare de pouvoir exécuter des tunnels sans avoir à s'occuper des infiltrations d'eau sur le chantier. Elles sont plus considérables dans les terres, dans les grès et dans les terrains d'alluvion que dans les roches compactes, mais il y a des formations de roches dans lesquelles il faudra presque toujours s'attendre à rencontrer des sources, souvent très abondantes. Tel est le cas dans le calcaire, dont les crevasses laissent pénétrer les eaux vers l'intérieur, où les cavités ou grottes, si fréquentes dans ce terrain, s'en remplissent. Dans les roches anciennes, granite, basalte, porphyre, on n'est pas si exposé à rencontrer des eaux. Par contre, on doit s'y attendre aux passages d'un terrain à un autre, surtout lorsque le terrain supérieur est perméable.

L'étude géologique doit précéder tout travail souterrain et peut donner des indications précieuses.

L'épuisement à l'aide de pompes de toute espèce est le moyen dont on peut toujours user, quel que soit le profil en long du tunnel et le procédé suivi pour l'exécution des déblais. Ce moyen, toutefois, est coûteux et il le devient d'autant plus que le volume d'eau est plus considérable et que la hauteur d'élévation nécessaire est plus grande.

Pour les chantiers ouverts à l'aide de puits, c'est pourtant le seul et unique procédé pour se débarrasser des eaux.

Il n'en est heureusement pas de même pour les chantiers partant des têtes des tunnels. Pour pouvoir faire écouler naturellement et sans autres frais que l'établissement de rigoles, les eaux rencontrées par les avancements qui partent des têtes, il faut que le tunnel présente des pentes vers chacune d'elles.

Il y a des cas où il n'est pas aisé de remplir cette condition, et il n'est pas possible de l'imposer lorsque le tunnel doit livrer passage à un canal. Pour les tunnels de chemins de fer

11

de très grande longueur, il importe, toutefois, de ne pas s'en départir et nous voyons qu'en effet aux tunnels du Mont-Cenis, du Saint-Gothard et du Mont-Arl, tout en tenant compte de la direction ascendante ou descendante de la section de ligne qui comprend ces longs ouvrages, on a eu soin de ménager, sur la moitié environ de la longueur des tunnels, de faibles pentes inverses, pour assurer, surtout pendant la construction, l'écoulement naturel des eaux, partie vers une tête, partie vers l'autre.

Dans les tunnels de faible longueur, il n'est pas nécessaire d'altérer le profil en long pour assurer pendant la construction l'écoulement des eaux par les deux têtes. Il suffit, pour faire écouler une grande partie des eaux rencontrées dans la moitié amont du tunnel, de pénétrer par une galerie de base dans la tête amont et de faire arriver cette galerie, en l'élevant successivement, à la position correspondant à une galerie de faîte. La pente de la galerie d'avancement d'amont présente alors la direction opposée à celle du tunnel, et dispense des travaux d'épuisement.

Ce procédé n'est pas toujours à recommander, car l'élévation successive de la galerie d'avancement dans le tunnel peut, dans certains cas, entraîner des gênes et des dépenses plus grandes que celles résultant de l'épuisement artificiel des chantiers d'amont non assainis.

Quel que soit le moyen employé pour éloigner les eaux de l'intérieur d'un tunnel en construction, il faut qu'il soit assez énergique pour éviter la stagnation des eaux. Les galeries d'avancement ouvertes à la base du profil transversal présentent l'avantage de permettre, mieux que les galeries de faîte, l'installation de rigoles soignées, ayant un caractère définitif et ne subissant pas de modifications et déplacements au cours du travail. De plus, l'effet de toute galerie fonctionnant comme un drain, s'exercera pour l'assainissement du terrain à déblayer, sur toute la masse à extraire lorsqu'elle sera à la base du profil transversal et non au sommet.

Lorsque l'on rencontre des sources dans des terrains résistants, on fera son possible pour les aveugler. Ce moyen ne réussit guère dans les terrains susceptibles d'être détrempés, car l'eau que fournissait la source ne pouvant plus s'écouler, reparaîtrait souvent, après avoir disparu pour quelque temps, en causant alors des éboulements dangereux, endommageant les travaux faits.

Pour aveugler une source dans la roche, on se sert de sacs remplis de mortier hydraulique ou de ciment pur. Quant aux sources jaillissant de terrains meubles, il ne s'agit pas de les arrêter, mais bien d'empêcher l'entraînement du terrain ; pour cela, on barre leurs issues avec de la mousse, ou d'autres substances analogues qui retiennent les corps solides sans arrêter le débit des eaux.

**84. Température à l'intérieur des tunnels.** — Les sommets des montagnes, sous lesquels passent les tunnels de grande longueur sont, en général, ainsi que nous le montrerons en parlant au § 6, de la profondeur des puits, à une hauteur au-dessus de ces tunnels qui ne s'écarte pas beaucoup de 7 0/0 de la longueur des tunnels. L'augmentation de température qui a été constatée au fur et à mesure de la pénétration dans le sol a été sensible et a donné lieu à des difficultés.

Des observations faites dans des puits ont démontré que Humboldt, en disant que la température augmente en moyenne d'un degré centigrade par 30 mètres de pénétration, ne s'était pas trompé de beaucoup.

Dans les puits artésiens de Grenelle, de Neu-Salzwerk, de Mondorf et de Sperrenberg, ayant 546 m., 644 m., 730 m. et 1064 m. de profondeur, l'augmentation de température d'un degré centigrade a été constatée en moyenne par 31 m. 9, 29 m. 2, 31 m. et 31 m. 4.

Les observations faites dans des puits de mines font souvent descendre à 25 m., à 20 m. et même à 12 m. les profondeurs correspondant à 1° d'élévation de la température. Par contre, on peut citer un puits de mine de 487 m., creusé au Pérou dans une montagne, qui s'élève d'un plateau d'environ 3,500 m. d'altitude à la hauteur d'environ 4,100 m., et dans lequel l'augmentation de température de 1° n'a été constatée que par 75 m. de profondeur.

On pourrait encore continuer à citer d'autres exemples re-

cueillis par M. Lommel, dans l'étude qu'il a publiée sur cette
question en vue de la construction du tunnel du Simplon ;
mais ce sont surtout les grands tunnels percés dans les Alpes
qui nous fournissent des indications pratiques sur la question,
de l'influence de l'emplacement d'un tunnel de grande longueur sur la température.

Nous empruntons au travail de M. Lommel les indications
suivantes, en appelant l'attention sur ce fait, que les tunnels
ne pénètrent pas dans des couches plus profondes, mais dans
des zones recouvertes d'une façon variable de masses émer-
geantes.

Le tableau qui suit se rapporte aux observations faites pendant la construction du tunnel du Mont-Cenis par M. Borelli.

| Distances de la tête, { Sud .. | 1000 | 2000 | 3000 | 4000 | 5000 | 6000 | | |
| en mètres            { Nord . | | | | | | | 5233 | 5785 |
| Profondeur sous la surface, en mètres................ | 400 | 520 | 750 | 820 | 980 | 1370 | 1447 | 1609 |
| Température dans la galerie en degrés centigrades..... | 17.0 | 19.4 | 22.8 | 23.6 | 27.5 | 28.9 | 27.0 | 29.5 |
| Profondeur sous la surface à laquelle correspond une augmentation d'un degré centigrade (mètres)........ | 24 | 27 | 33 | 35 | 36 | 46 | 53 | 54 |

Les observations, faites lors du percement de la galerie
d'avancement du tunnel du Saint-Gothard sur la température
de la roche, ont donné les résultats suivants :

Dans la moitié Nord (Goeschenen) :

| Distance de la tête, en mètres............ | 0 | 1000 | 2000 | 3000 | 4000 | 5000 | 6000 | 7000 | 7460 |
| Profondeur approxima-tive sous la surface, en mètres......... | 0 | 530 | 250 | 250 | 550 | 1000 | 1100 | 1550 | 1600 |
| Température en degrés centigrades........ | 7.9 | 19.0 | 19.5 | 20.0 | 20.5 | 25.5 | 28.6 | 30.0 | 30.2 |

Dans la moitié Sud (Airolo) :

| Distance de la tête, en mètres............ | 0 | 1000 | 2000 | 3000 | 4000 | 5000 | 6000 | 7000 | 7460 |
|---|---|---|---|---|---|---|---|---|---|
| Profondeur approximative sous la surface, en mètres.......... | 0 | 550 | 1150 | 1200 | 1100 | 1500 | 1250 | 1500 | 1600 |
| Température en degrés centigrades......... | 8.3 | 16.0 | 20.8 | 25.3 | 26.4 | 28.8 | 30.4 | 30.6 | 30.2 |

Ces chiffres montrent qu'il y a bien une corrélation entre la température et la hauteur du massif au-dessus du point d'observation, mais que la pénétration en sens horizontal exerce également une certaine influence, et qu'en dehors de ces deux facteurs il y en a encore d'autres.

M. Lommel s'élève énergiquement contre les formules $t = 0.02068\,h$ ou $t = 0.02159\,n$ par lesquelles M. Stapf exprime les températures $t$ de la roche, en fonctions de la hauteur verticale $h$ ou de la moindre épaisseur radiale $n$, et constate qu'elles conduisent à des résultats qui diffèrent beaucoup des faits observés.

Il faut en effet se méfier de formules qui ne tiennent nul compte de la nature des roches, de leur conductibilité, de leur composition chimique et de la distance des masses fluides intérieures.

Plus on multipliera les observations dans les grands tunnels, plus on pourra aider la détermination anticipée des températures à rencontrer lors de l'ouverture d'une galerie, à la condition que ces observations soient bien faites, c'est-à-dire accompagnées des indications nécessaires pour définir complètement les circonstances de chaque cas particulier.

Ce qu'il faut connaître, c'est la température qu'auront à subir les ouvriers travaillant à l'ouverture de la galerie d'avancement et au percement du tunnel, et les personnes qui le franchiront dans la suite.

Le phénomène de l'augmentation de la température, qui se produit dans certaines mines par l'oxydation de substances mises au contact de l'air, peut bien se produire également dans les tunnels, mais le revêtement mettra fin à cette

cause de l'élévation de la température. Quant à l'influence du
même ordre qu'exerce la présence de nombreux ouvriers, la
combustion pour l'éclairage et le jeu des mines, elle se trouve,
même avant le percement de la galerie, plus que compensée par
la ventilation artificielle, commandée par la nécessité de
maintenir respirable l'air qui sans cela, par l'excès d'acide carbonique, compromettrait la santé des ouvriers. Le travail dans
un milieu très chaud réduit la puissance productive de ceux-ci ;
mais, comme le montre l'expérience acquise dans certaines
mines de la Névada, ils peuvent encore fournir du travail dans
de l'air ayant jusqu'à 45° et même plus.

Dès qu'un tunnel est percé, il s'opère un renouvellement naturel de l'air qui atténue l'élévation de température des parties
centrales. Ainsi dans le tunnel du Mont-Cenis, ouvert en 1871, la
température à mi-longueur était au début de 29°5, tandis que la
température moyenne constatée à mi-longueur en 1879 n'était
plus que de 20°4, soit un refroidissement de 9°.

La ventilation artificielle peut produire des effets réfrigérants
analogues. Dans les sus-dites mines de la Névada, on est arrivé à faire baisser la température de 55° à 45°, et dans le tunnel du Saint-Gothard le renouvellement de l'air au moyen des
conduites à air forcé a produit une diminution de température
de 3° à 4°, avant la rencontre des galeries d'avancement.

Pour les tunnels dont la longueur ne dépasse pas deux à
trois kilomètres, l'élévation de la température dans les chantiers souterrains ne peut exercer une grande influence sur les
procédés à employer et sur la marche des travaux.


# §. 2

## LE BOISAGE

Pour soutenir le terrain autour d'une excavation capable de
loger les maçonneries de revêtement, le boisage doit être d'autant plus fort que le terrain est moins résistant. Si le boisage
devait être maintenu pendant l'exécution de la maçonnerie,

celà nécessiterait une construction très coûteuse et difficile de ce revêtement temporaire et il resterait à combler après l'achèvement de la maçonnerie l'espace qu'occupait le boisage.

Ce n'est pas ainsi que l'on procède : on supprime au fur et à mesure de l'avancement de la maçonnerie certaines parties du boisage, ou bien l'ensemble des fermes les plus rapprochées du chantier de maçonnerie. Dans ce dernier cas, l'on soutient temporairement le terrain dégarni de boisage, en s'appuyant sur la maçonnerie terminée, ou en s'étançonnant contre le sol. La maçonnerie vient ainsi occuper une partie de la place du boisage et elle doit, si faire se peut, être exécutée de façon à épouser le parement intérieur de l'excavation. Si le terrain manque absolument de cohésion, de sorte que les solives recouvrant le boisage ou d'autres pièces de bois aient dû être maintenues pendant l'exécution des maçonneries et en particulier de la voûte, on fait bien de les retirer au fur et à mesure de l'avancement des maçonneries pour remplir l'espace qu'elles occupaient de pierrailles, bien tassées ; on prévient ainsi la formation de vides derrière les maçonneries, qu'amènerait la dessication puis la décomposition de ces bois.

Plus les dimensions des bois constituant le boisage sont faibles, plus leur retrait successif se trouve facilité ; d'autre part l'emploi de pièces de petit équarrissage et de faible longueur multiplie leur nombre et augmente les assemblages, et dès lors la main d'œuvre et les terrassements.

Les divers systèmes de boisage employés dénotent la grande importance qu'on attache à la facilité de mise en œuvre ou d'enlèvement de leurs éléments. L'emploi de pièces assez longues, sauf à les scier et à les enlever par morceaux au fur et à mesure des besoins, a souvent eu lieu ; mais il ne saurait être recommandé que dans les pays où, le bois étant à bon marché, on peut renoncer à la réutilisation des charpentes ; il s'impose dans des cas de difficultés spéciales et toutes locales.

**85. Boisage des galeries.** — Le boisage des galeries comprend essentiellement des fermes ou cadres, se composant d'un chapeau soutenu par deux chandelles. Celles-ci, pour mieux assurer le maintien de l'ensemble, reposent souvent sur une semelle.

Suivant les circonstances, l'une ou plusieurs de ces pièces peuvent être supprimées. Il y a des cas, en effet, où le chapeau suffit, en le faisant porter sur le terrain; dans d'autres circonstances, on peut se contenter de soutenir le ciel par des chandelles.

Fig. 62.                                        Fig. 63.

Si le terrain est meuble, la diminution de l'écartement des cadres ne suffit plus et il faut les garnir de madriers ou couchis, enchâssés derrière les cadres. Lorsque le terrain exerce des pressions obliques faisant redouter le renversement des

Fig. 64.

cadres, des étais ou pièces longitudinales sont introduits entre eux pour venir en aide au garnissage et prévenir les déversements. Les assemblages des cadres se font de la façon la plus simple : des serre-joints ou crampons en fer servent à les consolider.

Dès que l'excavation prend des dimensions plus grandes que celles des galeries de direction, c'est-à-dire dès que l'on augmente soit la hauteur, soit la largeur, le simple cadre ne suffit plus, pour peu qu'il y ait des pressions.

Pour les galeries de grande hauteur, on pose des entraits, on divise la hauteur ; on ajoute des pièces d'angle pour former un solide boisage.

*Boisage de la calotte.* — Si c'est en largeur que se fait l'a-

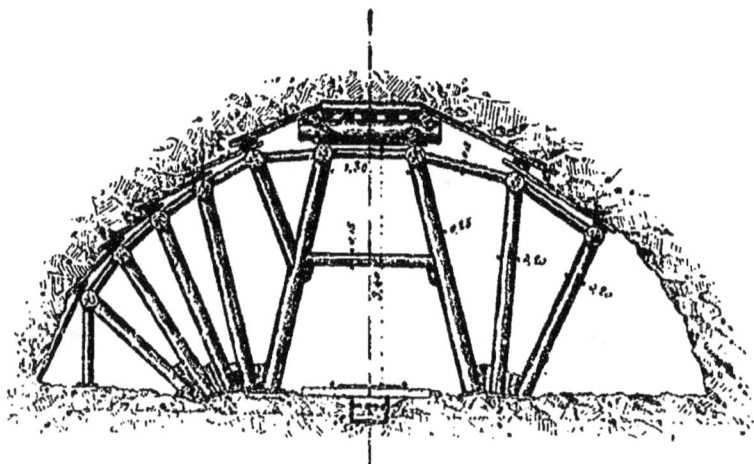

Fig. 65.

grandissement de l'excavation, on soutient les couchis que l'on applique contre le terrain, soit à l'aide de chandelles for-

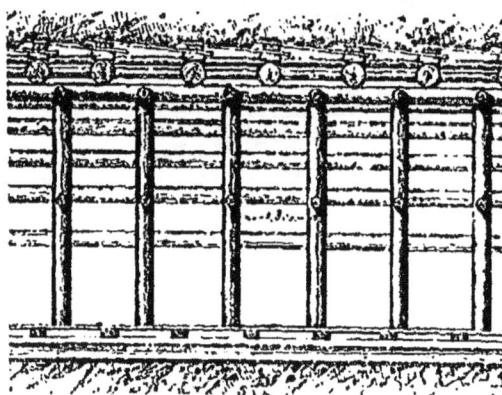

Fig. 66.

mant éventail, soit à l'aide de vrais cintres, qui, suivant le mode d'excavation et les besoins de la circulation, sont retroussés ou non, et s'appuient soit sur des traverses, soit sur des semelles appliquées contre les bas-côtés de l'excavation.

Lorsque le déblai embrasse plus que la calotte, ces cintres, au lieu de reposer sur le massif de terrain occupant la place de la partie inférieure de l'excavation, sont soutenus par des montants auxquels des croix de Saint-André ou des traverses et contrefiches donnent la stabilité nécessaire pour résister aux poussées du terrain.

Le déblai au-dessous de la calotte se fait suivant le procédé choisi pour l'ouverture du tunnel, soit par gradins s'étendant sur toute la largeur, soit par l'enlèvement successif de la partie centrale ou des parties latérales.

*Boisage de la partie inférieure.* — En procédant par gradins s'étendant sur toute la largeur, il faut, dans des terrains exer-

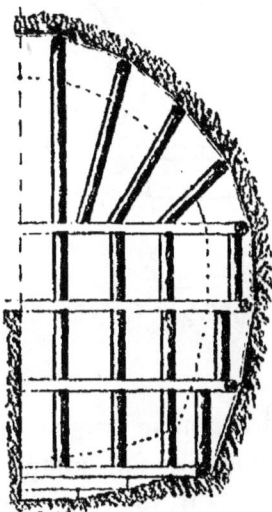

Fig. 67.

çant des pressions, soutenir le boisage de la calotte au fur et à mesure de l'enlèvement du sol qui le portait. On est alors conduit à établir par étages le boisage compris entre les piédroits et, par suite, les montants n'ont plus que la hauteur des étages successifs. Ils reposent sur des pièces transversales, leur servant de semelles et devenant des chapeaux pour l'étage inférieur, dont les montants sont placés à l'aplomb de ceux de l'étage supérieur.

Dans le cas de l'enlèvement des parties inférieures du terrain par cunettes longitudinales, on ne procède généralement à ces déblais complémentaires qu'après le revêtement de la voûte. Le boisage établi dans ces cunettes sert à la fois au maintien des parois et au soutien des retombées de la voûte, que l'on reprend en sous-œuvre pour la faire reposer sur les piédroits.

Le procédé qui consiste à faire le déblai sur toute l'étendue du profil, avant l'exécution de la voûte, nécessite des boisages très forts. Aussi a-t-on soin, en pareil cas, de n'opérer que par petites longueurs et de maçonner immédiatement.

Les pièces longitudinales ou couchis du boisage prennent, dans ce cas, appui sur la maçonnerie exécutée. Malgré cette précaution et l'exécution très solide des boisages, qui embrassent le profil entier du tunnel, on n'a pas pu toujours, dans les terrains exerçant de fortes pressions, prévenir des déformations. On hésite, avec raison, à procéder par déblai sur tout le profil avant d'avoir remplacé une partie du boisage par le revêtement maçonné.

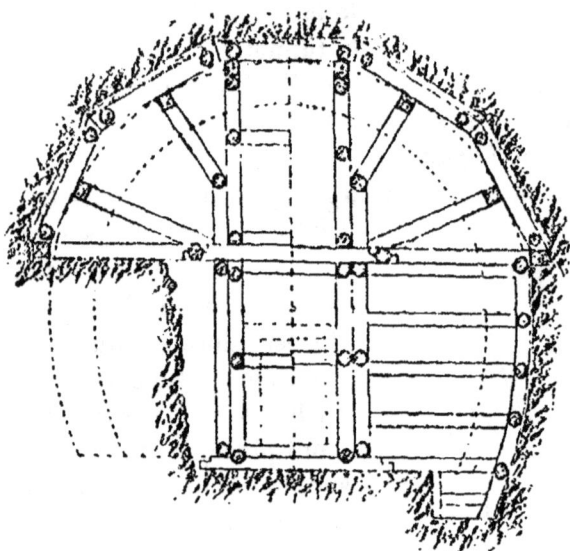

Fig. 68.

Si la galerie d'avancement ou de direction se trouve à la base du profil, le boisage de la galerie même se fait comme il a été dit ci-dessus; mais, pour procéder aux travaux d'élargissement et de déblai du profil entier, il faut tout d'abord s'élever jusque dans la calotte. Le boisage devient dans ces cas plus compliqué, car il comprend le maintien du boisage de la galerie de base, celui des puits par lesquels on s'élève de distance en distance de la galerie inférieure à la supérieure, et enfin le boisage de la galerie en calotte et des élargissements et approfondissements.

De même que pour les cas précédemment mentionnés, l'ordre dans lequel on procède aux déblais et aux maçonneries modifie les dispositions du boisage. Dans la figure 68 on voit à gauche la disposition qu'on peut donner au boisage lorsque la construction de la voûte précède l'enlèvement du terrain de part et d'autre de la galerie de base. La voûte étant faite, on déblaie sur de faibles longueurs les massifs latéraux pour exécuter les piédroits en sous-œuvre.

Le côté droit de la figure 68 montre une disposition de boisage qui permet l'exécution du revêtement en commençant par les piédroits et en terminant par la voûte.

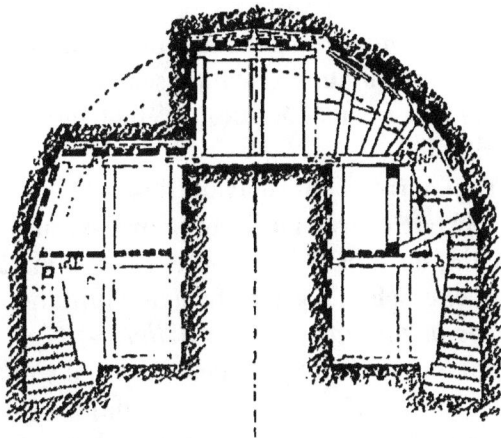

Fig. 68.

Sans pouvoir signaler toutes les variétés de boisages, nous citerons encore (fig. 69) ceux qui soutiennent une série de galeries embrassant le profil du revêtement, sauf la partie centrale qu'on laisse subsister jusqu'après l'exécution des maçonneries et l'enlèvement des charpentes. En parlant des procédés de percement des tunnels, nous indiquerons les avantages et les inconvénients de ces nombreuses galeries au point de vue des déblais et des maçonneries. Quant au boisage même, ce sectionnement permet l'emploi de pièces de faibles dimensions ; mais dont, par contre, le nombre est considérable.

*Boisage métallique.* — L'idée de substituer aux bois des pièces en fer occupant, tout en présentant la même résistance, beaucoup moins d'espace a dû nécessairement se présenter à l'esprit des constructeurs. Des boisages et des cintres en fer ont en effet été employés et M. Rziha, qui le premier a mis cette idée à exécution, a su leur donner des formes et dispositions pratiques. Mais s'il est possible de fixer dès l'origine la forme de l'intrados du revêtement, il n'est pas facile de dire à l'avance quelle sera la forme de l'excavation. Suivant la nature du terrain rencontré, l'épaisseur des maçonneries devra varier ; de plus les irrégularités de l'excavation devront être suivies par le boisage. Il faudra donc avoir une grande variété d'éléments métalliques ou de pièces métalliques ajustables à sa disposition. En tous cas, il faudra s'aider de doublures en bois pour bien remplir le but, qui est, de soutenir le terrain en tous ses points.

Pour éviter une trop grande multiplication des assemblages, les cintres métalliques se composent de cadres ayant des dimensions assez considérables, et étant dès lors d'une manipulation difficile.

En Angleterre, Telford avait, dès 1824, employé des cintres formés de cadres en fonte pour l'exécution du tunnel de Harecastle, de 4 m. 88 de hauteur, et 4 m. 27 d'ouverture ; mais cet exemple n'a guère trouvé d'imitateurs.

*Boisage métallique système Rziha.* — C'est en 1862 que M. Rziha eut occasion d'appliquer en grand son système de cintres et boisages métalliques. Il les employa dans les tunnels de Naens et d'Ippens construits en Allemagne, sur la ligne de Kreiensen-Holzminden, et ayant 879 m. et 206 m. de longueur, 6 m. de hauteur et 8 m. d'ouverture. Le terrain traversé, peu résistant, nécessitait un fort revêtement avec radier sur toute la longueur. Dans le tunnel de Naens, traversant la formation dite keuper, on rencontra des couches de calcaire tendre (muschelkalk), alternant avec des couches de marne. Dans ce tunnel, de même que dans celui d'Ippens, ouvert dans les marnes du lias, on rencontra beaucoup d'eau détrempant les marnes.

Dans ces tunnels le bordage devait non seulement assurer le maintien du pourtour de l'excavation, mais fournir de plus les points d'appui au blindage des faces d'attaque. Grâce aux bons résultats obtenus par ce système, sous la direction vigilante de l'inventeur, on l'employa dans la suite à quelques autres tunnels, mais son application ne s'est pas généralisée.

Ce système de boisage métallique n'étant pas lié absolument à l'un ou à l'autre des procédés de percement, nous croyons devoir en donner dès maintenant une description sommaire, pour ne plus avoir à y revenir.

Avec les boisages ordinaires, il faut, lorsque l'on passe à l'exécution du revêtement, enlever successivement une grande partie des pièces pour pouvoir poser les cintres. Dans les terrains difficiles, les charpentes en bois obstruent jusqu'à la moitié de la section du tunnel, et dans les terrains moyennement meubles le boisage occupe souvent encore le quart de la section. On comprend quelle gêne en résulte.

M. Rziha commence par l'exécution du cintre, affectant la forme de l'intrados du tunnel. Il le compose de cadres ou voussoirs en fonte, qu'il assemble au moyen de boulons et qu'il renfonce au moyen de pièces transversales et verticales, n'occupant qu'une petite partie de la section.

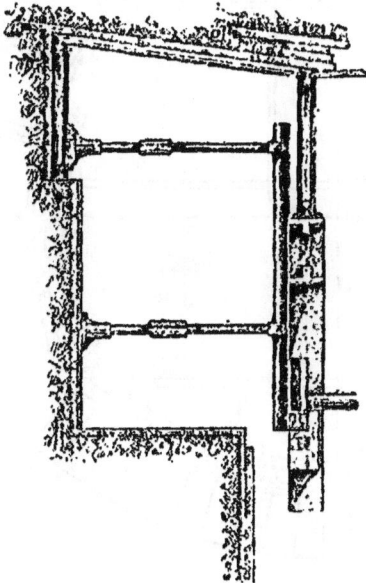 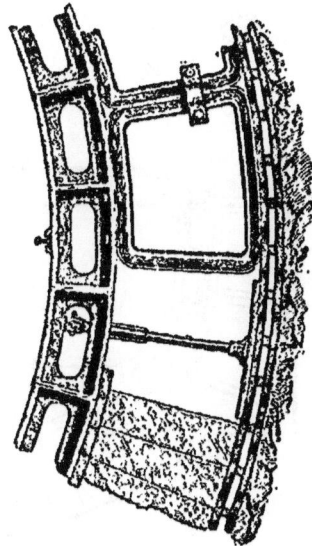

Fig. 70.                    Fig. 71.

Sur ce cintre, qui en cas de besoin s'étend même au radier et contourne alors tout le périmètre, on applique des cadres mé-

talliques d'une hauteur correspondant à l'épaisseur des maçonneries. Ces cadres sont en général formés de rails recourbés ;
ils sont fixés sur les cadres du cintre, qui constitue le support
général.

Au fur et à mesure de l'avancement des maçonneries on
retire les cadres du pourtour, qui sont immédiatement remplacés par une partie de revêtement.

Pour assurer la possibilité de l'emploi des éléments métalliques pour des pressions variables suivant les terrains, M.
Rziha change l'espacement des fermes, qu'il relie entre elles
par des pièces de fer et par des pièces de bois. Le blindage se
fait, comme pour les boisages ordinaires, à l'aide de madriers ou couchis de cuvelage arrêtés au moyen de coins.

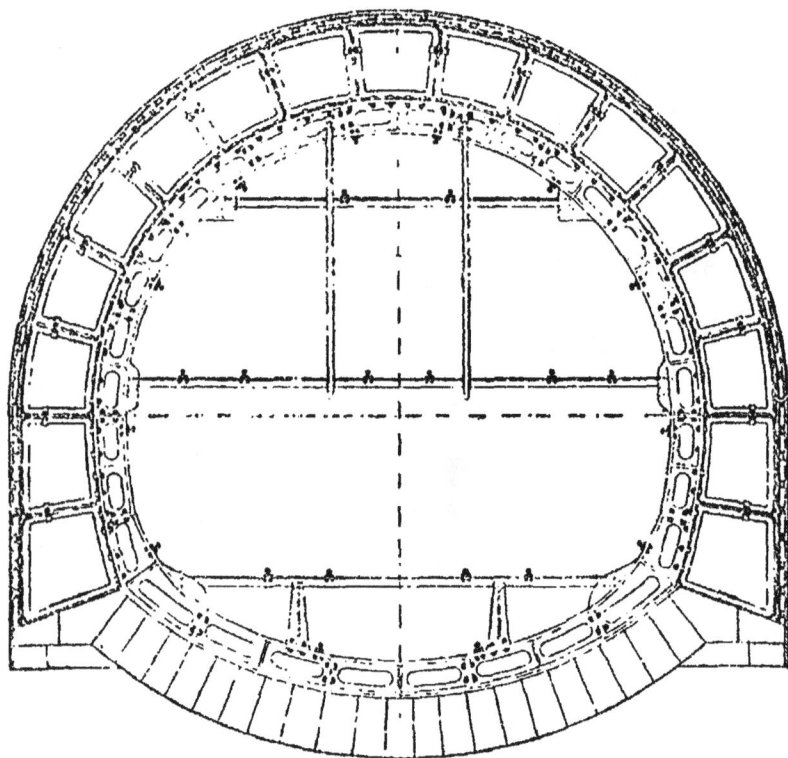

Fig. 72.

Le réglage des parties déformées, l'enlèvement des cadres,
de même que le serrage des blindages vers la face de l'attaque,
s'opère au moyen de verrins prenant appui sur le cintre.

Les figures 70, 71 et 72 servent à faire mieux comprendre les dispositions que nous venons de décrire.

Il ressort de l'étude du système des cintres et boisages métalliques de M. Rziha, que pour le cas de nombreux tunnels devant être exécutés successivement par une même entreprise, dans des terrains et suivant des profils semblables, dans un pays où le bois est cher, il pourra y avoir avantage à se munir d'un matériel métallique spécial, pourvu que son transport à pied d'œuvre ne coûte pas trop cher et à la condition de disposer du personnel et des forges nécessaires pour le montage et les réparations, sans compter sur les ressources locales.

Le fait que ce genre de cintres n'est sujet ni à des tassements ni à des déformations, lorsque sa résistance est bien proportionnée aux efforts qu'il subit, est un avantage dans les terrains dont le moindre mouvement pourrait, comme dans les tunnels sous-marins, causer des catastrophes. Par contre les boisages en bois, grâce à leur plus grande élasticité, sont moins exposés à se rompre sans indices appréciables avant leur destruction ; avec eux il y a, comme on dit, avertissement préalable.

Sauf quelques cas spéciaux, nous ne croyons donc pas à l'extension du système Rziha, auquel on ne saurait toutefois contester des avantages et en première ligne celui d'assurer un espace libre considérable pour toutes les opérations, notamment pour les transports.

*Boisage métallique de galeries.* — Cet avantage, joint à celui de permettre l'établissement rapide de cadres de faibles dimensions, a conduit les ingénieurs chargés de l'exécution du tunnel de l'Arlberg à se servir du système métallique pour le soutien des parties non résistantes de la galerie de base, partant de la tête Ouest.

Les cadres étaient formés de fer à double T ayant 80 millimètres de hauteur et autant de largeur, courbés pour présenter la forme d'un U renversé. Grâce au peu de place occupé par ces cadres, on a pu réduire de 2 m. 75 à 2 m. 20 la largeur de la galerie de direction, sans compromettre la circulation des wagonnets sur la voie de 0 m. 70, établie dans l'axe. Les wagonnets avaient une largeur extérieure de 1 m. 23, ils ne dépassaient pas en hauteur 1 m. 085 au-dessus du niveau des rails et pouvaient recevoir un chargement cubant 1 m. 57.

## § 3

## REVÈTEMENT DES SOUTERRAINS

**86. Buts du revêtement.** — Ainsi qu'il a déjà été dit, le revêtement des tunnels se trouve indiqué, non seulement pour ceux qui traversent des terrains exerçant des pressions, en raison du défaut de résistance constaté lors de leur ouverture, mais même pour la plupart des souterrains dans lesquels le déblai n'a pu être exécuté qu'en usant de la mine.

Dans les souterrains traversant des terrains meubles ou des roches délitées, dans lesquels de gros blocs menacent de se détacher, le revêtement doit être suffisamment fort pour résister à des pressions souvent très considérables. Si ces pressions ne sont pas symétriques, ce qui arrive dans des terrains présentant des plans de glissement, le revêtement devra supporter de dangereuses résultantes obliques.

Certains terrains présentant, au moment de l'attaque, tous les signes d'une grande résistance, sont sujets à subir, sous l'influence de l'air et de la gelée, des modifications telles que, pour éviter leur boursouflement et leur chute, il soit nécessaire de les mettre à l'abri de ces agents destructeurs. En pareil cas le revêtement peut n'avoir, s'il est établi en temps utile, qu'une faible épaisseur. Les roches rapprochées des têtes étant plus exposées à subir les variations des agents atmosphériques, on donne souvent un excédent d'épaisseur au revêtement dans ces parties.

Même dans les tunnels ouverts à travers des roches dures et non altérables, il importe tellement de mettre l'intérieur du tunnel à l'abri des chutes de débris rocheux, qu'on n'hésite pas à les revêtir pour le moins dans leur partie supérieure.

C'est le parti qu'on a pris au tunnel de la Mure (fig. 73), sur le chemin de fer de St-Georges-de-Commiers à la Mure (Isère).

12

Les revêtements en charpente qui sont, comme on le verra plus loin, encore en usage aux États-Unis, ont le plus souvent

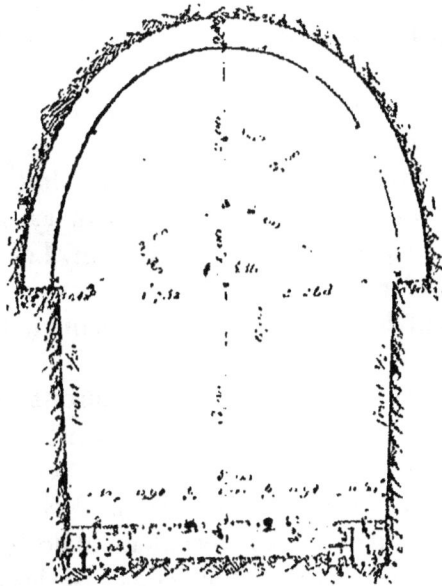

Fig. 78.

pour but de prévenir de telles chutes, mais ils servent aussi dans une certaine mesure à prévenir les déformations. La protection contre les intempéries peut être également demandée à ces revêtements, qu'il faut en pareil cas recouvrir d'un blindage, derrière lequel une couche de mousse rend de bons services au point de vue de la protection contre la gelée.

**87. Modes d'exécution.** — Le revêtement maçonné d'un tunnel se compose des deux piédroits, de la voûte reposant sur ces piédroits et du radier qui les relie à leur base.

Lorsqu'il ne s'agit que de protéger l'intérieur du souterrain contre la chute d'éclats de roche disloqués lors de l'escavation, on peut se borner, ainsi qu'il vient d'être montré, à l'exécution de la voûte, qui alors s'appuie sur le terrain.

Le revêtement devra s'étendre sur tout le pourtour mis à nu, lorsqu'il aura pour but de mettre le terrain à l'abri de l'influence de l'air et de la gelée : il comprendra alors les piédroits et la voûte, mais le radier pourra être le plus souvent supprimé, car la couche de ballast, dans laquelle on établit la voie du chemin de fer, ou qui constitue le corps de la chaussée, suivant le but du tunnel, fait office de protecteur contre les intempéries.

Par contre l'omission du radier ne doit être faite qu'après mûre réflexion, lorsque le revêtement est appelé à résister à des pressions exercées par le terrain. Les cas où des revêtements très forts, mais dans lesquels les piédroits n'étaient pas reliés à leur base par un radier, se sont déformé et effondrés sont nombreux.

Un radier reliant le bas des piédroits est d'une efficacité bien plus grande que tout enracinement de ceux-ci dans le terrain.

Lorsque les pressions paraissent devoir s'exercer dans un sens oblique, il est utile non-soulement de donner aux piédroits une plus grande épaisseur, mais aussi de les appareiller comme des voûtes, reportant les pressions vers leurs naissances, c'est-à-dire vers la voûte du tunnel, et vers son radier.

Il n'est guère possible de dire, d'une façon générale, l'ordre dans lequel on doit procéder à l'exécution des divers éléments du revêtement. Le mode d'ouverture du tunnel le règle. Lorsque le déblai s'effectue sur le profil entier, on commence par les piédroits sur lesquels s'élève ensuite la voûte. Le radier n'est fait, à moins de motifs impérieux pour son exécution immédiate, qu'après l'achèvement du reste du revêtement et l'enlèvement du bordage et du cintre.

Si l'on commence par la voûte, des soins particuliers doivent être apportées au soutien de celle-ci et au bon raccordement des piédroits, exécutés en sous-œuvre.

Comme pour les autres travaux souterrains, tels que le boisage et l'établissement des cintres, l'exiguïté de l'espace rend l'emploi de matériaux de faibles dimensions désirable pour les maçonneries. Aussi les voûtes et piédroits ne sont-ils guère exécutés qu'avec des matériaux de petit échantillon. La brique présente à ce point de vue des avantages.

Pour l'exécution de revêtements dont l'épaisseur dépasse de beaucoup les dimensions des matériaux employés, on peut ou bien faire des maçonneries enchevêtrées ou constituer l'épaisseur totale par juxtaposition d'un certain nombre de couches de maçonnerie, ayant chacune l'épaisseur correspondant à la dimension des matériaux. En employant la brique pour la construction des voûtes, c'est en général ce dernier procédé qui est suivi. Cette construction par rouleaux présente l'avantage de peu charger les cintres, et de permettre dès lors de réduire leurs dimensions.

Si l'excavation est bien faite, c'est-à-dire si le vide correspond bien à l'extrados que doit présenter le revêtement, on a soin de faire porter la maçonnerie contre le terrain, en lui en faisant épouser les légères irrégularités. Mais si les irrégularités de l'excavation sont grandes et s'il n'y a pas de motifs particuliers pour augmenter l'épaisseur de la maçonnerie, on a soin de remplir les intervalles entre l'extrados et le terrain. On se sert à cette fin de débris de roche ou de gravier.

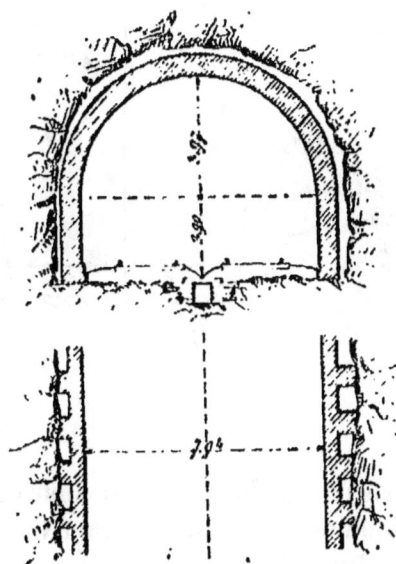

Fig. 74.

Ce remplissage prévient des éboulements qui, tout en étant

limités, pourraient donner naissance à des mouvements dans le terrain et par cela à des chocs ou des pressions très fortes.

Souvent on pourra se limiter à des renforcements locaux de la maçonnerie, pour prévenir des éboulements, sans avoir à remblayer tous les vides entre la maçonnerie et le terrain.

La construction de la ligne de Bologne à Pistoie, qui traverse la chaîne des Apennins, a présenté parmi bien d'autres difficultés, dans plusieurs de ses nombreux souterrains, celle d'avoir à maintenir pour des motifs impérieux de tracé des parties très rapprochées du flanc du coteau et soumises à des pressions latérales.

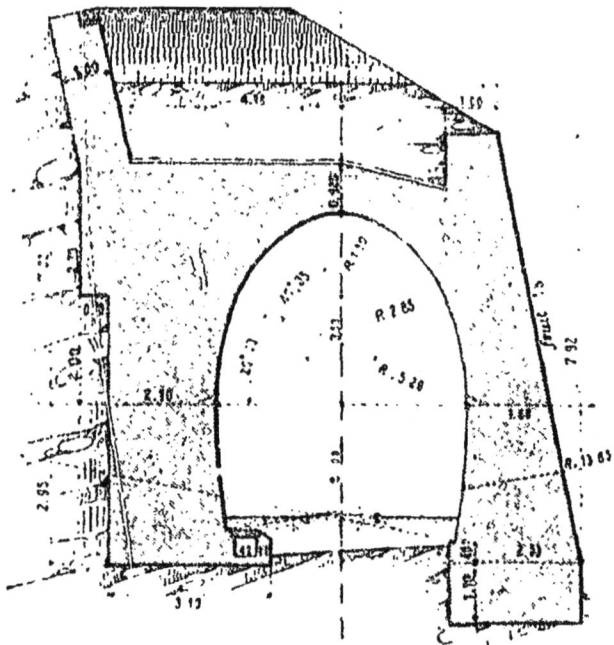

Fig. 75.

Le parti pris par M. Protche, directeur des travaux, de renforcer le revêtement du côté recevant les fortes pressions, a parfaitement réussi. Près de la tête du tunnel de Lustroba, où le devant de la montagne ne présentait qu'une très faible épaisseur, les maçonneries du tunnel ont dû prendre ne importance tont à fait exceptionnelle (fig. 75). L'ensemble des

piédroits et de la voûte forme un mur de soutènement évidé
d'une énorme résistance, sur lequel viennent s'asseoir de petits
murs soutenant les parties supérieures du sol.

La figure 76 donne le profil adopté dans une partie du tunnel
de la Rovina qui se trouvait encore à une certaine distance du
côteau et où la nature du terrain dispensait de l'exécution
d'un radier.

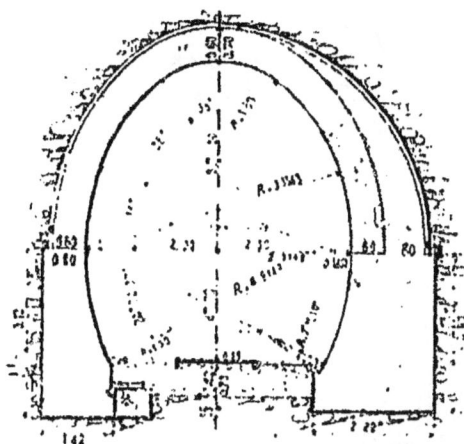

Fig. 76.

**88. Barbacanes.** — Les revêtements des tunnels sont
généralement faits en maçonnerie à mortier hydraulique, car
ils sont presques toujours exposés aux eaux d'infiltration. De
plus l'emploi des mortiers hydrauliques présente l'avantage
d'assurer le durcissement rapide des maçonneries, ce qui permet d'enlever les cintres peu de temps après la clôture des
voûtes.

Ayant intérêt à ne donner à l'excavation que l'ouverture
requise pour les maçonneries, sans surépaisseur, il est en
général impossible de recouvrir les voûtes d'une chape
protectrice contre les infiltrations. Si la maçonnerie est bien
faite les eaux qui suintent à travers le terrain ne trouvent
néanmoins pas d'issues vers l'intérieur du tunnel, sauf quel-
quelques infiltrations à travers les matériaux poreux, tels que

les briques. Pour prévenir l'emprisonnement des eaux d'infiltration et l'effet nuisible qu'elles peuvent exercer sur le terrain, on ménage de distance en distance dans les retombées des voûtes, et au bas des piédroits, des barbacanes qui livrent passage aux eaux et les font arriver à l'intérieur du tunnel.

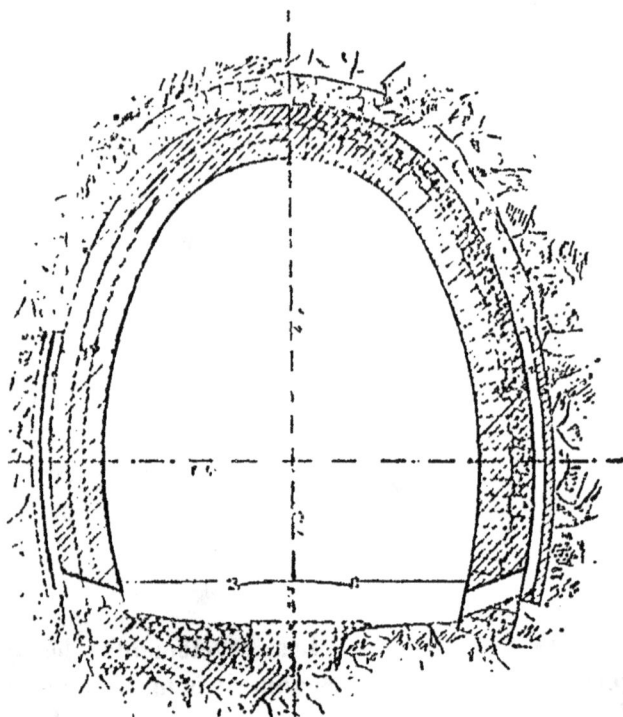

**Fig. 77.**

Si les maçonneries des piédroits sont bien mariées aux faces intérieures de l'excavation, les ouvertures destinées à recevoir les eaux d'infiltration peuvent toutes être placées à la hauteur des reins de la voûte, comme le montre la figure ci-après qui représente la section d'un tunnel sur la ligne d'Oravitza-Steyerdorf (Hongrie). Par contre, si les eaux peuvent arriver entre le terrain et les piédroits, il y a lieu d'échelonner ces ouvertures et d'en placer jusqu'en bas des piédroits, comme le montre le profil précédent (fig. 77).

Jusqu'à l'endroit par lequel les eaux peuvent pénétrer dans

les barbacanes il y a lieu de faciliter les écoulements par un bloccage, c'est-à-dire en remplissant de pierrailles l'intervalle entre l'extrados de la maçonnerie et le terrain. Le maintien

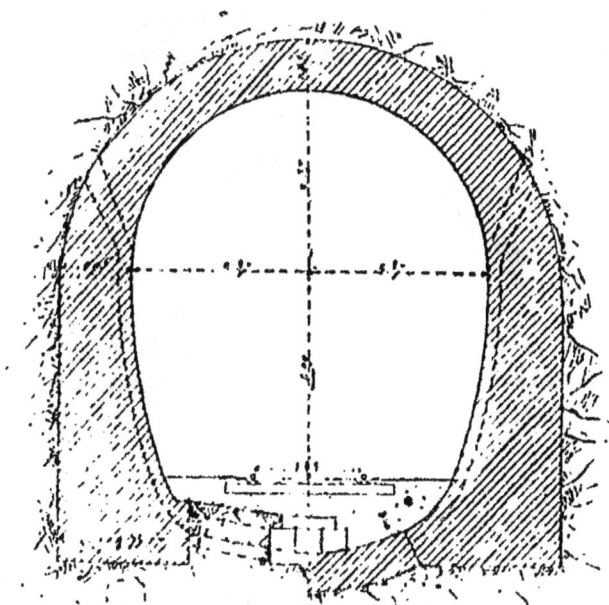

Fig. 78.

des pièces du boisage, dans cet intervalle, ne remplirait qu'imparfaitement ce but; le bois finirait par pourrir et s'écraser sous la pression du terrain, qui alors entrerait en mouvement. Il y a donc lieu d'enlever, ainsi qu'il a déjà été dit, tous les bois de l'arrière des maçonneries.

**89. Aquedúes. — Rigoles et canaux er sens longitudinal.** — Les eaux recueillies peuvent s'écouler par des canaux réservés dans l'épaisseur des piédroits, ou par des rigoles ménagées sur leur face intérieure, jusqu'au seuil du souterrain. La première de ces solutions expose les barbacanes à s'engorger; la seconde solution présente par contre l'inconvénient d'exposer les eaux qui descendent par les rigoles à se congeler. L'emplacement plus ou moins rapproché des têtes des tunnels et la nature du terrain guident dans le choix de ces dispositions et déterminent les distances entre les barbacanes. Le fond des tunnels destinés à livrer passage à des chemins de fer est rempli par le ballast des voies. Malgré la perméabilité des matériaux — gravier, pierres cassées, sable, — constituant le ballast, les eaux rencontrent dans cette couche, même si elles se trouvent concentrées dans une rigole, trop de résistance pour pouvoir s'écouler facilement, surtout avec les pentes faibles que présentent en général les tunnels.

Dans les tunnels ouverts dans la roche et ayant des pentes sensibles, on peut se borner à garnir la rigole de blocaille, ainsi que cela a été fait dans certains tunnels des chemins de fer des Ardennes (fig. 79).

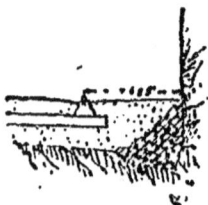

Fig. 79.

Le plus souvent on facilite l'écoulement des eaux dans le sens longitudinal en construisant un ou deux aqueducs.

S'il n'y en a qu'un seul, il est toujours placé dans l'axe du tunnel, lorsque celui-ci est construit pour deux voies, tandis que dans certains tunnels à voie unique cet aqueduc longe l'un des piédroits, vers lequel le fond de l'excavation reçoit en pareil cas une pente transversale.

S'il y a deux aqueducs, ils sont toujours placés contre les piédroits.

La section donnée aux aqueducs dépend de la longueur du tunnel et de l'état d'humidité du terrain. Ils ont la forme rectangulaire, ovoïde ou circulaire et communiquent avec les rigoles descendant des barbacanes.

Lorsqu'il y a un radier, l'intrados de celui-ci sert de seuil à l'aqueduc, qui en dehors des orifices communiquant avec les barbacanes, en comporte d'autres pour recueillir les eaux qui s'accumulent sur le radier. Dans les tunnels sans radier, on a soin d'assurer l'étanchéité du fond de l'aqueduc. Les figures 73 à 78 montrent des aqueducs recouverts de dalles.

**90. Niches ou caponnières.** — Lorsque le profil d'un tunnel est d'une largeur insuffisante pour permettre le garage d'un homme lors du passage d'un train, il est indispensable

de ménager de distance en distance des refuges. Même dans
les tunnels où un homme peut, en se rangeant, laisser passer
un train sans être en danger, ces niches ou caponnières,
sont nécessaires pour y déposer les outils de l'entretien de
la voie. Elles doivent avoir au moins deux mètres de
hauteur et un mètre de profondeur sur deux mètres de largeur.

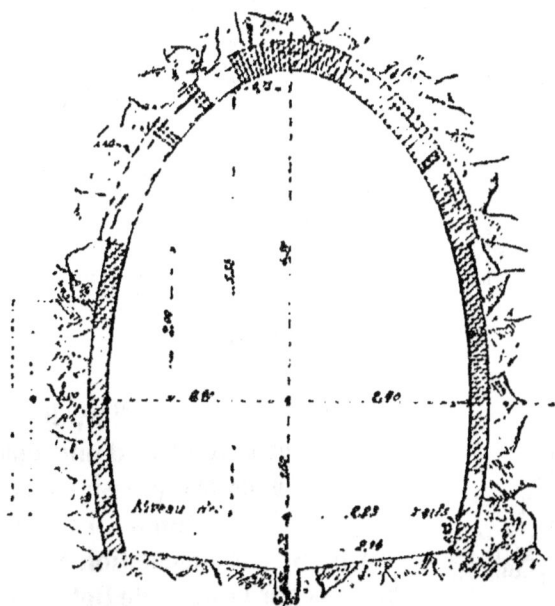

Fig. 80.

On creuse ces niches alternativement dans l'un ou l'autre
piédroit; l'écartement entre deux niches situées du même côté
n'est pas en général inférieur à 100 mètres.

Il peut être utile de munir les niches d'un revêtement, même
si le terrain ne comporte pas le revêtement général des parois.
Les plans et profils figures 80 et 81 montrent ce qui a été fait
à ce sujet dans le tunnel de Cattajo sur la ligne de Padoue à
Rovigo (Vénétie). Ce tunnel a 645 mètres de longueur et on y
a établi en tout six niches, trois de chaque côté.

Le fond des niches se trouve, en général, au niveau des rails.

Dans les tunnels traversant des terrains exerçant de fortes
pressions et nécessitant dès lors de forts revêtements et même

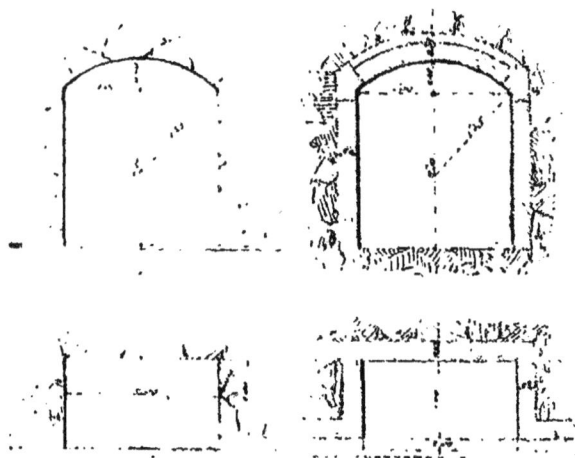

Fig. 81.

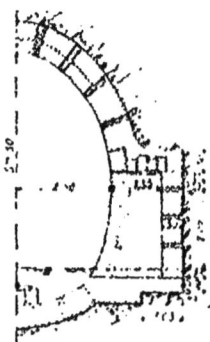

Figure 82.

l'exécution d'un radier, le revêtement
des niches doit être d'une épaisseur en
rapport avec les pressions et se rattacher à celui du tunnel. Le dessin ci-contre montre la disposition adoptée en pareil cas sur la ligne de Bologne à Pistoie,
où la niche descend assez bas pour que
le radier puisse se rattacher au mur du
fond de la niche.

Dans les tunnels de très grande longueur on a soin d'insérer de distance en
distance, entre les niches ayant les dimensions que nous
venons d'indiquer, des refuges ou chambres dans lesquelles
des équipes d'ouvriers avec leurs outils peuvent se garer.
Elles reçoivent à cette fin des dimensions beaucoup plus
grandes.

Dans le tunnel de l'Arlberg, il y a des niches de dimensions ordinaires, coûtant, y compris leur revêtement, de
96 fr. à 112 fr. suivant leur éloignement des têtes. Les

chambres de garage intercalées coûtent de 660 fr. à 793 fr. et il y en a dont le prix atteint 3350 fr.

**91. Têtes des tunnels.** — Les tunnels sont presque toujours précédés de tranchées ; aussi, à moins de se trouver dans la roche compacte, la face de fond de la tranchée doit-elle être soutenue par un mur formant l'une des têtes du tunnel.

Fig. 83.

De même que pour les têtes des ouvrages d'art ordinaires, le mur s'enracine dans le terrain par son prolongement au-delà du talus de la tranchée et prend alors la forme d'un mur en retour, ou bien il se replie et vient se raccorder aux talus et forme ainsi des ailes. Cette dernière disposition mérite la préférence dans les terrains qui exercent une poussée sur les murs de tête ; par contre la disposition des murs en retour s'adapte mieux aux cas analogues à celui du tunnel de Cattajo (Vénétie), dont nous donnons ci-dessus la tête, et où le terrain très résistant se prête à des talus raides.

Les maçonneries que l'on exécute aux têtes des tunnels sont pour une part le prolongement du revêtement intérieur ; pour l'autre part, elles forment un mur de soutènement qui met l'entrée du tunnel à l'abri des éboulements qui pourraient se produire vers la tranchée. Ce mur ne doit pas s'arrêter an ras du terrain qui, au-dessus du tunnel. s'élève généralement assez vite. En lui donnant une surélévation, c'est-à-dire en le munissant d'un parapet transversalement à la direction du tunnel, on arrête les débris qui se détachent au-dessus de la tête et peuvent compromettre la sécurité. Pour rendre cette précaution plus efficace, on ménage une berme derrière le dit parapet. Afin de pouvoir donner à cette berme une disposition permettant de recevoir les débris qui se détachent de la montagne, sans que dans leur chute ils endommagent la voûte ou sautent par dessus le parapet, on est souvent conduit à prolonger un peu le tunnel dans la tranchée. La partie de voûte qui émerge du terrain naturel est alors recouverte, ainsi que cela se fait pour les tranchées voutées, d'une couche de remblai.

Fig. 84.

Si le terrain exerce une forte pression, les murs en aile analogues à ceux de la tête Est du tunnel de Vosburg (États-Unis), et que montre la figure 84 se raccordent avec un évasement au mur de front, et constituent pour celui-ci des contreforts qui consolident les parties extérieures du revêtement, ce qui écarte le danger d'une séparation de la voûte suivant des plans perpendiculaires à l'axe du tunnel.

L'habitude d'orner les ouvrages d'art disséminés le long des lignes de chemin de fer tend heureusement à disparaître, et à faire place à celle bien plus sensée de rechercher la satisfaction de l'œil dans les belles proportions des lignes générales des ouvrages. Il y a bon nombre de tunnels dont les têtes ont été fort richement décorés. Nous avons préféré montrer par les figures qui précèdent, des façades d'un style sobre où l'on se borne à accuser les voussoirs et à couronner l'ouvrage. Le nom du tunnel ou la date de la construction se trouvent souvent inscrits sur la clef.

Les tunnels situés à des altitudes considérables sont exposés à avoir souvent leurs entrées encombrées par les neiges; de plus, le froid qui pénètre par les têtes contribue, en congelant les eaux d'infiltration, à hâter la désagrégation des parois non revêtues et souvent même des maçonneries de revêtement. Pour parer à ces inconvénients, on munit souvent les têtes de portes que l'on ferme entre les trains.

**92. Cintres.** — De même que pour le boisage, il importe de composer les cintres des voûtes de revêtement de pièces faciles à manipuler dans l'espace restreint des chantiers souterrains. On évite pour ce motif l'emploi de pièces de trop grande longueur.

Quant à l'équarrissage des bois employés, il se règle d'après l'écartement des fermes, la dimension des voûtes et les matériaux employés. Les voûtes en briques construites par rouleaux sont, sous ce rapport, ainsi qu'il a été dit, très avantageuses.

Le cintre représenté figure 85 a été employé sur le chemin de fer du Grand Central, pour une ouverture de 8 m. 60 et un revêtement de 0 m. 50 d'épaisseur, en moellons. Il se plaçait à des distances variant de 1 mètre à 1 m. 20.

Chaque ferme comprenait :

| | |
|---|---|
| 2 Entraits (doubles) cubant. . . . . | 0$^{m3}$,352 |
| 5 Vaux et une semelle centrale . . . | 0 ,662 |
| 2 Moises (doubles) horizontales. . . | 0 ,184 |
| 2 Moises (doubles) verticales . . . . | 0 ,432 |
| 2 Jambes de force. . . . . . . . . . | 0 ,190 |
| 4 Coins . . . . . . . . . . . . . . | 0 ,032 |
| Soit ensemble . . . . . . | 1$^{m3}$,852 de bois |

et 17 boulons de 25 mm. de tige pesant 30 kilogrammes.

Les 84 couchis, interposés entre le cintre et la maçonnerie, cubaient par mètre courant ensemble 0,480.

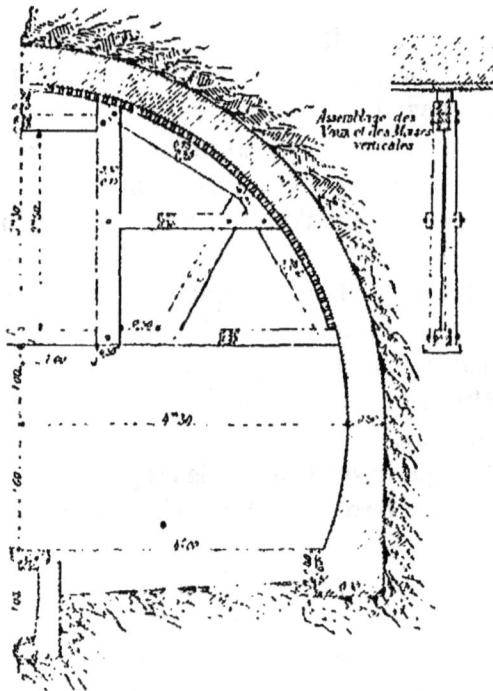

Fig. 85.

Pour réduire la main d'œuvre du montage et du démontage des cintres, devant être souvent déplacés, on cherche à les composer de cadres pouvant être maintenus assemblés. Cette

idée à guidé M. Rziha dans la construction de ses boisages et
de ses cintres métalliques ; elle a été mise à exécution notamment lors de la construction de la ligne du chemin de fer de
Marseille à Toulon, sur laquelle un certain nombre de tunnels
ont nécessité des revêtements de même forme.

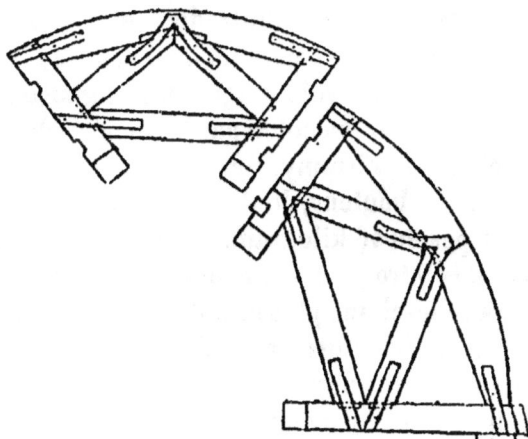

Fig. 86.

Chaque cintre se composait de trois éléments qu'on réunis-
sait au moyen de quatre coins et de quelques serre-joints en fer.
La figure ci-dessus montre le cadre central et l'un des cadres
latéraux employés pour la construction de voûtes de 8 mètres
de portée.

**93. Cintres métalliques.** — L'avantage d'occuper très
peu de place, et par suite de réduire au minimum l'encombrement des chantiers à l'intérieur des souterrains, a conduit à
l'emploi de cintres métalliques, pour l'exécution des voûtes
de revêtement.

L'intrados des voûtes étant de même forme, sur toute la
longueur d'un tunnel, et ne variant pas d'un tunnel à l'autre
sur une même ligne, les arcs métalliques servant de cintres
peuvent être réemployés très souvent. La charge qu'ils ont à
supporter étant sensiblement la même partout, et peu considérable, ces cintres n'ont pas besoin d'être très lourds, ce qui
est un grand avantage.

Dans le tunnel du col de Cabres, sur la ligne de Crest à Aspres-les-Veynes, auquel on a, à raison de sa grande longueur (3.770 m.), donné le profil correspondant à la pose des deux voies, on se sert de cintres en fer. Un fer à double T courbé suivant la forme de l'intrados, et reposant par ses deux bouts sur des cales, constitue à lui seul la ferme.

Dans les souterrains à voie unique de la ligne de Roche-la-Molière à la Malafolie, exécutée par la Société des mines de Roche-la-Molière à Firminy, les cadres en fer à double T ayant 250 mm. de hauteur, dont les branches ont 130 mm. de largeur et qui pèsent 46 kilogrammes par mètre, n'ont pas seulement servi de cintre ; on les a noyés dans la maçonnerie pour assurer à celle-ci une plus grande stabilité, en cas d'efforts exceptionnels, que la nature particulière du terrain permettait de craindre. Ces cadres noyés sont espacés de 3 mètres et reliés par trois cours d'entretoises longitudinales, composées des mêmes fers à double T également noyés dans la maçonnerie.

## § 4

## PROCÉDÉS SUIVIS POUR L'EXÉCUTION DES TUNNELS

**94. Procédés des divers pays.** — Pour le percement des tunnels, l'ordre dans lequel on procède pour l'exécution des déblais et pour l'établissement des revêtements, quand il y a lieu d'en faire, ne devrait dépendre que de la nature du terrain et des conditions particulières dans lesquelles on se trouve.

Ainsi que nous l'avons déjà dit, les habitudes ou traditions des divers pays exercent toutefois une grande influence sur le choix des procédés, qui pour ce motif sont généralement désignés par le nom du pays où ils ont pris naissance.

*Procédé anglais.* — En Angleterre on procédait, pour les premiers tunnels traversant des terrains résistants, comme dans les tranchées, c'est-à-dire en les attaquant sur toute la section, par gradins ; le plus élevé, celui qui comprend la calotte, était poussé le plus avant.

De cette façon, l'espace donné aux ouvriers et aux outils ou engins dont ils ont à se servir se trouve moins restreint, mais l'éloignement des déblais provenant des divers étages, jusqu'à l'étage inférieur sur lequel les véhicules circulent, constitue, vu le volume considérable qu'atteignent dès le début les déblais, une difficulté ou gêne assez grande. Le cas n'est pas le même que dans les tranchées, où l'on peut ménager sur les talus des emplacements pour les voies de transport, et débarrasser ainsi le fond du chantier d'une partie des véhicules. Pour pouvoir assurer dans les tunnels le service des transports, et de plus pour reconnaître le terrain avant de l'attaquer sur toute la section du tunnel, les anglais commencent maintenant, en général, par une galerie de faible section située dans l'axe et au bas du profil.

Cette galerie devance de quelques mètres le front d'attaque des déblais. Suivant la nature du terrain, on règle la longueur du chantier de déblai, la force et la disposition du boisage et du revêtement.

Il y a en effet grand intérêt à connaître d'avance l'épaisseur à donner au revêtement, pour régler en conséquence les dimensions de l'excavation.

L'augmentation du profil d'une excavation coûte toujours plus cher, par mètre cube, que si le même volume avait été enlevé de suite lors de l'exécution du déblai prévu. De plus, une telle augmentation ultérieure de section nécessite l'addition d'étais, de blocs ou de cadres sur le boisage préparé pour le profil primitivement fixé.

Les tunnels dans lesquels on peut se passer de tout revêtement sont rares. Même dans la roche dure et résistante, creusée à l'aide de mines, les coups de feu désagrègent souvent jusqu'à un certain point le pourtour, et alors il n'est pas sans utilité de s'abriter par l'établissement d'une voûte contre la chute de blocs pouvant se détacher du ciel et compromettre la circulation.

Les bas-côtés de la roche peuvent servir d'appui à ces voûtes (fig. 73), que l'on n'exécute du reste qu'aux endroits présentant des signes menaçants.

Pour les tunnels traversant des terrains peu résistants, le

procédé anglais, dont le caractère essentiel est l'excavation du profil entier avant son revêtement, exige la plus grande réduction de la longueur des chantiers de déblai.

L'établissement d'un boisage puissant, pour maintenir le terrain sur le front de l'attaque et sur le pourtour de l'excavation, est en pareil cas de première nécessité.

Le front de l'attaque est soutenu au moyen d'étais s'appuyant, suivant la nature du terrain, directement contre celui-ci, ou contre une paroi retenant les matières meubles qui constituent le terrain. On a donné le nom de bouclier à ce boisage du front de l'attaque dans les terrains non résistants. Quant au bordage soutenant le pourtour de la grande excavation que comporte le procédé anglais, il affecte dans les terrains peu résistants la forme d'un cintre, composé de pièces de faible longueur formant un polygone qui embrasse, en le suivant du plus près possible, l'extrados de la maçonnerie. Ces fermes sont reliées par des longrines qui soutiennent la roche dans le sens du tunnel. Des chandelles, qui selon la hauteur du profil et les pressions qui s'exercent sont faites d'une pièce ou bien, le plus souvent, établies par étages, renforcent l'ensemble du boisage. Le boisage supporte le terrain, directement ou par l'intermédiaire de madriers ou couchis ; lorsque des pressions obliques se manifestent on raidit la charpente à l'aide d'entretoises.

Si le terrain est mauvais, c'est-à-dire s'il exerce des pressions, on rapproche les cadres et on réduit la longueur des sections reposant sur boisages, en hâtant l'exécution du revêtement définitif en maçonnerie. Dès que le déblai du profil entier se trouve terminé sur une longueur qui ne dépasse guère deux mètres, mais qui dans les terrains très mauvais est réduit à quelques décimètres, on exécute simultanément les deux piédroits et on les relie de suite par la voûte. On procède ainsi par piliers et arceaux successifs. Chaque section, munie du revêtement maçonné, permet le retrait d'une partie des bois soutenant la partie adjacente du terrain. Cette élimination d'une partie du boisage présente l'avantage de pouvoir faire porter le terrain directement sur la maçonnerie, d'éviter l'abandon d'une partie des bois, et de réduire l'espace entre la maçonnerie et le terrain, qu'il faudrait garnir de pierraille ou de maçonnerie sèche. De plus elle débarrasse le chantier.

Dans les terrains résistants, où l'excavation suivant la méthode anglaise pourrait se faire sans inconvénient sur toute la section, en procédant par gradins dont le plus élevé serait en avance sur les autres, on commence néanmoins quelquefois par une galerie de direction de fond. Dans cette galerie de fond les voies pour le transport peuvent être établies dès son ouverture et être maintenues jusqu'à l'achèvement du tunnel.

Fig. 87.

Pour faciliter l'attaque des terrains très durs et pour augmenter la rapidité de l'avancement, on commence souvent le déblai du gradin supérieur par l'ouverture d'une galerie placée dans le milieu de la calotte, ce qui constitue de fait un abandon partiel du principe de la méthode dite anglaise.

Malgré les difficultés pouvant résulter, dans des terrains peu résistants, de l'attaque sur toute l'étendue du profil, la méthode anglaise s'est répandue et maintenue. On l'a suivie en France, en Allemagne, aux État-Unis et dans d'autres pays, ainsi que le montreront les exemples que nous citerons dans la suite. Les applications faites au tunnel du Hauenstein en Suisse, et au tunnel de Hoosac aux États-Unis, montrent comment, dans l'application de ce procédé, on a su se plier aux conditions spéciales les plus variées.

Fig. 89.

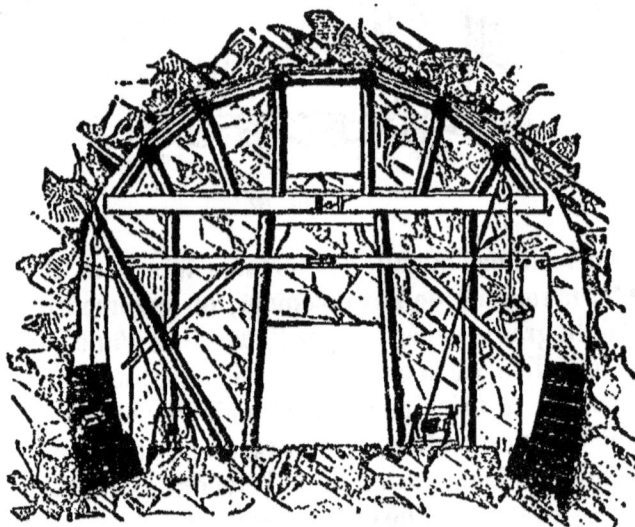

Fig. 90.

*Procédé belge ou français.*—Le percement d'un tunnel commence, dans la méthode le plus généralement suivie en

France et en Belgique, par l'ouverture d'une galerie dans l'axe du tunnel, dans la partie supérieure du profil. Cette galerie d'avancement de faîte n'a qu'une faible section et même dans les terrains mauvais les cadres en bois, plus ou moins rapprochés et blindés extérieurement de madriers, suffisent pour la mettre à l'abri des déformations. La largeur de cette galerie varie de 2 m. 50 à 4 mètres et sa hauteur ne dépasse pas ces mesures, de sorte que la section varie en général entre 9 et 16 mètres carrés et est en moyenne de 12 m².

Le travail dans un espace aussi restreint n'est pas facile, l'avancement ne pouvant être obtenu que par l'attaque en front. On le pousse vigoureusement, car c'est le progrès de cette galerie qui règle la rapidité de l'exécution du tunnel.

Tant qu'on n'opérait qu'à la main, les galeries ne pouvaient dans la roche progresser que de 12 à 15 mètres au plus par mois, tout en faisant travailler les mineurs par trois postes de 8 heures, ou, dans le cas de deux postes, en les changeant toutes les 6 heures. L'emploi des perforateurs mécaniques permet, ainsi que le montreront les exemples cités ci-après, d'avancer même dans la roche dure de 60 à 150 mètres par mois.

Dès que la galerie a pris une certaine avance, on procède à son élargissement sur l'étendue de la calotte du tunnel ; ce travail, dit l'abatage, constitue le second chantier et il peut marcher plus vite que l'ouverture de la galerie, non seulement grâce à l'espace plus grand, mais surtout par ce que ce déblai peut être attaqué de front et de côté, ce qui permet d'y employer un plus grand nombre d'ouvriers.

Dès que l'abatage s'achève dans un endroit, on soutient le terrain, si le besoin s'en fait sentir, au moyen de chandelles ou d'étais, auxquels les cadres de la galerie ou le terrain servent de points d'appui.

Un revêtement de la voûte étant jugé nécessaire, on procède à l'exécution de cette maçonnerie qui, tout en permettant de donner de l'espace par l'enlèvement des boisages, met les ouvriers à l'abri de la chute des débris qui pourraient se détacher du ciel de l'excavation.

Cette voûte repose par des retombées directement sur le terrain ou sur des madriers interposés entre lui et la maçonnerie, pour augmenter la surface d'appui s'il paraît offrir une résistance insuffisante.

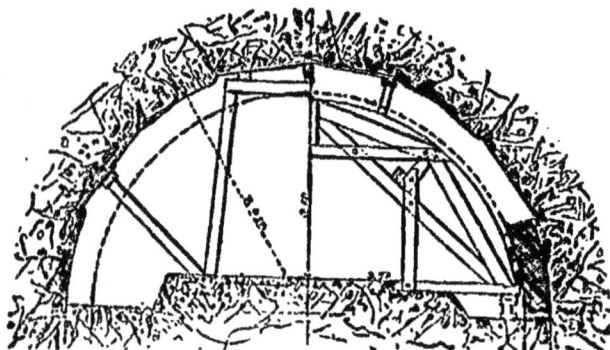

Fig. 91.

Derrière ce troisième chantier qui est, comme on le voit, un chantier de maçons, on reprend le déblai pour creuser la partie inférieure du profil, puis pour construire en sous-œuvre les piédroits.

L'enlèvement de la partie du terrain située entre les piédroits, dite le strosse, peut se faire en toute hauteur par gradins embrassant la largeur entière, entre les banquettes qu'on laisse subsister pour soutenir les retombées de la voûte, ou par moitié dans le sens de la largeur. On enlève dans ce dernier cas d'un côté de l'axe le strosse sur environ la demi-hauteur ; on établit, dans le fond de la cunette ainsi formée, la voie de transport et l'on procède ensuite au déblai du strosse entier de l'autre côté de l'axe, en se servant pour les transports de la voie précédemment établie. Une fois que cette moitié entière du strosse est déblayée, on y transporte la voie et l'on enlève la partie inférieure de l'autre moitié du strosse (fig. 92).

Le déblai des banquettes qui soutiennent la voûte se fait par sections, en ayant soin de bien soutenir les parties dégarnies de la voûte jusqu'après l'exécution des piédroits, qui a lieu de suite quand le déblai des banquettes est terminé.

C'est l'ensemble de ces opérations, sujet à quelques variantes, que l'on désigne par le nom de procédé belge.

On a quelquefois, pour éviter la reprise en sous-œuvre de
la voûte, différé son exécution et commencé le déblai de la
partie inférieure du profil par les emplacements des piédroits,
en laissant subsister sa partie centrale.

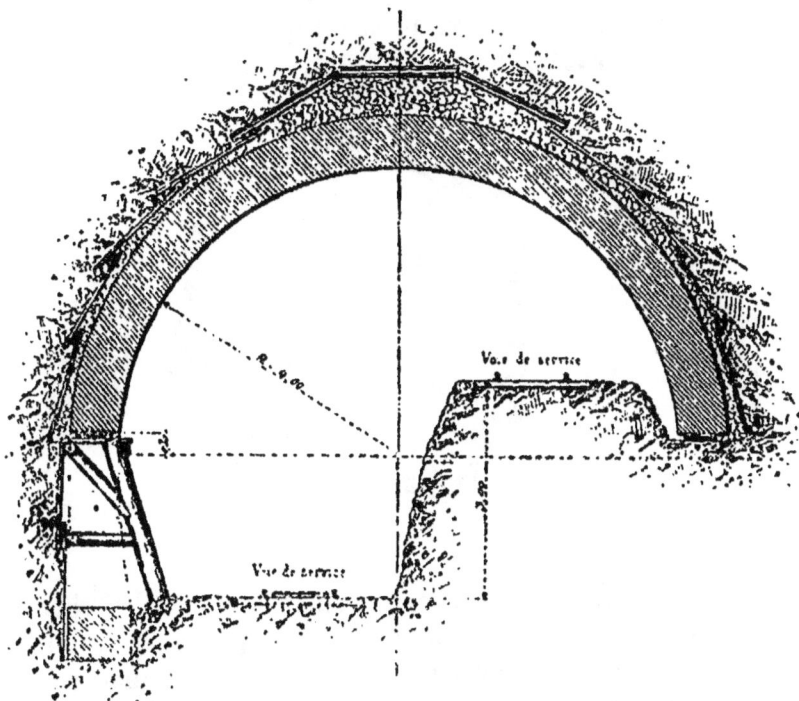

Fig. 92.

En procédant ainsi, on se rapproche du procédé dit allemand, qui force de maintenir plus longtemps le boisage dans
la calotte, mais permet, par contre, de commencer la maçonnerie par les deux piédroits et d'établir la voûte sans reprise
en sous-œuvre.

L'opération se termine, dans ce cas, par l'enlèvement du
strosse entre les piédroits; on désigne plus particulièrement, mais
à tort, cette manière d'opérer par le nom de *procédé français*, car
le procédé dit belge est celui qui est le plus employé en France.

L'exécution du radier, c'est-à-dire du revêtement du fond,
ne se fait toujours qu'en dernier lieu.

Il est visible que le déblai des cunettes, pour l'exécution des piédroits avant l'enlèvement de la partie centrale du revanché, dite strosse, se fait dans des conditions peu favorables et, dès lors, coûteuses ; si le terrain exerce une forte pression, il y a inconvénient à le laisser porter trop longtemps et sur tout le pourtour sur le boisage.

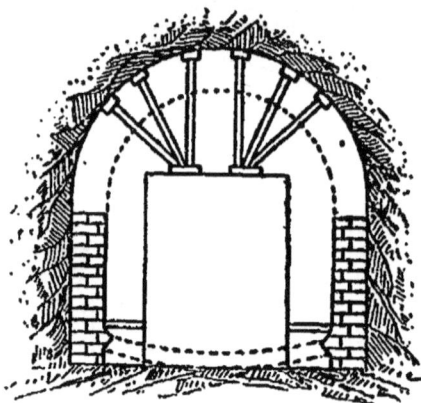

Fig. 93.

L'avantage d'éviter la reprise en sous-œuvre des voûtes ne justifie pas l'abandon de la marche indiquée en premier lieu, car l'expérience a suffisamment démontré qu'à moins d'avoir à lutter contre des pressions exceptionnelles, le bon étayage et l'exécution des piédroits par piliers ne compromet nullement la stabilité du revêtement.

Un inconvénient du procédé belge que, toutefois, on ne peut nier, c'est la nécessité de déplacer assez souvent les voies de transport, et celle d'avoir à remonter, pour la charger, la majeure partie des déblais.

Depuis que l'emploi du perforateur permet d'accélérer considérablement l'avancement de la galerie de faîte qui constitue le premier chantier, et que les autres chantiers ne peuvent plus suivre avec la même vitesse, il y a intérêt à échelonner le long de la galerie plusieurs chambres de travail qui finissent par se rejoindre. Pour les chantiers établis dans ces chambres, l'inconvénient d'avoir à se servir pour les transports de voies établies à un niveau élevé est plus sensible encore ;

tout en réservant pour la suite l'examen approfondi de cette question, elle mérite d'être signalée ici.

Il en est de même des difficultés que présente, en pareil cas, l'éloignement des eaux d'infiltration.

*Procédé allemand.*—Le maintien du noyau central du tunnel jusqu'après l'achèvement du revêtement est l'idée fondamentale qui a présidé à la conception de la méthode allemande. Ce n'est plus, comme dans le procédé dit français, seulement la partie médiane du strosse, mais c'est même le terrain dans la calotte que l'on maintient pour servir d'appui aux boisages et aux cintres. On veut, par là, éviter la création de grands vides, restant pendant un certain temps à la merci de la solidité de boisages de grande portée. De plus, on tient absolument à ne pas reprendre les maçonneries en sous-œuvre.

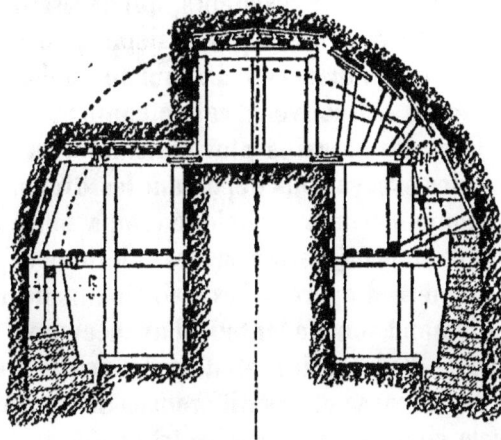

Fig. 94.

D'après ce système, dit allemand, le tunnel est attaqué par deux galeries latérales, situées au fond du profil. Dès que ces deux galeries, poussées simultanément, ont pénétré sur une dizaines de mètres au plus, on exécute une galerie centrale au sommet du profil, on l'élargit ensuite par l'enlèvement des prismes latéraux pour achever l'ouverture de la calotte, tout en laissant subsister le noyau compris entre les deux galeries latérales et la galerie élargie supérieure.

Souvent les galeries latérales, au lieu d'être exécutées de

suite sur la hauteur des piédroits et des naissances des voûtes, se font en deux étages superposés. Au fur et à mesure de l'avancement des galeries latérales, on y exécute les piédroits ; la voûte raccordant ces piédroits est faite dès que l'élargissement successif de la galerie supérieure le permet.

Pour pouvoir opérer ainsi et donner aux galeries latérales une largeur suffisante pour permettre d'y établir les voies de transport, tout en ménageant au noyau central une épaisseur suffisante pour supporter d'abord le boisage de la galerie supérieure et ensuite les cintres de la voûte, il faut que la largeur du tunnel corresponde pour le moins à deux voies de chemin de fer.

La préoccupation de réduire la durée du maintien du boisage est évidente ; elle indique bien que ce procédé vise surtout les terrains peu résistants, qui nécessitent un revêtement. Mais si le terrain n'est pas résistant, le corps central n'est guère qualifié pour servir d'appui aux boisages et aux cintres. L'expérience est souvent venue confirmer ce défaut du procédé. Dans les terrains plus résistants, la grande crainte de laisser des excavations dépassant les dimensions des galeries d'avancement pendant quelque temps boisées n'a pas de raison d'être ; elle ne justifie pas les sujétions et gênes qu'entraîne cette manière d'opérer. Les principaux inconvénients du procédé allemand sont la lenteur d'avancement, les difficultés de transport, d'excavation et de maçonnage, résultant de l'exiguité des espaces et des différences de niveau des chantiers ; tout cela concourt à le rendre très coûteux.

Assez souvent appliqué, il y a une vingtaine d'années, dans des terrains ébouleux et même dans des roches dures, on peut considérer le procédé allemand comme désormais abandonné.

*Procédé autrichien.*—En Autriche, l'exécution des chemins de fer a, dès le début, nécessité la traversée de pays accidentés, et dès lors la construction de nombreux tunnels. Les ingénieurs ont donc acquis rapidement dans ce pays la pratique de ce genre de travaux ; le mode d'exécution suivi par eux, après l'emploi des procédés qui viennent d'être cités, a trouvé l'approbation de bon nombre de constructeurs et fait son chemin hors du pays dans lequel il a pris naissance.

Ce qui caractérise ce procédé, c'est l'attaque par une galerie d'avancement située dans l'axe et au bas du profil, l'emploi exclusif de pièces de bois très courtes pour le boisage et l'exécution du revêtement en commençant par les piédroits.

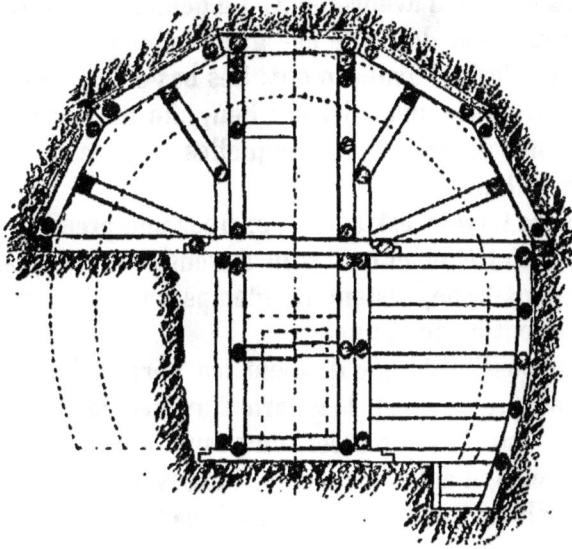

Fig. 95.

Dès que la galerie de fond, qui reçoit les voies de trans-

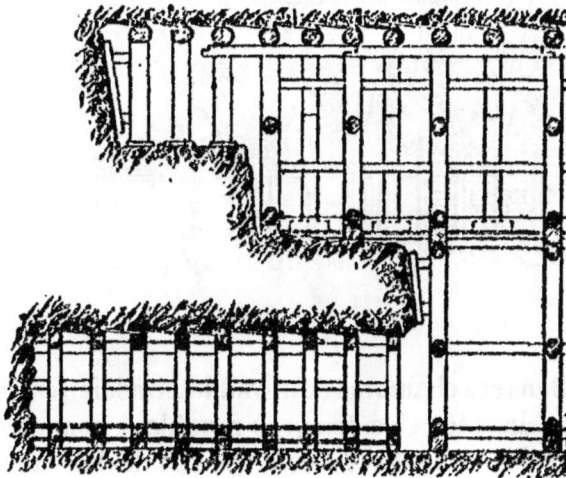

Fig. 96.

port, se trouve poussée sur une certaine longueur, on procède à l'ouverture d'une seconde galerie située en calotte. L'élargissement et l'approfondissement de cette galerie de faîte facilite le déblai et le chargement du terrain qui se trouve au-dessus de la galerie d'avancement. Le déblai se fait souvent à toute largeur, avec descente par gradins jusqu'au niveau supérieur de la galerie d'avancement. Les bas-côtés de cette galerie ne sont attaqués qu'en dernier lieu, afin de permettre l'exécution des maçonneries, pour lesquelles on procède toujours du bas vers le haut.

Si le terrain est sujet à exercer une pression, on divise le profil d'attaque et on a soin de renforcer les boisages qui, dans cette méthode, restent longtemps en œuvre et encombrent le profil entier du tunnel.

La possibilité que donnent les perforations mécaniques de pousser rapidement la galerie d'avancement peut aisément être mise à profit pour créer, en avant des chantiers qui partent des têtes, d'autres chantiers d'excavation. Il suffit, à cette fin, de s'élever par des cheminées dans la région supérieure.

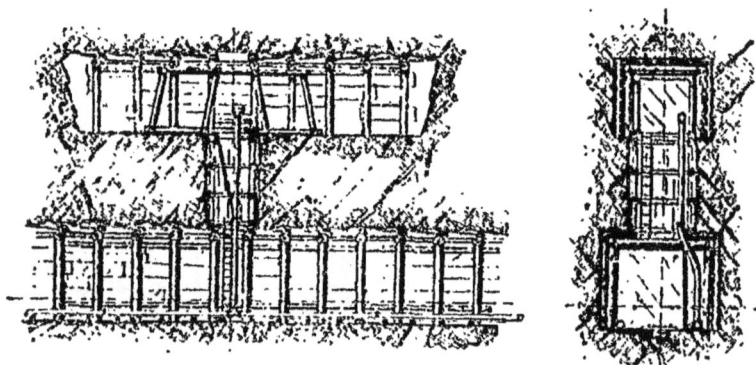

Fig. 97.

Dans ces chambres de travail intermédiaires, on pousse les déblais dans tous les sens, en procédant comme dans les chantiers débouchant vers les têtes. Les déblais sont versés par les puits dans la galerie d'avancement inférieure, où ils sont reçus par les wagons circulant sur la voie posée dès le début.

C'est là un des grands avantages de ce procédé, que cette voie n'ait à subir pendant toute la construction aucun déplacement.

Cette galerie de base présente aussi de grands avantages pour l'éloignement des eaux d'infiltration provenant soit des chantiers de tête, soit des chantiers intermédiaires.

Le boisage est exécuté au fur et à mesure des déblais. Il doit nécessairement être plus puissant que dans les procédés qui ne donnent à l'excavation l'étendue du profil entier qu'après l'exécution totale ou partielle du revêtement. Mais le boisage étant fait en employant le plus possible des pièces de faible longueur, on peut aisément, dès que l'on procède à l'exécution des maçonneries, éliminer successivement des éléments du boisage et diminuer ainsi l'encombrement. Les maçonneries s'exécutent en commençant par les piédroits et en terminant par la voûte. Il va de soi que le boisage ménage toujours le passage libre sur la voie de transport ; tout en supprimant certaines parties du boisage après l'achèvement des piédroits, on maintient toujours celles nécessaires pour porter les cintres jusqu'à l'achèvement de la voûte.

Les maçonneries se font par sections, dont la longueur est d'autant moindre que l'intérêt de diminuer la durée du maintien sur boisage augmente. Ces sections sont donc de faible longueur dans les terrains exerçant de fortes pressions.

Lorsque les pressions exercées par le terrain nécessitent l'exécution de radiers, on se trouve dans la nécessité de toucher à la voie de transport ; mais, en construisant ces radiers par arceaux de faible longueur, on arrive à réduire tellement les interruptions de la voie qu'il n'en résulte que très peu de gêne.

Dans les tunnels de grande longueur on pose du reste, généralement dès que les piédroits sont exécutés, deux voies sur toute la longueur revêtue ou pour le moins beaucoup de voies de garage. Cela donne toute facilité pour assurer un service régulier des transports.

On voit que si le procédé autrichien présente des avantages au point de vue des facilités d'exécution des déblais, des chargements des véhicules, des transports, de l'exécution des maçonneries, de l'assainissement, de l'accélération par l'ouverture aisée de chantiers intermédiaires, il entraîne, par contre, la nécessité de faire des boisages très encombrants et de laisser parfois assez longtemps de grandes sections soutenues par eux. Malgré tous les soins possibles, il peut en résulter des catastrophes dans des terrains à très fortes pressions, ou, pour le moins, des déformations graves.

**95. Revue comparative des procédés décrits.** — Ce qui constitue les différences entre les procédés décrits peut se résumer en analysant chaque élément du travail.

Nous désignerons les différentes opérations par les lettres $a$, $b$, $c$, $d$, et par des indices les variantes qu'elles comportent.

Position de la galerie d'avancement . . . . . . . . . $a$.

$a_1$, galerie d'avancement placée à la base du profil ;

$a_2$,                —                dans le haut du profil ;

Exécution des déblais. . . . . . . . . . . . . . . . $b$.

$b_1$, exécution du déblai sur toute l'étendue du profil avant celle du revêtement ;

$b_2$, l'exécution de la partie centrale du déblai n'a lieu qu'après celle du revêtement ou, pour le moins, de la voûte.

Construction du boisage. . . . . . . . . . . . . . . . $c$.

$c_1$, le boisage est formé de poutres armées ou de cintres ;

$c_2$, le boisage se compose d'un ou de plusieurs cadres comme ceux employés dans les galeries.

Construction du revêtement. . . . . . . . . . . . . $d$.

$d_1$, le revêtement est commencé par les piédroits et se termine par la voûte ;

$d_2$, la voûte est construite en premier lieu et reprise en sous-œuvre lors de l'établissement des piédroits.

En se servant des lettres ci-dessus, les procédés énumérés peuvent être caractérisés comme suit :

Procédé anglais :

$$a_1 \; b_1 \; c_1 \; d_1,$$

Procédé belge ou français :

$$a_2 \; b_2 \; c_1 \; d_2,$$

Procédé allemand :

$$a_1 \; b_2 \; c_2 \; d_2,$$

Procédé autrichien :

$$a_2 \; b_1 \; c_2 \; d_1.$$

Ces désignations ne font qu'imparfaitement ressortir les différences entre la méthode anglaise et la méthode autrichienne, qui du reste ont une certaine analogie dans leur conception.

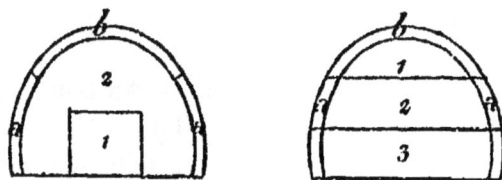

Fig. 98. — Procédé anglais.

Fig. 99. — Procédé belge ou français.

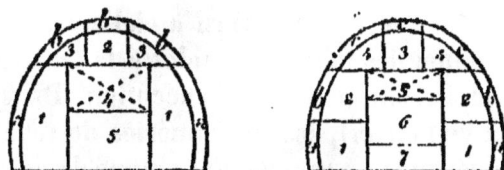

Fig. 100. — Procédé allemand.

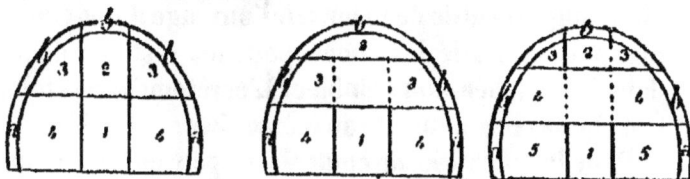

Fig. 101. — Procédé autrichien.

Les figures ci-dessus, où les chiffres indiquent l'ordre dans lequel se suivent les chantiers de déblai et les lettres celui des chantiers de maçonnerie, montrent mieux les variantes de chaque procédé et les différences entre les divers procédés.

Disons, en terminant cette analyse, qu'on est souvent conduit dans la pratique à intervertir l'ordre de certaines opérations, et qu'alors on ne peut plus ranger rigoureusement le mode d'opérer dans l'un des procédés ci-dessus décrits, considérés comme procédés types.

**96. Tranchées voûtées.** — Au lieu d'exécuter un tunnel par des fouilles souterraines, il peut être préférable, dans certaines conditions, d'enlever les déblais à ciel ouvert, et jusqu'au seuil du tunnel, sauf à remblayer l'espace déblayé en excès, après l'achèvement du revêtement qui délimite l'ouvrage.

*Conditions dans lesquelles les tranchées voûtées sont indiquées.* — Ainsi, quand l'épaisseur du terrain au-dessus du tunnel n'est pas considérable et que sa nature nécessiterait un boisage très fort, il sera préférable d'enlever cette couche et d'opérer à ciel ouvert.

On est également conduit à substituer à une tranchée un tunnel exécuté par déblai à ciel ouvert, quand on constate que la nature ébouleuse du terrain nécessiterait des talus très doux et des travaux de consolidation ou de protection considérables. En construisant ainsi à ciel ouvert un souterrain, on peut donner des talus très raides à la tranchée, en les soutenant au besoin en cours d'exécution. Dans ce cas, on établit, à ciel ouvert, les maçonneries de revêtement du tunnel et l'on termine en remblayant autour du corps maçonné.

On peut quelquefois se dispenser de remblayer tout l'espace libre restant entre le tunnel et le sol naturel, mais il sera alors toujours utile de recouvrir l'ouvrage d'une couche de remblai pour amortir les chocs pouvant résulter d'éboulements dans la tranchée non comblée. L'écrètement des talus de cette tranchée se recommande au même titre.

Pour la traversée de contreforts peu élevés, ce procédé est le plus employé. Il est aussi utilement appliqué à l'entrée des tunnels, lorsque le terrain ne s'élève que par une faible pente aux hauteurs justifiant l'exécution de ceux-ci.

La limite à laquelle on arrête l'exécution comme tranchée voûtée, et où l'on commence à exécuter le tunnel par des travaux proprement dits souterrains, se détermine, de même que

14

la limite entre la tranchée et le tunnel en général, par le calcul des prix de revient de ces deux procédés pour des profondeurs diverses, variant avec la nature du sol. Des conditions particulières peuvent imposer, avant ou après qu'on soit arrivé à la hauteur limite ainsi déterminée, à agir autrement que ne l'indiquait le calcul.

Les couches supérieures sont souvent moins résistantes que celles qui se trouvent au-dessous; aussi les piédroits de telles tranchées voûtées ont-ils souvent pu rester non revêtus. Dans ce cas, à raison du prix moindre qu'occasionne l'extraction à ciel ouvert, on n'hésite pas à donner un fruit assez fort aux piédroits taillés dans la roche et on augmente au-delà des portées ordinaires celles des voûtes qui s'y appuient.

*Procédé suivi pour le chemin de fer métropolitain de Londres.* — Les tunnels des chemins de fer urbains se trouvent souvent dans des conditions permettant leur exécution comme tranchées voûtées.

Le procédé suivi pour la construction des tunnels du chemin de fer métropolitain de Londres, qui se trouvent en général à peu de profondeur sous le niveau des rues, mérite d'être signalé. Il est ingénieux et bien approprié aux sujétions de travaux faits dans les grandes villes [1].

Le tunnel devant être situé sous la chaussée, entre les trottoirs, on commence par poser de 1 m. 20 en 1 m. 20 des poutres transversales, étayant les trottoirs. Le déblai s'effectue ensuite en commençant par le puits A que l'on élargit en B et B, pour descendre ensuite les puits C et C. Ces fouilles sont bien réglées pour dégager l'emplacement des piédroits que l'on exécute en béton. Après avoir réglé le massif central E d'après le gabarit de l'intrados de la voûte, on a quelquefois exécuté la voûte D en y pilonnant aussi du béton. C'est par sections d'environ 4 mètres de longueur, distantes entre elles de 4 mètres, que l'on a procédé. La voûte et les piédroits étant bien consolidés, on enlevait souterrainement le corps central E et l'on exécuta le radier F (fig. 102).

[1]. *Engineering*, juin 1884, pages 507-510.

On voit que ce procédé dispense du retroussement d'une bonne partie des déblais sur la voie publique, et maintient, du moins sur les trottoirs, la circulation pendant l'exécution du souterrain, dont les déblais et maçonneries ne sont qu'en partie faits à ciel ouvert.

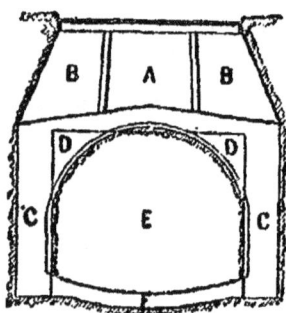

Fig. 102.

L'écartement des piédroits des tunnels du chemin de fer métropolitain de Londres varie de 7 m. 62 à 7 m. 70. Le niveau des rails se trouve, ainsi qu'il a été dit, en général, à peu de profondeur sous celui des rues, ce qui a conduit à donner aux voûtes la forme d'un arc de cercle ayant, pour une portée de 7 m. 62, seulement 1 m. 88 de flèche.

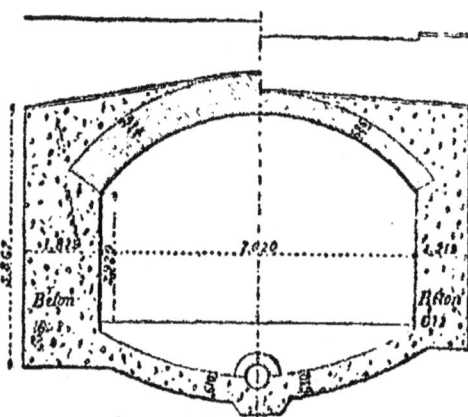

Fig. 103.

Les piédroits et le radier sont généralement exécutés en béton, la voûte le plus souvent en briques. On donna 1 m. 83 aux piédroits lorsque le tunnel devait supporter des maisons, et à la voûte 0 m. 91 d'épaisseur, mais ces dimensions ont été réduites à 1 m. 22 et à 0 m. 69 lorsque le tunnel se trouvait sous la voie publique. Le radier, au milieu duquel un aqueduc est ménagé, a toujours 0 m. 61 d'épaisseur.

Dans des cas particuliers, où la hauteur disponible entre le niveau du rail et celui de la voie publique était tellement réduite que le maintien de la hauteur libre de 4 m. 80 dans l'axe du tunnel au-dessus des rails n'était plus compatible avec la voûte surbaissée sus-indiquée, on a eu recours à des poutres métalliques transversales, reposant sur les piédroits et recevant entre elles de petites voûtes transversales. La hauteur de l'arête inférieure des poutres au-dessus des rails étant de 4 m. 20 et leur écartement de 2 m. 14, on arriva, en donnant aux voûtes transversales 1 m. 65 de portée et 0 m. 30 d'épaisseur, à réduire à 5 mètres la hauteur de l'extrados du tunnel au-dessus du niveau des rails, tandis que cette distance atteint 5 m. 50 à 6 mètres dans les tunnels formés par les voûtes dont le vide représente un segment circulaire.

*Procédé proposé pour le chemin de fer sous arcades de New-York.*—Bien qu'il n'ait pas encore été appliqué, le procédé très ingénieux proposé par le doyen des ingénieurs américains, M. Mac Alpine, pour la construction de la voie souterraine projetée à New-York (fig. 104), mérite également d'être cité ici. Il réalise, mieux encore que le procédé suivi à Londres, la suppression de toute interception de circulation sur la voie publique.

M. Mac Alpine propose la pose d'un tablier amovible sur toute la largeur de la rue. Ce tablier se trouverait à un niveau un peu plus élevé que celle-ci et serait raccordé par des plans inclinés, d'une part vers le côté sous lequel le tunnel et le remblai rétabli sous la voie publique se trouvent déjà terminés, d'autre part à la partie où les travaux n'ont pas encore été commencés.

Le chantier de déblai et de maçonnerie se trouverait sous le tablier, établi sur une longueur pouvant être faite en un ou deux jours. L'accès vers ce chantier couvert serait assuré par le tunnel du côté dont le travail est parti. Une section recouverte par le tablier surélevé étant terminée, on avancerait ce tablier et le chantier avec lui.

*Conclusions.*—Pour montrer l'avantage que peut présenter l'exécution à ciel ouvert de tunnels dont le niveau se trouve à peu de profondeur sous la surface du terrain, nous empruntons

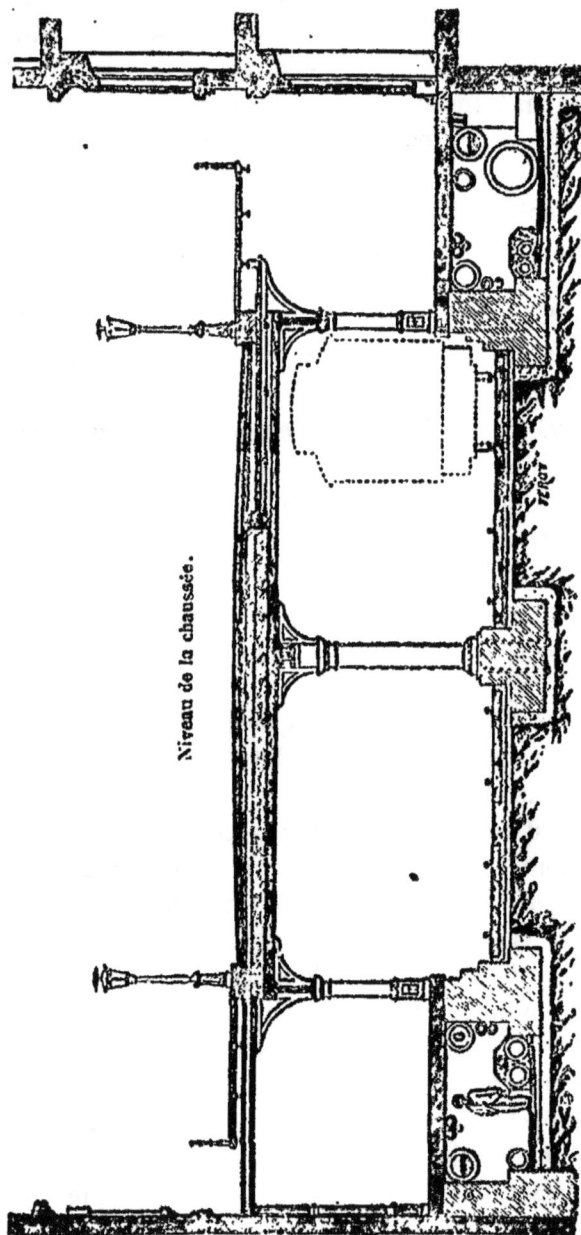

Fig. 104.

Projet de voies souterraines à New-York. — Coupe en travers.

Niveau de la chaussée.

au compte-rendu publié par M. de Nordling sur la construction de la ligne de Murat à Vic-sur-Cère (1866 à 1868) quelques chiffres qui se rapportent au tunnel des Falaises, construit à ciel ouvert, et nous les mettons en regard de ceux qui
se rapportent au tunnel de Veyrière, situé à proximité du
précédent, sur la même ligne et comme lui dans les roches trachytiques, mais construit souterrainement. Le niveau des rails
se trouvait aux Falaises à environ 10 mètres, à Veyrière à environ 21 mètres sous la surface du sol, dans l'axe de la voie.

| DÉSIGNATION | Tunnel des Falaises (tranchée voûtée) | Tunnel de Veyrière |
|---|---|---|
| Nombre de voies................. | une | une |
| Longueurs....................... | 54 m. 08 | 70 m. 83 |
| Section libre entre le niveau des rails et l'intrados................. | 24 m² 25 | 21 m² 25 |
| Hauteur libre au-dessus des rails.... | 5 m. 50 | 5 m. 50 |
| Largeur libre maxima............. | 5 m. 00 | 5 m. 00 |
| Cube du déblai............ | 61 m³ 06 | 33 m³ 86 |
| (Prix par m³ de déblai)...... | (7 fr. 31) | (21 fr. 03) |
| Cube des maçonneries........ | 12 m³ 53 | 9 m³ 63 |
| (Prix moyen du m³ de maçonnerie)................. | (29 fr. 32) | (36 fr. 53) |
| Dépenses pour déblais'........ | 453 fr. | 712 fr. |
| —     pour maçonneries.... | 367 » | 351 » |
| —     diverses ........... | 1 » | 16 » |
| —     totales............. | 821 fr. | 1079 fr. |
| Prix du mètre cube de vide........ | 33 fr. 86 | 44 fr. 49 |

La comparaison des chiffres qui se rapportent à ces deux
petits tunnels montre que le cube des déblais et des maçonneries par mètre courant, dans le cas de tranchée voûtée,
est bien plus considérable que dans l'exécution souterraine.
Par contre le prix de l'unité n'est pour les déblais qu'environ
un tiers du prix payé pour les déblais souterrains, et les maçonneries coûtent également moins cher par mètre cube.

En somme, le mètre courant du tunnel exécuté comme tran-

chée voûtée n'a coûté qu'environ 80 0/0 de ce qu'il eut coûté si
on l'avait construit comme le tunnel voisin. Il va de soi que
si la profondeur de la voie sous la surface du terrain eût été
plus considérable, l'avantage de procéder à ciel ouvert eut diminué ; à partir d'une certaine profondeur il eut été absolument inadmissible d'opérer autrement que par le moyen de
travaux souterrains.

## § 5.

## CHOIX DU PROCÉDÉ A EMPLOYER ET SON INFLUENCE SUR LA RAPIDITÉ D'EXÉCUTION

**97. Influence des moyens de perforation.** — Les progrès réalisés par l'emploi des perforateurs mécaniques ont apporté une modification considérable dans les méthodes de percement des tunnels. Grâce à ces perforateurs on peut, ainsi
qu'il a été dit, pousser les galeries d'avancement avec une
vitesse approchant du décuple de celle qu'on atteignait à la
main. Dès lors on peut, sans sacrifier la rapidité du percement, dans des cas qui autrefois engageaient à créer, au moyen
de puits ou de galeries transversales, des points d'attaque
intermédiaires, se borner à pénétrer seulement par les têtes.

Mais cet avancement rapide des galeries de direction, pour
être bien profitable, nécessite l'ouverture et l'organisation ra-
tionnelle d'un certain nombre de chambres de travail intermédiaires. L'achèvement d'un tunnel se trouve dès lors intimement lié à la façon dont ces chantiers intermédiaires sont or-
ganisés, et par là au procédé de percement employé.

Pour des tunnels de faible longueur, l'installation des perforateurs mécaniques, toujours coûteuse, n'est pas encore entrée
dans la pratique ; il est donc utile de ne pas faire abstraction
de la perforation à la main, en traitant du choix du système à
suivre.

**98· Emplacement de la galerie d'avancement. —** Dans le choix du procédé d'excavation, c'est l'emplacement de la galerie d'avancement qui est le point de départ le plus important, il détermine à peu près l'ordre dans lequel on procède pour l'excavation et le revêtement du tunnel. M. Bridel, qui fut ingénieur en chef du chemin de fer du St-Gothard, a dit avec raison : « Tant que l'on ne fait usage que de travail manuel et que le terrain n'exerce pas de fortes pressions, il est facile de conduire les travaux d'abattage et de maçonnerie d'un tunnel de telle façon qu'ils suivent de près l'avancement en galerie. Dans ce cas, la galerie en calotte présente de grands avantages en ce que l'élargissement de la calotte s'exécute très près du front de la galerie. »

*La galerie d'avancement au point de vue des déblais et des transports.* — Dans les terrains solides, l'abattage du stross en deux ou trois étages, puis l'exécution de la maçonnerie suivent de près l'ouverture de la calotte. Dans la roche fissurée, on procède d'abord à l'exécution de la voûte, pour réduire l'importance du boisage, et on la reprend en sous-œuvre en établissant les piédroits après l'achèvement de la voûte. Les transports peuvent, dans ce cas, se faire sur des voies établies au niveau de la plate-forme, les wagons qui circulent sur ces voies reçoivent les déblais directement ou au moyen de brouettes passant sur des ponts volants.

Tant que la galerie d'avancement n'est poussée que par le travail manuel, l'abattage peut la suivre ; le cube de déblai à faire en abattage ne dépasse pas la production compatible avec une seule chambre de travail.

Il n'en est plus de même dès que la galerie d'avancement est faite à l'aide de perforateurs mécaniques lui assurant pour le moins une progression de 4 à 8 fois plus rapide. Alors il faut, surtout si l'on emploie aussi des perforateurs mécaniques pour l'abattage, aviser à la création de plusieurs chantiers d'extraction des déblais d'attaque, afin d'éviter les encombrements d'hommes et les difficultés de chargement.

En échelonnant les chantiers, les distances sur lesquelles les transports sur divers niveaux doivent être faits augmentent, et il en résulte la nécessité d'établir à ces divers niveaux des voies raccordées entre elles par des plans inclinés, qu'il faut déplacer assez fréquemment. On a beau chercher, on n'arrive pas à s'affranchir de cette nécessité.

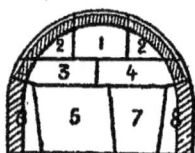

Fig. 105.

Ainsi, au Saint-Gothard, on avait commencé du côté sud par procéder à l'ouverture du tunnel dans l'ordre qu'indiquent les chiffres sur le profil ci-contre. Ce mode d'excavation nécessitait l'établissement de trois voies : la première au fond de la galerie 1 ; la seconde au fond de l'abattage 4 et, enfin, la troisième au niveau de la plate-forme, c'est-à-dire au fond de la cunette 5, ce qui fit trois étages et deux plans inclinés devant être souvent déplacés.

A l'attaque nord, on a cherché à réduire à deux le nombre des niveaux des voies de transport, en plaçant la galerie d'a-

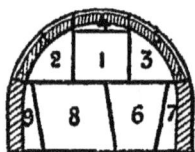

Fig. 106.

vancement plus bas, en reprenant le strosse sur une seule hauteur, et en faisant les élargissements 2 et 3 sur toute hauteur. Les voies étaient alors posées au fond de la galerie 1 et au niveau de la plateforme, dans la cunette 6, ce qui conduisait à un seul plan incliné de raccordement, mais devant être plus souvent déplacé.

Dès que le percement de la galerie était achevé, on revenait

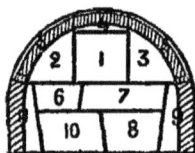

Fig. 107.

à l'enlèvement du strosse en deux étages, tout en maintenant le procédé de l'élargissement en calotte employé dès le début à l'attaque nord. Les voies étaient alors posées au fond de la galerie 1 et des cunettes 7 et 8, nécessitant deux plans de raccordement.

On a essayé de remplacer ces plans inclinés par des installations mécaniques, c'est-à-dire par des élévateurs assurant le déplacement des wagons d'un niveau à l'autre. Tout en présentant sur les plans inclinés l'avantage d'exiger moins de travail et de causer moins de gêne lors des changements d'emplacements, ce système dût être abandonné à cause des interruptions fréquentes que subirent les transports, par suite des dérangements auxquels des ascenseurs établis dans de telles conditions sont exposés.

On ne déplace les rampes que lorsqu'elles peuvent être reportées de 500 à 800 mètres en avant. Ce moyen, justifié par l'intérêt qu'il y a à ne pas trop multiplier les dérangements causés par chaque déplacement de voie, entraîne un allongement fâcheux de l'espace sur lequel les travaux successifs se trouvent échelonnés et attarde dans une assez forte mesure la jonction des galeries d'avancement et dès lors l'achèvement complet du tunnel.

*La galerie d'avancement au point de vue du boisage et du revêtement.* — M. Bridel, en comparant l'étendue des chantiers au Saint-Gothard à une époque où le travail y suivait une marche normale (octobre 1877) à l'étendue des chantiers à l'Arlberg, où la galerie d'avancement était percée à la base et non pas comme au Saint-Gothard en faîte, montre que les chantiers se trouvaient disséminés sur 2.750 mètres au Saint-Gothard, tandis qu'à l'Arlberg ils n'occupaient, en décembre 1881, que 950 mètres. Même en comprenant l'étendue sur laquelle on exécutait la maçonnerie de l'aqueduc, les chantiers dans le tunnel de l'Arlberg ne s'étendaient pas sur plus de 1.150 mètres de longueur.

En admettant un avancement de 150 m. par mois pour la galerie d'avancement en calotte et un déplacement des rampes tous les 500 m. environ, M. Bridel trouve que l'étendue des chantiers ne saurait être réduite à moins de 2.365 m. et que, même en forçant le travail après la rencontre des galeries d'avancement, l'achèvement du tunnel ne saurait être effectué en moins de 12 mois après cette rencontre, tandis qu'avec la galerie de base l'achèvement pourrait avoir lieu environ 5 mois après le percement des galeries.

Cette prévision, énoncée en 1882, ne s'écarte pas sensiblement des faits constatés à l'Arlberg, où la rencontre des galeries de base eut lieu le 13 novembre 1883 et l'achèvement du tunnel le 14 mai 1884, soit six mois après le percement.

L'ordre dans lequel on procède au déblai et à l'exécution du revêtement maçonné, lorsque la galerie d'avancement est établie à la base, diffère forcément, ainsi qu'il a été dit, de celui qu'on observe en partant de la galerie de faîte.

La figure ci-dessous indique pour le tunnel de l'Arlberg, la succession des opérations. Les nombres 1 à 5 se rapportent aux déblais, les lettres *a* et *b* au revêtement. Dans ce tunnel, ouvert dans la roche dure, les puits par lesquels on montait de la galerie de base pour créer des chambres de travail en calotte étaient en moyenne espacés de 60 mètres et le travail s'y poursuivait dans les deux sens.

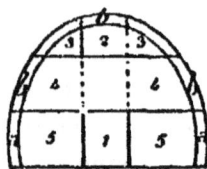

Il convient de rappeler ici que si le procédé suivi à l'Arlberg avait l'avantage de dispenser du déplacement de la voie de transport, d'éviter la reprise en sous-œuvre de la voûte et de diminuer l'étendue des chantiers, il présentait, par contre, comparé au procédé suivi au Saint-Gothard divers inconvénients; il nécessitait des boisages et des cintres plus forts et obligeait à l'ouverture de nombreux puits ascendants.

Fig. 108.

Dans les terrains peu résistants l'exécution des voûtes, retardée jusqu'après l'ouverture du profil entier et après l'achèvement des piédroits, peut présenter des inconvénients auxquels on cherche à remédier par des boisages très forts, mais encombrants et coûteux.

Il faut reconnaître, toutefois, que le rapprochement des chambres de travail peut toujours réduire à volonté dans un tunnel attaqué par la galerie de base la durée du maintien sur boisage, tandis que dans les tunnels attaqués par la galerie de faîte, on ne jouit pas de cette facilité; les voûtes, devant être reprises en sous œuvre, sont, de plus, exposées à être écrasées ou déformées par le rapprochement de leurs retombées.

Dans les terrains exerçant une pression, les voûtes devant être reprises en sous-œuvre, et n'étant soutenues que par des étais ou par le terrain, subissent le plus généralement un abaissement. Comme cette descente atteint quelquefois des proportions très fortes, jusqu'à 0 m. 50 et plus, il en résulterait un vide au-dessus de la voûte, s'il ne se comblait par la chute du terrain sur l'extrados de celle-ci. En permettant ainsi au terrain du dessus de se mettre en mouvement, on s'expose à de véritables dangers.

On arrive bien par un boisage très fort, par l'exécution des piédroits en sous-œuvre par piliers de faible longueur, et par le maintien du strosse jusqu'après l'exécution des piédroits à réduire ces déformations, mais il est fort difficile de les prévenir tout à fait.

Dans les terrains exerçant de très fortes pressions, il arrive que les boisages ne suffisent pas à prévenir les déformations de la galerie d'avancement et que le maintien des voûtes jusqu'à leur consolidation par les piédroits devient absolument impossible. On a vu des voûtes ayant jusqu'à 1 m. 80 d'épaisseur, établies pour des tunnels à voie unique, brisées dans de telles conditions. Il a fallu alors recourir à un changement de procédé et exécuter les maçonneries par anneaux de 4 à 5 mètres de long, en commençant par le bas et en terminant par la voûte, pour mener ces travaux à bonne fin. Plus on hâtait ces maçonneries, plus on facilitait le travail.

L'analyse des avantages et des inconvénients que présentent les emplacements, en faîte ou en base, de la galerie, serait incomplète si l'on n'envisageait pas la question de dépense, en même temps que celle concernant la facilité de l'exécution.

*La galerie d'avancement au point de vue du prix.* — Le prix de revient des déblais que nécessite l'ouverture d'un souterrain est bien plus élevé dans la galerie d'avancement, où le travail est gêné, que dans le strosse, où les déblais peuvent être chargés directement et éloignés sans transbordement, et où les conditions du travail approchent davantage de celles des déblais à ciel ouvert.

Entre ces deux cas extrêmes il y a une série de conditions d'exécution intermédiaires, au point de vue des difficultés et des embarras onéreux ; dès lors les prix de revient des déblais sont en réalité très variables.

On peut admettre, avec M. Bridel, qu'en moyenne les deux méthodes d'exécution conduisent aux rapports suivants: dans la roche dure, nécessitant la mine, le mètre cube de déblai d'une galerie, ayant 4 à 4,50 mètres carrés de section, coûte trois fois plus que l'abattage du revanché ou strosse, et le mètre cube extrait en élargissement de la calotte ou en cunette, une fois et demie le prix de cet abattage.

Ces rapports de 3 : 1,50 : 1 n'ont rien d'absolu ; ainsi pour les rochers très durs ils s'élèvent à 6 : 2 : 1, tandis qu'ils s'abaissent à 2 : 1,50 : 1 dans les roches tendres.

Lorsque le travail du percement commence par la galerie de faîte, il faut ouvrir une cunette pour descendre au second étage de l'excavation et l'on trouve, en considérant un profil total de 55 mètres carrés à ouvrir dans la roche dure, les équivalents suivants pour l'excavation d'un mètre courant de tunnel :

|  | Équivalents en mètres cubes du strosse. |
|---|---|
| 4 m.³ de galerie d'avancement (4 × 3)........ | 12 $^{mᵇ}$ |
| 15 m.³ de battage en largeur (15 × 1,5)...... | 22,50 |
| 9 m.³ 5 de cunette de strosse (9, 5 × 1,5)..... | 14,25 |
| 26 m.³ 5 de strosse ou de revanché......... | 26,50 |
| 55 m.³ d'excavation correspondent à........ | 75,25 |

Chaque mètre cube d'excavation correspond donc dans ce cas à environ 1 m.³ 37 d'excavation de strosse au point de vue du prix de revient.

Lorsque le travail de percement du tunnel commence par la galerie de base une analyse analogue donne les chiffres suivants :

|  | |
|---|---|
| 4 m.³ 6 de galerie d'avancement (4 × 3)..... | 12 $^{m3}$ |
| 4 m.³ 6 de galerie en calotte (4, 6 × 3)...... | 13,80 |
| 8 m.³ 4 de battage en large en calotte (8,4 × 1,5). | 12,60 |
| 38 m.³ de strosse ou de revanché......... | 38,00 |
| 55 m.³ d'excavation correspondent à........ | 76,40 |

Chaque mètre cube d'excavation correspond donc dans ce cas à environ 1$^{m3}$,39 d'excavation de strosse au point de vue du prix de revient.

Cette différence, qui n'est que de $1^{m3},15$ par mètre courant en faveur du procédé par galerie de faîte, augmente et atteint $6^{m3}$ quand on renonce à la cunette pour atteindre le second plan ; mais la suppression de ce raccordement entraverait et renchérirait les travaux, il n'y a donc pas lieu de s'y arrêter.

La faible différence d'unité de travail trouvée par l'analyse précédente, en faveur de la galerie de faîte, est plus que compensée par les facilités et avantages que présente l'ouverture de la galerie d'avancement à la base dans des tunnels de grande longueur, où l'on fait usage de la perforation mécanique pour le percement des galeries.

Le chargement et le transport des déblais est beaucoup plus facile et dès lors moins coûteux avec la galerie de base, dans laquelle la voie de transport n'a pas à être remaniée et déplacée. De plus, cette galerie de base permettrait de ventiler les chantiers au moyen d'une forte conduite d'air à faible pression (0,2 atm. au tunnel de l'Arlberg), au lieu de la conduite de faible diamètre mais à haute pression (6 atm. au tunnel du St-Gothard) que commandent les conditions dans lesquelles on se trouve lors de l'ouverture de la galerie en faîte.

En somme, M. Bridel trouve que le coût du mètre courant de l'Arlberg, ouvert dans une roche plus dure que celle du St-Gothard, n'a été, dans les sections éloignées de 3 à 4 kilomètres des têtes, c'est-à-dire dans des conditions qui correspondent à la distance moyenne du St-Gothard, que d'environ 2.650 francs.

Ce prix laissait un bénéfice aux entrepreneurs du tunnel de l'Arlberg, tandis que le prix de 3,630 fr. payé par mètre courant à l'entrepreneur du Saint-Gothard n'était pas rémunérateur.

Il est permis d'en conclure que le prix de revient par mètre courant de tunnels de grande longueur, exécutés par la méthode suivie au Saint-Gothard (galerie d'avancement de faîte), est considérablement plus élevé que celui auquel on arrive en procédant comme au tunnel de l'Arlberg (galerie d'avancement de base). Cette différence doit être supérieure à celle des prix cités, c'est-à-dire à 980 francs.

D'après ce qui vient d'être dit, on ne doit donc pas hésiter à s'associer aux conclusions de M. Bridel, savoir : que, pour les tunnels qui doivent être exécutés avec une grande rapidité (en employant la perforation mécanique), la méthode par galerie à la base est plus économique que celle par galerie en calotte.

Il serait, toutefois, inexact d'en conclure d'une façon générale que la galerie de base est toujours préférable à celle de faîte, ou que, dans l'intérêt du prompt achèvement d'un souterrain, il faille toujours viser, avant tout, le percement d'une galerie d'avancement.

Les conclusions de M. Bridel, auxquelles nous nous associons, visent surtout les tunnels de grande longueur percés dans des roches dures.

Dans les terrains non résistants, et surtout dans les terrains exerçant des pressions, il sera toujours prudent de faire suivre de près le chantier d'excavation par celui de revêtement. La galerie de faîte préparant l'exécution de la voûte sera souvent préférable à celle de base.

Il est inadmissible de se prononcer d'une façon générale pour l'un ou pour l'autre procédé.

L'examen raisonné de toutes les conditions spéciales, et la connaissance des avantages et des inconvénients des diverses méthodes, devront être pesés, et de cet examen résultera l'emploi de tel ou tel procédé de construction.

## § 6.

## PUITS ET GALERIES TRANSVERSALES

**99. Opportunité des puits.** — Comme nous l'avons dit, il est admissible et souvent indiqué d'établir des puits pour hâter les travaux.

C'est souvent l'attente de l'achèvement d'un tunnel qui retarde l'ouverture d'une ligne de chemin de fer. On n'hésite pas alors à payer cher l'accélération des travaux ; la mise en exploitation, avancée, compense et au-delà ce sacrifice.

Nous avons vu qu'il faut, pour hâter l'achèvement d'un tunnel, y multiplier les ateliers en créant des chambres de travail
intermédiaires.

Les progrès réalisés dans l'ouverture des galeries d'avancement, qui permettent d'échelonner sur elles un grand nombre
d'attaques, ne sont pas toujours applicables ; les installations
que nécessite l'emploi des perforateurs mécaniques sont encore
trop longues à faire et trop coûteuses pour qu'on y recoure
pour des tunnels de faible longueur.

Le moyen autrefois employé et dont on use encore quelquefois aujourd'hui pour créer des points d'attaque intermédiaires,
consiste dans le fonçage de puits ou l'ouverture de galeries
transversales, aboutissant à des points convenablement choisis sur la longueur du tunnel. Mais, si celui-ci doit avoir une
grande longueur, on aura, en général, avantage à recourir aux
perforateurs et à ne pas songer aux puits.

**100. Profondeur des puits.** — Les tunnels nécessitent,
en général, des puits d'autant plus profonds que leur longueur
est plus grande. Cela se conçoit, mais il est intéressant de
voir, par quelques exemples, dans quelle mesure ce fait se
produit.

M. Rziha a relevé un certain nombre de cas montrant que,
dans les Alpes, la hauteur du faîte au-dessus de la plateforme
des tunnels est à peu près égale à sept pour cent de la longueur de ceux-ci.

| DÉSIGNATION DU TUNNEL | Longueur en mètres (L) | Hauteur du col au-dessus de la mer. mètres (H) | Moyenne de la hauteur des rails aux têtes. — mètres (h) | Différence des altitudes (H — h) | Rapport de la long. à la différence des altitudes $\frac{L}{H-h}$ |
|---|---|---|---|---|---|
| Tunnel de faîte de la ligne du Semmering.................. | 1.430 | 1103 | 895 | 108 | 0.075 |
| Arlberg (Mont-Arl)........... | 10246 | 1797 | 1259 | 538 | 0.053 |
| Mont-Cenis.................. | 12233 | 2118 | 1268 | 850 | 0.069 |
| Saint-Gothard .............. | 14920 | 2114 | 1127 | 987 | 0.066 |
| Simplon (projet de 1886)...... | 16070 | 2010 | 825 | 1185 | 0.073 |

**101. Puits ou galeries transversales.** — Il est rare qu'il y ait incertitude dans le choix à faire entre les puits et les galeries ; la comparaison de ces deux moyens, basée sur de nombreuses observations faites lors de la construction d'un certain nombre de tunnels exécutés sur le chemin de fer du Central Pacific (Etats-Unis) dans le granite, présente toutefois de l'intérêt. Les explosifs employés étaient tantôt de la poudre ordinaire, tantôt de la nitro-glycérine, et les indications qui suivent font ressortir les résultats obtenus dans les deux cas.

Les puits avaient environ 9 mètres carrés de section et des profondeurs voisines de 20 mètres.

| Désignation de l'explosif employé | Avancement journalier dans les puits — mètres | Avancement journalier dans les galeries transversales — mètres | Rapport des avancements dans les puits et dans les galeries transversales |
|---|---|---|---|
| Poudre de mine........... | 0.255 | 0.360 | 1 : 1,51 |
| Nitro-glycérine........... | 0.457 | 0.555 | 1 : 1,21 |
| Rapport de l'avancement journalier à la poudre à celui obtenu avec la nitro-glycérine............. | 1 : 1,80 | 1 : 1,54 | — |

L'avantage réalisé par l'emploi de la nitro-glycérine ne doit pas être attribué uniquement à l'effet direct plus puissant de cet explosif ; il en dérive, en outre, indirectement, en ce sens que les mines ne devant pas être trop fortes, pour ne pas ébranler sur une grande étendue le terrain, ont pu être faites avec 30 mm. de diamètre, tandis que pour la poudre les trous de mine avaient 60 mm. Le forage de ces trous s'est fait à la main et s'effectuait beaucoup plus vite avec des diamètres moindres.

En rapprochant les indications sur les progrès réalisés dans les chantiers des tunnels partant des têtes ou d'un point de pénétration intermédiaire, de ceux qui peuvent être atteints dans des puits ou des galeries transversales, on pourra déterminer s'il est avantageux, au point de vue de l'accélération du percement, de créer des attaques intermédiaires. Dans le cas affirmatif on pourra, en tenant compte du relief du terrain, déterminer les emplacements des points de départ des chantiers intermédiaires. Si ces emplacements sont bien choisis, la rencontre de tous les chantiers d'avancement ouverts sur la longueur d'un tunnel doit se faire simultanément.

Ce qui plaide en faveur de la préférence à donner aux galeries transversales sur les puits, ce n'est pas seulement leur exécution plus rapide et la moindre dépense par mètre courant, mais aussi l'avantage qu'elles présentent pour les transports, de ne pas nécessiter le remontage coûteux des déblais, et de laisser aux eaux d'infiltration la possibilité de s'écouler naturellement sans intervention du travail des pompes, généralement indispensable avec les puits.

A titre d'exemples, on peut citer l'application de puits aux tunnels de Philippeville (Algérie) et de Hoosac (Etats-Unis), et celle de galeries transversales au tunnel de Sonnenstein (Autriche).

L'exécution des galeries transversales ne diffère pas de celle des galeries d'avancement; tout ce qui a été dit de ces dernières s'applique donc aussi aux galeries transversales.

Quant aux puits, ils méritent d'autant plus d'être traités ici que leur rôle ne se borne pas à donner accès aux chantiers intermédiaires, mais qu'on en fait même dans le but d'assurer pendant et après la construction des tunnels l'aération de ces voies souterraines.

Tous les progrès dans l'art de pénétrer promptement dans l'intérieur du terrain sont utilisés pour le fonçage des puits et l'ouverture des galeries transversales. On peut y installer des perforateurs et y employer les explosifs modernes à grand effet.

Des profondeurs considérables seront donc atteintes en moins de temps qu'autrefois, et n'étaient les considérations d'un autre ordre, et en particulier pour les puits, la sujétion des transports verticaux, on pourrait dire que la création de chambres de travail entre des chantiers partant des têtes, est plus indiquée aujourd'hui qu'auparavant.

**102 Espacement des puits**. — L'emplacement à donner aux puits est la première question à examiner.

Pour obtenir le maximum d'effet utile, c'est-à-dire pour que grâce aux puits le percement sur toute la longueur ait lieu le plus tôt possible, il faut que les chantiers qui partent du pied d'un puits dans les deux sens rencontrent simultanément les chantiers allant, de part et d'autre, au-devant d'eux.

En fixant, pour un grand tunnel de longueur déterminée, la durée de la construction à $n$ mois, on peut, connaissant l'avancement mensuel A dans les chantiers de tête, celui $a$, un peu moindre, dans les chantiers partant des puits, et la vitesse mensuelle $\alpha$ avec laquelle s'opère le fonçage de ceux-ci, déterminer le nombre et l'emplacement des puits à établir.

Leurs profondeurs étant désignées par $h$, $h_1$, $h_2$..., il faudra que la distance $d$ du premier puits à la tête soit

$$ d = n\text{A} + \left( n - \frac{h}{\alpha} \right) a, $$

la distance entre ce premier puits et le suivant sera

$$ d_1 = \left( 2n - \frac{h + h_1}{\alpha} \right) a $$

et ainsi de suite.

Dans la pratique on ne peut procéder que par tâtonnements car chaque emplacement d'un puits comporte ordinairement une profondeur spéciale.

De plus les progrès mensuels réalisés diffèrent généralement de ceux prévus, par suite des difficultés inégales que l'on rencontre, et modifient les avancements admis pour les divers chantiers et dès lors les dates et les emplacements des rencontres.

Citons le cas du tunnel de Philippeville, construit de 1865 à 1866, dont la longueur projetée était de 862m.6.

Pour hâter l'achèvement de ce tunnel, sur lequel nous reviendrons au § 3 du chapitre VI, on décida l'exécution d'un puits à mi-distance entre les têtes et devant avoir 51m.50 de profondeur.

La rencontre des galeries d'avancement n'eut pas lieu simultanément de part et d'autre de ce puits. Dans la partie nord elle s'effectua le 2 mai 1866, à 304m. de la tête nord et à 154 mètres du puits central ; dans la partie sud, le 16 octobre 1865, à 298m.50 du puits de tête dont il sera question ci-après et à 80 mètres du puits central.

Les circonstances particulières qui ont amené ce résultat sont les suivantes :

Le terrain dans la partie nord était formé par des schistes très durs, tandis qu'on rencontra dans l'autre moitié des marnes ; de plus, pour ne pas attendre l'achèvement du déblai d'une grande tranchée située devant la tête sud, on avait établi, pour servir temporairement, un puits de faible profondeur permettant de raccourcir de 26 mètres la longueur du côté sud.

Les galeries partant des têtes furent commencées : au nord, au milieu de janvier 1865, au sud, au commencement de février 1865 ; le fonçage du puits central, commencé le 2 février 1865, était terminé le 1 juillet de la même année.

On voit donc que les progrès mensuels ont été très variés ; ils étaient sensiblement :

Dans les galeries partant des têtes $\begin{cases} \text{Nord . } & \text{19m.6} \\ \text{Sud . . } & \text{35m.1} \end{cases}$

Dans les galeries partant $\begin{cases} \text{vers le Nord . } & \text{15m.4} \\ \text{« « Sud . . } & \text{22m.8} \end{cases}$ du pied du puits central

Dans le puits central. . . . . . . . . . . .    10m.3.

Les terrains rencontrés dans la moitié nord du tunnel et dans le puits central ayant été sensiblement les mêmes, il est intéressant de constater que l'avancement mensuel dans la galerie partant du pied du puits n'a pas atteint 80 0/0 de celui de la galerie partant de la tête, et que l'avancement mensuel du puits n'a pas été de beaucoup supérieur à la moitié de celui de la galerie de tête.

La section des galeries d'avancement et celle du puits étaient sensiblement les mêmes et mesuraient environ 6 mètres carrés.

Le puits a dû être boisé dans toute sa hauteur ; 34 cadres

retenaient le cuvelage formé de madriers. On a employé 43m³ de bois équarri et 1240 m² de madriers. Dans les 5 mois qu'a duré le fonçage il a fallu 1960 journées de mineurs et de manœuvres, soit en moyenne, en supposant le travail en deux postes et durant 25 jours par mois, 8 ouvriers à l'œuvre.

**103. Avancement du fonçage des puits et du percement des galeries.** — Un ingénieur suisse, M. Lorenz, donne, d'après des attachements pris sur des tunnels où l'on ne travaillait qu'à la main, les indications contenues dans le tableau qui suit, sur les progrès mensuels réalisés dans des galeries d'avancement et dans des puits, pour divers terrains.

| DÉSIGNATION du terrain | Progrès mensuels moyens, en mètres courants | | | | | | |
|---|---|---|---|---|---|---|---|
| | Chantiers partant des têtes | | | Chantiers partant du pied du puits ayant moins de 100 mètres de profondeur | | | Fonçage de puits ayant en moyenne 12 m² 50 de section |
| | Galerie d'avancement de 8 mètres carrés de section | Abattage | | Galeries d'avancement de 8 mètres carrés de section | Abattage | | |
| | | Attaqué en avancement | Attaqué en partant des chambres de travail intermédiaires | | Attaqué en avancement | Attaqué en partant d'une chambre de travail | |
| Terrain graveleux à faible pression mais nécessitant un fort boisage...... | 45.0 | 17.5 | 13.5 | 37.5 | 15.0 | 11.0 | 32.5 |
| Terrain meuble, à fortes pressions, nécessitant un boisage très solide........ | 37.5 | 12.5 | 10.0 | 32.5 | 10.0 | 8.0 | 22.5 |
| Roche peu résistante, n'exigeant qu'un faible boisage...... | 22.5 | 12.5 | 10.0 | 22.5 | 10.0 | 8.0 | 17.5 |
| Rocher dur et résistant n'exigeant qu'un boisage partiel... | 13.5 | 7.0 | 5.5 | 11.0 | 5.5 | 4.5 | 8.0 |

On procédait dans les tunnels à deux voies, auxquels se rapportent les chiffres ci-dessous, en commençant par la galerie de base, puis on s'élevait au moyen de petits puits pour créer des chambres de travail intermédiaires.

Ces attachements démontrent également que les progrès dans les chantiers partant du pied du puits n'atteignaient qu'environ 80 0/0 de ceux réalisés dans les chantiers partant des têtes, et que l'avancement dans le fonçage des puits marchait suivant le terrain, avec une vitesse en moyenne de 59 à 77 0/0 de celle de l'avancement des galeries de tête. Dans les grandes profondeurs l'avancement diminue considérablement.

En faisant abstraction de l'emploi des perforateurs, on peut admettre que les terrains ne présentant pas de difficultés particulières exigent au moins 15 à 25 0/0 plus de temps pour un mètre courant de galerie partant du pied d'un puits que pour un avancement égal des galeries de tête. En second lieu le fonçage d'un puits demande, suivant sa section et sa profondeur, au moins 30 à 60 0/0 plus de temps, par mètre courant d'approfondissement, l'avancement d'un mètre en galerie partant de la tête étant toujours pris pour terme de comparaison.

On conçoit que ces rapports n'ont jamais été qu'une approximation, ils subissent des écarts d'autant plus considérables que les conditions locales sont plus variées.

Si le travail se faisait dans tous les chantiers à l'aide de perforateurs, il faudrait plus que doubler les pour cents marquant l'infériorité des avancements en puits et en galerie, partant de leur pied, car le service des perforateurs est bien plus facile à organiser dans les chantiers partant des têtes que dans ceux desservis par des puits.

C'est par comparaison avec ce qui s'est passé à la construction de tunnels analogues qu'on pourra, dans chaque cas, déterminer le nombre des puits et les positions les plus favorables à leur donner.

L'exécution de puits à proximité des futures têtes de tunnel est restée très indiquée, là où les tranchées des abords ont une grande étendue. De tels puits sont nécessairement de peu de profondeur, et ils peuvent rapidement atteindre le niveau de la galerie d'avancement du tunnel. Toute avance dans cette galerie, obtenue avant l'ouverture des accès par la tranchée, sera un bénéfice net sur la durée des travaux.

Dès que l'entrée dans cette galerie par la tranchée se trouvera établie, le puits pourra cesser de fonctionner.

Dans certains cas, par exemple dans les puits de tête du tunnel de Hoosac, on s'est encore servi pendant quelque temps, après l'ouverture des tranchées aux abords du tunnel, des pompes établies au-dessus de ces puits pour assainir le chantier. Pour l'approche de certains matériaux, ces puits ont aussi continué à rendre des services.

L'utilité des puits à proximité des têtes dépend donc essentiellement de l'importance des tranchées aux abords.

**104. Emplacement des puits par rapport à l'axe du tunnel.** — La question de l'emplacement des puits par rapport à la section transversale du tunnel a également son importance.

En descendant le puits sur l'axe du tunnel, il peut faciliter

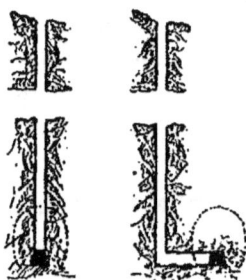

Fig. 100.

la vérification de l'emplacement de cet axe et fournir des points de repère directement reportés du dehors vers le chantier souterrain. Durant la construction et après l'achèvement, un puits placé au-dessus du tunnel, facilite davantage la ventilation qu'un puits plus ou moins éloigné de son axe. La position latérale met par contre le personnel à l'abri des corps tombant dans le puits ; elle dispense d'une complication dans la construction des voûtes et permet d'établir, sans créer une gêne pour le mouvement dans le tunnel, des installations pour la réception et l'expédition des objets passant par le puits.

L'argument le plus important en faveur de la position hors le périmètre du tunnel, c'est celui de ne pas entraver l'exécution du tunnel par les accidents auxquels les puits, dans des terrains non résistants, sont exposés.

Si le terrain fait redouter des irruptions d'eau ou des éboulements, on fera bien de tenir les puits à une certaine distance du tunnel.

C'est ce qui a été fait à tous les tunnels de la ligne Bologne-Pistoie, où l'on a eu soin de ménager au fond de chaque puits donnant lieu à des infiltrations, un puisard pouvant déverser son trop-plein dans le fossé longitudinal du tunnel (fig. 110).

Un puits peut, en traversant les couches successives du terrain, couper des nappes d'eau et se trouver envahi. Il faut en pareil cas s'appliquer à recueillir et à écouler toutes les eaux, et

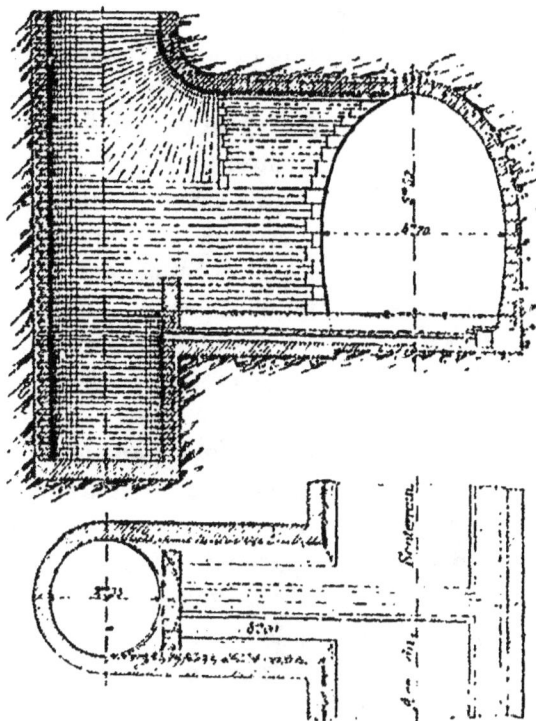

Fig. 110.

prévenir leur infiltration dans les couches inférieures que traverse le puits. Toute infiltration de ce genre est bien plus grave dans le cas de puits établis à l'aplomb du tunnel.

**105. Procédés d'exécution des puits.** — Les procédés employés pour descendre un puits sont variés ; ils dépendent des dimensions transversales et de la nature du terrain.

Dans la roche dure on n'a qu'à faire le déblai à l'aide de la mine. L'emploi des perforateurs permet aujourd'hui d'avancer très vite, mais nécessite des installations souvent coûteuses et dont la mise en activité exige un certain temps.

Sur les premiers 30 à 50 mètres on peut descendre beaucoup plus vite que sur des profondeurs supérieures, car les dif-

ficultés de l'enlèvement des débris et de la descente des ouvriers et outils, qui doivent être remontés avant chaque décharge des mines, augmentent singulièrement les pertes de
temps à mesure que la profondeur augmente.

Tant que les puits ne doivent atteindre que 50 à 60 mètres de
profondeur, il n'y a pas avantage à y travailler à l'aide de perforateurs. Non seulement à cause du temps que prend leur installation, mais aussi parce qu'à ces profondeurs les puits n'ont
guère que 6 à 8 mètres carrés de section et que pour ces faibles dimensions il n'est pas à recommander de faire des trous
de mine profonds, pouvant ébranler les parois.

*Forage des puits.* — Pour les puits de faible section, creusés
dans la roche de dureté moyenne, on peut se servir de grands
trépans.

Ce moyen est également employé pour les puits d'un diamètre considérable lorsqu'ils ont à atteindre de grandes profondeurs, tels que les puits de mines ou les puits artésiens.
Il a été très perfectionné par MM. Kind et Chaudron, qui en
ont exécuté un grand nombre. Pour guider le trépan, ces messieurs font un cuvelage en fonte.

On peut citer comme exemple le puits de St-Vaast exécuté
d'après ce procédé en Belgique.

En 121 jours de travail effectif, on était arrivé avec 1m.40
de diamètre à 203m.5 de profondeur.

L'élargissement à 4 m. 30 de diamètre sur 96 mètres de profondeur a exigé 7 mois. En somme ce travail avait, arrêts
compris, exigé environ 12 mois et demi et une dépense totale
d'environ 220.000 fr. Le forage proprement dit entre dans ce
chiffre pour 51.000 fr. environ ; mais les tubes en fonte ont
coûté, mis en place, 128.000 fr. et les bâtiments et autres installations permanentes 41.000 fr.

Un autre puits, exécuté à proximité de celui dont nous venons de parler, mais qui, après avoir reçu le diamètre initial
de 1m.40, ne fut élargi qu'à 2m.15 de diamètre sur la profondeur totale de 96m.00, a coûté 64.500 fr., dont 18.600 fr. pour
le forage proprement dit et 29.800 fr. pour le cuvelage en
fonte. La durée de ce forage a été de 7 mois.

Le procédé Kind et Chaudron présente surtout des avantages dans les terrains sans résistance, car le cuvelage formé par des tubes en fonte superposés résiste bien aux pressions et arrête tout éboulement vers l'intérieur du puits.

Les trépans, de même que les cuillères qui ramènent les détritus, sont mûs à l'aide de machines et l'on n'a besoin que d'un personnel très peu nombreux.

Les outils employés sont semblables à ceux qui servent à exécuter les sondages et n'en diffèrent que par les dimensions.

M. Édouard Lippmann, successeur de MM. Laurent et Degousée, a fait faire de grands progrès à l'art du sondage et du fonçage des puits ; il se sert pour leur fonçage à pleine section d'un trépan dont les tranches présentent la forme d'un double Y. En imprimant à cet outil après chaque coup un léger mouvement de rotation, on arrive à une désagrégation successive, très uniforme, sur toute l'étendue de la section, dont le diamètre peut atteindre 4m.,50 et même plus.

Pour enlever les détritus, M. Lippmann emploie une caisse munie dans son fond d'ouvertures recouvertes de clapets en cuir. On descend cette caisse au fond du puits, et l'eau s'y introduit en entraînant les détritus. Pour que le fait de l'interposition de débris entre l'un des clapets et son siège n'entraîne pas l'écoulement de tout le contenu pendant le soulèvement de la caisse, on divise celle-ci par des cloisons, pour limiter à une partie seulement les pertes pouvant se produire en pareil cas.

Le poids du trépan avec ses tiges atteint jusqu'à 25 tonnes. Les installations pour ce genre de travail sont nécessairement considérables et coûteuses. Ce n'est que pour des puits devant atteindre des profondeurs d'environ 200 mètres qu'on y a recours ; aussi ce procédé n'est-il guère appelé à un emploi courant pour les puits de tunnels.

**100. Revêtement des puits.** — Les puits qui doivent être conservés après l'achèvement des travaux, à moins d'être creusés dans la roche compacte et non fendillée, ont besoin d'être revêtus, pour empêcher la désagrégation de leurs parois. Dans les terrains sujets à se décomposer sous l'influence de

l'air et dans ceux qui exercent des pressions, le blindage en
bois, qui suffit pendant le fonçage dans les terrains peu ébouleux, ne peut être considéré comme présentant les garanties de
sécurité nécessaires.

C'est en maçonnerie et exceptionnellement en fer et fonte
que se fait en pareil cas le revêtement.

Pour le blindage en bois, on opère à peu près comme pour
le boisage des galeries. Si la pression du terrain n'est pas
forte et si les parois peuvent se maintenir sur une certaine
hauteur à pic, on pose des cadres dès que l'excavation a pris
une avance sur les parties blindées, et l'on introduit derrière
des madriers verticaux formant le blindage. Si le terrain s'é-
boulait dès qu'il se trouve dressé à pic, sur les faibles hauteurs
qui correspondent à l'écartement des cadres, on descend les
madriers engagés obliquement derrière le dernier cadre, au
fur et à mesure de l'avancement de l'excavation, en enfonçant
leurs tranches dans le terrain. Un nouveau cadre serait inséré
dès que la pression le réclamerait, pour empêcher la déviation
des madriers formant le cuvelage.

Si la section du puits est grande et si la nature du terrain fait
prévoir des pressions appréciables sur le boisage, on recourt
généralement à la division de celui-ci pour obtenir une résistance suffisante, sans trop renforcer les dimensions des pièces
constituant les cadres ni trop diminuer l'espacement de
ceux-ci.

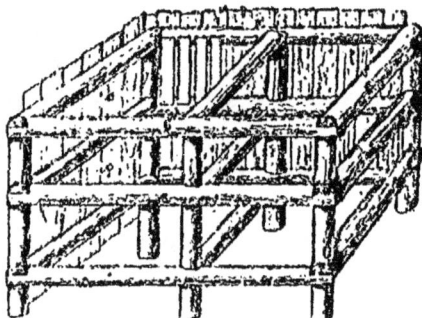

Fig. 111.

Cette division des puits est sans inconvénient ; au contraire,
on se trouve bien de cette séparation par des cloisons fixées

contre les étais transversaux. Ces étais transversaux, dans les puits ayant la forme d'un rectangle allongé, sont parallèles aux petits côtés ; on affecte l'une des divisions au service des transports de matériaux, c'est-à-dire au mouvement des bennes, l'autre à l'établissement des échelles servant aux ouvriers, ou bien à celle des conduites d'air ou des pompes.

**107. Section des puits.** — Les dimensions que l'on donne aux puits sont très variables et dépendent de leur profondeur et des services qu'ils sont appelés à rendre. Quant à la forme de leur section, elle dépend des matériaux dont on se sert pour le revêtement. La forme ronde est adoptée de préférence pour les puits non revêtus et pour ceux qui reçoivent un revêtement maçonné, car elle est favorable sous le rapport de la résistance aux pressions extérieures. On donne généralement aux puits la forme d'un rectangle allongé lorsqu'on doit les maintenir par des cadres en bois.

Quand les puits ne doivent servir qu'à assurer la ventilation d'un tunnel, on s'est souvent borné à une section de 2 à 3 mètres carrés, qui est insuffisante dès que l'on veut y faire passer des déblais et des matériaux de construction. Les ouvriers doivent pouvoir, pendant le mouvement des bennes, passer par le puits ; aussi les dimensions courantes varient-elles entre 2 et 3 mètres de largeur sur 3 à 4 mètres de longueur. Suivant les besoins, c'est-à-dire pour permettre l'installation des pompes, on va même au delà, surtout en longueur.

Les puits du tunnel de Hauenstein nécessitant un boisage avaient 2m.70 sur 3m.30, ceux qui ont pu rester sans revêtement étaient circulaires et avaient 3m.30 de diamètre.

Pour les tunnels où la majeure partie ou même la totalité des transports devait se faire par les puits, on a donné à ceux-ci une très grande section. C'est ainsi que pour le tunnel de la Tamise, les deux puits avaient 16 mètres de diamètre, et les deux puits du tunnel de Kilsby environ 19 mètres.

Dans la roche dure on peut, ainsi qu'il a été dit, souvent se dispenser d'exécuter un revêtement. Le creusement s'opère comme celui des galeries au moyen de mines que l'on dispose de façon à donner au front d'attaque, qui dans le cas d'un puits est le fond, une forme conique. Dans le centre, le puits est donc plus avancé qu'aux bords.

Les eaux d'infiltration s'accumulent dans le bas-fond central, ce qui facilite leur épuisement.

**108. Prix de revient des puits.** — Les prix de revient des puits sont très variables.

Ainsi on peut citer un puits exécuté en 1848 en Allemagne, dans la roche calcaire, jusqu'à 26 mètres de profondeur, avec une section d'environ 14 mètres carrés, dont le mètre courant a coûté 174 fr., soit par mètre cube y compris le cuvelage environ 12 fr. 50.

Le prix moyen du mètre cube de deux puits exécutés pour la construction du tunnel de Naense (Allemagne), dans des marnes nécessitant un fort cuvelage, a été de 23 fr. dans le puits de 24 mètres de profondeur et de 40 fr. 75 dans le puits de 41m.50. La section du premier était un rectangle de 3m.13 sur 3m.42, ou de 10m²,70 de surface, faisant ressortir le prix moyen par mètre de profondeur à environ 246 fr. 50.

Le second puits avait une section d'environ 27 mètres carrés (3m.70 sur 7m.27), et le mètre courant revenait en moyenne à 1.096 fr. Ce prix, de beaucoup supérieur aux précédents, s'explique surtout par les épuisements considérables qui ont été faits.

Aux Etats-Unis, où le prix de la main-d'œuvre est plus élevé qu'en Europe, le mètre cube d'un puits de 53 mètres de profondeur, ayant environ 12 mètres carrés de section, ouvert dans le grès rouge, a coûté en moyenne 39 fr. 20.

Dans un autre puits, exécuté dans les mica-schistes jusqu'à 49 mètres de profondeur, le mètre cube est revenu à des prix variant entre 46 fr. et 60 fr. La section de ce puits était un rectangle de 2m.75 sur 4m.90.

Les chiffres suivants, qui se rapportent aux huit puits ouverts lors de la construction du tunnel de Saint-Martin d'Estréaux, dont il sera question plus loin, montrent l'influence de la profondeur sur le prix de revient des puits, et font de plus voir combien d'autres circonstances peuvent exercer leur influence.

Le terrain par lequel passent ces puits a présenté de grandes difficultés : il a fallu pratiquer des trous de mine dans de gros blocs de porphyre quartzifère, très durs ; des lits minces de talc ou d'argile, interposés, amenaient ces blocs à glisser facilement, ce qui donnait lieu à de fortes poussées et à la pénétration des eaux dans les puits.

La section de ceux-ci a été de 4m.50 sur 2 mètres et l'avancement moyen par semaine a varié de 0m.85 à 1m.53. Le prix moyen par mètre cube de déblai a varié de 24 fr. 88 à 64 fr. 47 ; il a été en moyenne de 44 fr. 29.

La profondeur des puits variait de 21m.50 à 53m.70 ; elle a été en moyenne de 36m.06. Le prix de revient du mètre cube de déblai exécuté au fond des divers puits, sur des zones de 7 mètres de hauteur, présentait des écarts très grands suivant la plus ou moins grande dureté de la roche. Il était de 33 fr. 89 au fond d'un puits de 53m.70 de profondeur et de 71 fr. 35 au fond d'un autre puits n'ayant que 48 mètres de profondeur, mais pénétrant dans les roches les plus dures.

| NATURE DES DÉPENSES | Puits ouverts dans des | |
|---|---|---|
| | roches tendres | roches dures |
| Journées de mineurs.................... | 7 f. 46 | 20 f. 40 |
| » de manœuvres.................... | 2 99 | 8 52 |
| » de chevaux et charretiers...... | 2 66 | 8 49 |
| Fourniture de poudre.................... | 3 39 | 4 31 |
| » de mèches.................... | 1 04 | 1 65 |
| Fournitures diverses.................... | 0 31 | 0 34 |
| Éclairage.................... | 1 03 | 2 49 |
| Réparation d'outils.................... | 10 44 | 15 57 |
| Prix brut.................... | 29 34 | 61 77 |
| 1/20 pour faux frais.................... | 1 47 | 3 09 |
| Prix de revient.................... | 30 81 | 64 86 |
| 1/10 pour bénéfice.................... | 3 08 | 6 49 |
| Prix à payer à l'entrepreneur........ | 33 89 | 71 35 |

Les prix qui viennent d'être cités se décomposent comme l'indique le tableau précédent.

En moyenne, le prix payé par mètre cube au fond des puits a été de 57 fr. 46.

Le boisage de ces puits est revenu en moyenne par mètre courant de puits à 193 fr.

Le déblai des 14 mètres cubes, correspondant au mètre linéaire de puits, a coûté en moyenne 577 francs ; on trouve en ajoutant les frais du boisage, puis 28 francs pour frais de matériel et enfin 33 francs pour les épuisements, un total de 831 francs par mètre linéaire de puits ; mais des frais divers ont porté ce total à 900 francs, soit 64 fr. 40 par mètre cube.

Sans donner d'autres exemples, il est permis de dire d'une façon générale que le mètre cube de déblais dans les puits coûte plus cher que le mètre cube de déblais dans une galerie d'avancement, et que ce prix augmente avec la profondeur, à raison des frais d'enlèvement des déblais et de l'épuisement des eaux.

## § 7.

## PRIX DE REVIENT DES TRAVAUX SOUTERRAINS

**109. Comparaison des prix des déblais à ciel ouvert et en souterrain.** — Les difficultés du déblai, et dès lors son prix, augmentent, indépendamment de la nature du terrain, avec les gênes qui résultent de l'exiguité de l'espace.

Aussi, sans tenir compte des frais du boisage, qui dans certaines circonstances sont considérables, le mètre cube de déblai exécuté dans une galerie de faible section coûte-t-il bien plus cher que l'extraction d'un mètre cube en abatage, et celui-ci plus que le déblai d'un mètre cube à ciel ouvert.

M. James Dun, ingénieur, ayant fait beaucoup de travaux de terrassements sur un chemin de fer dans l'ouest des États-Unis, admet que, le déblai de terre ordinaire étant pris pour terme de comparaison, le déblai en rocher décomposé coûtera 2,5 fois, et le déblai en roche compacte cinq à six fois autant.

Le simple jet à la pelle ne ressortait d'après les observations de M. Dun qu'à 1/20° du prix du déblai de terre.

Quant au déblai en souterrain il estime, en se basant sur un certain nombre de tunnels à une voie percés dans la roche plus ou moins solide, que le prix de l'unité, boisage compris, est de 18 fois le prix du déblai en terre ordinaire, ou de 7,2 fois le prix du déblai à ciel ouvert de roches analogues.

Malgré l'impossibilité de donner des rapports précis, pouvant guider dans l'évaluation des prix d'après ceux auxquels on arrive à ciel ouvert, il est utile de montrer quels sont les indications fournies à ce sujet par les observations et études plus approfondies faites en France.

Les grands écarts qui existent entre les rapports du coût des déblais faits dans les différentes parties du travail de percement, relevés par divers ingénieurs, prouvent combien ces prix varient forcément avec la nature du terrain et le plus ou moins d'étendue donnée à chacune des opérations.

En prenant le prix du mètre cube de déblai à ciel ouvert pour point de départ et en le désignant par $p_d$, on peut dire d'une façon générale que le prix moyen d'un mètre cube de déblai en tunnel, $p_t$, sera d'autant plus grand que la section du tunnel sera moindre.

Ces prix sont en outre plus ou moins différents suivant la nature du terrain. Ils se rapprochent le plus dans un terrain pouvant être facilement attaqué sans nécessiter de forts boisages ; ils s'éloignent pour un terrain très dur ou qui, facile à déblayer, nécessite des boisages ou des travaux d'assainissement importants.

M. de Nordling admettait les rapports suivants entre le prix du mètre cube dans les divers travaux en souterrain et le prix $p_d$ par mètre cube de déblai à ciel ouvert, comprenant fouille, charge et décharge :

Galerie d'avancement . . . . . . . . . . . 9 $p_d$
Abattage au large de la galerie . . . . . . . 4 $p_d$
Cunette du strosse . . . . . . . . . . . . 4 $p_d$
Abattage du strosse . . . . . . . . . . . . 2 $p_d$

Pour des tunnels à voie unique ouverts dans la roche calcaire, M. Séjourné [1] admet les rapports suivants :

[1]. *Annales des Ponts et Chaussées*, décembre 1879.

Galerie d'avancement de 6m².55. . . . . . . . 9 $p_d$
Abattage au large de la galerie . . . . . . . 5 $p_d$
Cunette du strosse . . . . . . . . . . . 3 $p_d$
Abattage du strosse. . . . . . . 2,5 $p_d$ à 2,6 $p_d$

Le déblai par mètre courant étant de 35 m³4 dans un tunnel à simple voie devant recevoir un revêtement de 0m.40 d'épaisseur, M. Séjourné trouve en appliquant ces équivalents que le prix du déblai par mètre courant sera de 150,8 $p_d$.

En ajoutant successivement 1/15ᵉ pour imprévus, outils et faux frais, puis 1/10ᵉ pour bénéfice, il arrive à un total par mètre courant de tunnel de 176,9 $p_d$, soit à la valeur moyenne par mètre cube, de $p_t = 5 p_d$.

Le prix du mètre cube de déblai, en galerie d'avancement, est donc d'après M. Séjourné sensiblement le double du prix moyen du déblai en souterrain.

Il y a toutefois des ingénieurs qui admettent que le prix du mètre cube de déblais exécutés dans des galeries de 4 à 7 mètres carrés varie entre 15 $p_d$ et 10 $p_d$, et que le mètre cube de déblai en abattage équivaut à 4 $p_d$ ou 5 $p_d$ dans les tunnels à une voie, et à 3,5 $p_d$ ou 4 $p_d$ dans ceux à deux voies.

Comme valeurs absolues M. Séjourné donne des prix du mètre cube de déblai en galerie d'environ 6m²5, dans des roches dures, variant entre 29 francs et 56 francs. Comparés aux prix moyens de 14 francs à 28 francs des déblais exécutés à ciel ouvert, près de ces mêmes tunnels, on voit que le rapport ne s'écarte guère de celui ci-dessus donné.

M. Graeff avait admis, en se basant sur les tunnels exécutés sur la ligne de Paris à Strasbourg, que le prix du mètre cube de galerie était de 8.5 $p_d$, c'est-à-dire 8,5 fois celui du déblai à ciel ouvert. Pour l'abattage en largeur de la calotte, il admettait le prix de 2,6 $p_d$ et pour le déblai du strosse 1,6 $p_d$.

Les tunnels qui ont conduit M. Graeff à établir ces chiffres ont été creusés dans la roche. Ils sont à double voie, ayant 5m.50 à 6 mètres de hauteur et 7m.40 de largeur. Leur longueur varie entre 300 et 400 mètres et le mètre courant n'est revenu qu'à des prix variant entre 685 et 814 francs.

Ces prix, très faibles, s'expliquent par le bon marché de la

16

main d'œuvre employée. Aussi le prix moyen du déblai en tunnel n'a-t-il été que de 6 fr. 23 à 7 fr. 06 par mètre cube et celui de la maçonnerie des tunnels n'a-t-il varié qu'entre 21 fr. 65 et 23 fr. 75 par mètre cube.

La section de la galerie d'avancement, qui coûte le plus, représente pour un tunnel à une voie une fraction beaucoup plus considérable de la section totale que pour un tunnel à deux voies. Le prix moyen du mètre cube de déblai serait donc beaucoup plus élevé, si d'autre part l'excavation d'un profil plus grand n'entraînait à des dépenses accessoires plus considérables, en particulier pour le boisage.

**110. Sections transversales.** — Les profils des tunnels donnant passage à des routes ou des canaux sont très variés. En général on est allé trop loin dans la tendance à réduire les dimensions de ces derniers et le service de la navigation s'en ressent.

Sur le canal des Ardennes, où les bateaux ont 4m.80 de largeur, les tunnels ont 6 mètres de largeur au niveau de l'eau, mais celle-ci se réduit à 5m.60 au fond. La hauteur sous clef, au-dessus du fond, est de 6m.50 ; la voûte est en plein cintre de 3 mètres de rayon.

Les dimensions du tunnel de Netherton, ayant 2776 mètres de longueur, établi en 1858 sur le canal de Birmingham, mérite d'être cité pour sa largeur, qui est de 8m,20. La hauteur est de 7m.40.

Citons également le tunnel du Lioran, de 1386 mètres de longueur, dont la construction a été entreprise en 1839 pour livrer passage à une route nationale, et auquel on a donné 7 mètres de largeur à la base et une hauteur de 7 mètres, présentant une section demi-elliptique de 38m².48 de surface ; il n'a pas coûté moins de 1 750.000 francs.

Les tunnels de chemins de fer livrent passage à une ou à deux voies; ce sont deux cas bien déterminés, mais néanmoins les profils libres correspondants sont assez variés. Cependant le rapport des surfaces entre elles s'écarte peu de 1,75. ainsi que le montrent les quelques exemples du tableau ci-après.

| Désignation des compagnies de chemins de fer | Surfaces des profils libres en mètres carrés | | Rapport des surfaces libres pour une voie et pour deux voies |
|---|---|---|---|
| | Tunnels pour une voie | Tunnels pour deux voies | |
| Paris-Lyon-Méditerranée........ | 29.5 | 51.7 | 1 : 1.75 |
| Orléans..................... | 26.9 | 45.9 | 1 : 1.70 |
| Sud de l'Autriche............. | 29.0 | 50.0 | 1 : 1.72 |
| Prince Rodolphe d'Autriche ..... | 26.5 | 44.0 | 1 : 1.66 |

La surface libre des profils varie non seulement avec leurs hauteur et largeur, mais aussi avec les formes adoptées.

Ainsi, pour les tunnels à une voie on trouve : sur le chemin de fer du Sud de l'Autriche, où la hauteur dans l'axe est de 6m.20 au-dessus des rails, que la section mesure 29 mètres carrés ; sur la ligne des Apennins cette hauteur est de 5m.50 et la section mesure 24m².7, tandis que sur la ligne d'Ancone à Foggia, où la hauteur est la même, mais où la largeur a été réduite de 4m.70 à 4m.50 et un profil elliptique adopté, la section n'est plus que de 22m².5.

On ne descend guère au-dessous de 4m.50 de largeur pour les tunnels à une voie. Aux chemins de fer Paris-Lyon-Méditerranée et du Sud de l'Autriche, on a adopté 5 mètres.

Parmi les chemins de fer à voie normale, on peut toutefois citer celui d'Orawitza à Steyerdorf, dans le midi de la Hongrie, dont les tunnels n'ont qu'une hauteur libre de 4m.99 et une largeur de 3m.80 seulement ; la section libre est de 19m².1.

Parmi les tunnels pour deux voies, ceux du chemin de fer d'Orléans ont 8 mètres de largeur, la hauteur sur l'axe au-dessus des rails est de 6m.05 et la section libre, ainsi que l'indique le tableau ci-dessus, est de 45m².9.

Sur les chemins de fer de Paris-Lyon-Méditerranée les tunnels, dont la section est de 51m².7, ont 5m.90 de hauteur et 8m.60 de largeur.

Aux États-Unis les tunnels pour une voie ont de 3m.75 à 4m.85 de largeur et 4m.88 à 5m.90 de hauteur libre ; dans les tunnels pour deux voies, ces dimensions varient de 6m.70 à 8m,55 et de 5m.18 à 6m.70.

**111. Écarts entre la section libre et la section d'excavation.** — En fait, la majeure partie des tunnels est revêtue de maçonnerie à l'intérieur. Ces revêtements n'ont que 0m.30 à 0m.40 d'épaisseur lorsqu'ils n'ont pour but que la protection du terrain contre les influences de l'air et de la gelée et celle de la voie contre les débris qui pourraient se détacher.

Dans les terrains meubles, de même que dans certains terrains rocheux où le percement des tunnels peut donner lieu à de fortes pressions, le revêtement, qui doit pouvoir résister à de grands efforts, peut atteindre et même dépasser un mètre d'épaisseur.

Le tunnel à voie unique de Casala, sur la ligne de Bologne à Pistoie, a reçu sur une certaine longueur un revêtement latéral et supérieur d'un mètre, avec radier de 0m.40 d'épaisseur.

La section d'excavation dépasse nécessairement la section libre ; la nécessité de ménager des rigoles latérales ou un canal central au fond du tunnel, pour l'écoulement des eaux de suintement, souvent très abondantes, contribue à l'augmentation du déblai par mètre courant.

De plus on ne peut jamais arriver à donner à l'excavation exactement la forme voulue. Il n'est pas admissible de laisser subsister des saillies dépassant le profil libre ; et d'un autre côté, même en usant de tous les soins (en particulier, dans la roche, en ne tirant que de faibles coups de mine), on ne peut pas éviter de sortir des limites qu'on voulait observer.

A titre d'exemple et pour fixer les idées, il sera utile de donner quelques chiffres :

Sur la ligne du chemin de fer de Marseille à Toulon, les tunnels à 2 voies ont une section libre de 6m.50 de hauteur sur l'axe et de 8 mètres de largeur maxima à 1m.50 au-dessus des rails. La largeur au niveau des rails n'est pas inférieure à 7m.65, et la couche de balast descend à 0m.50 à 0m.60 sous ce niveau.

Dans ces conditions, les cubes de déblai par mètre courant de tunnel sont les suivants :

Sans revêtement, sans radier, la largeur libre au niveau des rails étant de 7m.90. . . . . . . . . . . .  49m³.16

Sans revêtement, mais avec radier de 0m.30 d'é-
paisseur, le point bas étant à 1m.40 sous le niveau
des rails . . . . . . . . . . . . . . . 53$^{m3}$.72

Avec revêtement de 0m.75 et radier, la surface
comprise dans les parements intérieurs des maçonneries est de 50m²50 et le cube du déblai . . . 67  50

Avec revêtement de 0m.80 et radier, la voûte
étant recouverte de pierraille pour assurer l'écoulement des eaux d'infiltration vers des canivaux ménagés dans les piédroits. . . . . . . . . . . 73  00

Avec revêtement de 0m.70 sur l'étendue de la
voûte seulement. . . . . . . . . . . . . 58  82

Avec revêtement de protection de 0m.30 à 0m.40
seulement sur l'étendue de la voûte . . . . . 53  21

Avec revêtement des piédroits seulement, sur
0m.70 d'épaisseur . . . . . . . . . . . . 51  46

Ce revêtement n'ayant que 0m.30 d'épaisseur. . 49  30

**112. Rapprochement des prix de revient et des sec-
tions.** — La section d'un tunnel pour deux voies étant inférieure au double de la section d'un tunnel pour une voie, et
le prix par mètre cube de déblai étant en outre inférieur dans
le premier cas, on comprend que le coût du mètre courant
d'un tunnel à deux voies soit inférieur au double du prix du
mètre courant d'un tunnel à une voie.

On admet, comme moyenne, qu'un tunnel à voie unique,
ayant environ 35 mètres carrés de section, coûte par mètre
courant 800 fr. à 1.200 fr. tandis que pour les tunnels à deux
voies, ayant environ 50 mètres carrés de section, les prix par
mètre courant varient en général de 1.200 fr. à 2.200 fr.

En comparant les prix des ouvrages pour une voie à ceux
des ouvrages pour deux voies. M. de Nordling[1] supposait
que les tunnels auraient dans ces deux cas 23m².43 et 45m².12
de section libre et admettait que les prix par mètre courant
seraient de 800 fr. et 1.200 fr.

On voit que le rapport des sections libres était 1 à 1,92 ; que

1. *Annales des ponts et chaussées,* juillet 1882.

les prix du mètre cube, déduits des sections libres, étaient 34 fr. 15 et 26 fr. 50.

**113. Élargissement ultérieur.** — Il est intéressant de signaler ici, que malgré l'avantage qu'accusaient ses chiffres, dans le cas de l'établissement ultérieur d'une seconde voie, en faveur de l'élargissement des tunnels construits pour une seule voie, M. de Nordling n'ait pas recommandé ce moyen.

L'élargissement des tunnels en cours d'exploitation, disait-il, est une opération tellement scabreuse et chère, qu'il faut l'exclure absolument des prévisions.

Depuis lors, l'expérience est venue contredire ces craintes et nous citerons à ce sujet le tunnel de Mid'revaux situé sur la ligne de Gondrecourt à Neufchâteau. Ce tunnel, de 713 mètres de longueur, a été exécuté de 1877 à 1880 pour une seule voie,

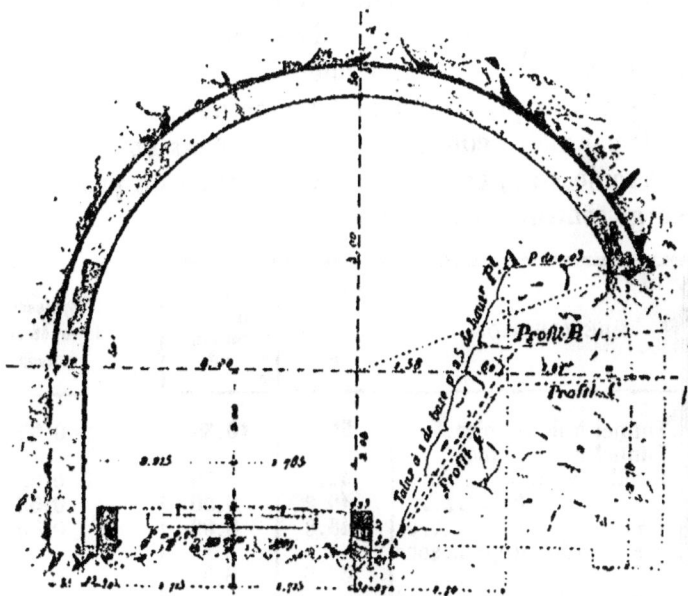

Fig. 112.

mais d'une façon qui facilitait son élargissement. Ainsi que le relate M. Siegler[1], c'est en cours d'exploitation que l'élargissement et la pose de la seconde voie ont eu lieu.

1. *Annales des ponts et chaussées*, juillet 1866.

Ni le déblai ni la maçonnerie n'ont été faits pour le profil correspondant à deux voies, mais on a laissé subsister le terrain (calcaire), ainsi que le montre la figure 112, d'un côté suivant l'un des profils indiqués par les lignes A, B et C, en se guidant sur les convenances locales.

Les exigences de l'exploitation ayant nécessité en 1885 la pose de la seconde voie, on a procédé sous la direction de M. Belley, avec une circulation de 16 trains par jour, à l'élargissement du tunnel, sans que ce travail ait amené d'accidents.

Avant de faire la comparaison des prix d'exécution du tunnel à voie unique et de celui devenu à double voie après avoir été exécuté d'abord pour une seule voie, nous ferons remarquer que pour les tunnels à une seule voie il eut été permis de réduire la hauteur sous clef au-dessus des rails à 5m.50, tandis qu'elle dût être de 6 mètres comme pour ceux à deux voies.

En vue de la bonne ventilation, on préfère en générale de donner cette même hauteur de 6 mètres aux tunnels à voie unique ayant une certaine longueur.

Le tableau qui suit donne les quantités d'ouvrages que comporte par mètre courant un tunnel à deux voies et un tunnel à une seule voie, ce dernier étant exécuté en prévision de son élargissement ultérieur ou non.

| DÉSIGNATION | Déblai par mètre courant m³. | Maçonneries par mètre courant m³. | Épaisseur du revêtement. mètres. |
|---|---|---|---|
| Tunnel à deux voies..... | 55.9 | 10.35 | 0.55 |
| Tunnel à une voie. | | | |
| Profil spécial A.......... | 42.7 | 7.99 | 0.55 |
| » » B:.......... | 46.2 | 8.50 | 0.55 |
| » » C.......... | 48.8 | 8.88 | 0.55 |
| » ordinaire, 6 m. sous clef............. | 35.5 | 8.32 | 0.50 |
| » ordinaire, 5 m. 50 sous clef....... | 32.7 | 7.32 | 0.50 |

Les prix payés par mètre cube pour les divers ouvrages ont été :

Déblai en galerie d'avancement de 5 mètres carrés, y compris l'enlèvement et le boisage . . . . . . . . 25 fr.00

Déblai en dehors de la galerie, y compris l'enlè-
vement et le boisage . . . . . . . . . .        9 fr.80
  Maçonnerie de parement de voûte . . . . .        46.50
  Maçonnerie de moellons brutes . . . . . .        19.50

  Dans ces conditions les prix du mètre courant de tunnel se
sont établis comme suit :

  Tunnel à une voie exécuté en prévision de la seconde voie,
suivant les profils indiqués par la fig. 112. . . . 1000 fr.00

  Tunnel à deux voies exécuté dès le début suivant
le profil complet. . . . . . . . . . . . .        1162.70

  Tunnel à deux voies obtenu par élargissement
ultérieur pour la seconde voie . . . . . . .        1169.00

  Tunnel pour une voie avec 5m.50 de hauteur sous
clef. . . . . . . . . . . . . . . . . .        824.70

  Deux tunnels, chacun pour une voie . . . .        1649.40

  Ces chiffres démontrent qu'il y a intérêt à procéder, chaque
fois que la nature du terrain le permet et que l'exécution de
la seconde voie ne paraît pas devoir se faire attendre très longtemps, comme on l'a fait au tunnel de Midrevaux.

  La différence minime entre le prix du tunnel à deux voies,
exécuté dès le début sur le profil entier, et celui du tunnel à
deux voies achevé après coup par élargissement, s'explique
par ce fait que les sujétions des travaux d'élargissement sont
compensées par les facilités de transport des déblais et des matériaux de construction qu'offre la voie existante.

  Sur le chemin de fer du Saint-Gothard, on a eu à construire
un grand nombre de tunnels en dehors de celui de faîte.

  La longueur de ceux construits pour une seule
voie est de. . . . . . . . . . . . . . .        9758 m.

  La longueur de ceux construits pour deux voies
est de . . . . . . . . . . . . . . . . .        6117 m.

  La longueur de ceux construits en faisant la calotte en prévision de l'élargissement ultérieur pour
deux voies, mais en ne déblayant le strosse que pour
une seule voie, placée soit au centre (2389m.), soit
latéralement (8440m.), a été de. . . . . . .        10829 m.

  Soit ensemble longueur des tunnels. . . . .        26704 m.

Le profil des tunnels pour une seule voie présente une hauteur libre sous clef, au-dessus du niveau des traverses, de 5m.40, et une largeur maxima de 5 mètres; la section libre au-dessus du niveau supérieur des traverses est de 23m²60.

Les tunnels pour deux voies construits de 1873 à 1875 ont une hauteur libre sous clef, au-dessus du niveau des traverses, de 6 mètres, et une largeur maxima de 8 mètres ; leur section libre est de 40m²88. Pour ceux construits après cette époque, ces dimensions ont été portées à 6m.45, 8m.40 et 44m²28.

L'excavation supplémentaire à faire pour passer des tunnels dont la calotte seule avait été ouverte pour deux voies au profil complet pour deux voies est, suivant le mode provisoire d'établissement de la voie unique et le profil prévu pour la double voie, de 20m³ à 26m²45 par mètre courant.

Les tunnels ouverts dans la roche calcaire ou dans le micaschiste et le gneis, ont nécessité en majeure partie un revêtement.

Les prix moyens par mètre courant de tunnel ont été les suivants :

Tunnels à simple voie :
    Avec revêtement partiel. . . . . . . .  762 fr.
    Avec revêtement complet . . . . . . .  860 »

Tunnels à simple voie, construits en prévision de l'établissement ultérieur de la double voie et partiellement ou entièrement revêtus.

    Calotte partiellement excavée pour deux voies.  1447 fr.
    Calotte entièrement excavée pour deux voies.  1472 fr.

Tunnels à double voie :
    Avec revêtement partiel . . . . . . .  1040 fr.
    Avec revêtement complet. . . . . . .  1794 fr.

Le rapprochement de ces chiffres ne démontre pas toujours que le prix de deux tunnels à une voie est supérieur à celui d'un tunnel à deux voies, mais l'avantage d'assurer l'élargissement des tunnels en cours d'exploitation existe néanmoins. Il est en effet impossible d'admettre qu'un second tunnel cons-

truit ultérieuroment n'ait pas une longueur supérieure à celle
du premier ouvrage. De plus, l'avantage au point de vue de
l'aération, et de l'exploitation en général, fera toujours donner
la préférence au tunnel à voie unique construit en prévision
de son élargissement, dès qu'il y a probabilité d'avoir à exécuter la seconde voie dans un temps assez modéré.

**114. Comparaison de tunnels à une et à deux voies
exécutés en Suisse.** — M. J. Meyer, ingénieur en chef des
chemins de fer de la Suisse occidentale, a analysé les prix de
revient de 23 tunnels à double voie, ayant ensemble une longueur de 5584 mètres et d'un tunnel à voie unique de 424
mètres de longueur. Nous donnons ci-après le résumé de ces
analyses, qui présentent un réel intérêt.

Sur la ligne de *Lausanne-Fribourg-Berne*, les six tunnels
présentent un profil tracé avec un rayon de 4 mètres, la largeur
au niveau des rails est réduite à 7 m. 15, la hauteur sous clef

| Longueur en mètres | Époque de la construction | Déblais par mètre courant (m. cubes) | Maçonnerie par mètre courant (m. cubes) | Prix de revient par mètre courant (francs) | Observations |
|---|---|---|---|---|---|
| 75.0 | 1860 à 1862. | 90.00 | 30.00 | 2076.00 | En terrain ébouleux, exécuté en partie à ciel ouvert. |
| 392.5 | 1857 à 1861. | 75.12 | 20.46 | 1508.00 | Dans les marnes et grès, a nécessité en partie un radier maçonné. |
| 493.0 | 1858 à 1861. | 80.00 | 29.65 | 2106.50 | Dans les marnes et argiles humides, a nécessité l'exécution d'un radier. |
| 921.5 | 1857 à 1861. | 49.33 | 12.40 | 915.00 | Dans la molasse, revêtement sur peu de longueur. |
| 399.0 | 1856 à 1858. | 50.00 | 8.30 | 892.00 | »        » |
| 187.0 | 1856 à 1858. | 70.00 | 5.42 | 1064.00 | »        » |
| 2468.0 | Moyennes : | 60.14 | 15.96 | 1890.90 | Le travail a été exécuté à la main. |

au-dessus des rails est de 5 m. 80. L'aqueduc central est dallé
et a 0 m. 45 d'ouverture pour 0 m. 30 de profondeur.

Le tableau précédent contient les données principales relatives à ces six tunnels.

Sur la ligne de *Verrières à Neuchâtel* et embranchement sur Thièle et Yverdon, il y a 13 tunnels dont la longueur varie de 40 mètres à 544 mètres, ayant ensemble 2644 mètres. Le profil a 8 mètres de largeur jusqu'au niveau des rails, mais la hauteur sous clef jusqu'aux rails n'est que de 5 m. 70. La profondeur du balast de la voie est de 0 m. 50 près des piédroits et atteint 0 m. 80 vers l'axe. Le prix par mètre courant de ces tunnels a varié de 918 fr. à 1323 fr.; en moyenne, 1105 francs, comprenant les 26 têtes à 2320 francs de prix moyen. Les terrains traversés sont des roches et des marnes.

Le tableau ci-après donne l'analyse pour divers terrains :

| Désignation du terrain | Cube moyen par mètre courant | | Coût moyen du mètre cube | | Coût moyen du boisage et des cintres par mètre courant (fr.) | Coût moyen du tunnel par mètre courant (fr.) |
|---|---|---|---|---|---|---|
| | déblai (m. c.) | maçonneries (m. c.) | déblai (fr.) | maçonneries (fr.) | | |
| Roche dure.... | 55 | 10 | 12 | 10 | 115 | 1105 |
| Marnes ........ | 64 | 20 | 8 | 20 | 211 | 1323 |

Les prix payés par mètre cube de déblai à ciel ouvert ont été de 3 fr. 90 à 4 francs pour le roc à la poudre et de 1 fr. 60 à 2 francs dans les autres terrains. Ces prix ne comprennent pas le règlement des talus.

Sur la ligne *Jougne à Éclépens,* les quatre tunnels, dont la longueur varie de 100 mètres à 148 mètres et qui ont ensemble 472 m. 3 de longueur, traversent des terrains de roches résistantes ne nécessitant que peu de revêtements. L'ouverture de ces tunnels n'est que de 7 m. 60, aussi le cube moyen des déblais et des maçonneries par mètre courant n'est-il que 50 mètres cubes et de 8 m³.20 ; les prix de revient par mètre de tunnel ont varié entre 729 fr. et 838 fr., donnant une moyenne de 780 francs.

Un seul tunnel, exécuté sur la ligne de *Fræschels à Palézieux,*

à voie unique, a 424 mètres de longueur, son profil libre elliptique, présente 4 m. 80 de largeur et 5 m. 40 de hauteur sur rails ;
percé dans la molasse, qui ne nécessitait que des revêtements
partiels, le cube moyen de déblai par mètre courant a été de
32 m³. 5, celui des maçonneries de 7 mètres cubes. Les déblais
ont été payés 11 fr. 25, les maçonneries 26 fr. 15 en moyenne
par mètre cube, ce qui fait revenir le mètre courant de ce tunnel à 568 francs.

**115. Prix de revient de tunnels à une voie et à deux
voies.** — M. de Nordling a donné des chiffres très intéressants
sur le prix de revient des tunnels situés sur la ligne de Murat
à Vic-sur-Cère, construite par lui de 1866 à 1868.

Ces tunnels sont ouverts dans des terrains volcaniques, des
conglomérats et brèches trachytiques entrecoupés de filons ba-
saltiques. Ces roches se décomposant plus ou moins au contact de l'air, les tunnels ont été munis de revêtement dans toute
leur étendue.

Construits pour une seule voie, avec un profil présentant au-
dessus des rails une hauteur de 5 m. 50 et une largeur maxima
de 5 mètres, ils ont une section libre au-dessus du niveau des
rails de 24 m² 25.

Le cube des déblais par mètre courant varie de 33 m³.
17 à 39 m³.79 et le prix par mètre cube de déblai de 16 fr. 55
à 21 fr.03, correspondant à un minimum de 574 fr. et à un
maximum de 712 fr. par mètre courant de tunnel.

Le cube des maçonneries par mètre courant varie de 8 m³. 63
à 15 m³. 21 ; le prix du mètre cube de maçonnerie se tient entre 25 fr. 15 et 40 fr. 88, correspondant à un minimum de
320 fr. et à un maximum de 463 fr.

Le prix total du mètre courant de six de ces tunnels, ayant
des longueurs variant entre 52 m. 53 et 255 m. 70 et ensemble
780 m. 74, s'est tenu entre 911 fr. et 1176 fr. ; il a été en
moyenne de 1074 francs.

Le prix du mètre cube de vide (au-dessus du niveau des
rails) se déduit de ces derniers chiffres en les divisant par la
section libre. On trouve, en moyenne, 44 fr. 30 environ.

L'un des tunnels de cette ligne, celui du Lioran, ayant

1958m.20 de longueur, situé à une distance maxima de 83 mètres et en contrebas de 21 à 28 mètres du tunnel qui livre passage à la route nationale, a été construit dans des conditions particulières.

L'avancement mensuel par chaque attaque n'ayant guère dépassé 26 mètres, il eût fallu sept ans et demi pour achever ce tunnel si on ne l'avait attaqué que par les deux têtes. On profita du tunnel pour route qui existait au-dessus et l'on pratiqua plusieurs voies de communication (puits et galeries obliques), les uns pour la ventilation, d'autres, au nombre de trois, pour l'extraction et le service de la construction du revêtement. Par ce moyen il y eut huit points d'attaque et le tunnel a pu être terminé en trois ans et deux mois.

Le prix du mètre courant a subi du fait de l'établissement de ces attaques intermédiaires une augmentation qui a été d'environ 310 francs ; aussi ce tunnel a-t-il coûté 1308 francs par mètre courant. L'avantage d'avoir pu achever la ligne quatre années plus tôt que si l'on n'avait pas tiré parti du tunnel de la route, constitue une large compensation des frais supplémentaires, et justifie l'organisation très ingénieuse de ce chantier.

Quant au prix de revient des tunnels à deux voies, nous avons déjà signalé qu'il n'augmentait pas, par rapport à celui des tunnels à une seule voie, comme les sections.

Sur la ligne de Nantes à Châteaulin du chemin de fer d'Orléans, cinq tunnels à deux voies, construits à travers des schistes durs et quelquefois très durs et du granit avec délits argileux, ayant tous nécessité des revêtements, ont donné lieu à 1207 francs à 2193 francs, soit en moyenne par mètre courant à une dépense de 1804 francs, les têtes non comprises, et de 1849 francs en comprenant les frais d'exécution des têtes. La longueur de ces tunnels variait entre 100 mètres et 310m.50 et était de 921m.80 pour les cinq.

Le prix du mètre cube de déblai souterrain était en moyenne de 16 fr. 38, dont 4 fr. 54 incombaient au blindage.

La maçonnerie à l'intérieur des tunnels est revenue en moyenne à 48 fr. 87 le mètre cube.

La moyenne des travaux exécutés par mètre courant de

tunnel était de 61m³.71 de déblai et de 14m³.82 de maçonnerie, avec 17m².96 de parement vu.

Dans les galeries on a constaté 0m.40 d'avancement par jour et par attaque, mais on n'a eu que 0m.30 d'avancement journalier pour l'ensemble des travaux.

Les limites entre lesquelles varient les prix de revient par mètre courant de ces cinq tunnels, sont celles entre lesquelles se meuvent en général les prix des tunnels à double voie, ne présentant pas de particularités exceptionnelles.

§ 8.

## ACCIDENTS

**116. Causes des accidents et moyens préventifs.** — Les accidents auxquels les tunnels sont exposés pendant leur construction proviennent le plus souvent du défaut de surveillance, ou de la recherche exagérée du bon marché.

En surveillant et en observant bien tout ce qui se présente dans un tunnel en construction, beaucoup d'accidents peuvent être prévenus. Les moindres indices de glissement ou de mouvements quelconques qui se produisent dans le terrain doivent être observés, chaque délit dans les roches doit être examiné et tout suintement d'eau demande à être suivi. De cette façon on n'aura pas de surprises, car on sera presque toujours prévenu de l'approche du danger.

Mais, une fois prévenu, il ne faut pas hésiter à agir ; pour les travaux souterrains plus encore que pour les autres, il est infiniment plus facile et moins coûteux de prévenir que de réparer les accidents.

L'importance des travaux pour empêcher un éboulement de se produire, ou une déformation de s'accentuer, ne peut pas être déterminée par le calcul. C'est le sentiment, basé sur l'expérience et l'observation qui donne la mesure des moyens à employer. La crainte de pécher par excès se paie souvent très cher. L'ingénieur qui s'expose à être taxé de pousser trop loin la prudence réalise souvent, sans que cela puisse être prouvé, de grandes économies.

Le boisage insuffisant d'une galerie, peut en amener l'effondrement. Le renforcement des cadres ou la réduction de leur écartement auraient pu prévenir cet accident, tandis que, dès qu'il se sera produit, on n'aura pas seulement à rouvrir la galerie, ce qui dans un terrain éboulé présente des dangers ; mais il faudra encore, sans pouvoir réutiliser les bois du premier boisage, en exécuter un nouveau, beaucoup plus coûteux que n'eût été celui qui eût prévenu l'accident.

L'ouverture du profil entier, dans l'étendue de la galerie endommagée, sera un travail plus délicat, plus cher ; il faudra non seulement renforcer le revêtement, mais en outre s'appliquer à bien remplir les vides, quelquefois énormes, que l'effondrement aura créés en dehors du profil normal.

Il en est de même pour le boisage et pour les revêtements maçonnés du profil du tunnel. Dès que leur insuffisance se manifeste par des écrasements, par de fortes flexions de quelque poutre, par des craquements, par des éclats partant des arêtes ou par d'autres signes de ce genre, il faut sans hésitation procéder à l'augmentation des dimensions ou, mieux encore, pour le boisage employer des pièces additionnelles, sans enlever les premières.

Si l'observation montre que des infiltrations vont en croissant, et surtout si l'eau qui passe n'est pas claire, il faut tâcher de découvrir quelque moyen de les modérer. On doit, en tout cas, prendre de suite des mesures pour assurer l'écoulement naturel ou l'épuisement d'un volume d'eau bien supérieur à celui qui s'introduit dans les chantiers ; cela vaut mieux que de s'exposer à l'insuffisance des moyens d'évacuation, et par suite à la nécessité d'abandonner le chantier. Pour pouvoir reprendre les travaux, dans un souterrain qui a été noyé, il ne suffit pas d'épuiser les eaux ; il y a de plus à réparer les dégâts causés par la submersion.

En dehors des pertes d'argent qui résultent de toute insuffisance des moyens préventifs, tout accident cause des pertes de temps et compromet la sécurité des ouvriers.

Il serait cependant exagéré de dire que tous les accidents,

tels qu'effondrements, déformations ou inondations peuvent toujours être prévus et dès lors prévenus. Nous allons en citer qu'aucun signe précurseur ne pouvait annoncer.

Par contre, nous rangerons dans la catégorie des accidents qui auraient pu et dû être prévenus, ceux qui résultent par exemple du mauvais choix de l'emplacement du tunnel. Ainsi, un tunnel ouvert dans un terrain susceptible d'exercer des pressions ou dans un terrain constitué par une roche résistante, mais présentant une stratification inclinée vers le pied du coteau, sera exposé, s'il passe trop près du flanc de celui-ci, à subir des pressions si inégales que sa déformation, voire même sa destruction, en résultera presque nécessairement, sans que, par suite de l'absence d'un contrefort suffisant, cette déformation ou destruction puisse être prévenue. Un tel accident doit être classé parmi ceux dont les causes auraient pu être apperçues et qui eût pu être évité. Nous pourrions citer plusieurs exemples où des tunnels placés dans des conditions de ce genre ont dû être abandonnés en cours d'exécution.

Pour maintenir celui de Mühlbach, sur le chemin de fer du Brenner (entre Innsbruck et Botzen), qui menaçait ruine après l'ouverture à l'exploitation, pour avoir été placé trop près du flanc de la montagne, c'est en vain que l'on a renforcé et donné une forme non symétrique à la voûte, pour tenir compte de la direction oblique de la résultante des pressions. Il a fallu finalement faire des travaux très considérables pour renforcer et en quelque sorte soutenir le flanc du coteau, dont l'axe du tunnel avait été trop rapproché.

**117. Moyens pour réparer des éboulements.** — En rencontrant dans un terrain d'aspect résistant des délits, il faut observer la manière dont ils se combinent entre eux. Il suffit alors que la masse comprise entre deux délits forme un coin dont la base se trouve tournée du côté du tunnel, pour qu'un éboulement se produise, souvent sans que cet accident s'annonce par aucun signe. De même une grotte remplie d'eau peut être atteinte par une galerie, sans qu'aucun suintement ait fait prévoir l'imminence de l'envahissement du chantier souterrain par un flot d'eau balayant tout sur son passage.

Lorsqu'un éboulement s'est produit, il faut avant tout chercher à en limiter l'extension. Il est dès lors fort imprudent de
procéder à l'enlèvement des masses tombées dans la galerie
ou dans le tunnel sans procéder, au fur et à mesure de ce déblai, au soutènement des masses adjacentes.

S'il y a moyen d'accéder à la cavité formée par l'éboulement sans enlever les masses tombées, il est tout indiqué de
procéder de suite à son boisage, pour prévenir de nouveaux
mouvements. La reconnaissance des lieux, et plus encore l'exécution du boisage, sont alors souvent très périlleuses ; elles
donnent aux directeurs des travaux l'occasion de faire à la
fois preuve de courage et de présence d'esprit.

Dans l'un des tunnels de la ligne Oravitza-Steyerdorf (Hongrie), creusé dans la roche calcaire, un éboulement considérable s'est inopinément produit. La visite de la cavité a conduit à reconnaître qu'une faille, remplie d'argile rouge, y
aboutissait et qu'une masse décuple de la première menaçait
de tomber. Grâce au boisage immédiatement exécuté, et qui
dans la suite permit l'établissement d'une voûte de soutènement, l'éboulement n'a pas pris plus de développement.

Au-dessus de cette voûte on a rangé des moellons pour assainir la cavité et le remblai qui avait été superposé pour
amortir le choc d'éboulements nouveaux possibles.

Il est plus prudent encore de remplir toute la cavité, produite par un tel éboulement, de moellons rangés à sec. C'est
le parti qui a été pris dans le tunnel de Philippeville (Algérie),
où un éboulement créa une cavité de plus de 10 mètres de
hauteur et d'un volume d'environ 50 mètres cubes au-dessus
de la voûte.

Une fois que l'extension de l'éboulement paraît suffisamment entravée, le déblai des masses ébranlées peut se faire et
le plus souvent on ne se borne pas au rétablissement du profil
demandé pour le souterrain ; on enlève toute la masse tom-
bée, sauf à s'en servir, si sa nature le comporte, pour garnir
derrière le revêtement maçonné et jusqu'au terrain qui n'a
pas subi de mouvement.

**118. Éboulement général**. — Dans le cas où des masses

17

considérables de terrains argileux ou marneux ont commencé
à se déplacer, ce qui peut surtout se produire si des galeries
d'avancement ont été maintenues trop longtemps sur des boisages insuffisants, les difficultés peuvent devenir énormes. Les
revêtements les plus forts sont alors insuffisants pour arrêter
ces masses. On n'y réussit qu'à la longue, souvent après avoir
vu des boisages et des revêtements très forts plier sous les
charges. Les eaux d'infiltration contribuent toujours à accentuer ces mouvements, et il faut, tout en renforçant les maçonneries, chercher, par l'élimination de l'eau, à diminuer les
pressions. Des drains poussés dans le sens perpendiculaire à
la direction du tunnel, vers l'intérieur des masses mouvantes,
recueilleront les eaux et rendront au terrain un certain degré
de stabilité. Il est utile de conserver ces drains derrière les revêtements ; on les fait aboutir par des barbacanes jusqu'aux rigoles ménagées à l'intérieur du tunnel.

Les drains en pierres sèches sont toujours préférables à
ceux en tuyaux, qui se bouchent facilement, surtout dans les
terrains remués.

L'emprisonnement de l'eau derrière les piédroits maçonnés
est dangereux, parce que le terrain se détrempe et gonfle, ce
qui peut faire naître des pressions si considérables que, malgré les radiers, les piédroits finissent par se rapprocher. Ce
mouvement des piédroits se produit, ainsi qu'il a déjà été dit,
sous des efforts bien moins considérables lorsque le profil revêtu n'est pas muni de radier.

Le tunnel de Lupkow (Autriche-Hongrie) fournit peut-être le
plus remarquable exemple de déformations dues au mouvement
général du terrain, par l'insuffisance des moyens primitivement
employés et par suite du maintien trop prolongé sur boisage.

**119. Irruption des eaux.** — Dans les tunnels passant
sous des cours d'eau, ou sous des lacs ou des réservoirs
d'eau, de même que dans ceux qui se trouvent sous des
terrains imbibés, séparés seulement des nappes souterraines par une couche de terrain imperméable, l'ouverture d'une
voie d'eau peut amener des catastrophes et arrêter le travail. Il suffit de rencontrer une faille dans le terrain pour

déjouer toutes les précautions, et en particulier celle du maintien d'une grande épaisseur de terrain entre le tunnel et le lit du cours d'eau.

L'entraînement de volumes considérables de terres dans les parties envahies par les eaux, et la nécessité de les extraire dès que le travail peut reprendre, est le moindre des inconvénients résultant d'une telle irruption.

Aveugler la voie d'eau; c'est la première des tâches à remplir. On peut y arriver, soit en opérant au fond des eaux, soit en garnissant, à l'aide de sacs remplis de ciment ou d'argile, les fissures par lesquelles l'eau s'introduit. En barrant aux eaux l'écoulement par la galerie, on peut, en cherchant simultanément à diminuer la charge d'eau, provoquer un colmatage suffisant des fissures, pour pouvoir au bout de quelque temps reprendre le travail souterrain après l'obturation des voies d'eau. Mais tout cela est très délicat, car la suppression d'un écoulement peut amener un considérable exhaussement du niveau d'eau à l'intérieur des terres, d'où pourrait résulter une grande rupture à un moment donné, et par suite une catastrophe complète.

Lorsque le profil en long du tunnel envahi par les eaux ne permet pas leur écoulement naturel, il faut mettre des pompes en action. Le temps requis pour l'installation des machines d'épuisement impose des interruptions dans le travail souterrain, d'autant plus fâcheuses que les parties noyées d'un tunnel, et en particulier celles qui ne sont pas entièrement achevées, subissent généralement d'autant plus de dégâts qu'elles sont plus longtemps noyées.

En parlant dans la suite des souterrains ouverts à travers de nappes d'eau ou sous des cours d'eau, on reviendra sur les accidents qui peuvent se produire dans ces conditions. Des exemples, en particulier ceux des tunnels de Habas, de la Mersey et autres, montreront quels ont été les moyens préventifs et quelles difficultés sont résultées d'irruptions d'eau.

**120. Incendies.** — Un genre d'accidents très fréquent dans les mines de charbon, les coups de grisou, doit également préoccuper dans les tunnels qui passent par des terrains carbonifères.

Dans le tunnel du col de Cabres, construit pour le prolongement de la ligne du chemin de fer de Livron à Crest jusqu'à Aspres-les-Veynes, où un gaz explosif se dégagea du terrain, on a été conduit à prescrire l'usage exclusif des lampes de sûreté, le tirage des mines par l'électricité et l'examen fréquent de l'air par des personnes compétentes. De plus on a substitué à l'aérage par insufflation un aérage plus puissant, par aspiration ; celui-ci ayant encore paru insuffisant, on s'est vu obligé de forer une cheminée de ventilation de 0m.50 de diamètre.

Au souterrain de Braye-en-Laonnais, qui donne passage au canal de l'Oise à l'Aisne, et dans lequel, ainsi qu'il sera dit plus loin, on a fait usage de l'air comprimé, cet air pénétra dans une couche voisine de lignites pyriteux, dont l'oxydation produisit l'inflammation et donna lieu à l'asphyxie de 17 ouvriers et à des retards et dépenses considérables.

Sans pouvoir énumérer tous les accidents auxquels on est exposé en construisant des tunnels, ce qui vient d'en être dit démontre qu'en réglant l'organisation des chantiers de déblai et de maçonnerie et la solidité des boisages et des revêtements maçonnés d'après la nature du terrain traversé, en prenant les mesures nécessaires pour éloigner le plus vite et le mieux qu'on peut les eaux d'infiltration et en établissant une ventilation suffisante, mais avant tout en exerçant toujours une surveillance attentive et intelligente, on pourra le plus souvent prévenir les accidents.

Le désir de marcher très vite, de réduire le plus possible les dépenses, de ne pas plier le tracé général d'une ligne aux convenances d'une exécution favorable de grands tunnels, ont souvent contribué à amener des catastrophes. Les accidents portent généralement le plus grand préjudice aux intérêts en vue desquels on s'est écarté de la marche prudente qu'il aurait fallu suivre.

# CHAPITRE VI

## MONOGRAPHIES DE TUNNELS

.

### § 1

### GÉNÉRALITÉS.

**121**. — Dans l'exécution des tunnels, les circonstances qui exercent une influence sur le choix du procédé à employer sont si multiples qu'il est difficile de les classer et de dire, en ne prenant que la nature du terrain rencontré, ou la longueur des ouvrages, ou leur section transversale pour point de départ, dans quel ordre les déblais et les revêtements doivent être exécutés.

L'étude d'une série d'exemples nous paraît le meilleur guide pour le choix du procédé à employer, car elle supplée à l'expérience personnelle ou la complète.

Dans l'énumération des exemples qui suivent, nous avons cherché à comprendre tels tunnels qui ont été construits rigoureusement suivant les divers procédés classiques décrits au chapitre précédent, puis ceux qui par leur profondeur sous le niveau du sol ou par leur longueur constituent des travaux d'un ordre spécial, et enfin ceux qui par les difficultés particulières que crée l'affluence des eaux ou l'emplacement sous des cours d'eau ont exigé des précautions et des procédés particuliers.

Nous nous sommes plus spécialement attachés à citer un certain nombre d'exemples pris à l'étranger ; ce n'est pas que les travaux faits en France nous paraissent moins bien compris et dirigés, mais il nous a paru plus instructif de ne pas nous limiter à la zône dans laquelle on se tient trop souvent.

Disons-le, d'ailleurs, pour pouvoir donner des exemples récents de tunnels exécutés d'après les diverses méthodes mentionnées, il faut souvent aller les chercher en dehors de la France. En Europe, on ne rencontre pas d'autres modes de conduite et de conception des travaux que celles déjà mentionnées sous les noms des pays où ils ont pris naissance.

Ce n'est qu'en portant le regard au-delà de l'Océan que l'on trouve, dans les travaux de percement de souterrains, le caractère particulier dont tous les travaux faits aux Etats-Unis sont marqués. Il nous paraît utile d'attirer l'attention sur ce point.

Nous nous trouvons pour cette extension, non seulement servis par l'étude que nous avons pu faire personnellement des chemins de fer et des travaux publics des Etats-Unis, mais surtout par un ouvrage très complet et fait avec une rare clarté, une parfaite précision, par un ingénieur américain des plus distingués. L'ouvrage de M. H. S. Drinker [1] est certes le meilleur qui ait été publié sur les tunnels. Il embrasse ceux du monde entier et nous lui avons fait, dans la limite que comporte le cadre que nous nous sommes tracé, de fréquents emprunts.

Cet ouvrage magistral pourra donc être consulté avec fruit, non seulement pour les tunnels exécutés en Amérique, mais aussi pour ceux d'Europe.

Dans la description des procédés suivis pour la construction d'un certain nombre de souterrains, que nous faisons ci-après, nous avons cherché à ranger les exemples dans l'ordre suivi au chapitre précédent pour l'énumération des procédés types. Dans la pratique on s'écarte souvent de la stricte observation des règles suivant lesquelles les diverses opérations doivent se succéder en théorie, et il devient par cela difficile de dire, d'une façon générale, quel a été pour chaque tunnel le procédé type employé.

Le caractère particulier de certains petits tunnels exécutés aux Etats-Unis nous conduit à les traiter à part, et c'est par eux que nous croyons devoir commencer. Bien que ces tun-

---

1. *Tunneling. Explosive compounds and Rock.-Drills*, by Henry S. Drinker. New-York, John Wiley et sons.

nels aient été ouverts à une époque bien plus récente que certains autres dont nous nous occuperons plus loin, les moyens employés pour leur percement, et surtout pour leur revêtement, présentent un caractère si primitif qu'il nous a paru naturel de les étudier d'abord.

§ 2

# PETITS TUNNELS AUX ETATS-UNIS

**122. Caractères généraux.** — Les tunnels construits aux Etats-Unis sont pour la plupart à voie unique. La majeure partie traverse des terrains résistants et n'ont reçu d'abord qu'un revêtement en bois, qui dans la suite a été ou sera remplacé par un revêtement en maçonnerie.

Le boisage employé lors de la construction a été exécuté de façon à pouvoir être longtemps maintenu ; il est caractérisé par l'absence de pièces transversales. Les cadres sont formés de poutres ou de madriers juxtaposés, formant voussoirs, reliés entre eux et assemblés avec les longrines et blindages longitudinaux maintenant les fermes.

Ce mode de construction a dû être abandonné dès qu'il s'agissait de tunnels de grande ouverture, ou de tunnels ordinaires à voie unique traversant des terrains exerçant de fortes pressions. Il constitue néanmoins le système dit américain, dont les ingénieurs de ce pays se sont, avec leur esprit pratique, écartés dès que les circonstances le réclamaient.

Les tunnels aux Etats-Unis présentent plus de ressemblance entre eux, sous le rapport du mode d'exécution du boisage et du revêtement, que sous celui de l'ordre dans lequel on y a procédé aux déblais. On les attaqua tantôt sur toute la section en avançant par gradins, tantôt par une galerie de faîte, tantôt par la galerie de base. Dès que la longueur était un peu considérable ou que l'attaque par les têtes se trouvait liée à l'ouverture de longues tranchées, on n'hésita pas à créer au moyen de puits des points d'attaque supplémentaires.

L'emploi des perforateurs s'étant très vite répandu aux États-Unis, même pour l'extraction des rochers dans les tranchées, on en a fait souvent usage dans les tunnels de faible longueur, pour lesquels on recule en Europe devant les installations que nécessite l'emploi de ces appareils.

Les revêtements maçonnés, exécutés pendant la construction des tunnels, ne sont pas faits aux États-Unis par la reprise en sous-œuvre des voûtes. Il va de soi qu'à plus forte raison c'est toujours par les piédroits que l'on commence le revêtement maçonné, là où il est substitué longtemps après l'achèvement des tunnels aux boisages ayant servi temporairement de revêtement.

**123. Revêtements en charpente.** — Sur le chemin de fer canadien du Pacific, qui relie depuis 1887 sur le territoire des possessions britanniques le port de Montréal à celui de Vancouver, les tunnels de la partie comprise entre le lac Supérieur et le golfe de Vancouver, qui a environ 3200 kilomètres de longueur, sont tous à voie unique. Là où ces tunnels ont nécessité un revêtement, il a généralement été fait en bois. Les cadres sont des pièces de 0m.30 sur 0m.30, les madriers jointifs qu'ils portent sont de 0m.15 sur 0m.30 dans la partie supérieure. Dans les terrains n'exerçant presque pas de pressions, tels que certaines roches peu consistantes, on a réduit l'épaisseur des madriers latéraux, c'est-à-dire de ceux qui s'appuient contre les chandelles, à 0m.08, tout en portant l'espacement des cadres jusqu'à 1m.50. Cet espacement a été par contre très réduit dans les terrains meubles.

Dans ces conditions le profil d'excavation en terrain à faible pression a été de 37m²2 et le cube des bois pour revêtement de 3 mètres cubes par mètre courant. Le rapprochement des cadres, l'augmentation d'épaisseur des madriers et l'addition de la semelle pour maintenir l'écartement des pieds des chandelles amène une augmentation de la charpente, variable avec les difficultés du terrain.

L'attaque des tunnels se faisait toujours par la calotte, mais dès que ces chantiers avaient une avance de 7 à 8 mètres on suivait en plein profil pour poser de suite les cadres complets.

Pour assurer l'assainissement des chantiers on donnait toujours des pentes vers les deux têtes du tunnel.

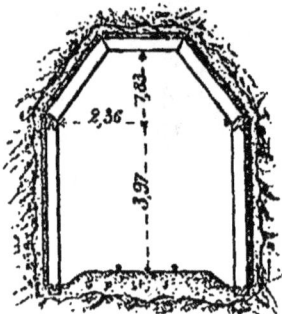

Fig. 113.

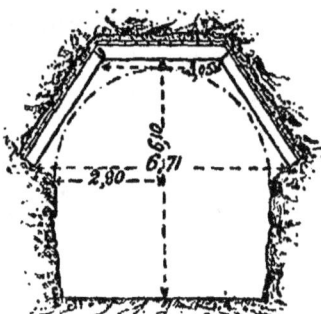

Fig. 114.

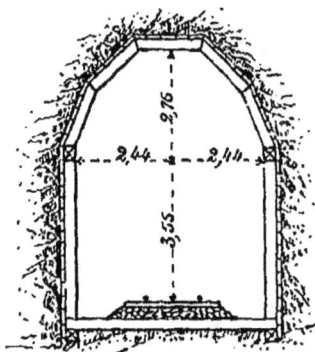

Fig. 115.

Dans la roche dure, pouvant être maintenue sans revêtement, le profil des déblais mesure 29m² 3 ; il présente une largeur d'environ 4 mètres et la partie supérieure dessine une sorte d'ogive.

§ 3

## TUNNELS ORDINAIRES POUR CHEMINS DE FER

Les tunnels pour chemins de fer sont ouverts sur des largeurs correspondant à une ou à deux voies.

Il est rare qu'un ouvrage de ce genre ne présente quelques particularités ; aussi l'observation rigoureuse de l'une ou de l'autre des méthodes classées n'est-elle pas souvent possible sur toute l'étendue d'un tunnel.

Bienque nous ayons cherché à suivre, dans l'énumération des exemples donnés ci-après, l'ordre dans lequel nous avons décrit les diverses méthodes, nous n'avons pas cru devoir prendre les noms des procédés comme base du classement, parce que pour le même ouvrage on s'est souvent servi de divers procédés.

Les difficultés d'exécution ne vont pas toujours en croissant avec la largeur, ni avec la longueur des tunnels. Ces caractères ne fournissent donc pas non plus un argument pour le classement des exemples.

Nous nous attacherons à donner des détails d'autant plus complets qu'il s'agira d'ouvrages moins connus jusqu'ici.

**124. Tunnel de Kilsby** (*Angleterre*). — Le tunnel de Kilsby, de 2290 m. de longueur, est situé sur la ligne de Londres à Birmingham ; il a été exécuté d'après le système anglais et achevé en 1839.

La galerie d'avancement, située dans la partie supérieure du profil, ne devançait jamais que de quelques mètres l'ouverture de tout le profil et le revêtement y fut de suite exécuté, dans les parties qui le nécessitaient, en commençant par le bas.

Vu la grande longueur du souterrain, son achèvement se serait trop fait attendre si l'on s'était borné aux chantiers partant des deux têtes. C'est au fonçage de 14 puits qu'on eut recours pour créer plus de points d'attaque. Deux de ces puits, ayant 19 mètres de diamètre, furent placés à des distances des têtes égales au tiers de la longueur ; les 12 autres étaient intercalés sur tout le parcours et permirent ainsi l'ouverture d'un grand nombre de chambres de travail. Les deux grands puits étaient placés en dehors de l'axe du tunnel, tandis que les autres, n'ayant que 2m.50 de diamètre, se trouvaient sur l'axe même et leur revêtement

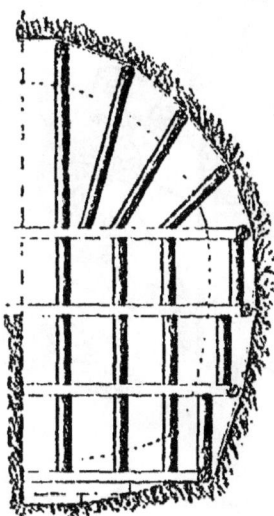

Fig. 116.

reposait sur la voûte par un cadre en fer.

Le boisage employé dans ce tunnel, qui traverse sur la majeure partie de sa longueur l'argile compacte et dure, peut être cité comme appartenant au type de boisage employé dans le système anglais.

**125. Tunnel de Hauenstein** (*Suisse*). — Le tunnel du Hauenstein a 2.496 mètres de longueur, il est situé sur le chemin de fer central suisse commencé en 1855 et terminé en 1858. On voulait hâter son achèvement par la création d'attaques intermédiaires au moyen de puits, mais sur les trois puits commencés deux seulement ont pu être utilisés ; le troisième a dû être abandonné à cause de l'irruption de sources très abondantes. Tout en restant fidèle au système anglais, c'est-à-dire à l'ouverture du profil entier et à l'exécution du revêtement par anneaux complets, en partant du bas, on exécuta une galerie de direction située au fond du profil, et l'on profita de son avancement plus rapide pour y échelonner des chantiers intermédiaires.

Fig. 117.

Les grandes difficultés causées par la rencontre de terrains ébouleux et de sources abondantes, la longueur considérable, les installations ingénieuses employées pour mener à bonne fin

cet ouvrage, attirèrent l'attention de tous les ingénieurs. Eu
égard aux moyens bien moins perfectionnés que ceux dont on

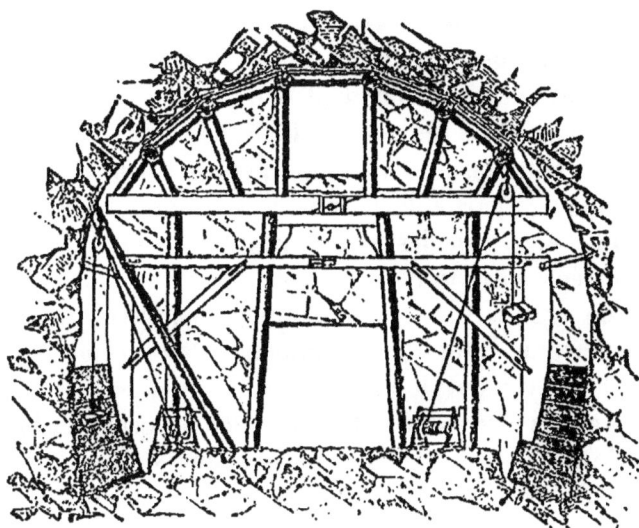

Fig. 118.

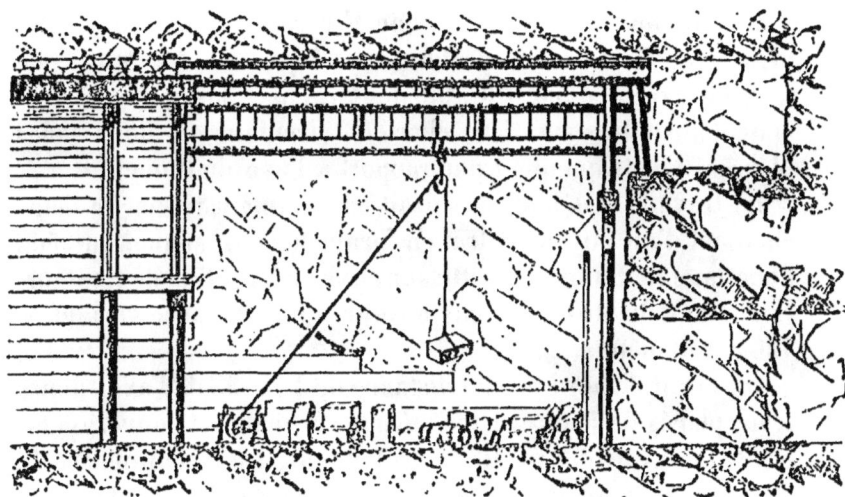

Fig. 119.

dispose aujourd'hui pour la perforation des roches, l'œuvre,
dont les ingénieurs MM. Pressel et Kaufmann ont publié tous

les détails[1], n'en mérite que plus d'éloges. Aussi la percée du tunnel de Hauenstein a-t-elle été si souvent décrite, que nous croyons devoir nous abstenir d'en parler plus longuement.

**126. Tunnel de Musconetcong** (*États-Unis*). — Le tunnel de Musconetcong, situé sur le chemin de fer d'Easton-Amboy (États-Unis), construit pour deux voies, a 1.472 mèt. de longueur. Il présenta des difficultés considérables à raison de la rencontre successive de marnes, de calcaires et de roches syénitiques en partie décomposées. Le sommet de la montagne est à 142 mètres au-dessus du niveau des rails.

L'entrée Ouest du tunnel étant précédée d'une grande tranchée, on avait fait un puits incliné pour pouvoir, à 250 mètres de distance de cette tête, commencer le percement du tunnel avant l'achèvement de la tranchée.

La galerie d'avancement, placée dans la calotte, fut bientôt envahie par les eaux, et ce n'est qu'après avoir exécuté une galerie de base, recueillant les eaux, que le travail put être poussé à l'aide de perforatrices avec un avancement de 29 m. par mois. On exécuta de suite le revêtement maçonné, là où il fut jugé nécessaire.

Les travaux partant de la tête Est se poursuivirent également avec l'emploi de perforatrices Ingersoll. La galerie de faîte fut exécutée sur 7 m. 92 de largeur ; les perforatrices étaient installées sur deux chariots, circulant sur deux voies placées symétriquement par rapport à l'axe du tunnel.

Le travail du déblai se faisait en commençant par le détachement d'un noyau central en forme de coin, auquel succéda l'abattage de toute la calotte sur environ 2 mètres de hauteur. L'abattage du strosse venait ensuite à une distance variant de 120 à 180 mètres.

On forait d'abord, à une distance de 1 m. 35 de l'axe, douze trous placés six à six sur les mêmes verticales et convergents; ces trous avaient 3 m. 16 de profondeur, 4 à 7 centimètres de diamètre et recevaient des charges variant de 11 à 22 kilogrammes de dynamite. L'abattage latéral se fit en forant par groupes

---

1. *Der Bau des Hauenstein Tunnel*, par MM. Pressel et Kaufmann, chez Detloff à Bâle, 1860.

de trois des trous situés sur la même verticale, ayant des profondeurs plus grandes que les premiers et divergeant horizontalement.

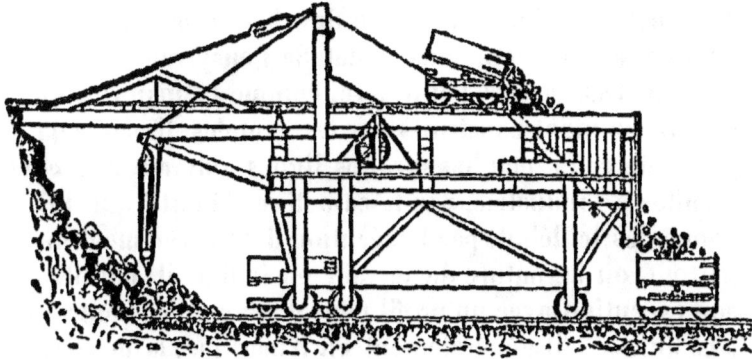

Fig. 120.

L'avancement du déblai en calotte, obtenu en moyenne par 3 ẞ trous de mine ayant ensemble 132 mètres de profondeur, était de 3 m. 20 et correspondait à quatre abattages successifs.

Le mètre cube de cet abattage exigeait 0 kg. 25 de dynamite de première qualité, 0 kg.50 de dynamite de deuxième qualité et 2 m.50 de longueur de forage de trous.

Après avoir excavé le sommet sur 2 m. 40 de hauteur et 7 m. 90 de largeur, on procédait, à 120 ou 180 mètres en arrière, à l'approfondissement. Un appontement mobile à plan incliné servait à déverser les wagonnets, enlevant les déblais de la calotte, dans des wagons circulant sur des voies posées au niveau de la plateforme du chemin de fer.

L'approfondissement se faisait par tranches parallèles au front d'attaque inférieur ; on employait par mètre cube de roche 0 kg.65 de dynamite n° 2 et 0 m.13 de longueur de trous de 4 à 6 centimètres de diamètre.

Le cube total des déblais de roche a demandé en moyenne, par mètre cube, 0 kg. 20 de dynamite n° 1 et 1 kilogramme de dynamite n° 2.

L'avancement moyen journalier a été de 1 m. 16. Commencé en 1872, ce tunnel n'a été terminé qu'en 1875, après environs 27 mois de travail, dont une grande partie a été perduc par l'invasion des eaux ; on n'en devint maître qu'après avoir pu assurer son écoulement naturel par les têtes.

**127. Tunnel de Vosburg** (*États-Unis*). — Le tunnel de Vosburg [1], situé sur une ligne de chemin de fer entre Philadelphie et Oswego, dans l'État de Pensylvanie, a été construit de 1883 à 1886 ; il diffère, comme la majorité des tunnels récemment construits sur les grandes lignes déjà prospères, de ceux établis sur des lignes ouvrant des contrées incultes à l'industrie, par le caractère définitif qui lui a été donné dès le début, par l'exécution d'un revêtement maçonné partout où la nature du terrain en indiquait l'utilité, et par son exécution avec un profil pour double voie. Contrairement à ce qui se fait généralement en Amérique, la marche suivie dans l'exécution de ce tunnel n'a pas été empreinte d'un désir bien vif d'abréger la durée des travaux. L'emploi de perforateurs et d'explosifs très puissants caractérisent l'époque récente de la construction, de même que le mode d'attaque des déblais, le mode de boisage et l'ordre suivi pour l'exécution des maçonneries de revêtement, indiquent l'absence de parti pris en faveur de l'une ou l'autre des méthodes classées.

Le tunnel a une longueur totale de 1190 mètres, dont les premiers 80 m. à l'Est passent par un terrain peu cohérent, formé par des éboulements et apports, tandis qu'il se trouve sur le reste de son parcours dans du grès dévonien, roche dure, plus ou moins résistante, nécessitant sur presque toute la longueur une voûte de revêtement, et en outre, dans les parties les moins bonnes, le revêtement des piédroits. Le profil adopté présente une hauteur de 6 m. 31 au dessus du niveau des rails ; l'ouverture au niveau des naissances est ordinairement de 8 m. 54, mais elle a été portée à 8 m. 88 dans la courbe prononcée qui se trouve près de la tête Ouest.

Le profil type ne présente que 49 mètres carrés de section libre, mais le déblai par mètre courant a été, en moyenne, de 80 mètres cubes.

---

1. M. Leo von Rosenberg a publié (New-York, 1887) une monographie très complète sur ce tunnel. Les données et figures qui suivent lui sont empruntées.

Les travaux ont été commencés à la main, mais dès que les installations pour la perforation mécanique furent terminées, on travailla du côté Est à l'aide du perforateur Ingersoll et à l'Ouest au perforateur Rand, tous deux fonctionnant à l'air comprimé et par percussion, pouvant faire des trous ayant jusqu'à 8 centimètres de diamètre et 3 m. de profondeur.

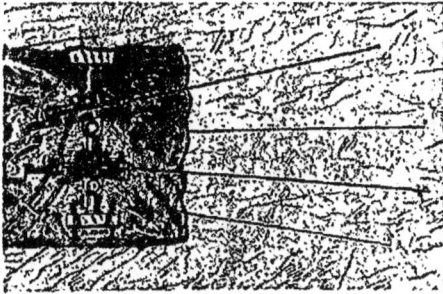

Coupe longitudinale.

Au début, le programme du travail comprenait l'établissement d'une galerie d'attaque en calotte s'étendant sur toute la largeur et sur 2 m. 48 de hauteur.

Dans les parties où le terrain n'était pas assez résistant, on dut aban-

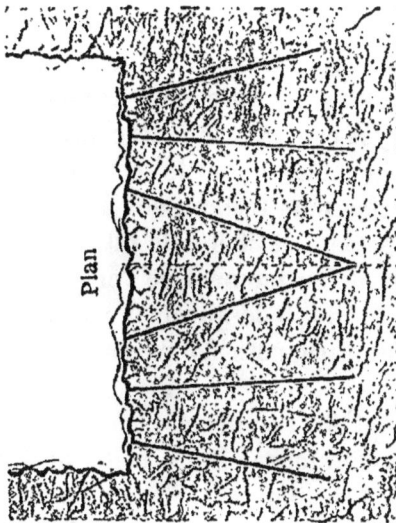

Plan

Profil transversal.

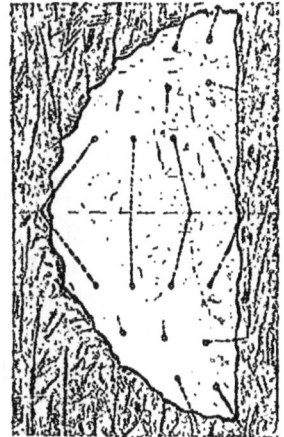

Fig. 121.

donner l'ouverture sur cette grande largeur et l'on réduisit, tout en maintenant la position de la galerie de faîte, la largeur à 4 mètres et même 2 m. 50 ; on a souvent placé l'axe de cette galerie, généralement boisée, à 2 m. 40 de l'axe du tunnel, latéralement.

Les perforateurs furent employés dans tous les travaux de mine, c'est-à-dire aussi bien pour les galeries d'avancement que pour les élargissements et les abattages.

Dans la galerie d'avancement s'étendant sur toute la calotte, on pratiqua en général 10 trous, dont les 8 vers le milieu, destinés à ébranler le coin central, avaient environ 3 mètres de profondeur, tandis que les 5 trous placés de part et d'autre avaient des profondeurs variant de 2 m. à 2m. 80. Les charges étaient de 2 kg. 5 à 3 kilogrammes d'explosif par trou.

Deux colonnes, supportant chacune deux perforateurs, maintiennent dans la galerie d'avancement les 4 appareils qui préparent les mines. Les ouvriers font partir celles-ci matin et soir, c'est-à-dire avant le renouvellement des postes.

Les colonnes sont munies de verrins de serrage pour prendre appui contre le ciel et le seuil de la galerie.

Pour le travail d'abattage, les perforateurs sont fixés sur des trépieds maintenus en place au moyen de poids.

Les explosifs employés étaient : le « Rackarock », pour la galerie ; la poudre dite « Atlas » pour le reste des déblais. Le premier produit a un effet plus instantané ; il se compose de 80 0/0 de chlorate de potasse et 20 0/0 de nitroglycérine, dont le mélange ne se fait qu'au moment de l'emploi ; la poudre Atlas est un mélange de 55 0/0 de nitrate de soude, 30 0/0 de nitroglycérine, 2 0/0 de carbonate de magnésie et 13 0/0 de fibre ligneuse.

Les deux galeries ont été commencées à la main et achevées au moyen de perforateurs. Dans celle de l'Est, on a avancé, du 19 mai au 7 septembre 1883, de 68 m. 50 ; dans celle de l'Ouest, du 12 mai au 5 août de la même année, de 57 m. 50 à la main. La rencontre des deux galeries a eu lieu le 13 juillet 1884, mais ce n'est que le 15 juin 1886 que le tunnel a été terminé.

Le tableau qui suit montre le travail fourni en moyenne par mois dans les galeries, avec les deux modes de travail.

Ainsi qu'il ressort des chiffres ci-dessous, la section de la galerie d'avancement variait en moyenne entre 15 et 20 m². Après avoir fait la galerie, on procéda d'abord à son élargissement, puis à l'abattage du massif inférieur. Ce dernier travail se fit en général à une distance d'environ 10 mètres en arrière du chantier d'élargissement de la calotte.

| Progrès mensuel | Côté Est | | Côté Ouest | |
|---|---|---|---|---|
| | Avancement en mètres | Déblai extrait en mètres cubes | Avancement en mètres | Déblai extrait en mètres cubes |
| A la main... | 18,55 | 411.7 | 20.05 | 321.3 |
| Au perforateur | 55,24 | 819.0 | 42,28 | 839.4 |

Dans les parties du tunnel où le terrain ne présentait pas une résistance suffisante pour que le ciel se maintînt, on établissait un boisage retroussé, prenant, à un niveau situé au-dessus des naissances des voûtes, appui sur le terrain ; puis on enleva tout le revanché et l'on exécuta la voûte qui, suivant les circonstances, avait la roche naturelle ou bien des piédroits préalablement maçonnés pour appuis.

Le terrain près de la tête Est ne pouvait même pas servir d'appui aux retombées du cintre ; on y fit un boisage soutenu par des pièces en éventail reposant sur des traverses, portées par des chandelles.

La maçonnerie des piédroits fut en général exécutée jusqu'au contact avec la roche, tandis que la voûte recevait l'épaisseur uniforme de deux, trois ou quatre briques, selon la nature du terrain. Les vides entre l'extrados de la voûte et le ciel de l'excavation furent remplis de pierrailles. Cette précaution était d'autant plus nécessaire que le profil du déblai présentait, sans doute à cause de la grande profondeur et de la charge considérable des trous de mine, de grandes irrégularités.

Ce qui frappe, ainsi que nous l'avons dit, dans la construc-

tion de ce tunnel, c'est que, contrairement à la tendance générale des ingénieurs américains, on n'a pas marché avec une
grande rapidité.

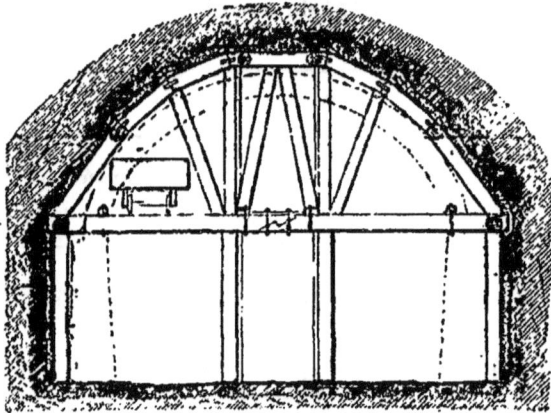

Fig. 122.

Les galeries de tête se rencontrèrent le 13 juillet 1884, mais
à cette date on n'avait pas encore commencé le déblai du revanché ou strosse côté Est. Ce n'est en effet que le 1er août
1884 que le strosse fut attaqué près la tête Est ; celui de la
tête Ouest, bien qu'il ait été attaqué dès le 15 juin 1883, n'a-
vait pas pris une grande avance.

Le progrès mensuel moyen du déblai du strosse n'a été que
de 35 mètres courants à l'Ouest et de 44 m. 2 du côté Est.

Il est permis d'attribuer ces lenteurs à la position de la galerie d'avancement dans le haut du profil ; c'est sans doute
pour ne pas compromettre le service des transports dans la
grande galerie d'avancement par des chantiers de déblai du
strosse, et par l'établissement des revêtements, que la marche
suivie a été adoptée.

**128. Tunnel de Saint-Martin d'Estréaux** (*France*). —
Le tunnel de St-Martin d'Estréaux[1] situé sur la ligne de St-Ger-
main-des-Fossés à Roanne, ouvert pour deux voies dans des

1. *Annales des Ponts et Chaussées*, 1850, 2º semestre.

roches dures (porphyres quartzifères) en partie bouleversées et ébouleuses, a 1.380m. de longueur.

Pour hâter son achèvement, on fit huit puits, espacés en moyenne de 140 mètres et ayant de 21m 5 à 53 m.7, soit en moyenne 36 mètres de profondeur. La section des puits était de 2m. sur 4m.50 ; on a cru devoir les munir sur toute la hauteur d'un blindage, ce qui contribua à rendre leur exécution lente et coûteuse. On n'avançait que de 0m.85 à 1m 53 par semaine. Le fonçage de l'un d'eux, ayant 48mètres de profondeur, exigea 13 mois. Le prix moyen par mètre cube s'élevait à 41 francs ; par mètre de profondeur, le boisage coûtait environ 200 fr., et le prix moyen total, comprenant l'extraction, le boisage, l'épuisement, etc., s'est élevé à 900 fr.

Pour le percement du tunnel, on commença par une galerie de direction, située dans la partie supérieure du profil ; cette galerie avait 3m.80 de large sur 4m.20 de haut, soit 16m². de section. L'abattage augmenta sa section de 11m².5 et l'on termina par l'enlèvement du strosse ayant 23m².5 de section.

Pour l'enlèvement d'un mètre cube dans la galerie on employait 3,4 journées de mineur et 1 kg.5 de poudre ; il revenait à 41 fr. en moyenne. L'abattage, pour lequel on put souvent se dispenser de boisage, ne revint qu'à 28 fr. 80 par mètre cube et le prix de l'enlèvement du strosse s'abaissa à 18 fr. Y compris les maçonneries, le mètre courant de ce tunnel est revenu à 2.600 fr.

En défalquant des dépenses celles dues aux puits et le coût des têtes, on trouve que le mètre courant du tunnel proprement dit ressortirait à 2.330 fr., prix de revient qu'on eût peut-être pu faire baisser à 2.200 fr., avec les moyens dont on disposait à cette époque, c'est-à-dire avant 1859.

Malgré le concours des attaques par huit puits, la durée d'exécution de ce tunnel a été de 4 ans et demi, correspondant à environ 26 mètres par mois.

Les progrès réalisés depuis lors permettraient d'achever un tunnel semblable sans puits en moins de temps et à moins de frais.

Les prix d'extraction de la roche ci-dessus cités montrent qu'en prenant le prix d'extraction d'un mètre cube du strosse, pour unité, celui de la galerie de direction est de 2,3 et celui de l'abattage 1,6. Ces rapports sont intimement liés aux surfaces des attaques ; il y a donc lieu de rappeler que la section de la galerie était de 16m², que l'abattage la porta à 27m².5 et l'enlèvement du strosse, à 41m².

Dans le *tunnel du Lioran* [1], exécuté en 1841, avec une section de 39m², la galerie n'avait que 6m².75 et le revanché 32m².25, le rapport du prix d'extraction d'un mètre cube du revanché à celui de la galerie était 1 à 2,5. Pour préciser les idées, il est utile de dire que le prix d'extraction d'un mètre cube de même nature à ciel ouvert n'était que les 5/8, soit environ 0,6 de celui du revanché.

Le terrain rencontré dans la percée du Lioran était très varié sous le rapport de la dureté, tout en restant sur toute son étendue dans la formation ancienne.

Le mètre cube d'extraction dans le revanché revient : dans le trachyte décomposé à 2 fr. 85 ; dans le conglomérat à 4 francs ; dans la brèche trachytique ou les trachytes de dureté moyenne à 5 fr. 45 ; dans le trachyte dur à 7 fr. 06 ; dans le basalte vif, très dur, à 9 fr. 60.

La journée de mineur coûtait 3 fr. 50 et le kilogramme de poudre 2 francs.

**129. Tunnel de Vierzy** (*France*). — Le tunnel de Vierzy [2], situé sur la ligne de Paris à Soissons, commencé en janvier 1860 et terminé en novembre 1861, ayant environ 1.400m. de longueur, a également été construit suivant le procédé généralement employé en France, consistant à commencer par l'ouverture de la galerie du haut, sur 2 m. 10 de largeur et 2 m. 15 de hauteur. L'élargissement sur toute la largeur de la calotte, la construction de la voûte, l'enlèvement successif du strosse et la reprise en sous-œuvre pour l'exécution des piédroits suivaient, et c'est par le déblai du strosse que se termina la construction.

Pour hâter l'achèvement on avait fait neuf puits, dont le

1. *Annales des Ponts et Chaussées*, 1846.
2. *Nouvelles annales de la Construction*, 1861.

plus profond avait 45 mètres. Deux de ces puits, auxquels on avait donné 5 mètres sur 2 m. 30 de section, ont été utilisés pendant toute la durée des travaux pour le service de l'approche des matériaux de construction. Ces puits débouchaient sur le tunnel même, dont l'ouverture pour deux voies est de 8 mètres en largeur, laissant au-dessus des rails extérieurs une hauteur libre de 5 mètres, correspondant à une hauteur sous-clef d'environ 6 mètres comptée à partir du niveau des rails.

Le terrain peu résistant nécessitait des voûtes de revêtement sur presque toute la longueur, et l'exécution de piédroits assez forts sur une grande partie.

Les voûtes de 0m.70 d'épaisseur à la clef s'étendent sur 770 mètres, celles de 0m.80 sur 214 m. et celles de 0 m.90 sur 340 mètres. Le cube total de maçonnerie de voûte a atteint 20,442 m³, soit 15m³,44 par mètre courant de revêtement ou 14m³,60 par mètre courant du tunnel.

Les piédroits recevaient de 1m,40 à 1m,75 d'épaisseur et ont dans leur ensemble un cube d'environ 6.700m³.

Le tunnel présente sur toute sa longueur une pente uniforme de 3mm. par mètre dans un seul sens, ce qui, s'il y avait eu affluence d'eau, eût créé des difficultés.

Le prix auquel ce tunnel a été adjugé à forfait a été de 1.200 fr. par mètre courant ; il peut être analysé comme suit :

| Terrassements. . | 300 fr. | |
|---|---|---|
| Maçonneries. . . | 710  » | } 1,200 francs. |
| Bois et fers. . . | 190  » | |

Les dépenses accessoires ont dû faire hausser ce prix, qui, vu les circonstances, doit être considéré comme très faible.

**130. Tunnel de Pouzergues** (*France*). — Le souterrain de Pouzergues est situé sur la ligne de Montauban à Cahors ; il a 867 mètres de longueur et traverse une masse calcaire reposant sur des marnes et des argiles, qui ont été atteintes sur environ 300 mètres de longueur. Le tunnel est fait pour deux voies, sa hauteur libre dans l'axe, au-dessus du niveau des rails, est de 6 m, 44 ; la largeur maxima, de 8 m, 24, est réduite à 7 m, 40 au niveau des rails.

Le procédé belge a été adopté pour la construction : après avoir ouvert la galerie de direction au sommet du profil, on procéda successivement à l'abattage en largeur de la calotte, à la maçonnerie de la voûte, au déblai du strosse, puis au déblai et à la maçonnerie en sous-œuvre des piédroits, et enfin au déblai et à la maçonnerie de l'aqueduc central.

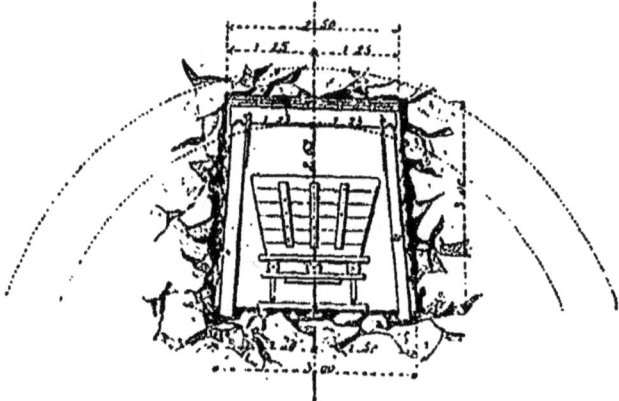

Fig. 123.

En dehors des attaques par les têtes, on fit quatre puits et trois galeries transversales de pénétration. Commencés le 26

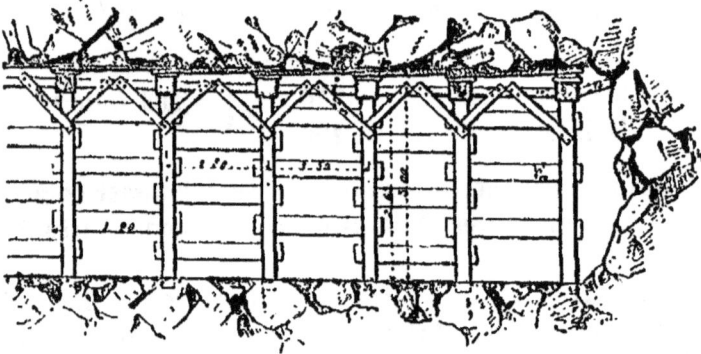

Fig. 124.

novembre 1879, les travaux préparatoires, interrompus à plusieurs reprises par l'envahissement des eaux, étaient terminés le 13 novembre 1880.

Le souterrain a rencontré de grandes cavernes et une galerie naturelle s'étendant sur une grande longueur au-dessus. Les eaux qui se déversaient de ces réservoirs entraînaient des masses considérables d'argile ; les difficultés qui en résultaient étaient d'autant plus grandes que le tunnel présentait sur toute sa longueur une pente uniforme de 7 mm. 5 dans un seul sens.

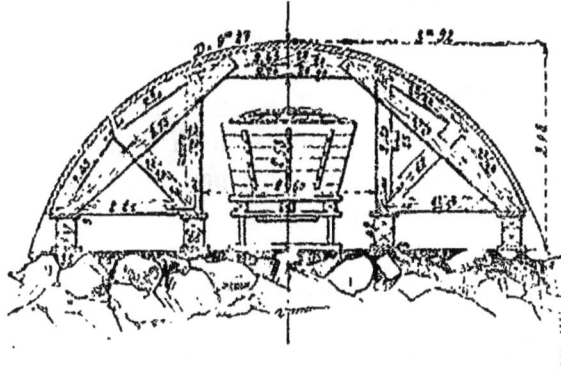

Fig. 125.

A un moment, le débit d'eau avait atteint 300 litres par seconde.

Le 25 novembre 1882, le tunnel a néanmoins été terminé, mais il a coûté 1.134.696 francs, soit par mètre courant 1.308 fr. 76.

Les déblais ont coûté 745.038 fr.; il a fallu faire en moyenne 61 m³ 36 de déblais au prix moyen de 11 francs par mètre courant. Les maçonneries, dont le prix moyen par mètre cube a été 24 fr. 16, ont coûté 302,333 fr.; il y avait en moyenne 14 m³ 42 de maçonneries par mètre courant. L'épaisseur de la voûte variait 0 m. 50 à 0 m. 70.

Le prix des cintres a été de 41.705 fr., celui des travaux accessoires de 45.600 fr.

**131. Tunnel de Viandes** (*France*). — Un autre tunnel, celui de Viandes, situé sur la même ligne et construit également ment sous la direction de M. Lanteirès, traversait un terrain argileux coupé par des filons de grès. Sa longueur est de 604 mètres et son profil transversal diffère de celui du tunnel de

Pouzergues, parce qu'il a fallu le munir sur toute sa longueur d'un fort radier. Il a été exécuté comme le tunnel de Pouzergues en commençant par l'ouverture de la galerie de faîte sur toute la longueur, mais on a eu soin de boiser très fortement cette galerie et on a procédé par anneaux de 3 à 6 mètres de longueur pour le revêtement maçonné, en donnant 0 m. 80 à la voûte et 0 m. 75 d'épaisseur sur l'axe au radier, dont le fond se relève par gradins horizontaux.

Les cubes des déblais et de la maçonnerie par mètre courant de tunnel sont de 74 m³ 15 et de 23 m³ 35, les prix correspondants du mètre cube sont de 12 fr. et 38 fr. Le blindage demandait 0 m³ 40 de bois par mètre courant et a coûté 39.000 francs. Le prix de revient total de ce tunnel a été de 1.227.000 fr., soit 2.031 fr. par mètre courant, comprenant une part proportionnelle de 63 fr. pour les têtes.

**132. Tunnel de Philippeville** (*Algérie*). — Le tunnel de Philippeville [1] a été ouvert pour deux voies. Le terrain a présenté du côté Nord, où il est composé de schistes quartzeux, de pyrites et de schistes durs, laissant pénétrer de grandes quantités d'eau, des difficultés aussi grandes que du côté Sud, où les schistes tendres, bien qu'ils fussent moins riches en eau, donnaient lieu à des pressions considérables.

Le tunnel a 825 mètres de longueur ; mais la tête Sud étant précédée d'une grande tranchée, qui n'était pas ouverte lorsqu'en janvier 1865 le tunnel fut commencé, on avait pris le parti de descendre par un puits de faible profondeur près de la tête Sud, en attaquant simultanément la tête Nord et un puits central de 51m.50 de profondeur situé à 458mètres de celle-ci.

Conformément au procédé dit français, on a commencé par la galerie d'avancement de faîte. Le puits central avait atteint en 5 mois le niveau du tunnel et on pouvait ainsi aller à la rencontre des galeries d'avancement poussées par les deux têtes. A 304m. de la tête Nord et à environ 300m. de la tête Sud, les galeries se rencontrèrent.

1. Notice publiée par M. Hauet dans la *Revue générale des Chemins de fer*, 1886.

On avait tenu à se rendre compte, par l'ouverture de la galerie d'avancement, de la nature si variée des terrains à traverser pour fixer les dimensions des revêtements et par suite des profils du déblai.

Les très forts boisages dont on garnissait la galerie, dans son passage à travers les schistes exerçant des pressions, ont prévenu les accidents auxquels on est exposé dans ces sortes de terrains. L'abattage de la calotte et l'exécution de la voûte ayant été faits par tronçons, on a exécuté en sous-œuvre et successivement les deux piédroits, après avoir ouvert la cunette centrale.

La connaissance des terrains avait conduit à fixer l'épaisseur du revêtement à au moins 0m.35 dans les parties où la roche était dure et à au moins 0m.80 dans les parties humides des schistes tendres.

On est ainsi arrivé à avoir par mètre courant de tunnel : dans les roches résistantes, 55m³16 de déblais et 10m³03 de maçonnerie, dont 6m³23 pour la voûte ; dans les terrains tendres, 63 mètres cubes de déblai et 17m³63 de maçonnerie, dont 10m³60 pour la voûte.

Sauf un éboulement qui s'est produit à environ 200 mètres de la tête Sud, et dont nous avons parlé au Chapitre V, § 8, il n'y a pas eu d'accidents. Le boisage a été exécuté sur 140 mètres de longueur et avait nécessité l'emploi de 157m³ de bois, dont 67m³ à l'état équarri, et de 3.384m² de madriers. De plus, le puits de 51 m. 50 de profondeur et de 3 mètres sur 2 mètres de section libre a également été boisé avec soin.

Ainsi qu'il a déjà été dit, les cadres, au nombre de 31, et le cuvelage ont exigé 43 mètres cubes de bois équarris et 1.240 mètres carrés de madriers.

**133. Tunnel de Sonnstein** (*Autriche*). — Le tunnel de Sonnstein [1] est situé sur le chemin de fer à voie unique dit chemin de fer Kronprinz Rodolphe ; il a été exécuté pour deux voies ; sa longueur est de 1.430m. Le percement de ce tunnel a été attaqué, non seulement par les têtes, mais encore par

---

1. *Zeitschrift des oesterr. Ingenieur und Architecten Vereins*, 1878.

deux galeries tranversales, dont l'une, de 266 mètres de longueur, se trouve à 419 mètres de la tête Ouest, l'autre, de 439 mètres, débouche à 669 mètres de distance de la tête Est.

On serait en droit de s'étonner de l'emplacement de galeries transversales de si grandes longueurs, car l'économie de temps réalisée par elles pour l'achèvement de la galerie d'avancement n'a pas été considérable.

La justification de cette disposition réside dans la configuration du sol aux abords du tunnel, qui n'eût pas permis de faire à proximité des têtes le dépôt des déblais ; de plus, de grandes tranchées se trouvent de part et d'autre du tunnel, ce qui n'a permis l'entrée en galerie par les têtes que longtemps après le commencement des galeries transversales, devant lesquelles on pouvait déposer les déblais.

La roche rencontrée était du calcaire et de la dolomie ; malgré leur nature favorable à un progrès rapide du percement, il n'a pas dépassé 1 mètre à 1m.13 par jour, tant que les trous de mine (ayant environ 26mm. de diamètre) se firent à la main, bien que l'on travaillât par relais de 6 heures seulement.

En avril 1877, on commença à faire usage du perforateur Brandt, dont les essais poursuivis au St-Gothard avaient été très satisfaisants.

On sait que l'outil de ces perforateurs ne fait que 5 à 8 tours, tandis que les perforateurs au diamant, agissant comme ceux du système Brandt, sans percussion, font 300 à 400 rotations par minute. L'outil employé au Sonnstein avait un diamètre extérieur de 8 centimètres, le creux était de 6 centimètres et la couronne de ce cylindre en. acier portait cinq dents dont les tranches, sous la pression de 6000 kg. exercée sur l'instrument, usaient très vite la roche. L'eau qui était employée sous 75 atmosphères de pression pour faire marcher les perforateurs servait aussi pour entraîner les détritus et pour refroidir l'outil.

La galerie d'avancement a été placée dans la base du profil. Elle avait environ 6m²,50 de section ; trois à cinq trous ayant en moyenne 1m,30 de profondeur y ont été pratiqués. Le trou du milieu, qui était le plus profond, était dirigé dans le

sens de l'axe, tandis que les autres avaient des directions divergentes. Les charges variaient de 3 à 4 kilogram. de dynamite.

L'avancement fut plus que doublé par l'emploi de ce perforateur, à l'aide duquel on fit 2m.10 à 2m.70 par jour. On
peut affirmer que si l'on avait eu une expérience plus complète de cet outil, on eût marché plus vite encore ; mais il n'y
avait à cette époque qu'un seul précédent, celui du tunnel de
Pfaffensprung (ligne du St-Gothard).

Pour l'abattage on fit, tout en se servant des mêmes perforateurs, des trous ayant jusqu'à 3m.50 de profondeur.

**134. Tunnels près de Novorossisk** (*Russie*).[1] — L'embranchement Ekaterinodar-Novorossisk, du chemin de fer de
Vladikawkas, traverse avant d'arriver au port de Novorossisk,
et à environ 16 kilomètres de la côte de la Mer Noire, l'une
des chaînes du Caucase. Deux tunnels, l'un de 384 mètres,
l'autre de 1388m.80 de longueur ont dû être exécutés.

Le terrain dans lequel ces souterrains ont été percés est
constitué de schistes argileux d'une teinte gris foncé, assez
durs, se décomposant et s'effritant sous l'action des intempéries, mais se maintenant à pic dans les chantiers. De nombreux bancs de calcaire se rencontrent dans ces schistes ; ils
ont été plus abondants dans le grand tunnel que dans l'autre.
En général, les bancs de calcaire sont recouverts d'une couche
d'argile qui retient les eaux. aussi a-t-on dû souvent, à la traversée de ces bancs plus ou moins inclinés, lutter contre les
eaux.

En dehors de l'analogie de la roche rencontrée, nécessitant
un revêtement sur toute l'étendue, ces deux tunnels ont aussi
cela de commun qu'ils présentent en plan la forme d'une S et
qu'ils sont sur toute leur longueur, sauf des paliers d'environ
130 mètres près des têtes Nord, en pente de 12mm.5. vers le
Sud. Les courbes de sens contraire par lesquelles on y pénètre
sont reliées par un alignement droit de 175m.16 dans le petit
et de 733m.56 dans le grand tunnel.

<hr>

1. Extrait d'une monographie publiée en 1800 à St-Pétersbourg par M. S.
Kerbedz (Texte et atlas).

Le *petit tunnel* a été exécuté pour deux voies, son profil libre mesure 8m.75 entre les piédroits et la voute est en plein cintre ; la hauteur de la clef au-dessus du niveau des rails est de 6m.93.

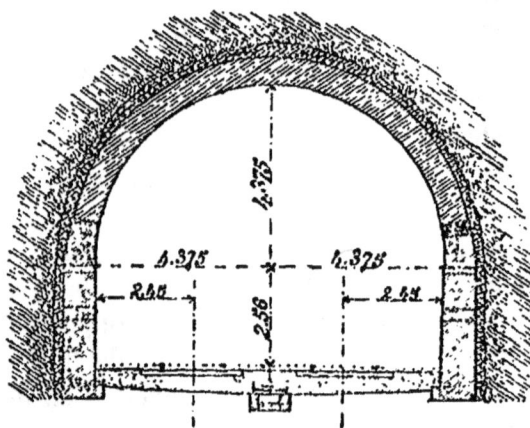

Fig. 126.

Il est utile de rappeler ici que la largeur de voie en Russie est de 1m.523 entre les bords intérieurs des rails ; l'écartement d'axe en axe des deux voies dans le tunnel est de 3m.84.

On a travaillé, quant à l'ordre dans lequel se suivaient les opérations de percement et de revètement, d'après le procédé dit belge ou français. L'avancement était poussé par une galerie de faîte d'environ 5 mètres carrés, dont le ciel correspondait à l'extrados de la voûte de revètement. L'approfondissement de cette galerie jusqu'au niveau des naissances de la voûte, et son élargissement jusqu'à la largeur d'environ 3m.25, permettait d'y établir une voie de transport de largeur normale ; suivaient les chantiers d'abattage des bas côtés de la calotte et de construction de la voûte.

Après l'achèvement de celle-ci, le revanché fut enlevé d'un côté pour établir au fond de la cunette la voie de service ; puis on déblaya en sous-œuvre et par chambres interrompues l'emplacement du piédroit qui venait soutenir la voûte de ce côté. L'exécution du piédroit opposé et enfin celle du canal central terminaient l'opération.

TUNNEL DE 884 MÈTRES PRÈS DE NOVOROSSISK

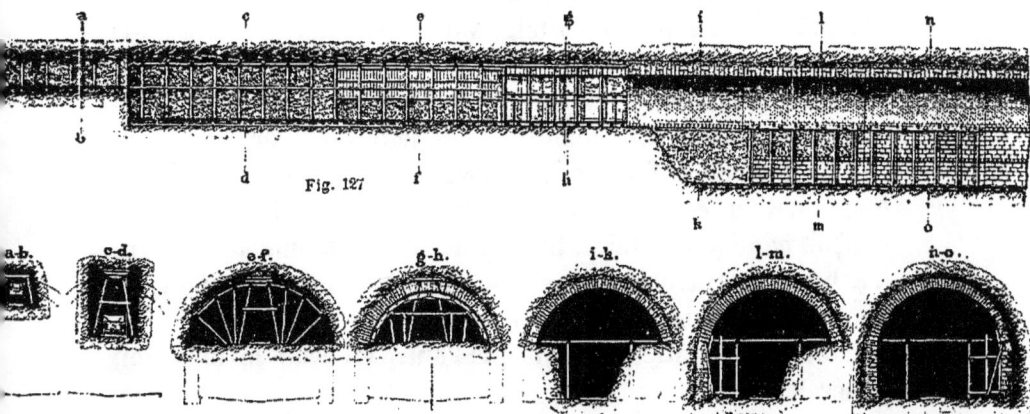

Fig. 127

Fig. 128    Fig. 129    Fig. 130    Fig. 131    Fig. 132    Fig. 133    Fig. 134

Les tranchées de part et d'autre du tunnel avaient été poussées jusqu'à 16 et 18 mètres de profondeur. Tout le travail de percement a été fait à la main et la dépense s'est élevée à environ 765.000 francs, soit à près de 2.000 francs par mètre courant.

Le *grand tunnel*, de 1388 m. 80 devant être terminé en trois ans au plus, nécessitait, à raison des conditions locales, le développement d'une activité considérable et l'emploi de moyens énergiques.

Le sommet de la chaîne de montagne se trouve à environ 102 mètres au-dessus du niveau des rails.

L'entrée Nord, près de laquelle la voie se trouve sur environ 139 mètres en palier, est précédée d'une tranchée d'environ 640 mètres de longueur, atteignant la profondeur de 18m.40 ; celle du Sud, à partir de laquelle la voie s'élève avec une pente continue de 12mm.5, est précédée d'une tranchée de 130 mètres de longueur, atteignant 11m.70 de profondeur.

Se rappelant enfin que le tunnel est en partie en courbe et que la nature de la roche donnait lieu à des infiltrations, on conçoit combien il était difficile d'arriver en moins de trois ans à achever les travaux. Le résultat obtenu fait le plus grand honneur à MM. Kerbedz, dont l'un était chargé de la conduite immédiate des chantiers, tandis que l'autre en avait la direction générale.

Dans ce tunnel, on n'a exécuté que sur 48 m. 80 près de la tête Nord et 46 m. 50 près de la tête Sud le profil pour deux voies. Sur le reste de la longueur on s'est borné à n'achever le tunnel que pour une voie, en laissant subsister la roche à l'emplacement de la seconde et y appuyant la voûte, construite d'ailleurs suivant le profil complet (fig. 135).

Le procédé suivi dans ce tunnel n'est plus celui d'après lequel le petit tunnel a été exécuté ; on y a profité de l'expérience acquise au tunnel de l'Arlberg.

La galerie d'avancement se trouvait à la base et avait une section d'environ 9 mètres carrés. A des intervalles variant entre 30 et 60 mètres, on s'élevait par des cheminées d'environ 2 mètres carrés pour exécuter une galerie de faîte dont la section initiale n'était que de 4 mètres carrés, mais qui servait à la création de chambres de travail, permettant de faire l'élargissement de la calotte en suivant de près l'avancement de la galerie de base, dans laquelle les perforateurs Dubois et François assuraient une marche rapide.

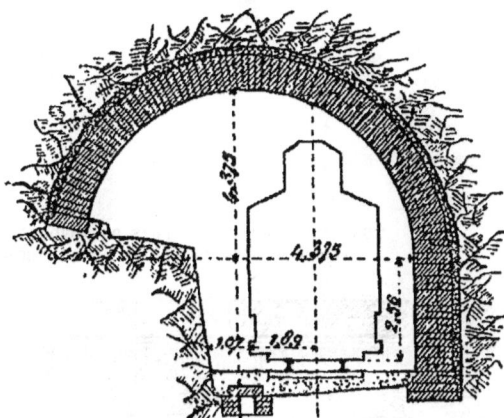

Fig. 135.

Après avoir ouvert la calotte sur toute sa largeur et avoir assuré son maintien par un boisage suffisant, on procéda au déblai du revanché du côté qui devait recevoir la voie, tandis que le strosse du côté opposé était maintenu sur une épaisseur telle que la largeur libre, entre le piédroit exécuté et le parement à peu près vertical du strosse, était de 4 m.27, au niveau des rails.

Les maçonneries ont été exécutées en commençant par le piédroit et en terminant par la pose de la clef de la voûte.

Il va de soi que la voie de service a pu être maintenue tout le temps au niveau du début dans la galerie de base, en ne subissant que des ripages de peu d'importance.

Tant pour mieux contrôler la direction de l'axe que pour faciliter la ventilation, on a foncé quatre puits carrés de 2 m. 13 de côté; de plus, pour hâter le commencement du percement du tunnel du côté Nord, où la grande tranchée dut être ouverte, on était descendu par un puits à environ 75 mètres de la tête. Du côté Sud, la tranchée se trouvait à faible distance du flanc du coteau et on avait profité de cette

TUNNEL DE 1380 MÈTRES PRÈS DE NOVOROSSISK
Procédé d'exécution des déblais et des boisages.

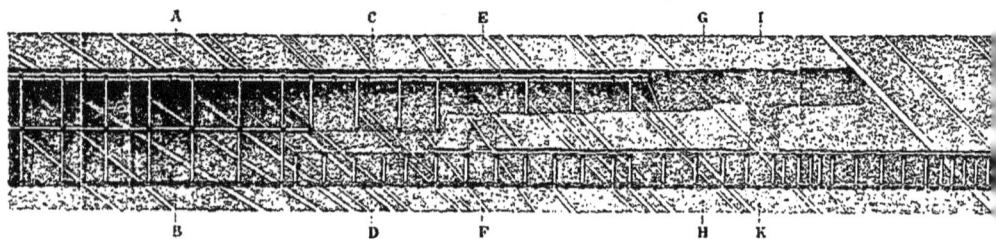

Fig. 136.

A-B.  C-D.  E-F.  G-H.  I-K.

Fig. 137.  Fig. 138.  Fig. 139.  Fig. 140.  Fig. 141.

circonstance pour en hâter l'ouverture, en se créant un accès
par une galerie transversale vers la tête du tunnel.

La galerie de base fut commencée dans ces conditions le
10 novembre 1885 du côté Sud, et le 5 décembre de la même
année, en partant du pied d'un puits, du côté Nord. La longueur totale de la galerie de base différait de celle du tunnel,
par suite des sujétions imposées par les tranchées aux abords;
elle était de 1.400 m. 56, sur lesquels environ 425 mètres du
côté Nord et 332 mètres du côté Sud ont été ouverts à la main
sans perforateurs.

Malgré les difficultés créées du côté Nord par les eaux,
dont on ne pouvait se débarrasser qu'à l'aide de pompes, et
malgré cette forte proportion de travail à la main, les galeries
se sont rencontrées, avec seulement 7 centimètres de déviation, le 10 février 1887, de sorte que l'avancement moyen journalier de chaque côté avait été de 1 m. 58. Le 1ᵉʳ juin 1888
le tunel était parfaitement achevé.

En vue du maintien d'une partie du strosse, la galerie de
base fut rejetée de 1 m. 70 hors de l'axe, vers le côté devant
être achevé.

Les boisages, exécutés en bois de sapin, étaient espacés,
suivant la nature du terrain, de 1m.20 à 2 mètres d'axe en axe.

Le travail des ouvriers était réglé par postes de 8 heures.

La voie de service du côté Nord n'avait que 0 m. 60 de
largeur. On avait dès le principe décidé de ne transporter
que le moins de déblais possible de ce côté, car les transports
dans cette direction nécessitaient ou bien la remonte sur la
rampe de 12 mm. 5 ou l'enlèvement par le puits. Par contre, vu
la situation favorable des chantiers du côté Sud, d'où l'eau
s'écoulait naturellement et où le transport des déblais était facilité par la pente, la voie de service avait la largeur normale
de 1 m. 52. C'est vers le Sud que se firent tous les transports
dès que le percement de la galerie de base l'eut permis.

Dans ces conditions, la plus grande activité régnait vers les
chantie. Sud et ce fut un vrai contretemps de ne pas trouver
de ce côté de la montagne des forces hydrauliques suffisantes,
pour faire marcher les compresseurs fournissant l'air aux perforateurs.

TUNNEL DE 1389 MÈTRES PRÈS DE NOVO OSSISK
Procédé d'exécution des cintres et des maçonneries.

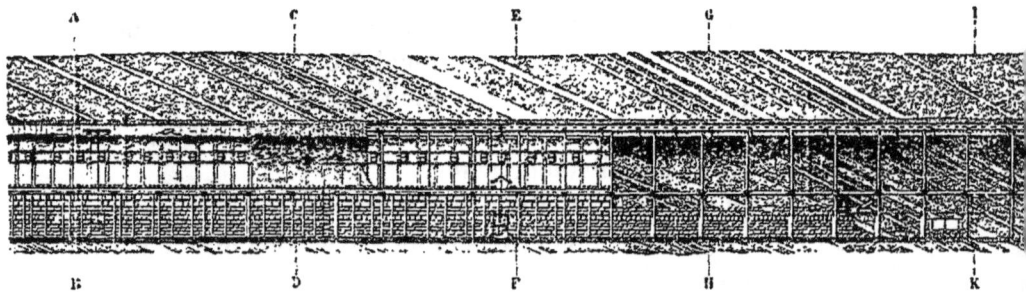

Fig. 142.

A-B.          C-D.          E-F.          G-H.          I-K.

Fig. 143.        Fig. 144.        Fig. 145.        Fig. 146.        Fig. 147.

Les machines hydrauliques ont dû être établies du côté Nord, et un tube en fer de 75 millimètres de diamètre transporta l'air comprimé vers les perforateurs travaillant au Sud.

Le volume du déblai par mètre courant de tunnel, achevé pour une voie seulement, a été très considérable ; il se décomposait suivant les diverses étapes du travail de percement comme suit :

| | | | |
|---|---|---|---|
| Galerie de base | . . . . . . . | 9 m³ | 10 |
| — faîte | . . . . . . . | 4 | 55 |
| Élargissement de la calotte | . | 30 | 68 |
| Strosse | . . . . . . . . . . | 30 | 32 |
| Canal | . . . . . . . . . . | 0 | 46 |
| Fondation | . . . . . . . . . | 0 | 68 |
| Ensemble par mètre courant. | | 75 m³ | 79 |

Le volume de maçonnerie par mètre courant de tunnel, établi comme il vient d'être dit pour une voie, est de 16m³ 83, se décomposant ainsi :

| | | | |
|---|---|---|---|
| La voûte | . . . . . . . . . . | 8 m³ | 51 |
| Le piédroit | . . . . . . . . . | 8 | 00 |
| Le canal | . . . . . . . . . | 0 | 32 |
| Ensemble | . . . . | 16 m³ | 83 |

Ce revêtement, qui règne sur toute la longueur du tunnel, a été exécuté par anneaux indépendants ayant 6 à 8 mètres de longueur. Pour la majeure partie, il n'a d'autre but que la protection contre l'action de l'air. Dans les rares points où s'exerce une pression, on a porté l'épaisseur de la voûte de 0 m. 50 à 0 m. 80.

La voûte était d'abord projetée en briques, mais on a fini par la faire, ainsi que le piédroit, en moellons.

L'explosif employé a été la dynamite. Dans la galerie de base, la consommation de dynamite par mètre cube de déblai a été de 900 grammes lorsqu'on travaillait à la main, mais elle a atteint 1 kg. 66 lorsqu'on employait les machines perforatrices.

Dans la galerie de faîte, où l'avancement journalier de chaque attaque était d'environ 1 m. 28, et où l'on travaillait à la main, la consommation de dynamite était de 1 kilogramme et demi par mètre cube.

Les dépenses [1] pour l'exécution de ce tunnel ont été les suivantes, savoir :

| | |
|---|---:|
| Déblai de la galerie de base, y compris 46.400 francs de prime . . . . | 300.920 fr. |
| Déblai de la galerie de faîte . . . . . | 144.331 » |
| — d'élargissement de la calotte. | 330.560 » |
| — du strosse . . . . . . . . . | 418.961 » |
| — pour le canal et la fondation . | 18.395 » |
| Maçonneries (non compris les matériaux) ⎱ piédroits. | 80.220 » |
| voûte . . . | 282.618 » |
| canal . . | 9.897 » |
| Prime pour achèvement avant le délai prévu. . . . . . . . . . . . . . . . | 120.859 » |
| Bois pour boisages et cintres . . . . | 174.244 » |
| Moellons. . . . . . . . . . . . . . | 233.456 » |
| Briques . . . . . . . . . . . . . | 40.419 » |
| Moellons pour parements . . . . . . | 53.562 • |
| Ciment. . . . . . . . . . . . . . . | 277.441 » |
| Sable . . . . . . . . . . . . . . | 55.241 » |
| Exécution des puits . . . . . . . . . | 56.560 » |
| Perforateurs. . . . . . . . . . . . | 176.777 » |
| Les têtes du tunnel. . . . . . . . . | 61.004 » |
| Entretien des installations mécaniques. . . . . . . . . . . . . . . . | 153.034 » |
| Établissement des ateliers. . . . . . | 12.378 » |
| Entretien des wagonnets . . . . . . | 26.040 » |
| Personnel technique. . . . . . . . . | 79.905 » |
| Frais divers d'entretien . . . . . . . | 33.311 » |
| Constructions temporaires (ateliers, bâtiments, hangars, baraques, habitations, infirmerie, cantine, dépôt de dynamite, etc., etc). . . . . | 127.886 » |
| | **3.248.019 francs.** |

[1]. Le rouble a été compté à 3 francs.

*Report.* . .    3.248.019 francs.

Achèvement du tunnel pour deux
voies sur toute sa longueur (estimation) . . . . . . . . . . . . .    450.000 »
Ensemble . . .    3.678.019 francs.

Soit par mètre courant 2.662 francs.

L'analyse de ce prix total montre que le mètre courant de
la galerie de base (comprenant l'amortissement des machines,
bâtiments et ateliers pour une somme d'environ 260 fr.) a été
de 478 francs.

Le prix d'un mètre cube de déblais exécutés à l'intérieur du
tunnel a été de 16 fr. 10 ; si le strosse avait été enlevé entièrement, c'est-à-dire si le tunnel avait de suite été établi pour
deux voies, ce prix moyen n'eût été que d'environ 15 francs.

Le mineur recevait 9 francs, l'aide-mineur 3 fr. 75 à 4 francs
par jour.

On a consommé en moyenne par mètre cube de déblai 0 kg.3
de dynamite, 1 1/2 capsules et 1 m. 40 de mèches.

Le boisage entrait pour près de 2 francs dans le prix du
mètre cube de déblais.

Les maçonneries exécutées à l'intérieur du tunnel ont coûté
en moyenne 55 fr. 80 par mètre cube.

**135. Tunnel de Lupkow** (*Autriche-Hongrie*). — Le tunnel de Lupkow est situé sur la ligne de chemin de fer qui
réunit le réseau de la Galicie à celui de la Hongrie et qui
franchit la chaîne des Monts Karpathes.

Il n'a que 416m.4 de longueur, mais les grandes difficultés
que présenta son exécution et la dépense d'environ 5.170.000
francs à laquelle il donna lieu, (ce qui correspond à 12.415 fr.
par mètre courant), lui ont donné une certaine célébrité.

Le col sous lequel passe le tunnel en question est à la côte
de 638m.7 et le niveau des rails s'élève, par une rampe continue de 25 mm. par mètre du côté de la Galicie, jusqu'à 607m.2
au-dessus du niveau de la mer.

Le profil du tunnel est pour double voie, il présente 8m.20
de largeur aux naissances de la voûte en plein cintre, dont le
sommet est à 6m.30 au-dessus du niveau des rails.

Le terrain qu'on rencontra n'était pas le grès, qui prédomine en général dans les Karpathes ; on avait à traverser des schistes argileux, bouleversés et se boursouflant sous l'effet de l'air et de l'eau.

Les travaux avaient commencé en vue d'un tunnel situé à une cote moins élevée et ayant plus de longueur, mais la nature du terrain rencontré conduisit au choix de l'emplacement indiqué. En juin 1871, on se mit à l'œuvre en commençant par une galerie d'avancement de base, ayant environ 2 mètres de largeur sur 2 mètres de hauteur. De cette galerie, on s'éleva par 14 puits jusqu'au sommet de la calotte, et l'on procéda dans chaque chambre de travail ainsi créée à l'abattage du profil entier sur des longueurs de 4 à 5 mètres, pour y établir de suite le revêtement, en commençant par les piédroits. Malgré les pressions considérables qui se manifestèrent dès le début, par l'écrasement du boisage de la galerie et par le soulèvement des voies qui y étaient établies, on eut le tort de ne pas procéder de suite à l'exécution d'un radier.

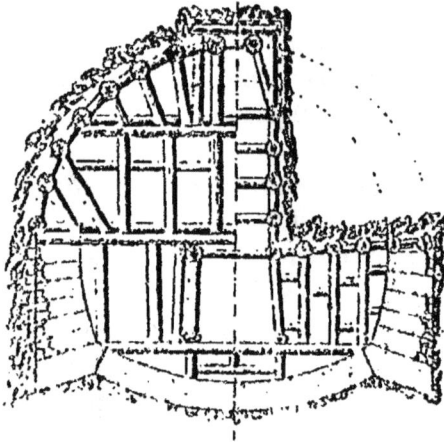

Fig. 148.

La voûte, dont l'épaisseur fut portée à 1 mètre à la clef et à 1m.20 à 1m.65 aux naissances, fut néanmoins écrasée et malgré le radier, qu'on avait fini pour ajouter, l'ouverture fut réduite par déformation de 8m.20 à 5m.50 et même à moins. En plusieurs points, la clef descendit d'environ un mètre.

Il est certain que le fait d'avoir trop hâté la galerie d'avancement, dont l'écrasement permit ensuite au terrain de se mettre en mouvement, fut la première faute à laquelle vint se joindre celle de l'excavation du terrain sur toute la section du profil, et sur des longueurs trop grandes.

On renforça sans succès le boisage dans les grandes chambres ; une fois qu'un tel terrain se trouve en mouvement, ouvrant des fissures par lesquelles l'eau s'introduit, les revêtements et boisages ne suffisent plus. Les tassements du terrain avaient été si considérables que des fissures apparurent même à la surface, sur le sol.

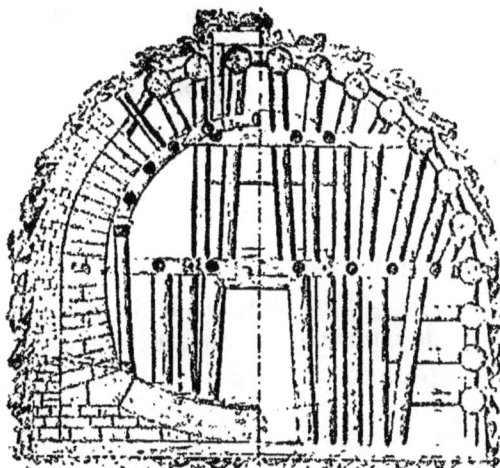

Fig. 140

La majeure partie des maçonneries a dû être remplacée et au lieu du grès de la localité on employa, sur 103 mètres de longueur, du granite, amené à grand frais de fort loin. Les radiers, par lesquels le revêtement fut commencé dans cette période de reconstruction, présentaient la forme de voûtes renversées ayant environ 1 mètre d'épaisseur et furent exécutés par arceaux de 1m.20 à 1m.70 de longueur.

En mai 1874, au bout de près de trois ans d'efforts, ce tunnel fut livré à l'exploitation.

On ne peut nier, si partisan qu'on soit de la méthode du

percement d'une galerie de base, que c'est en grande partie à
ce procédé que doivent être attribuées les péripéties par lesquelles on a passé au tunnel de Lupkow.

Il est permis de dire que, dans des conditions analogues, il
serait préférable de commencer par la galerie de faîte ; de ne
pas lui donner une avance considérable sur l'élargissement de
la calotte et sur l'exécution de la voûte, et de reprendre celle-ci
en sous-œuvre pour l'exécution successive des piédroits, ceux-
ci devant, au fur et à mesure de la suppression du strosse, être
reliés par un radier exécuté par arceaux de faible longueur.

Comme dans les tranchées ouvertes en terrains ébouleux,
l'attention des ingénieurs eût dû, avant tout, s'attacher à prévenir tout mouvement des masses menaçantes.

En se résignant à un procédé ne comportant ni un avancement très rapide, ni une exécution aussi peu coûteuse que par
le procédé qu'on adopta, *si celui-ci n'avait donné lieu à aucune
complication*, on eût en réalité évité beaucoup de déboires et
achevé le travail en beaucoup moins de temps et à infiniment
moins de frais.

L'exemple du tunnel de Lupkow pourra utilement être
invoqué par ceux qui veulent, dès le début, suivre une marche
sûre, au lieu de courir une aventure pouvant devenir désas-
treuse, et ne promettant en cas de succès qu'une médiocre
économie.

## § 4

## TUNNELS DE TRÈS GRANDE LONGUEUR

**136. Généralités**. — Le raccordement des réseaux de
chemin de fer séparés par des chaînes de montagne s'effectuait
autrefois au moyen de chemins de fer à fortes rampes.

La nécessité de recourir à ce moyen a donné naissance à
des dispositions et inventions fort variées. Malgré les perfectionnements apportés dans la construction des locomotives,
l'invention des chemins de fer à crémaillère, l'exécution des

abris contre la neige, etc., etc., le rattachement des réseaux par dessus les cols est resté une grave sujétion à la circulation.

Les tunnels percés à travers les gros massifs étaient le seul moyen qui pût écarter toutes les difficultés du trafic, mais l'exécution de ces tunnels de dix kilomètres et plus de longueur a longtemps effrayé et arrêté les ingénieurs.

Une fois de telles constructions décidées, l'insuffisance des moyens dont on disposait pour les mener, dans des délais raisonnables, à bonne fin, aiguillonna l'esprit des chercheurs et donna lieu à l'invention et aux perfectionnements des perforateurs et des explosifs très puissants.

Le tunnel de Hoosac (Etats-Unis), qui a 7.645m. de longueur, était projeté depuis 1848, mais il ne fut commencé qu'en 1858 ; et malgré l'insuffisance manifeste des moyens techniques alors connus, cette œuvre n'a été le point de départ d'aucun perfectionnement important dans les procédés de construction des grands tunnels. Il n'en fut pas de même pour le tunnel du Mont-Cenis.

MM. Sommeiller et Maus ont fait faire d'énormes progrès à l'art de percer les tunnels, et depuis lors chacun de ces ouvrages de très grande longueur a été marqué par de nouveaux pas en avant.

L'impossibilité de créer au moyen de puits ou de galeries transversales des points d'attaques intermédiaires, l'obligation de pousser par les deux têtes seulement les travaux de percement des longs tunnels, sont les traits particuliers des ouvrages dont nous parlerons ci-après.

Donnant à la fin de ce paragraphe un tableau qui montre les progrès réalisés depuis la construction du tunnel du Mont-Cenis jusqu'à celle de l'Arlberg, entre lesquelles la construction du tunnel du Saint-Gothard vient se ranger, nous pourrons être plus brefs dans la description de chacune de ces trois percées des Alpes.

Disons de suite que l'on n'hésite plus à proposer des tunnels plus longs que ceux-ci, et que le prix de 4.000 francs par mètre courant pour deux voies est introduit dans les estimations des tunnels des Alpes projetés. Ainsi, pour celui du

Simplon, qui doit avoir environ 18.500 mètres de longueur, on estimait en 1880 les frais à 74 millions de francs.

Pour le tunnel du Luckmanier, dont la longueur devait atteindre 17.400 mètres d'après les études de 1865, et 19.750 mètres d'après celles de 1868, les devis s'élevaient à 72,75 et à 82,2 millions de francs.

Le tunnel du Mont-Blanc, dont la longueur totale devra être de 18.940 mètres, se décompose en deux sections bien distinctes : dans la partie qui se trouve dans la montagne, soit 13.640 mètres, il ne pourra être attaqué que par les extrémités, tandis que sur les 5.300 mètres qui passent sous la vallée on pourra, à l'aide de puits d'environ 300 mètres de profondeur, créer des points d'attaque intermédiaires. L'ensemble des 18.940 mètres de tunnel a été estimé à 64 millions.

Il est juste de mettre en tête de ce chapitre les noms de ceux à qui revient l'honneur d'avoir fait faire de grands progrès à l'art de l'ingénieur, à l'occasion de la construction des grands tunnels. Ce sont, pour le Mont-Cenis : Sommeiller, Maus, Grandis et Grattoni ; pour le St-Gothard : Favre ; pour le Mont-Arl : Lott, Lapp et Ceconi.

Mais avant de parler des grands tunnels ouverts dans les Alpes, il n'est pas sans intérêt de donner l'historique du plus long tunnel exécuté jusqu'ici aux États-Unis. Les progrès réalisés en Europe n'en ressortiront que mieux.

**137. Tunnel de Hoosac** (*États-Unis*). — Le tunnel de Hoosac, sur le chemin de fer de Troy à Greenfield, a 7.645 m. de longueur ; il est le plus long de tous les tunnels faits jusqu'ici sur les chemins de fer d'Amérique. Commencé en 1858, il n'a été achevé qu'en 1876 après avoir subi de nombreux et longs arrêts, motivés par le manque de fonds, par la rencontre de grandes difficultés techniques et par des changements fréquents des entreprises chargées du travail.

Commencé à une époque où l'on ne connaissait que l'emploi exclusif du travail à la main et celui de la poudre pour les mines, il fut terminé avec l'emploi des perforatrices mécaniques et d'explosifs bien plus puissants que la poudre.

Le massif dans lequel le tunnel de Hoosac est creusé est constitué par des micaschistes et des gneis, traversés par des veines de quartz. On a aussi rencontré des parties de roches décomposées et sans consistance.

La montagne présente deux faîtes : le premier s'élève à 521 m. 50, l'autre à 431 m. 50 au-dessus du tunnel ; entre eux se trouve une dépression d'environ 210 mètres.

C'est dans l'étendue de cette dépression, à peu près à mi-longueur du tunnel, qu'on descendit un puits de 314 mètres de profondeur, dont la section elliptique avait 4 m. 57 sur 8 m. 20. Commencé en 1864, mais arrêté par un incendie pendant plus d'un an, il ne fut terminé qu'en 1870, soit au bout de six ans et demi, pendant lesquels il n'y eut que 49 mois de travail effectif.

Les galeries d'avancement avaient d'abord été placées dans le haut, mais on changea dans la suite cet emplacement et l'on procéda par galerie de base, ayant 1 m. 80 de hauteur et 4 m. 50 de largeur, assurant ainsi l'espace suffisant pour le travail de déblai et l'organisation des transports, tout en permettant l'installation des conduites d'air comprimé, dont on se servit pour activer les perforateurs et pour assurer la ventilation.

Une modification plus importante encore fut apportée dans le cours des travaux. Au lieu d'une seule voie, avec 4 m. 27 de largeur, on porta la largeur du tunnel à 7 m. 32 dans les parties sans revêtement et à 7 m. 94 dans les parties avec revêtement (figures 150 et 151). Cet élargissement, qui permit la pose de deux voies, a surtout été décidé en vue de faciliter les réparations et la ventilation en cours d'exploitation. Les hauteurs libres au-dessus du niveau des rails, sont respectivement de 5 m. 64 et 6 m. 40.

Pour l'attaque de l'Ouest, où l'on n'avait pas rencontré d'eau, M. Shanly, l'entrepreneur qui, depuis 1868, fut chargé des travaux et qui les acheva en 1876, préféra revenir à la galerie d'avancement de faîte, à cause des facilités que cette disposition parut lui présenter au point de vue de l'installation et du travail des perforateurs. La galerie de base fut continuée du côté Est, où l'affluence des eaux justifiait cette disposition.

Lorsque M. Shanly fut chargé de l'achèvement du tunnel, la galerie partant de la tête Est était ouverte sur 1.610 mètres, celle de l'Ouest sur 1.236 mètre, et le puits central avait atteint la profondeur de 178 mètres. Le cube de déblai qui devait être fait par cette entreprise était estimé à environ 260.000 mètres cubes.

Dans le courant des années 1869, 1870, 1871 et 1872, les progrès annuels allaient en augmentant. La galerie d'Est avança de 378m.6, 461m.5, 531m.3 et 455m.7 ; celle de l'Ouest de 136m.9, 366m.7, 420m.6 et 492m.6.

Le puits central fut achevé vers la fin de 1870 et les galeries, poussées dans les deux directions à partir de ce point central, ont avancé en 1870, 1871 et 1872, de 44 m.8, 130 m.1 et 410 mètres pour se rejoindre en 1873.

Le concours prêté par le puits, pour l'achèvement de la galerie d'avancement, n'a pas été sans importance, malgré toutes les difficultés rencontrées dans son fonçage, et l'on peut dire qu'il a permis d'avancer de près de 8 mois l'achèvement de la percée. Il est néanmoins certain que si lors du commencement des travaux du puits, en 1864, on eût prévu les grands frais auxquels il donnerait lieu et le peu de parti que l'on en tirerait pour l'exécution des travaux, on ne l'eût fait, si l'on s'y était décidé, qu'en vue des services qu'il devait rendre pour la ventilation.

Pour l'achèvement du tunnel, M. Shanly ne s'était engagé qu'à avancer la galerie d'attaque à raison de 22 m. 90 et le percement complet à raison de 38 m. 10 par mois, non compris l'achèvement des galeries déjà commencées. Les chiffres ci-dessus donnés montrent que sa marche a été plus rapide.

Le 27 novembre 1873, la galerie dirigée du puits vers l'Ouest rencontra la galerie partant de la tête Ouest, tandis que dans la direction Est la rencontre avait déjà eu lieu le 12 décembre 1872. Les déblais ne furent complètement achevés qu'en décembre 1874, et bien qu'un premier train ait pu traverser le tunnel le 3 février 1875, la circulation régulière ne commença qu'en octobre de la même année.

On avait cherché à réduire d'abord au strict nécessaire les revêtements ; ils durent être prolongés dans la suite.

Le 1ᵉʳ juillet 1876, époque à laquelle le tunnel a été définitivement reçu, il n'y avait que 800 mètres courants de revêtement, mais il a fallu depuis lors considérablement augmenter leur étendue.

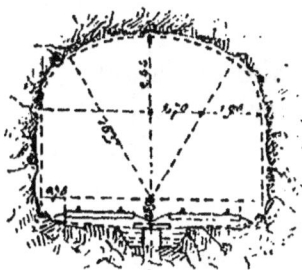

Fig. 150.

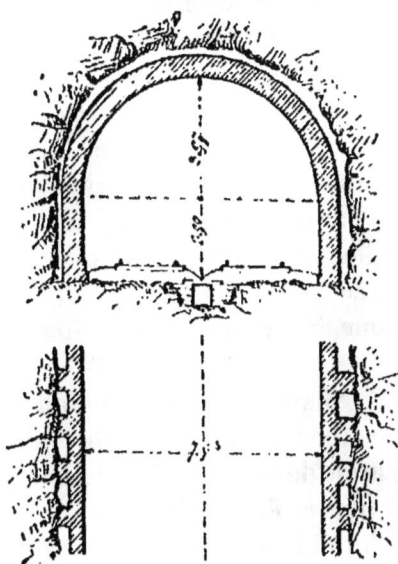

Fig. 151

Pour réaliser une économie sur les maçonneries constituant le revêtement, tout en lui donnant de la continuité, on
ne la fit pas porter en toute longueur contre la roche ; on se
contenta de s'en tenir à une épaisseur déterminée, qui ne fut
renforcée que de distance en distance.

Ainsi que le montre la coupe horizontale donnée ci-contre, ces parties de maçonnerie poussées jusqu'au contact avec la roche constituent des contreforts dans les piédroits et des renforcements dans la voûte ; de plus, ces parties du revêtement empêchent, en s'appuyant contre la roche, les éclats ou blocs de se détacher. Il y a des cas où ce mode d'exécution pourra être imité avec avantage. Il présente sur les arceaux isolés cette supériorité : qu'il met la roche à l'abri des influences de l'air, qu'il retient dans toute l'étendue, les débris pouvant se détacher du terrain, qu'il dispense des refouillements partiels, et n'augmente pas le cube des maçonneries.

On exécute ces contreforts aux endroits qui, par les irrégularités des déblais, correspondent à des largeurs dépassant les limites déterminées.

L'instabilité dans la direction, et les interruptions résultant du manque de ressources, n'ont pas moins contribué à retarder l'achèvement et à augmenter la dépense que l'absence d'expérience dans l'emploi des perforateurs et des explosifs perfectionnés. C'est pendant les 22 ans que dura la construction de ce tunnel que, tant en Europe qu'en Amérique, l'emploi de la dynamite et d'autres explosifs puissants se généralisa, et que les perforateurs employés au Mont-Cenis et, en Amérique, ceux de Burleigh, Rand, Ingersoll, etc., se substituèrent pour les grands travaux de mines au travail à la main.

D'après M. Shanly, l'extraction d'un mètre cube de déblai du tunnel de Hoosac a exigé en moyenne 4 m. 45 de longueur de trous de mine de 5 centimètres de diamètre. Les trous avaient 2 m. 50 à 4 mètres de profondeur.

Dans la dernière période du percement, on employait simultarément à chaque front d'attaque six perforatrices Burleigh, perçant chacune en moyenne, en travaillant sous 5 atmosphères de pression, une profondeur de trou de 1 m. 83 par heure. M. Shanly estime que l'emploi de ces perforateurs a procuré une économie de temps des deux tiers, et une sensible réduction des frais.

Dans la roche schisteuse, on employait de la poudre ; on en consomma en moyenne 3 kilogrammes par mètre cube.

Pour les roches plus compactes, on s'est servi de la dynamite, dont il a fallu en moyenne 1 kg. 50 par mètre cube.

Le tunnel de Hoosac a coûté en somme 51.400.000 francs, soit environ 6.730 francs par mètre courant.

**138. Tunnel du Mont-Cenis.** — Le tunnel du Mont-Cenis passe sous le col de Fréjus, il a en ligne droite une longueur de 12.233m.55; mais la longueur effective du tunnel, comprenant les raccordements en courbes qui ont dû être faits pour les convenances du chemin de fer, est de 12.849m.92.

Le terrain traversé est formé, sur environ 73 0/0 de la longueur, de schistes calcaires. Sur le reste on a traversé des schistes et des calcaires et une couche de quartzites d'environ 380 mètres, qui a présenté par sa dureté de grandes difficultés.

Le travail du percement, commencé en août 1857, s'est effectué en attaquant par une galerie de base ayant environ 7m².2 de section. Le 26 décembre 1870, soit au bout d'environ 13 ans et 4 mois, les galeries du Nord (Modane) et du Sud (Bardonnèche) se rencontraient. On avait travaillé à la main, du côté du Nord (sur 921 mètres) jusqu'en janvier 1863, et du côté du Sud (sur 725 mètres) jusqu'au 12 janvier 1861. A partir de ces époques, les perforateurs ont permis une marche bien plus rapide ; la durée des travaux, prévue à 25 ans, n'a été que de 14 ans et 17 jours.

Le progrès quotidien réalisé à l'aide des perforateurs dans les galeries d'avancement a été en moyenne : du côté Nord 1m.95 et du côté Sud 1m.50. C'est dans le courant de l'année 1870 que les progrès ont été le plus considérables. On a progressé dans les deux chantiers ensemble de 1.635m.3, c'est-à-dire en moyenne de 2m.27 par jour et par chantier.

Dans les schistes calcaires, chaque mètre d'avancement demandait 75 trous de mine d'une profondeur moyenne de 0m.95 et une consommation de 25 kilogrammes de poudre ; dans le quartzite il fallait 188 trous de 0m.35 de profondeur moyenne, et la consommation de poudre s'élevait à 62kg.8.

Les chariots, portant cinq ou six des perforateurs inventés par M. Sommeiller, occupaient 1m.50 de largeur et 2m.10 de hauteur. Dans la suite le nombre des perforateurs, par affût, a été porté à dix. Cela explique l'augmentation de la section de la galerie.

Les trous de mine avaient des profondeurs réglées suivant la nature de la roche. Leur diamètre variait entre 30 et 90 millimètres.

Fig. 152.

L'emploi des explosifs puissants n'était pas encore entré dans la pratique et ce n'est que grâce aux perforateurs perfectionnés que l'effet des mines put être augmenté ; on créa, à l'aide d'un certain nombre de trous de grand diamètre forés à l'aide de perforateurs, des lignes de faible résistance autour du massif que les mines devaient détacher.

On a tiré jusqu'à 700 coups de mine par jour de 24 heures.

Le tunnel présente une largeur maxima de 8 mètres ; la hauteur libre sous clef, au-dessus du niveau des rails, est de 6m.24.

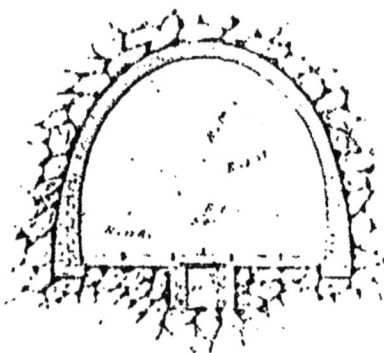

Fig. 153.

Pour faire ressortir les progrès réalisés dans la perforation, nous donnons ci-après les longueurs exécutées par les deux chantiers, depuis le commencement jusqu'à la rencontre des deux galeries :

| | | | |
|---|---|---|---|
| De 1857 à la fin de 1861. | | | 1573m.00 |
| — 1861 | — | 1865. | 3736m.55 |
| — 1865 | — | 1870. | 6924m.00 |
| | | | 12233m.55 |

L'achèvement complet du tunnel a suivi à 8 mois et 22 jours

de distance la jonction des galeries, il a eu lieu le 17 septembre 1871.

Les perforateurs marchaient à l'air comprimé, et c'est à l'aide de l'introduction de cet air qu'on assurait aussi, au début du travail, la ventilation ; mais, une fois qu'on eut pénétré à de grandes profondeurs, ce moyen ne suffisait plus pour renouveler l'air, vicié par les mines et par la présence d'environ 250 ouvriers.

De grandes machines aspirantes, pouvant enlever jusqu'à 48.000mc. par minute de la partie la plus avancée du souterrain, furent établis et assurèrent une ventilation parfaite.

Les dépenses pour ce tunnel avaient été estimées à 41,4 millions, mais elles ont atteint le chiffre de 75 millions de francs, soit, pour les 12.233m. de longueur, environ 6.130 francs par mètre courant.

**139. Tunnel du Saint-Gothard.** — Le tunnel du Saint-Gothard avait été prévu avec une longueur de 14.900 mètres, dont 14.755 mètres rectilignes à partir de la tête Nord, de Goeschenen. Sur les 145 mètres suivants le tracé devait suivre une courbe de 300 mètres de rayon. Pour la facilité de l'exécution le tunnel en ligne droite a été prolongé de 165 mètres, ce qui portait la longueur à 14.920 mètres [1].

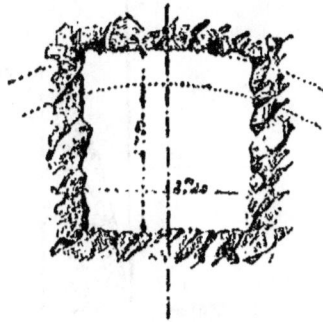

Fig. 154

Le procédé suivi pour l'exécution de cet ouvrage était le procédé belge, commençant par l'ouverture de la galerie de

[1]. Le chaînage définitif a montré que le tunnel en ligne droite n'avait que 14892m.89: la longueur réelle entre les têtes n'est donc que de 14872m.89.

faite. Dans la discussion des avantages et des inconvénients
des divers procédés, nous avons déjà donné la description générale de la marche suivie.

Du côté Nord, c'est-à-dire en partant de la tête de Goeschenen, la galerie de d'rection avait 2m.50 de hauteur et 2m.40

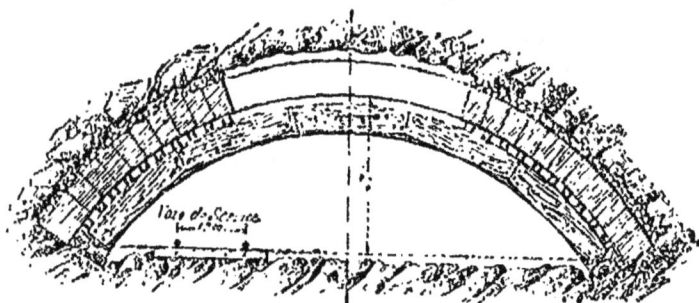

Fig. 155

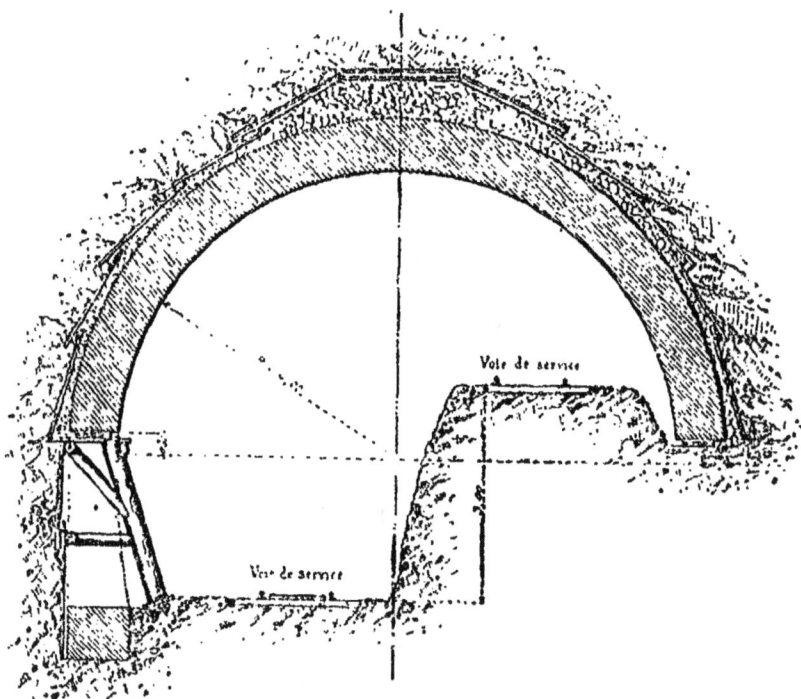

Fig. 156

de largeur, soit une section de 6 mètres carrés. L'abattage en
largeur et l'approfondissement furent conduits de telle sorte

qu'après la construction de la voûte la voie de service de 1 mètre, établie d'un côté de l'axe, avait encore 2m.20 de hauteur libre.

L'ouverture dans l'axe du profil d'une cunette ayant 2m.50 de largeur, et descendant jusqu'au seuil du tunnel, permit d'y établir une seconde voie de service de 1 mètre, située à 4m.20 en contrebas de la première. L'enlèvement du strosse se pratiqua d'abord du côté opposé à la banquette supportant la voie de service, puis on enleva cette banquette.

La construction en sous-œuvre des piédroits s'effectua, de même que celle du canal central qui sert à l'écoulement des eaux, au fur et à mesure des besoins.

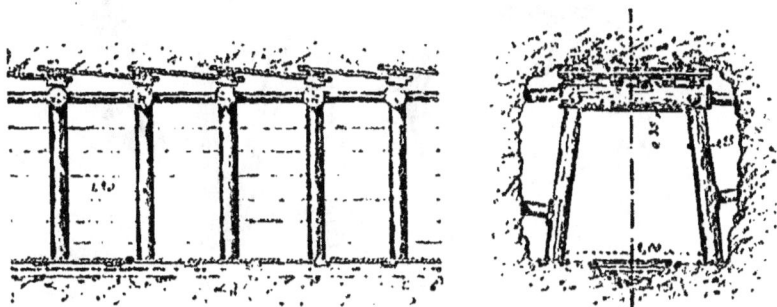

Fig. 157

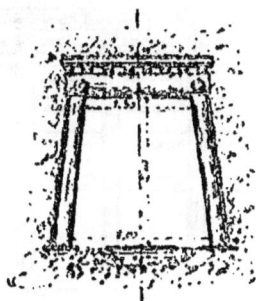

Fig. 158

Du côté Sud, c'est-à-dire en partant de la tête d'Airolo, la nécessité de boiser la galerie s'accusa dès les débuts. On lui assura une hauteur libre de 2m.10 et une largeur libre, généralement, de 2 mètres au pied et de 1m.50 au ciel.

Cette galerie, placée dans l'axe du tunnel, fut approfondie d'environ 0m.90 et reçut la voie de service.

L'abattage latéral fut exécuté jusqu'à une profondeur telle que la voûte entière put être construite. Après avoir ripé la voie vers l'un des côtés, le strosse fut enlevé du côté opposé et le piédroit construit en sous-œuvre (fig. 156). Une fois que la voie de service eut été établie au fond de cette cunette, on enleva le reste du strosse pour finir par le canal central.

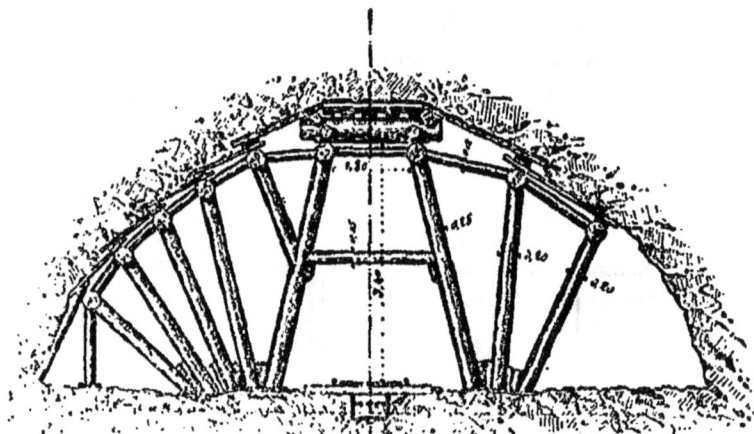

Fig. 159.

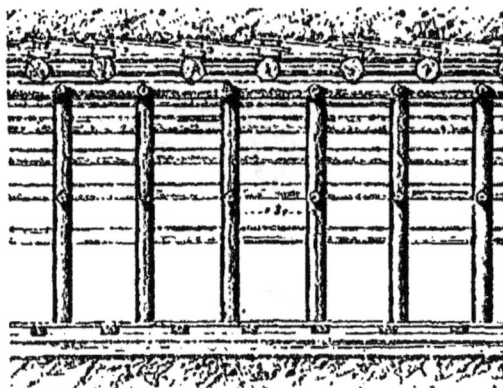

Fig. 160

Dans les parties munies de revêtement, la largeur maxima est de 8 mètres ; elle se réduit à 7m.65 au niveau supérieur des traverses ; dans les parties du tunnel dont la roche est assez résistante pour qu'on ait pu se dispenser du revêtement des piédroits, la voûte vient s'appuyer sur la roche et a une portée de 8m.60. La clef se trouve dans les deux cas à 6 mètres au-dessus des traverses.

Les cadres du boisage de la galerie de direction étaient en général placés à 1m.20 d'axe en axe ; ceux de la galerie agrandie ayant le même espacement furent interposés, et on ne les enleva que lors de l'achèvement des voûtes de revêtement. Les bas-côtés de la calotte ont été boisés en éventail (fig. 159 et 160).

Le travail dans les galeries de direction avait été commencé à la main sur une longueur totale de 307m.90, puis le travail fut poursuivi à l'aide des perforateurs mécaniques, sauf sur 95m.30 qui furent exécutés à la main pendant des interruptions survenues dans la marche des machines.

Du côté Nord on employa en 1873 et 1874 des perforateurs Dubois et François, mais dès 1874 on leur substitua les perforateurs Ferroux qui furent seuls employés jusqu'à l'achèvement, en 1880.

Du côté Sud les perforateurs Dubois et François ont été employés jusqu'en 1875, mais dès 1874 on commença à introduire ceux du système Mac-Kean, qui ont été seuls employés jusqu'à la fin des travaux, après avoir reçu en 1877 un perfectionnement dû à M. Seguin.

La température la plus élevée observée en front d'attaque a été de 34 degrés centigrades en février 1880. Le maximum d'avancement mensuel, constaté en août 1876 du côté Sud, de 171m.70 ; mais le maximum annuel n'a pas dépassé pour une attaque 1309 mètres. Par attaque, le nombre de trous percés a été en moyenne de 18,61, soit environ trois trous par mètre carré d'attaque.

On a travaillé au percement des galeries de direction du 10 août 1872 au 29 février 1880, soit 7 ans 6 mois et 20 jours, ce qui correspond à un avancement quotidien de 5m.45.

Lors de la rencontre des galeries de direction, l'épaisseur de la roche séparant les chantiers principaux était encore de 401 mètres. L'achèvement complet du tunnel n'a eu lieu que le 10 novembre 1881, soit 20 mois et 10 jours après celui de la galerie.

Pour l'élargissement de la calotte on a fait un large usage des perforateurs, sans toutefois abandonner entièrement le travail à la main. Il en fut de même pour la cunette du strosse, mais pour le strosse le travail à la main a prédominé. En général, l'usage des mines puissantes, faites à l'aide des perforateurs, présentait l'inconvénient d'endommager la voûte.

Les progrès journaliers ont été : pour la calotte de 0m.64 à 9m.15, avec une moyenne générale de 4m.62 ; pour la cunette du strosse de 0m.77 à 7m.61, avec une moyenne générale de 4m.74 ; pour le strosse de 0m.58 à 10m.72, avec une moyenne générale de 4m.78.

Le cube déblayé dépassait nécessairement celui du vide définitif à cause de l'espace à occuper par les maçonneries ; cet espace était grandement accru par les irrégularités inévitables. Ainsi, en 1879, il y eut 127.850m³ de déblai, dont 27.350m³, soit 21,4 0/0 de la totalité du cube extrait rentrent dans cette catégorie d'excédents.

L'explosif employé a été la dynamite, dont la consommation par mètre courant de tunnel a été d'environ 65 kilogrammes, soit 1kg.18 par mètre cube de déblai.

Les roches rencontrées dans ce tunnel étaient : du granite veiné de quartz, du gneiss à couches quartzeuses, des schistes, des calcaires, des schistes et gneiss micacés et des schistes feldspathiques.

Sauf sur trois points, représentant ensemble une longueur de 315 mètres, ces roches n'étaient pas précisément susceptibles d'exercer des pressions, mais elles ont nécessité des boisages en cours d'exécution sur presque toute la longueur, à raison de leur structure et des fissures, puis des revêtements.

Les infiltrations d'eau n'ont jamais dépassé, dans la partie Nord, 33 litres par seconde ; aussi n'y ont-elles pas été une gêne. Du côté Sud, sur le versant vers Airolo, elles ont atteint à un moment jusqu'à 348 litres par seconde et ont donné lieu à des difficultés.

La ventilation s'effectuait, jusqu'au moment de la percée de la galerie de direction, exclusivement par l'introduction d'air comprimé. Il provenait en partie des perforateurs et des loco-

motives effectuant les transports, en partie de prises d'air
ménagées sur les conduites.

Avant la rencontre des galeries, le volume d'air introduit en
moyenne par jour dans les deux chantiers était de 243,025m³,
soit environ les 186 0/0 du vide que présentaient les chantiers. Après l'ouverture de la percée, un courant d'air per-
manent, mais changeant de direction, s'est établi et a puis-
samment concouru au renouvellement de l'air.

Près de chaque tête du tunnel, on disposait d'une force d'environ 1.500 chevaux, en utilisant du côté Nord la chute d'environ 78 mètres de la Reuss, et du côté Sud, celle d'environ
90 mètres, du Tessin.

Pour permettre de juger la marche des divers travaux que
comportait l'exécution de ce tunnel, et pour montrer combien
le procédé suivi a contribué à retarder son achèvement complet, nous donnons ci-après le temps nécessité par les divers travaux, à partir du commencement de l'entreprise.

| | | | |
|---|---|---|---|
| Galerie de direction. . . | 7 ans | 6 mois | 20 jours. |
| Elargissement de la calotte. | 8 | 10 | — |
| Cunette du strosse . . . | 8 | 7 | 15 |
| Strosse . . . . . . . | 8 | 6 | 15 |
| Voûte . . . . . . . | 8 | 11 | 22 |
| Piédroits . . . . . . | 8 | 9 | 13 |
| Tunnel complet (sans voie). | 9 | 2 | — |
| »        »    (avec 1 voie). | 9 | 3 | — |

Le prix de revient, tous frais compris, a été de 66.666.581 fr.,
soit 4 449 fr. 20 par mètre courant.

Ce prix se décompose de la manière suivante :

| | | |
|---|---|---|
| Direction technique . . . . . . . | 168 fr. | 20 |
| Terrassements et maçonneries . . . | 3.907 | » |
| Voie. . . . . . . . . . . . | 76 | 80 |
| Bâtiments, clôtures, télégraphe. . . | 13 | 50 |
| Matériel et outillage. . . . . . | 41 | 30 |
| Secours. . . . . . . . . . | 0 | 90 |
| Construction proprement dite . . . . | 4.207 fr. | 70 |

|  | Report . . . | 4.207 fr. 70 |
| Dépenses antérieures à la construction. | | 10    80 |
| Administration centrale . . . . . | | 58    40 |
| Intérêts pendant la construction. . . | | 172    30 |
| | Total. . . . . | 4.449 fr. 20 |

Ce prix de revient ne comprend pas de bénéfice, car il est de notoriété publique que M. Louis Favre, l'entrepreneur de ce grand ouvrage, mort à la peine, y a perdu sa fortune qui se chiffrait par millions.

**140. Tunnel de l'Arlberg.** — Le tunnel qui passe par le mont Arl se trouve sur la ligne du chemin de fer qui relie directement le réseau suisse au réseau autrichien. Il a 10.246 mètres de longueur; le point le plus élevé de la voie atteint la côte 1.310m.60, et se trouve à 487 mètres en contrebas du col franchi.

Aux têtes, les niveaux des rails sont : 1,302m.4 à l'entrée de Saint-Anton (Est) et 1.216m.84 à Langen (Ouest); les rampes qui conduisent au point culminant sont de 2mm. à l'Est et de 15mm. à l'Ouest.

La section du tunnel correspond à deux voies; elle a 8 mètres de largeur. La partie supérieure est un plein cintre de 4 mètres de rayon, dont le centre se trouve à 2 mètres au-dessus du niveau des rails. Les piédroits sont tracés avec des rayons de 10m.10 et le radier, qui du reste ne règne pas sur toute la longueur, a 5m.93 de rayon.

Le profil libre à 40m²8, mais la surface du déblai dans le rocher, qui est du mica-schiste et du gneiss à filons de quartz, a été de beaucoup supérieur. Le revêtement a des épaisseurs variant à la clef de la voûte de 0m.50 à 1m.20, dans les piédroits de 0m.50 à 2 mètres et dans le radier de 0m.65 à 0m.80. Le cube total des déblais s'est élevé à environ 785,000m³.

La galerie de direction a été placée au bas du profil; elle a été ouverte à l'aide de perforateurs et avait 2m.75 de largeur et 2m.50 de hauteur. Une voie de service de 0m.70 de largeur et les conduites d'air comprimé y ont été installées.

A des distances variant de 60 à 70 mètres, des puits de 3 à

4m² de section s'élevaient vers le sommet et formaient les points d'attaque des galeries de faîte dans lesquelles les mines furent faites à la main.

L'avancement journalier dans les galeries de direction a été d'environ 5 à 6 mètres par jour, tandis que dans chacune des attaques à la main, il n'était que de 0m.80 à 1 mètre. On ouvrait toujours plusieurs chantiers au moyen de puits s'élevant sur la galerie de direction, pour pouvoir suivre de près la galerie d'avancement du fond.

Des que deux chantiers intermédiaires se rencontraient, on procédait à l'achèvement de tous les travaux commencés dans l'étendue de ces chambres, en ayant soin d'exécuter les revêtements par anneaux de 4 à 8 mètre de longueur, séparés par un anneau terminé ou par un espace maintenu sur boisage ou non attaqué.

En moyenne, l'achèvement d'une telle zone exigeait six semaines. Les maçonneries se rencontraient par faces transversales nettes, sans enchevêtrement.

Les perforateurs employés furent : du côté Est, celui de Ferroux, agissant par percussion; du côté Ouest, celui de Brandt, agissant par rotation sans percussion.

Les perforateurs Ferroux, munis de fleurets à tranchants, étaient mûs par l'air sous cinq à six atmosphères de pression, amené par une conduite de 0m.22 de diamètre. Le chariot portait 6 à 8 perforateurs qui pratiquaient dans le front de la galerie de direction de 25 à 35 trous de mine ayant 38mm. à 52mm. de diamètre, et de 1m.25 à 2 mètres de longueur. La dépense de dynamite atteignait en moyenne 20 kilogrammes par mètre d'avancement. La durée d'une opération, c'est-à-dire du forage, de la charge, du déchargement et de l'enlèvement des débris et de la remise en place du chariot à perforateurs, était en général de 5 heures.

Le renouvellement des équipes correspondait à ces opérations et l'on put atteindre jusqu'à 8m.20 d'avancement en 24 heures, mais en général il n'était que de 5 mètres, au plus 6 mètres.

Les perforateurs Brandt firent des trous de 70mm. de diamètre et 1m.25 à 1m.50 de profondeur. L'outil présente la forme d'une couronne munie de quatre dents ayant environ 10mm. de saillie et il avance en fraisant un noyau central de 40mm. de diamètre. La pression sur l'outil s'effectue au moyen de l'eau comprimée à 80 ou 100 atmosphères.

Le chariot porte 3 ou 4 de ces perforateurs ; pendant l'action il est solidement coincé et étrésillonné, pour s'opposer au recul. Le nombre des trous forés dans le front a été suivant la nature de la roche de 8 à 10 et même de 16 ; l'avancement journalier moyen a été d'environ 5 mètres, mais il a atteint un maximum de 8m.40.

La roche était plus uniforme du côté Est que du côté Ouest, où la rencontre de couches de schistes friables et aquifères a conduit à interrompre le travail mécanique. Bien que la jonction des deux galeries de direction ait eu lieu à 368 mètres à l'Ouest du milieu du tunnel, il n'est pas permis, vu la différence dans la nature du terrain sur les deux versants, d'en conclure à l'infériorité du perforateur Brandt.

La perforation des galeries de direction avait été commencée à la main, à l'Est le 24, à l'Ouest le 25 juin 1880, parce que les installations mécaniques pour utiliser les chutes d'eau qui fournissaient la force motrice n'étaient pas encore terminées à cette époque. Le 2 novembre 1880, après avoir fait à la main 203 mètres à l'Est, le 10 novembre 1880, après avoir fait 227 mètres à l'Ouest, les perforateurs ont été mis en mouvement.

La rencontre des deux galeries de direction eut lieu le 19 novembre 1883, et l'on constata que la déviation en sens horizontal n'était que de 43mm., celle en sens vertical de 164mm. Quant à la longueur, on trouva 5m.68 de différence avec l'évaluation basée sur les relevés trigonométriques.

Grâce à son emplacement au bas du profil, la galerie de direction a rendu de très bons services pour les transports et pour l'aération.

Les voies de 0m.70 ont eu un caractère définitif qui n'eût pas été possible dans des galeries placées ailleurs qu'au fond du profil. Au fur et à mesure que l'achèvement du tunnel suivait l'ouverture de la galerie de direction, on posait soit des garages, soit la seconde voie sans avoir à démonter la voie primitive, qui put être ripée.

Il est aisé de se rendre compte de l'importance des transports en se rappelant que l'avancement du tunnel était pendant la période de grande activité, en moyenne, de chaque
côté et par jour, de 5m.73 et qu'en moyenne le déblai par
mètre courant de tunnel était de 75 m³5 de roche compacte. Les transports vers les têtes du tunnel comprenaient de
plus les outils devant aller aux forges pour réparations, les
bois hors de service, etc., etc. Dans le sens inverse, la mise à
pied d'œuvre des matériaux de construction, des bois et des
outils constituait également un transport important, auquel le
voyage des ouvriers, dont le nombre atteignait jusqu'à 700,
doit être ajouté. Des locomotives sans feu, d'un système
analogue à celui de MM. Lamm et Francq, ont rendu de bons
services.

L'aération des chantiers souterrains a été assurée : à l'Est
par une conduite d'air de 0m.40, à l'Ouest par une conduite
de 0m.50 de diamètre, amenant de l'air sous 0,25 atmosphère
de pression.

Des prises d'air pour les diverses chambres de travail assuraient la ventilation de celles-ci, mais la majeure partie des
100 à 150m³ d'air fourni par minute arrivait jusqu'à l'attaque
de front et renouvelait, en refluant vers les têtes, l'air de toute
la percée.

La présence d'un grand nombre d'ouvriers, la consommation d'environ 55 kilogrammes de dynamite par mètre courant de tunnel, expliquent l'importance de l'aération. Il faut
en effet compter environ 13m³ d'air par heure pour chaque
ouvrier muni de sa lampe et plus de 100m³ d'air par kilogramme de dynamite brûlée.

En lançant, immédiatement après l'explosion des mines,
une pluie d'eau sur les débris de roche on diminuait le dégagement des gaz de la combustion, ou pour mieux dire on les
absorbait en partie par l'eau.

Les cours d'eau descendant de part et d'autre du mont Arl
et des réservoirs, créés pour subvenir en temps de sécheresse
à l'insuffisance de ceux-ci, fournissaient la force motrice pour
actionner les perforateurs et les pompes d'aération. A l'Ouest
on a pu fournir ainsi jusqu'à 700 chevaux, à l'Est de 1.000 à

## TUNNEL DE L'ARLBERG

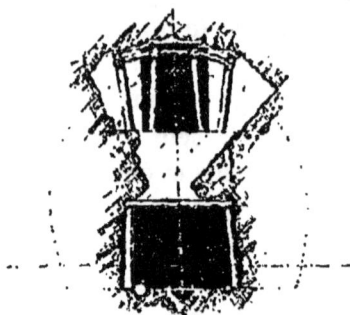

Fig. 161

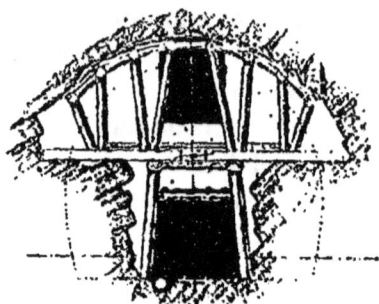

Fig. 162

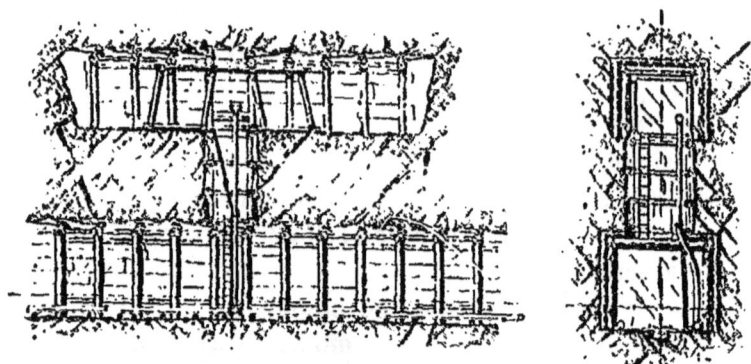

Fig. 163

Fig. 164

2.000 chevaux. Néanmoins, on avait jugé prudent d'établir des moteurs à vapeur de 100 chevaux comme réserve, et à plusieurs reprises, pendant l'hiver de 1880 à 1881 surtout, cette réserve fut fort utile.

Le nombre des ouvriers employés a été en 1882 d'environ 3.700.

Le travail du percement du tunnel de l'Arlberg s'est effectué d'après le système autrichien (fig. 161 à fig. 164)[1]. La galerie de direction était poussée activement à l'aide des perforateurs mécaniques, puis on accédait au moyen de puits à la partie supérieure du profil pour y créer des chantiers intermédiaires. Dans ces chantiers, on poussa d'abord les galeries d'avancement dans l'axe au sommet du profil, on les élargit, puis on attaqua le revanché de part et d'autre de la galerie de direction, en faisant tomber la zone de roche qui formait le ciel de la galerie inférieure et le seuil de la galerie supérieure, pour ouvrir ainsi le profil total du tunnel.

Les boisages étaient formés de pièces de faible longueur ; les cintres pour l'exécution du revêtement furent interposés et permirent l'exécution des maçonneries, en commençant par les piédroits. Les radiers furent faits en dernier lieu, après l'achèvement du revêtement.

Ainsi qu'il a été dit, toutes les maçonneries se firent par zones séparées.

L'emploi des deux genres de perforateurs pour les galeries de direction, et le travail à la main dans les galeries d'avancement, ont permis d'établir des termes de comparaison intéressante entre ces modes d'opérer.

Dans une galerie de 6m² il a fallu pratiquer pour l'abattage 18 à 26 trous de 38mm. avec le perforateur Ferroux et user 16 à 22 kilogrammes de dynamite pour faire un mètre d'avancement, tandis que pour le même travail il fallait seulement 6 à 8 trous de 70 à 80mm., forés avec le perforateur Brandt, en usant de 10 à 14 kilogrammes de dynamite.

---

1. M. Revaux a donné, dans une notice insérée aux *Annales des Mines* de 1884, une description des travaux de percement du tunnel de l'Arlberg. Les figures citées sont tirées de ce mémoire.

Dans le courant de l'année 1881, l'avancement mensuel de la galerie de direction avait varié à l'Est, où l'on travaillait au perforateur Ferroux, entre 95 et 153 mètres, à l'Ouest, où l'on travaillait au perforateur Brandt, entre 40 et 119 mètres.

Le travail à la main n'avait fait avancer ces galeries de direction que de 1m.80 au plus et 1m.45 en moyenne par jour, ce qui montre que les moyens mécaniques employés à l'Arlberg permettaient d'avancer trois ou quatre fois aussi vite qu'à la main.

Le jour de la rencontre des galeries d'avancement, la situation générale des travaux de percement était celle qu'indique le tableau suivant :

| Désignation des travaux | Longueurs exécutées (mètres courants) | | | Restait à faire (m. courants) |
|---|---|---|---|---|
| | Côté Est | Côté Ouest | Ensemble | |
| Galerie d'avancement en base............ | 5692 | 4548 | 10240 | — |
| Galeries supérieures..... | 5370 | 4221 | 9591 | 640 |
| Percement en plein profil................. | 4794 | 3676 | 8470 | 1770 |
| Tunnel entièrement achevé................. | 4600 | 3460 | 8060 | 2180 |

En tenant compte du travail à la main qui précéda le travail mécanique aux galeries d'avancement, on trouve qu'on avait fait ensemble en moyenne, par mois, environ 270 mètres courants de galerie des deux côtés. Mais malgré les difficultés, augmentant avec la pénétration, et grâce à la bonne organisation des chantiers, l'avancement mensuel avait suivi une progression croissante ; ainsi, dans le laps de temps du

1<sup>er</sup> janvier au 1<sup>er</sup> juillet 1883, il a été en moyenne par mois de 158m.6 à l'Est et de 159m.8 à l'Ouest, soit ensemble de 318m.4.

L'avancement de la tête Est (perforateurs Ferroux) a été comme on l'a vu ci-dessus (page 315), plus rapide que celui partant de la tête Ouest (perforateurs Brandt), mais cette différence est due, ainsi qu'il a déjà été dit, aux irrégularités de la roche rencontrée et surtout aux lenteurs survenues aux débuts. L'accélération des progrès a été constatée des deux côtés. L'avancement journalier en septembre 1882 a été du côté Ouest de 6m.25, tandis qu'il n'atteignait que 5m.50 à l'Est ; en 1881, l'avancement moyen journalier n'avait encore été que de 3m.47 à l'Ouest, lorsqu'il atteignait déjà 4m.77 à l'Est.

Dans le courant de l'année 1883, on a atteint des avancements journaliers totaux dépassant 12 mètres.

La rencontre des galeries d'avancement avait eu lieu bien avant la date assignée aux entrepreneurs, MM. Lapp frères et Ceconi, qui touchèrent de ce chef une prime d'environ 1.500.000 francs. Sans vouloir atténuer le mérite de ces deux entreprises, il faut reconnaître que la bonne organisation des chantiers, due au directeur des travaux, M. Jules Lott, mort avant l'achèvement de son œuvre, a beaucoup contribué à ce succès.

La dépense pour le tunnel de l'Arlberg, évaluée à 34.712.000 francs, soit à 3.380 francs par mètre courant, sans les frais généraux, a été dépassée d'environ 7 millions ; le prix de revient du mètre courant est donc de 4.000 fr. en nombre rond.

Cette augmentation est due en partie aux difficultés qu'a présenté le terrain sur le versant Ouest, et aux primes accordées à bon droit aux entrepreneurs de la galerie d'avancement, conformément au marché, pour l'achèvement avant le terme fixé.

Il n'est pas sans intérêt de rappeler ici que ces entrepreneurs, qui sont devenus adjudicataires des travaux, ont demandé une augmentation de 5 0/0 sur les prix indiqués par l'administration pour le côté Est et une augmentation de 2 0/0 sur ceux du côté Ouest.

Les prix payés pour les divers travaux augmentaient au fur et à mesure de la pénétration, des têtes vers le milieu du tunnel, en variant par kilomètre.

Le prix de la galerie d'avancement inférieure, sur l'étendue du premier kilomètre, étant pris pour unité, celui dans le deuxième kilomètre était de 1.07 ; dans le troisième kilomètre de 1.13 ; dans le quatrième kilomètre de 1.20 et enfin dans le cinquième kilomètre de 1.27. Pour la galerie supérieure, de même que pour l'achèvement du déblai sur tout le profil et pour les maçonneries, la progression des prix était de 1.00 à 1.05, à 1.10, à 1.15, à 1.20.

Dans la galerie d'avancement inférieure, le mètre cube de déblai dans le premier kilomètre se payait environ 45 francs.

Dans l'étendue de ce même premier kilomètre à partir des têtes, le mètre courant de tunnel non revêtu, sans maçonnerie du canal et sans ballast, dépassait 840 fr. ; ce prix s'élevait à 1.239 fr. pour un profil revêtu sur 0m.50 d'épaisseur. Avec revêtement (voûte) de 0m.80 et piédroits de 1m.10, il était de 1.869 fr. ; l'addition d'un radier de 0m.65 le porta à 2.289 fr. Avec revêtement de 0m.90, piédroits de 1m.25 et radier de 0m.80, ledit prix s'élevait à 3.423 fr.

La maçonnerie de l'aqueduc central, ayant 0m.60, 0m.80 ou 1 mètre d'ouverture sur 0m.80 de hauteur, se payait par mètre courant et dans le premier kilomètre 33 fr. 60, 42 francs et 50 fr. 40.

Nous avons déjà dit ci-dessus dans quel rapport ces prix augmentaient pour les parties du tunnel qui sont plus éloignées des têtes.

Le tableau comparatif des tunnels du Mont-Cenis, du Saint-Gothard et de l'Arlberg, met bien en évidence les progrès réalisés, en moins de trente ans, sous le rapport de la rapidité d'exécution et de la diminution des dépenses, dans l'art de la construction de longs tunnels.

| DÉSIGNATION DES TUNNELS | MONT-CENIS |
|---|---|
| Longueur (1)...................... mètres | 12.233 |
| Altitude du sommet de la montagne.... » | 2.949 |
| Altitude de la voie aux têtes.......... » | Bardonèche.... 1.202,65<br>Modane ....... 1.156,79 |
| Différence de niv. de la voie aux deux têtes » | 135,86 |
| Rampes dans le tunnel à partir de la tête : { (millimètr. (par mètre. | Sud (Bardonèche). 0,56<br>Nord (Modane).. 22,00 |
| Date du commencement des travaux........... | Sud : 31 août 1857<br>Nord : 16 novembre 1857 |
| Date de la rencontre des galeries d'avancement.. | 26 décembre 1870 |
| Date de l'achèvement...................... | 17 septembre 1871 |
| Durée de la rencontre des galeries à l'achèvement. | 8 mois 22 jours |
| Durée totale de la construction du tunnel........ | 14 ans et 17 jours |
| Maximum de température de la roche.... degrés | 20,6 |
| Explosif employé.......................... | Poudre comprimée |
| Section de la galerie d'avancement en mètres carrés | $(3.0 \times 3.0) = 9$ |
| Longueur percée au moyen de perforateurs mètres | 10417 |
| Longueur des galeries percées en moyenne par jour...................... » | Sud 1.50 + Nord 1.95 = 3.43 |
| Nombre de perforatrices par affût ...... nombre | 10 |
| Durée d'une opération { forer les trous de mine.. heures.<br>charger, bourrer, enlever les déblais............ » | 6<br>4 |
| Avancet maximum par jour et par attaque.. mètres | 2,00 |
| Longueur de tunnel achevée en moyenne par mois...................... » | 72,67 |
| Dépense totale...................... francs | 75 millions |
| Dépense par mètre courant de tunnel (environ) » | 6.130 |

| SAINT-GOTHARD | ARLBERG | OBSERVATIONS |
|---|---|---|
| 14.920 | 10.246 | (1) Les longueurs por- |
| 2.977 | 1.798 | tées sur le présent tableau |
| Airolo........ 1,145 | Saint-Anton .... 1.302,4 | sont celles que présen- |
| Goeschenen.... 1.109 | Langen........ 1.216,8 | taient les tunnels en ligne |
| 36 | 85.6 | droite, lors du percement. Des convenances locales |
| Sud (Airolo... 2.00 | Est (Saint-Anton). 2.00 | ont fait que les parties |
| Nord(Goeschenen) 5.82 | Ouest (Langen). 15.00 | droites, voisines des têtes, |
| Sud : 10 août 1872 | Est : 24 juin 1880 | ont été remplacées par |
| Nord : 28 octobre 1872 | Ouest : 25 juin 1880 | des parties en courbe, en |
| 29 février 1880 | 19 novembre 1883 | sorte que les longueurs entre les têtes existantes |
| 10 novembre 1881 | 14 mai 1884 | diffèrent un peu de celles |
| 20 mois 10 jours | 5 mois 25 jours | inscrites ici. |
| 9 ans 3 mois | 3 ans 10 mois 22 jours | |
| 34 | 21 | (2) Le florin autrichien |
| Dynamite | Dynamite gomme, dynamite | a été compté, eu égard |
| (2.4 × 2.5) = 6 | Ouest : (2.0 × 2.0) = 4<br>Est : (2.75×2.30)=6.33 | au cours moyen de 1880 à 1884, à 2 fr. 10 c. |
| 14.606 | 9.914 | |
| Sud 2.86 +Nord 3.03 = 5.89 | 9.36 | |
| 6 | Est: 6 Ferroux.Ouest: 3 Brandt | |
| 3 | 3 | |
| 3 | 2 | |
| 6.90 | Est : 8.20 ; Ouest : 8.40 | |
| 134,41 | 219.23 | |
| 60,07 millions | 41,7 millions (2) | |
| 4.470 | 4.030 | |

# CHAPITRE VII

# TUNNELS EN TERRAINS DIFFICILES

## DANS LES ARGILES, DANS LES SABLES AQUIFÈRES OU SOUS DES NAPPES D'EAU

### § 1

## GÉNÉRALITÉS

La rencontre de terrains donnant lieu à des glissements, de terrains fuyant sous les charges, de terrains mouvants, et en particulier de sables aquifères, de même que la pénétration dans des terrains exposés à l'irruption des eaux provenant de cours d'eau ou de bassins situés au-dessus d'eux, peuvent créer lors de la construction des tunnels des difficultés bien plus redoutables que celles provenant de la dureté de la roche ou de la longueur des ouvrages.

**141. Argiles.** — Si le terrain est formé d'argile, qui se détrempe sous l'influence de l'air et de l'eau, il faut réduire au minimum la durée de son exposition à l'air, et prévenir tout commencement de mouvement du terrain. Il suffit en effet d'une première poussée vers le vide des masses argileuses pour qu'il se forme des voies d'eau, dont le débit augmente toujours. Le boursoufflement du terrain augmente également sous l'effet combiné de l'air et de l'eau, et telle argile, qui n'eût pas exercée de pression si l'on avait prévenu leur intervention, peut devenir un obstacle presque insurmontable.

Une fois que les masses ambiantes se trouvent désagrégées

et imbibées d'eau, elles envahissent les excavations et amènent de nouveaux apports, au fur et à mesure qu'on cherche à s'en débarrasser.

L'argile, tant qu'elle n'est pas exposée à l'air et tant qu'on prévient ses mouvements, est une masse qui ne laisse pas passer l'eau.

Le procédé à suivre, dès qu'on en rencontre, consiste à user de tous les moyens pour prévenir l'effet des agents modificateurs. Il faut donc ne devancer que de très peu, avec le chantier de déblai, celui de la maçonnerie, et soutenir le terrain avec des boisages et blindages très puissants et soignés.

A l'aide de rigoles ou de tuyaux, il faut éloigner les eaux que l'on rencontre, en évitant de les laisser stationner et se perdre à l'intérieur du tunnel, et exécuter le revêtement par anneaux de faible longueur, pour pouvoir le plus vite possible en achever chaque tronçon. Le revêtement devra épouser la face intérieure de l'excavation, afin que le terrain n'ait à subir aucun déplacement pour venir s'asseoir contre la maçonnerie. Même s'il n'y avait pas d'indices de pression et d'écoulement ou de suintement d'eau, on ferait bien de donner à la maçonnerie une forme et une épaisseur susceptibles de résister aux poussées qui pourraient se produire, et de ménager des ouvertures ou barbacanes à divers niveaux pour l'évacuation des eaux qui viendraient à apparaître.

Si malgré toutes ces précautions, ou par suite de la non observation de ces mesures préventives, les argiles ou marnes imbibées d'eau devenaient mouvantes, les difficultés d'exécution seraient énormes ; les pressions peuvent alors défier la résistance des meilleurs matériaux. Il ne reste parfois qu'à choisir entre l'abandon du travail par l'adoption d'un autre tracé, ou l'attente de la consolidation du terrain à l'aide de travaux d'assainissement exécutés en dehors de l'emplacement du tunnel. L'effet de ce genre de travaux d'assainissement n'est pas toujours certain ; mais l'extension de leur influence sur toute l'étendue du tunnel demande, en tous cas, un laps de temps assez considérable pour que l'achèvement des ouvrages subisse de ce fait un retard sensible.

Il est permis de dire que les grandes difficultés que l'on a

rencontrées, dans certains tunnels en terrain argileux, auraient pu être évitées si dès le début on se fût bien rendu
compte de la situation, et si sans parcimonie et sans économies mal comprises, on eût fait de suite le nécessaire.

Les exemples des tunnels de Grammont et de Lupkow sont
intéressants et nous donnons ci-après leur historique, tout en
nous gardant de vouloir citer le procédé suivi pour le premier
comme devant toujours être imité, ou de rendre le procédé
suivi dans le second absolument responsable des grandes difficultés nées durant l'exécution.

**142. Sables aquifères.** — Dans les sables aquifères, les
difficultés ne peuvent pas, comme dans les argiles, être toujours écartées par des mesures préventives. Ce n'est que par
des travaux préliminaires et par l'emploi de procédés particuliers qu'on peut les amoindrir et les vaincre.

L'abaissement de la nappe d'eau et, par là, le dessèchement
de la couche ou pour le moins la diminution de la pression ;
l'étanchement des joints par lesquels l'eau et le sable peuvent
pénétrer dans l'emplacement des fouilles, la congélation du
pourtour du tunnel ou le refoulement des eaux, tels sont les
divers moyens employés avec plus ou moins de succès. Le
choix parmi tous ces procédés nécessite l'étude des conditions
particulières à chaque cas, et il n'est pas possible de donner d'une façon générale la préférence à l'un ou à l'autre.

§ 2

## PROCÉDÉS PARTICULIERS EMPLOYÉS DANS
## LES TERRAINS AQUIFÈRES

Avant de passer à la revue de quelques tunnels percés dans
des terrains aquifères ou sous des cours d'eau, nous décrirons d'une manière générale les procédés qui peuvent rendre
de bons services dans ces conditions.

**113. Emploi de l'air comprimé.** — Lorsque la chambre de travail, c'est-à-dire le chantier d'attaque de front, se trouve remplie d'air comprimé, les eaux n'y arrivent pas aussi facilement.

Une séparation est établie entre la partie achevée du tunnel et le chantier d'avancement, dans lequel le travail se poursuit dans l'air comprimé. On accède à travers un sas à air à la chambre de travail, et l'avancement de cet appareil est suivi de près par le chantier de maçonnerie.

Pour le percement d'un souterrain sous le fleuve Hudson, entre New-York et New-Jersey, le procédé pneumatique a rendu d'abord de bons services, sans pouvoir toutefois mettre ce travail à l'abri d'accidents qui ont fini par le faire suspendre.

En Europe, l'entreprise de MM. Hersent et Couvreux paraît avoir été, en 1880, la première à employer l'air comprimé pour l'exécution d'une galerie lors de la construction du port d'Anvers.

Depuis lors, l'air comprimé a trouvé une application pour le percement à travers des sables aquifères rencontrés dans le tunnel de Braye ; la description des travaux effectués dans ce tunnel, qui se trouve plus loin, nous dispense d'en dire ici davantage.

*Procédé Fraysse.* — Ce procédé consiste à combattre l'excès de fluidité des terrains en employant, au lieu du blindage en planches ou madriers, des palplanches en fer percées de trous sur la face en contact avec les sables. On insuffle dans les palplanches de l'air à deux, trois, quatre, cinq atmosphères de pression, puis enfin on aveugle l'avancement par des tubes cylindriques également percés de trous dans lesquels on insuffle aussi de l'air comprimé.

Les galeries sont étançonnées, comme cela se pratique ordinairement, par des cadres en bois, composés de quatre ou de six pièces. Le blindage des parois diffère seul, les madriers étant remplacés par des palplanches en fer.

Ces palplanches ont 4 centimètres d'épaisseur sur 22 centimètres de largeur, et sont en tôle d'acier de 2 1/2 millimètres d'épaisseur.

Les extrémités sont fermées d'un côté par un sabot qui facilite la pénétration, de l'autre par un tampon en fonte percé de deux trous dans lesquels se font les raccords qui mettent ces tubes en communication.

La face de ces palplanches appliquée contre les sables est percée de trous coniques et obliques de 6 à 10 millimètres de diamètre par où l'air comprimé s'échappe et refoule à une certaine distance l'eau que les terrains contiennent en excès.

L'obliquité des trous percés sur les bords des palplanches fait converger les jets d'air comprimé vers les intervalles que les tubes peuvent laisser entre eux, de façon à s'opposer à tout écoulement par ces vides.

Les palplanches sont enfoncées de toute leur longueur et forment des travées utiles de 2m.00 ou de 3m.00.

Leur enfoncement peut s'opérer par une presse à air comprimé, par des vérins à vis ou par des vérins hydrauliques, en commençant par le bas de la galerie et en remontant vers la couronne. Généralement la travée ne se pose pas entièrement avec des palplanches métalliques ; on intercale de deux en deux des madriers en chêne de 0,05 d'épaisseur.

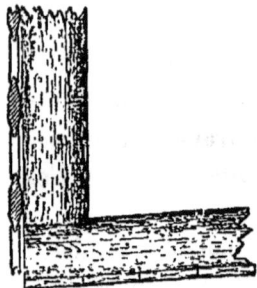

Fig. 165.

Une travée complète enfoncée, les palplanches sont mises en communication par les raccords, puis on insuffle de l'air comprimé pendant la durée du déblaiement de cette travée, ainsi que pendant l'enfoncement de la travée suivante.

L'air comprimé cesse d'agir dans une travée aussitôt que l'on commence le déblaiement de la travée suivante.

Les vides qui existent entre les palplanches sont bouchés, avant qu'on interrompe la circulation de l'air comprimé, au moyen de foin ou de bruyère.

On aveugle le front de l'avancement par des tubes cylindriques de 10 centimètres de diamètre. Ces tubes comme les palplanches sont percés de trous sur la moitié de leur longueur et sont fermés aux extrémités, puis raccordés entre eux. Les jets d'air comprimé éloignent l'eau de ce milieu et s'opposent à l'écoulement de toute matière fluide dans l'intérieur de la galerie.

En dehors de l'action exercée par les jets d'air, ces tubes consolident les terres fluentes :

1° En divisant les poussées,

2° Par leur compression autour des tubes,

3° Par la résistance que le frottement oppose à leur déplacement.

Les tubes enfoncés horizontalement et mis en communication avec la conduite d'air comprimé, on procède au déblaiement en les dégageant de 0m.50 à un mètre, suivant la nature et l'assèchement du terrain.

Ce dégagement fait, on renfonce les tubes jusqu'à environ 20 centimètres du bord du tampon, puis on reprend le déblaiement en procédant de la même manière jusqu'à ce que l'on ait atteint les deux tiers d'une travée de blindage.

A ce point on suspend l'avancement et on procède à l'enfoncement d'une demie travée de blindage des parois. Ce travail fait, l'avancement est repris, et ainsi de suite.

Avec ce système on vient de faire au souterrain de Marot (Ligne de Montauban à Brive) 220 mètres de galerie. Avec les anciens systèmes les difficultés rencontrées avaient été insurmontables, bien que les galeries essayées n'eussent que 4 mètres carrés de section tout au plus.

Avec le procédé Fraysse, ces galeries ont été faites avec une section de 12m².96. Le prix payé par mètre cube de déblai de galerie a été au maximum de 80 francs.

**144. Congélation du terrain.** — Le procédé de la congélation d'un terrain aquifère n'a d'abord été employé, comme celui de l'air comprimé, qu'au fonçage des puits ; mais on l'utilise maintenant pour la protection des chambres de travail lors de l'exécution des tunnels dans les terrains aquifères.

Il paraît que M. G. Lambert, professeur à l'École des Mines de Louvain, avait déjà signalé le parti que l'on pourrait tirer de la congélation artificielle des terrains aquifères pour faciliter le fonçage des puits, avant que M. Poetsch n'en fît une heureuse application au puits à lignites de Scheidlingen [1].

1, *Portefeuille économique des machines*, mars 1881.

*Procédé Poetsch.* — Depuis ce premier succès, obtenu en en 1883, le procédé, connu aujourd'hui sous le nom de *procédé Poetsch*, entra dans la pratique.

M. Poetsch produit la congélation au moyen de la circulation d'une solution concentrée de chlorure de calcium, à très basse température, à travers des tubes qu'il loge dans le terrain à congeler. Le chlorure de calcium a son point de congélation à environ 40° au-dessous de zéro ; il peut donc être considéré comme un liquide incongélable.

Le puits Archibald, dont la section rectangulaire avait 3 m. 45 et 4 m. 75 de côtés, fut le premier auquel M. Poetsch appliqua ce procédé. On avait rencontré à 34 mètres de profondeur une couche de sable aquifère de 5 m. 50, recouvrant le gisement de lignite. Pour produire la congélation dans cette masse, on enfonça dans le pourtour du puits 23 tubes en fer ayant 0 m. 20 de diamètre. Après avoir bouché leur fond au moyen de ciment de plâtre et de goudron, on logea dans chacun de ces tubes un tuyau de 0 m. 06 de diamètre, fermé par le bas, mais muni de trous à son pourtour.

La solution de chlorure de calcium, introduite dans les tuyaux de 6 centimètres au moyen d'une pompe foulante, la température tomba à — 25°. Par les espaces annulaires qui entouraient ces tuyaux dans les tubes de 20 centimètres de diamètre, la solution remontait et revenait à une température d'environ — 19° au réservoir réfrigérant.

La congélation du terrain autour des tubes de 20 centimètres de diamètre se propageait dans toutes les directions, et au bout d'un mois le prisme congélé à l'aide des 23 tubes formait un bloc de 6 mètres sur 8 mètres de côtés, sur toute la hauteur des tubes.

Fig. 166

Dès lors, les ouvriers pouvaient procéder au fonçage du puits à travers la couche de sable, sans autre protection que celle du monolithe congélé, dans lequel ils étaient forcés d'employer le pic pour faire l'extraction. La dureté de ce sable congélé était la même que celle du calcaire.

Vers la fin du fonçage on constata que la congélation avait pénétré sur une zone d'environ 1 m. 50 autour de chaque tube réfrigérant.

Pour produire le froid, on s'était servi d'un appareil à ammoniaque, analogue à ceux du système Carré.

Après ce premier succès, de nouvelles applications de l'idée fondamentale de la congélation des terrains ne tardèrent pas à se faire, mais on essaya d'autres procédés pour produire cette congélation.

*Critique du procédé Poetsch.* — Le procédé Poetsch [1] présente, sur celui de la congélation par insufflation d'air très froid, dont il sera parlé ci-après, le grand avantage de ne pas nécessiter des interruptions alternatives du travail et de la congélation.

Dans les puits foncés à l'aide du système Poetsch, il suffit que les ouvriers soient chaussés de sabots, protégeant leurs pieds contre le danger que présente le piétinement dans les débris froids, pour leur permettre de travailler sans inconvénient et sans malaise sous la protection des parois congélées. La température de l'air dans les puits se maintient en général à 2° sous zéro.

Par contre l'application du système Poetsch présente des inconvénients qui ont une certaine importance dans la pratique. Ainsi, les fuites qui peuvent se produire par le fond des tubes, et qui feraient pénétrer le liquide incongélable dans les fouilles, y détermineraient le dégel, et l'on n'arriverait plus à faire congéler les masses imbibées de la solution de chlorure de calcium.

Un autre inconvénient du procédé Poetsch consiste dans la difficulté où l'on peut se trouver de se procurer les grandes masses d'eau, nécessaires pour l'emploi des appareils réfrigérants basés sur l'évaporation de l'ammoniaque.

Il faut en effet compter que le fonctionnement du condenseur exige de 15 à 25 litres d'eau par kilogramme de glace. Or, M. Poetsch employait pour la congélation de ses puits deux machines à glace de 500 kilogrammes à l'heure, soit de 50.000 calories Il lui fallait donc 15 à 25 mètres cubes d'eau à l'heure,

---

1. Mémoire de M. Alby. *Annales des ponts et chaussées*, sept. 1887.

quantité énorme quand il faut se la procurer d'une façon continue.

*Prix de revient du procédé Poetsch.* — L'étude du procédé Poetsch avait été confiée en 1885 à MM. Couvrat et Ichon, à la suite de la proposition faite par le premier d'user de ce procédé pour le percement du souterrain de Marot, situé sur la ligne du chemin de fer de Montauban à Brive.

L'estimation faite par ces messieurs pour l'exécution de 188 mètres de tunnel à travers les sables aquifères, au moyen du procédé Poetsch, montre qu'avec deux machines il eût fallu près de deux ans pour opérer le percement.

Les 3.600 mètres de tubes de gros diamètre à 26 francs le mètre et 3.600 mètres de tubes de faible diamètre à 3 francs, plus les accessoires tels que raccords, etc., auraient coûté environ 130.000 francs.

L'analyse du prix de revient de la congélation par mètre courant de tunnel peut s'établir, d'après cette étude, de la manière suivante :

Amortissement de deux machines à glace, à 20 0/0 sur 230.000 fr. . . . . . . . . 46.000 fr.

Amortissement des tuyaux à 25 0/0 sur 130.000 fr. . . . . . . . . . . . . . 32.500 »

Combustible à raison de 3 tonnes et demie par 24 heures pour 2 machines à glace et une locomobile pendant 3 ans, environ 3.800 tonnes à 50 fr. . . . . . . . . . . . . . 190.000 »

Mécaniciens, au nombre de dix, soit 10.800 journées à 5 fr. . . . . . . . . . . . 54.000 »

Ouvriers pour enfoncement et arrachement des tubes, 21.000 journées à 4 fr. . . . . 84.000 »

Transport, montage et démontage des appareils, plus éclairage, graissage et frais généraux . . . . . . . . . . . . . 58.500 »

Ensemble. . . . 465.000 fr.

Cette dépense s'appliquait à deux tunnels contigus dont la longueur totale était de 188 mètres.

M. Poetsch demandait de plus 50.000 fr. de droits de brevet, ce qui fit ressortir le mètre courant de congélation à environ 2.750 francs.

Ce prix atteindrait 2.900 francs si, pour accélérer le travail, on employait trois machines à glace au lieu de deux.

Eu égard au revêtement réclamé par la nature du terrain, le déblai par mètre courant de tunnel eût été de 88 mètres cubes, ce qui permet d'estimer comme suit le prix de revient du mètre courant de tunnel exécuté d'après le système Poetsch avec l'aide de trois machines à glace :

Congélation . . . . . . . . . . . . . 2.900 fr.
Déblai (88 m³ à environ 4 fr.) . . . . . . . 350 »
Maçonnerie . . . . . . . . . . . . . 700 »

Ensemble, pour un mètre courant de tunnel.   3.950 fr.

Malgré la confiance qu'inspirait le procédé Poetsch aux ingénieurs, qui en avaient étudié les applications faites en Allemagne, le tunnel de Marot n'a pas été percé à l'aide de la congélation. On y a appliqué le procédé Fraysse, ci-dessus décrit.

*Procédé Lindmark.* — L'ingénieur M. Lindmark, chargé en 1888 de l'exécution d'un tunnel passant sous une des rues de Stockholm [1], ayant rencontré sur une partie du parcours

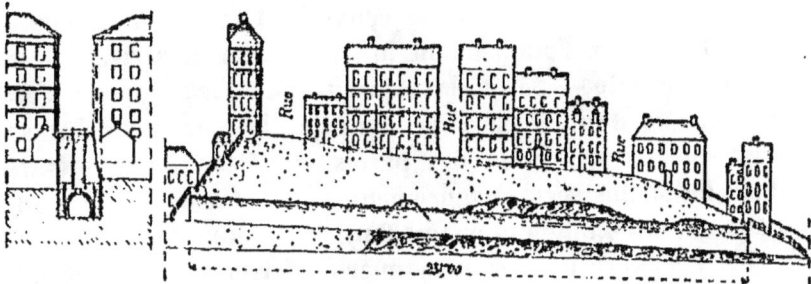

Fig. 167.

des sables aquifères, eut recours à la congélation pour opérer plus facilement l'ouverture du tunnel à travers ces sables. Le travail était difficile, car le tunnel avait 3 m. 85 de hauteur et 4 mètres de largeur libre, et les maisons établies le

1. *Nouvelles Annales de la construction,* août 1886, et *The Engineer.*

long de la rue auraient été compromises par le moindre tassement.

A l'aide d'une machine réfrigérante du système Lightfoot, envoyant 707 mètres cubes d'air froid par heure vers le front d'attaque, séparé du reste du tunnel par une double cloison en planches avec garnissage de charbon de bois, on opéra la congélation dans cette chambre isolée. Au niveau du sous-sol, la température baissa à — 39°,6, mais elle ne descendit guère qu'à 0° au sommet. Aussi, au bout de 60 heures, la congélation avait pénétré sur 1 m. 50 au fond, mais n'était arrivée qu'à 0 m. 30 dans la calotte, c'est-à-dire qu'elle n'y était que superficielle.

On avança par sections de 1 m. 50 de longueur, en se servant, jusqu'à la hauteur de 2 m. 40, des contreforts inférieurs les plus congelés, pour y établir des cintres sur lesquels on exécuta les voûtes au fur et à mesure de l'avancement des piédroits.

L'air froid fourni par la machine avait en général 55° centigrades au-dessous de zéro, et au bout de 12 heures la température dans la chambre de congélation, dont la capacité variait de 80 à 160 mètres cubes, arrivait à — 21° à — 26°; mais elle s'élevait jusqu'à 0° pendant le travail des ouvriers.

Pour ménager la santé de ceux-ci, il fallait interrompre l'insufflation de l'air pendant le travail, car il arrivait à la température de — 55°. Cela explique que l'avancement n'ait été que de 0 m. 30 par jour, tant que le percement dût se faire sous la protection des parois congelés. Une fois entré dans les sables secs, l'avancement, pouvant se faire sans congélation, atteignit en moyenne 0 m. 75 par jour.

Pour l'exécution des maçonneries formant le revêtement, on se servit de béton de ciment de Portland.

*Résistance des terrains congelés.* — Il résulte des expériences faites sur la résistance que présentent les sables congelés à la compression, que cette résistance est d'autant plus grande que le sable est plus pur. Elle varie aussi avec le degré de saturation d'eau du sable.

Un mélange d'argile diminue la résistance, et il faut un plus grand abaissement de la température.

Le tableau ci-dessous fournit des indications numériques à ce sujet :

| Désignation | Température en degrés | Résistance par centimètre carré en kilogrammes |
|---|---|---|
| | 0o | 17 à 24k |
| Mélange de sable et d'eau dans un rapport de 0 k. 165 d'eau par kilog. de sable, correspondant à la saturation............... | De  0o à — 5o | 33 à 43 |
| | — 5  »  — 10 | 63 à 96 |
| | — 10  »  — 12 | 113 à 120 |
| | — 14o | 131 à 144 |
| | — 17 | 148 à 150 |
| | — 25 | 175 à 200 |
| Id.  mais avec 0 k. 050 d'eau par 1 k. de sable.............. | — 14 | 43 à 48 |
| Moitié argile, moitié eau.......... | — 14 | 78 |
| 1k de sable, 0k500 d'argile 0k500 d'eau | — 14 | 74 |
| 1 — 0.500 — 0.500 — | — 17 | 104 |
| 1 — 0.333 — 0.333 — | — 17 | 109 à 113 |
| 1 — 0.125 — 0.125 — | — 17 | 118 à 122 |
| 1 — 0.100 — 0.108 — | — 17 | 122 à 130 |
| 1 — 0.050 — 0.050 — | — 17 | 70 à 80 |
| Glace pure.................... | — 17 | 20 |

La résistance à la traction des sables congelés ne dépasse pas 44 kg. par centimètre carré, elle s'abaisse de 22 à 25 kg. lorsqu'il n'y a que 0 kg. 100 d'eau par kilogramme de sables aux températures de — 11o à — 15o. Pour les mélanges avec de l'argile aux mêmes températures elle varie de 11 kg. 5 à 23 kg. 5, et la glace pure se rompt sous une traction de 10 kilogrammes par centimètre carré.

## § 3.

## EXEMPLES DE TUNNELS DANS DES TERRAINS AQUIFÈRES.

**145. Tunnel de Grammont**. (*Belgique*). — La ligne de Gand à Braine-le-Comte (Flandre-Orientale) devait traverser un contrefort s'élevant à près de 43 mètres au-dessus du niveau des rails. Le terrain était formé à sa partie supérieure d'argile

sablonneuse de nature ébouleuse et renfermant beaucoup d'eau ;
à sa partie inférieure, d'argile compacte et résistante. Le tracé
comportait une pente continue de 10 millimètres par mètre,
de l'Est (Braine-le-Comte) vers Gand ; malgré l'admission de
cette déclivité relativement forte, les travaux de terrassement
aux abords du tunnel étaient importants : on a dû faire une
tranchée de 80.000m³ à l'Est, sur environ 550 mètres de longueur, et un remblai de 120.000 m³ à l'Ouest, sur environ
950 mètres de longueur.

La hauteur du seuil et surtout la nature du terrain, dans lequel la consolidation des talus a présenté de grandes difficultés, excluaient l'exécution d'une tranchée au lieu d'un
tunnel.

On se décida pour un tunnel de 400 mètres de longueur, bien
que l'exécution de celui-ci se trouvât également dans des conditions particulièrement difficiles : Il fallait s'attendre à une
affluence considérable d'eau, d'autant plus fâcheuse que la
pente de la ligne était dirigée sur toute la longueur du tunnel
vers l'Ouest et par conséquent n'assurait pas l'assaisissement
naturel de l'attaque d'Est.

Le fonçage de puits, qu'on eût à la rigueur pu établir pour
hâter le percement, n'était guère indiqué à cause de l'intérêt
qu'il y avait à porter vers le remblai situé à l'Ouest tous les
déblais provenant de la percée.

M. Boucqueau, l'entrepreneur général de la dite ligne,
exécutée de 1866 à 1867, trouva une solution qui, dans le
cas particulier et pour des cas analogues, mérite d'être signalée comme très heureuse.

A 17m.50 de l'axe, parallèlement au tunnel, il ouvrit une galerie latérale ayant 1m.90 de hauteur, 1m.50 de largeur à la
base et 1m.20 de largeur en ciel. Le fond de cette galerie, tout
en suivant la pente du tracé, se trouvait à 0m.50 en contrebas
du seuil du tunnel.

Quatre galeries transversales, situées à 110m., 200m., 280m.
et 350m. de la tête aval du tunnel conduisaient de cette galerie
latérale vers le tunnel, qui put ainsi être attaqué non seulement par les deux têtes, mais aussi en quatre points intermédiaires, permettant chacun l'ouverture de deux chantiers.

22

La galerie latérale servait à l'écoulement des eaux et aussi, moyennant une voie qui y fut posée, aux transports de toute nature. L'avantage de pouvoir amener aisément tous les déblais du tunnel dans le remblai à l'Ouest du tunnel, l'accélération imprimée aux travaux de percement et de revêtement immédiat par le grand nombre d'attaques et l'absence de tout épuisement mécanique dans la moitié orientale, grâce à l'écoulement continu qui s'effectuait par les galeries transversales vers la galerie latérale, compensa largement les frais occasionnés par l'ouverture de celle-ci.

Pour faciliter les transports, des voies de garage, s'étendan sur environ 20 mètres de longueur de part et d'autre de chaque point d'embranchement d'une galerie transversale, furent établis dans la galerie latérale. A l'intersection des voies transversales avec les voies de garage, on posa des plaques tournantes et les voies de garage se trouvèrent reliées de part et d'autre avec la voie courante de la galerie latérale.

Sur l'étendue des garages la largeur de la galerie latérale se trouvait portée de 1m.50 à 2 mètres.

**146. Tunnel de Habas** (*France*). — Le tunnel de Habas, situé sur la ligne de Dax à Puyoo qui relie la ligne de Bordeaux à Bayonne à celle de Toulouse à Bayonne, a 286 mètres de longueur.

On avait à traverser une couche de sables aquifères, dans lesquels le niveau de l'eau se trouvait à environ 15 mètres au-dessus du niveau des rails, ce qui dès le début fit prévoir des difficultés sérieuses. M. Chauvisé, ingénieur en chef des chemins de fer du midi, chargea M. A. Vivenot, ancien élève de l'Ecole des Ponts et Chaussées, de la direction des travaux, et ce n'est qu'en juillet 1864, après environ trois ans d'efforts et de dépenses considérables, que ce souterrain put être achevé.

L'essai de hâter l'achèvement par le fonçage de trois puits n'eut pas plus de succès que celui d'ouvrir, tout en poursuivant le percement suivant le procédé français, une galerie de base pour l'écoulement des eaux.

Le moyen, très coûteux il est vrai, qui permit l'achèvement des travaux, consista dans l'exécution de six galeries latérales d'assèchement, superposées et distantes d'environ 12 mètres de part et d'autre du tunnel. Ces galeries furent fortement boisées et remplies de galets et de blocaille, avant la reprise des travaux dans le tunnel, ce qui assurait le drainage de la couche aquifère. Une fois que ce but fut atteint, on put achever les 88 mètres qui restaient à percer.

Les voûtes furent exécutées par arceaux de 5 mètres de longueur et les piédroits qui les soutenaient furent exécutés en sous-œuvre par longueurs de 2m.50.

Des tentatives très nombreuses ayant été faites pour vaincre les difficultés rencontrées, on ne peut pas juger par les dépenses du percement du tunnel de Habas celles qu'occasionnerait l'exécution d'un ouvrage se trouvant dans les mêmes circonstances, pour lequel on emploierait dès le début le moyen des galeries d'assainissement latérales grâce auxquelles on a fini par réussir. Il sera donc utile de faire connaître séparément le prix de revient des travaux accessoires et celui du percement dans le terrain assaini :

Prix des 12 mètres courants de galeries latérales d'assainissement nécessaires par mètre courant de tunnel :

|  | | Francs. |
|---|---|---:|
| 2m. de galerie (étage supérieur) à 45 fr. . | | 90 |
| 2 — (second étage) à 70 fr. . . . | | 140 |
| 8 — (étages inférieurs) à 80 fr. . | | 640 |
| 2 — de raccordement à 70 fr. . | | 140 |
| Boisage (14 mètres courants). . . . . . | | 700 |
| Remplissage en galets et pierraille (12m³.) | | 240 |
| Ensemble. . . . . | | 1950 fr. |

Soit environ 2000 francs.

Prix de revient d'un mètre courant de tunnel, exécuté dans les sables aquifères, après leur assainissement.

|  | | Francs. |
|---|---|---:|
| Galerie en calotte, y compris le boisage. | | 135 |
| Pose (40 fr.) et démontage (8 fr.) des cintres. | | 48 |
| Déblais et boisage pour piédroits. . . . . | | 40 |
| Déblai du strosse. . . . . . . . . . | | 60 |
| Matériaux pour maçonnerie. . . . . . . | | 490 |
| Bois. . . . . . . . . . . . . . . . | | 200 |
| Main d'œuvre pour 15m³.75 de voûte et 7m³. de piédroits. . . . . . . . . . . | | 230 |
| Rigole centrale. . . . . . . . . . . | | 30 |
| Divers. . . . . . . . . . . . . . | | 17 |
| Ensemble. . . . | | 1250 fr. |

Le mètre courant de souterrain exécuté à l'aide de 6 étages
de drains dans les sables aquifères reviendrait donc à 3250
francs. Dans des conglomérats de consistance moyenne un
tunnel ne revient en moyenne par mètre courant qu'à 1440 fr.
et dans les marnes compactes à environ 1660 francs.

Le succès obtenu par les galeries d'assaisissement latérales, échelonnées au-dessus du seuil du tunnel, dans la couche aquifère, recommandait autrefois ce procédé pour tous les
cas analogues. Depuis lors le procédé de congélation des terrains aquifères de M Poetsch, et le procédé Fraysse utilisant l'air
comprimé pour refouler les eaux, ont fait leurs preuves et pourront dans certains cas être plus avantageux que le procédé
suivi au tunnel de Habas.

Pour traverser sur de faibles longueurs des couches aquifères, le drainage au moyen de galeries latérales conserve toutefois sur ces autres procédés l'avantage de ne pas nécessiter
un matériel spécial, grévant d'autant plus le prix du mètre courant que la longueur des percements à faire est moins considérable.

**147. Tunnel de Braye-en-Laonnois** (*France*). — Pour
l'exécution du canal de l'Oise à l'Aisne, on a été conduit à
ouvrir un souterrain de 2.360 mètres de longueur, près du
village de Braye-en-Laonnois.

Ce tunnel[1], dont le radier se trouve à environ 122 mètres
sous le point culminant, traverse des terrains tertiaires. Sur
presque toute la longueur le tunnel reste dans les couches
inférieures de l'étage suessonien, des sables de Bracheux recouverts d'une couche d'argile plastique, contenant des
couches perméables de lignite et d'aggloméral de coquilles.
Mais à environ 300 mètres de la tête, sur le versant de l'Oise, il
rencontre le fond d'une dépression des couches, et pénètre de
seulement 0m.30 dans les sables aquifères du Soissonnais,
superposés à la couche d'argile.

A mesure que l'épaisseur du toit argileux diminuait, les
infiltrations augmentaient et amenaient des éboulements, en

1. Notice sur les modèles et dessins exposés par le Ministère des Travaux
publics à l'Exposition universelle de 1889.

détrempant les minces couches d'argile interposées entre les lignites et les agglomérats de coquilles.

Devant ces difficultés on se décida, en 1883, à l'emploi de l'air comprimé pour créer un chantier à l'abri des eaux et des éboulements.

Sept machines d'une force de 220 chevaux-vapeurs, installées à proximité de la tête, actionnaient huit compresseurs pouvant envoyer, en 24 heures, environ 50.000m³ d'air à 1kg.

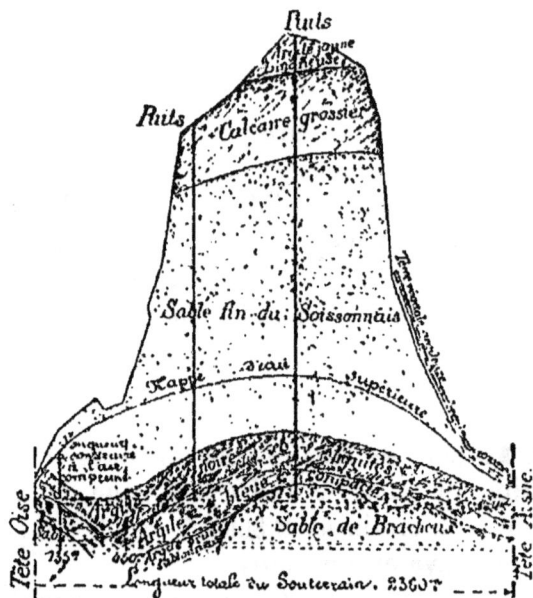

Fig. 168.

de pression en sus de la pression atmosphérique. Dans des réservoirs établis également devant la tête, l'air pouvait être comprimé à une pression absolue variant de 4 à 6 kilogrammes.

Pour créer la chambre de travail on construisit, à 120m.50 de distance de la tête, dans le tunnel dont le revêtement, y compris le radier, était terminé jusqu'au delà de ce point, un mur transversal de 10 mètres d'épaisseur, dans lequel on avait inséré des sas à air pour l'entrée et la sortie.

L'expérience acquise amena à introduire quelques modifications dans les dispositions données au second barrage, établi à la suite des accidents dont il sera parlé, à 187 mètres de la tête.

Ce second barrage, construit en béton entre parements en maçonnerie, avait 0m.70 d'épaisseur à la partie supérieure, 8 mètres à la partie inférieure, dans laquelle se trouvaient noyés les sas à air, dont la longueur était commandée par celle des pièces de bois à y faire passer.

On avait ménagé dans le barrage cinq ouvertures ; deux à la partie supérieure, trois à la partie inférieure ; mais seulement deux de ces dernières furent munies de sas, tandis que les trois autres furent bouchées par un mur en maçonnerie.

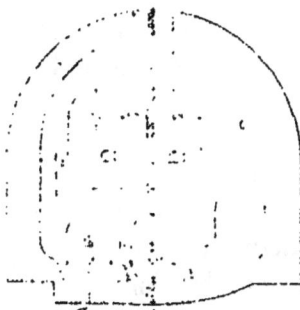

Fig. 169.

Les sas étaient munis de rails pour permettre le passage des wagons.

Le barrage donnait passage à un certain nombre de tuyaux dont les emplacements se trouvent marqués sur la fig. 169, par des lettres.

L'usage de ces tuyaux était le suivant :

*A.* Tuyaux de conduite d'air ;

*B.* Tuyau pour les fils électriques ;

*C.* Tuyau pour le téléphone ;

*D.* Tuyaux pour l'évacuation des déblais ;

*E.* Tuyaux pour l'écoulement des eaux ;

*F.* Pénétration du tuyau d'air à haute pression pour activer l'évacuation des déblais.

Les quatre tubes D, traversant le barrage et servant à l'évacuation des déblais, avaient 0m.40 de diamètre ; ils étaient inclinés vers l'extérieur de 0m.05 par mètre. Chaque extrémité de ces tubes pouvait être fermée par un clapet. Celui du dehors étant fermé, et celui à l'intérieur de la chambre de travail ouvert, on remplissait le tube de déblais ; pour leur évacuation il suffisait d'ouvrir le premier, de fermer le second et d'introduire sous celui-ci de l'air à 4kg. de pression.

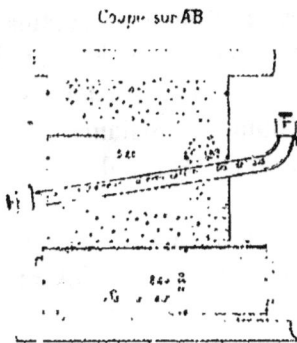

Coupe sur AB

Fig. 170.

Les deux tuyaux E servant à l'évacuation des eaux avaient 0m.35 de diamètre et étaient munis de robinets.

La perméabilité du revêtement du tunnel, du joint entre celui-ci et le mur de barrage et du terrain même créa des difficultés, et ce n'est qu'à grand'peine et en usant de moyens coûteux qu'on put maintenir une pression d'environ 2 kilogrammes dans la chambre de travail.

L'avancement mensuel moyen avait été de 12 à 15 mètres, lorsqu'en août 1884 on était arrivé à 200 mètres de la tête.

C'est à ce moment que se produisit le grave accident, dont il a déjà été fait mention en parlant des accidents qui peuvent se produire dans les travaux souterrains.

L'air avait pénétré dans les lignites pyriteuses et l'oxydation des pyrites avait produit une chaleur suffisante pour enflammer les lignites. Les gaz de cette combustion, en pénétrant dans la chambre de travail, ont amené l'asphyxie de dix-sept ouvriers.

Ce n'est que le 4 octobre que des travaux de ventilation très difficiles permirent de rétablir l'accès à la chambre de travail. Il fallut étançonner le front d'attaque, pour pouvoir supprimer la pression de l'air dans la chambre et faire ainsi cesser la cause de la pénétration de l'air dans les lignites.

L'incendie s'éteignit alors graduellement sous l'action de l'eau qui arriva en abondance dans la chambre de travail; mais longtemps après, le 30 décembre 1884, l'eau qui tombait à travers les parois marquait encore 30° centigrades.

Pour créer une ventilation énergique dans les parties achevées du tunnel et pour éloigner la chambre de travail à air comprimé du centre des foyers, on eut recours à deux moyens : Un puits d'aération fut établi à 109m. de distance de la tête et le barrage fut reporté de 120m.50 à 187m. de distance de la tête.

Les travaux à l'air comprimé furent repris en mars 1885, mais les fuites de l'air comprimé, le long de l'extrados des maçonneries de revêtement, ayant de nouveau pris de fortes proportions, on décida de laisser subsister le terrain sur une vingtaine de mètres et d'atteindre par des galeries une chambre de travail plus avancée. On comptait, et comme la suite l'a prouvé, avec raison, sur l'étanchéité du terrain vierge.

Une galerie creusée dans la calotte dut être abandonnée et bouchée, car elle laissait des fuites se produire. Il n'en était pas de même des deux galeries de base, creusées dans l'argile le long de l'emplacement des piédroits.

La pression dans la chambre de travail avancée, isolée de la partie achevée du tunnel, a pu être maintenue entre 2,3 et 2,4kg. Cette chambre de travail fut ouverte au delà de la dépression des couches, soit à une distance de 397 mètres de la tête, et l'on revint vers celle-ci, en construisant la voûte sur les piédroits établis à l'aide des galeries inférieures.

Cette marche réussit et permit l'achèvement des travaux restant à faire à l'air comprimé.

Sans vouloir entrer dans tous les détails de ce travail périlleux et fort difficile, mentionnons seulement que les galeries ont dû être voûtées et boisées et que les piédroits ont été exécutés en deux étages.

Dans le courant de ces travaux, de nouvelles inflammations de lignites ont amené à quatre reprises des interruptions.

L'avancement moyen mensuel a été, dans cette seconde période des travaux, de 12 mètres.

L'ouverture des galeries inférieures et le temps écoulé depuis les premières difficultés avaient fait baisser de 5 à 6 mètres la nappe d'eau supérieure.

On rejoignit la voûte, arrêtée à 239m.50 de la tête, en septembre 1887, et peu de temps après on déblaya la partie du strosse qui n'avait pas été enlevée, et le radier fut construit. En février 1888 le tunnel se trouvait entièrement achevé sur 387 mètres de la tête du côté de l'Oise.

Le travail à l'air comprimé se poursuivit jusqu'à environ 409m. de distance de la tête, et grâce à l'épaisseur croissante de la couche d'argile au-dessus du tunnel, on a pu achever fin octobre 1888 les travaux à l'air libre jusqu'à 450 mètres de la tête, où l'on avait prévu l'emploi de l'air comprimé.

La dépense par mètre courant de cette partie difficile du tunnel se décompose comme suit :

| | |
|---|---:|
| Prix à forfait de l'entreprise. | 5.920 fr. |
| Faux frais et indemnités. . | 800 » |
| Total par mètre courant. . | 6.720 francs. |

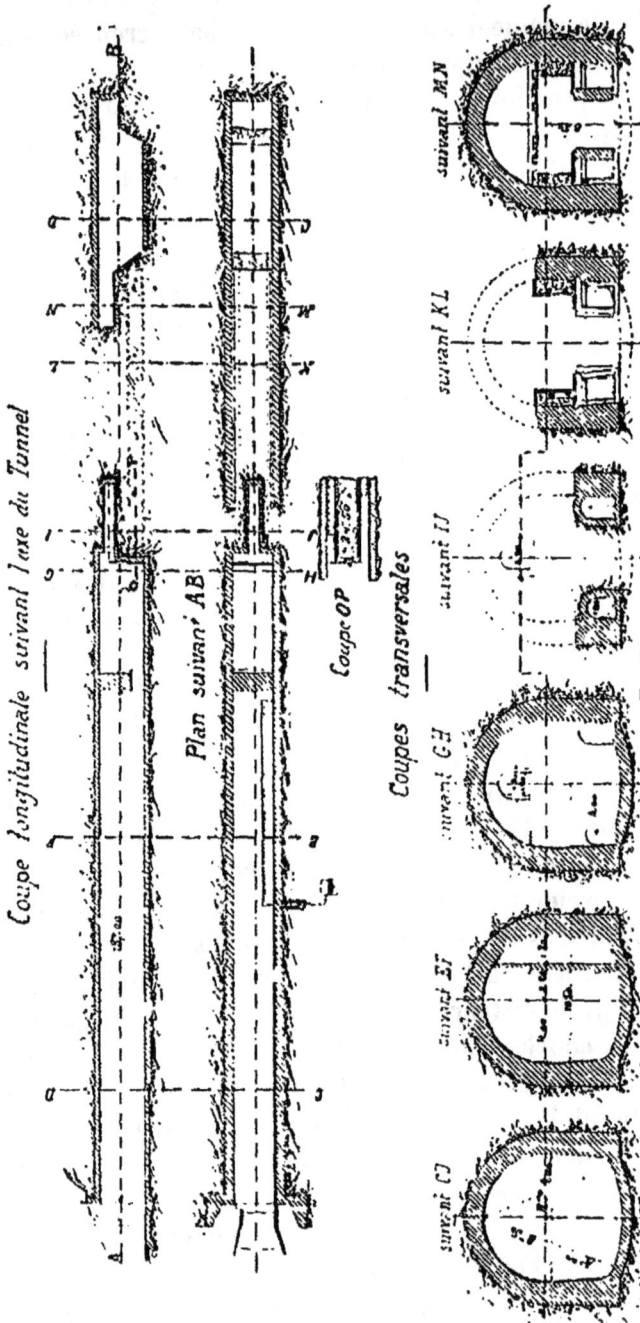

TUNNEL DE BRAYE-EN-LAONNOIS.

Coupe longitudinale suivant l'axe du Tunnel

Plan suivant AB

Coupe OP

Coupes transversales

suivant MN

suivant KL

suivant IJ

suivant GH

suivant EF

suivant CD

Fig. 171 à 172.

Ces travaux, dirigés par M. Berswillwald, ingénieur en chef des Ponts et Chaussées, ont été exécutés sous les ordres des ingénieurs MM. Guillon et Pigache et des chefs de section MM. Roques et Cantecor, par l'entrepreneur M. Maurel, dont les chefs de service étaient MM. Fabre, Grant et Jauret.

Disons en terminant que l'exécution de ce tunnel avait aussi donné lieu à des fonçages de puits présentant de grandes difficultés, qui ont également été surmontées par l'emploi de l'air comprimé.

Pour hâter l'achèvement des travaux, deux puits, l'un à 1.080m., l'autre à 1.575m. de distance de la tête, côté de l'Aisne, ont été exécutés. Leur fonçage, jusqu'à 8m.40 et 10m. dans la couche des sables fins du Soissonnais, imprégnés d'eau sur une hauteur de 13 à 17 mètres, présenta de grandes difficultés et il fut impossible d'aller plus loin avec les moyens ordinaires.

Les puits comprenaient trois compartiments d'une largeur uniforme de 1m.60, sur 1m.70, 1m.50 et 1m.10 de longueur. Pour les deux puits ensemble, la hauteur sur laquelle il a fallu travailler à l'air comprimé a été de 49m.30. La dépense correspondant à cette partie du travail a été de 281.000 francs, ce qui fait ressortir le mètre courant à environ 5.700 francs.

§ 4

# TUNNELS PASSANT SOUS DES COURS D'EAU OU DES NAPPES D'EAU

**118. Généralités.** — Le passage sous des cours d'eau, sous des lacs ou des bras de mer, ne donne pas lieu nécessairement comme la rencontre des terrains aquifères à de grands afflux d'eau.

On est par contre exposé, une fois que des voies d'infiltration se sont ouvertes, à voir des quantités bien plus considérables se précipiter dans l'excavation.

Pour des tunnels placés dans ces conditions, la principale préoccupation doit donc être d'empêcher tout commencement d'irruption.

L'étude géologique du terrain, aidée par des forages, qui bien entendu doivent être pratiqués à proximité, mais non pas dans l'emplacement même du tunnel projeté, est de la plus grande importance.

En s'appuyant sur cette étude, on fixera la profondeur à laquelle le tunnel doit rester sous le fond de l'eau. La croûte qui en sépare le tunnel doit avoir une résistance suffisante pour ne pas se rompre sous la charge, et de plus elle doit présenter des garanties contre les infiltrations.

Le grand projet de tunnel sous la Manche, destiné à relier le réseau des chemins de fer du continent à celui de l'Angleterre, n'est pas près d'être mis à exécution ; mais il a déjà donné lieu à des études et à des travaux d'investigation qui présentent un réel intérêt. La longueur considérable qu'aura ce tunnel, et qui, suivant le tracé adopté, sera de 32 à 38 kilomètres, joint à la profondeur d'environ 60 mètres que présente ce bras de mer, ont rendu les reconnaissances très difficiles.

L'impossibilité d'exécuter dans ces conditions des puits, pour activer et faciliter les travaux de percement, devait aussi pousser à rechercher des procédés particuliers.

L'ingénieur anglais, M. Crampton, très connu par les perfectionnements introduits par lui dans la construction des locomotives, avait, peu de temps avant sa mort, proposé un moyen de percement qui consistait dans le rodage de la roche, sur toute la section du tunnel, au moyen de disques. Des essais faits par lui dans la craie, terrain que l'on rencontrera dans le tunnel, ont montré qu'on pouvait avancer d'un mètre par heure dans une galerie de 2m.13 de diamètre. Il en concluait qu'avec un diamètre de 11 mètres on pourrait terminer en 22 mois le tunnel sous la Manche, en l'attaquant par les deux têtes. Le bouclier rotatif qui ouvrirait le profil du tunnel, devait être garni de 72 disques de 30 centimètres et les détritus devaient être entraînés à l'aide de jets d'eau.

Au lieu de nous arrêter à la description de projets, quelque ingénieux que soient les procédés proposés, il nous paraît préférable de parler d'abord de grands travaux réellement exécutés et des perfectionnements que les moyens appliqués y ont subi.

Nous reviendrons néanmoins sur le projet du tunnel sous le Pas-de-Calais, dont les travaux ont eu un commencement d'exécution.

**149. Tunnel sous la Tamise** (*Angleterre*). — On ne saurait parler des tunnels passant sous des cours d'eau sans rappeler celui qu'a exécuté Brunel sous la Tamise, pour relier les deux quartiers de Londres : Wapping et Rotherhite. Depuis 1808 on avait essayé l'exécution de ce passage souterrain, mais on y avait renoncé, n'ayant pu vaincre les difficultés rencontrées. En 1825, Brunel proposa un système de construction qui, tout en attaquant toute la section à la fois, présenta des garanties de réussite qui ne furent pas démenties par les faits, car on put terminer ce tunnel, dont la longueur est de 366 mètres.

Le profil transversal de cette voie souterraine se présente sous la forme de deux tunnels de 3m. 80 de largeur et 4m. 76 de hauteur libre, séparés par des piliers.

Pour opérer la percée sur toute l'étendue du profil, Brunel construisit un bouclier carré ayant 12m. 10 de largeur et 7 mètres de hauteur, embrassant les deux tunnels juxtaposés et leurs revêtements. Des leviers à genoux s'appuyaient d'une part contre les maçonneries achevées, d'autre part contre ce bouclier, pour maintenir les plateaux dont il était composé contre le terrain que l'on creusait successivement pour faire avancer le bouclier. Dès que celui-ci se trouvait quelque peu distant du revêtement achevé, on exécutait un nouvel anneau de revêtement et on avançait ainsi de proche en proche.

En dehors du bouclier, formé d'une série de plateaux appuyés contre le front d'attaque, il y avait également des plaques constituant le blindage du pourtour, que des leviers et des vis serraient contre le sol.

Il est aisé de se rendre compte de la complication de ce boisage et des difficultés qu'on devait rencontrer dans ces conditions pour le déblai et les revêtements.

Malgré toutes les précautions et bien que les maçonneries fussent, dans les parties difficiles, exécutées par tranches n'ayant qu'environ 10 centimètres d'épaisseur, c'est-à-dire prolongées de l'épaisseur d'une brique, dès que le bouclier avait progressé de cette quantité, il y eut de fréquents éboulements. Ces pénétrations du terrain superposé au tunnel, et formant le lit de la Tamise, produisaient dans le fond du fleuve des creux que l'on remplissait en y échouant de grandes quantités de sacs remplis de glaise et d'argile. Grâce à ce moyen, on arriva à étancher le fond et à reprendre le travail dans le tunnel, après avoir épuisé l'eau et déblayé les apports qui l'emplissaient.

On affirme que le mètre courant de ce tunnel à deux ouvertures, ménagées dans le massif de maçonnerie à section égale à l'emprise du bouclier, revenait à près de 30.000 francs.

La lenteur résultant du procédé employé et des interruptions survenues dans le cours des travaux fut telle, que ce n'est qu'au bout de 17 ans, c'est-à-dire en 1843, que ce tunnel fut ouvert à la circulation.

Tout récemment, on vient d'achever un tunnel semblable donnant passage à un tramway électrique sous la Tamise. Fidèles à leurs traditions, les ingénieurs anglais se sont encore servi du bouclier pour maintenir le front d'attaque. L'exécution de ce tunnel n'a donné lieu à aucun accident, son exécution a pu être menée à bonne fin en très peu de temps ; nous croyons donc devoir en dire quelques mots.

Les progrès réalisés, depuis la construction du premier tunnel sous la Tamise, dans l'art de la construction de ces ouvrages sous les cours d'eau, ne sauraient, en effet, être mieux démontrés qu'en mentionnant ici l'achèvement du tunnel par lequel le tramway, dit *City of London and Southwark Subway* [1], qui passe, à peu de distance en amont du *London Bridge* sous la Tamise. La dite ligne de tramway vient d'être mise en exploitation en octobre 1890 et ce n'est qu'en mai 1886 que les travaux ont été commencés. L'avancement du tunnel a été de 3m.05 par 24 heures.

Chacune des deux voies passe par un tunnel séparé, dont la section est un cercle de 3m.20 de diamètre. La distance des deux tunnels est de 1m.50.

---

1. Notice de M. Haag, ingénieur en chef des Ponts et Chaussées. — *Génie civil* du 9 août 1890.

L'ingénieur, M. Greathead, qui dirigea les travaux, avait déjà exécuté en 1868 et 1869, en face de la Tour de Londres, un passage pour piétons sous la Tamise.

Le procédé qui avait réussi pour cet ouvrage a été suivi, avec quelques modifications, pour les deux tunnels jumeaux du Southwark Subway.

Le pourtour de chaque tunnel a été formé par des cylindres en fonte composés de sept segments. Chaque élément de cylindre a 0m.48 de longueur et les assemblages sont faits à l'aide de rebords tournés vers l'intérieur du tunnel. Sur la face extérieure glisse un cylindre en acier d'environ 2 mètres de longueur, muni vers l'avant d'une tranche. A quelque distance de la tranche, et devant le dernier anneau en fonte, un diaphragme, dit *bouclier*, est rattaché au cylindre en acier.

Au moyen de verrins ou presses, le tranchant du cylindre en acier est poussé contre le terrain dans lequel le tunnel doit pénétrer.

Là où le terrain rencontré était formé d'argile compacte, ce qui a été le cas sur la majeure partie du tunnel en question, les ouvriers pouvaient pénétrer par une porte ménagée dans le bouclier, pour attaquer le front d'attaque dans le milieu de la section. La pression exercée sur le cylindre en acier, muni de tranchants en bizeau, fait tomber le pourtour au fur et à mesure de l'avancement, dans l'espace compris entre le bouclier et le front de l'attaque.

Ces matériaux sont jetés dans des wagonnets qui les emmènent.

Si le terrain rencontré était constitué de sables et graviers le bouclier restait fermé et des jets d'eau sous pression, passant à travers le masque et dirigés contre le front d'attaque, les désagrégeaient et les entraînaient par des tuyaux de retour vers un réservoir intérieur. Les déblais ainsi faits sont déversés dans des wagonnets.

Dans les deux cas, dès que le bouclier avait pris une avance suffisante sur le dernier anneau en fonte, on posait à son abri un nouvel anneau.

Pour qu'il ne subsistât pas de vide entre le terrain et le tube en fonte, on injectait, dès que le cylindre en acier avait pris de l'avance, du mortier hydraulique dans l'espace annulaire compris entre la face extérieure du tunnel et le terrain. Ce travail a marché avec une parfaite régularité et sans accident.

En moyenne, le tunnel ainsi exécuté se trouve à 13m.50 sous le niveau des hautes eaux, soit à 4m.50 sous le lit de la Tamise.

Des procédés analogues sont employés aux Etats-Unis, pour l'exécution du tunnel sous l'Hudson, à New-York, et de celui sous la rivière Saint-Clair, qui forme la frontière entre le Canada et les Etats-Unis.

**150. Tunnels de Chicago** (*Etats-Unis*). — La ville de Chicago présente des exemples intéressants de tunnels exécutés au-dessous de l'eau.

Les uns passent sous la rivière qui coupe la ville en deux et servent à la circulation des voitures et des piétons, les autres s'avancent à environ 3.220 mètres sous le lac Michigan pour y prendre l'eau pure, qu'ils conduisent jusqu'aux machines élévatoires qui la distribuent dans la ville.

Les uns et les autres sont ouverts dans l'argile bleue compacte.

Pour la construction des tunnels sous la rivière, on a pris le parti de les exécuter comme tranchées voûtées en procédant par sections de faible longueur, que l'on entoura de bâtardeaux pour y travailler à sec. Ce n'est donc pas, à proprement parler, à titre de construction de tunnels sous l'eau que nous citons ces ouvrages, servant à la circulation urbaine.

Il n'en est pas de même pour les tunnels servant à l'adduction de l'eau, prise, conformément au projet de M. Chesborough, dans le lac Michigan, à plus de 3 kilomètres de la rive.

Le 17 mars 1864, les travaux de fonçage du puits ont été commencés, à l'origine de la première galerie d'adduction. Le puits a reçu une profondeur de 21 m. 6 ; sur les premiers 7 mètres, il avait à traverser une couche de gravier et de sable et reçut un cuvelage en fonte, formé de tuyaux de 2 m. 75 de diamètre intérieur et 62 mm. d'épaisseur ; mais dès qu'il fut

entré dans l'argile on se borna à le revêtir en briques laissant
un vide de 2 m. 44 de diamètre intérieur. Ce puits a été terminé en deux mois.

Le tunnel, qui fut ouvert en partant de ce puits avec une
rampe d'environ 0.1 mm. par mètre sous le lac, présente une
section libre de forme ovoïde, ayant 1 m. 52 de largeur et
1 m. 60 de hauteur. Il est revêtu en toute longueur d'une maçonnerie en briques de 0 m. 20 d'épaisseur.

Pour la prise d'eau, on avait fait un îlot, dans lequel un
puits a été descendu, puis utilisé pour pousser une galerie à
la rencontre de celle partant de la terre ferme.

La section restreinte de cette galerie ne permit pas l'emploi
d'un personnel nombreux à l'attaque. Il n'y eut en général
que deux ouvriers travaillant par relais de 8 heures. Sur les
24 heures de chaque journée, 16 étaient employées au déblai,
8 à l'exécution du revêtement qui suivait immédiatement
l'ouverture. Le progrès journalier du déblai variait de 4 m. 25
à 6 mètres ; celui du revêtement, étant en moyenne de 4 m.60,
put le suivre.

Le 30 novembre 1866 la galerie était ouverte, et, dès le
mois de mars 1867, la distribuion d'eau de la ville de Chicago
était assurée.

En éliminant des dépenses totales de cet ouvrage toutes
celles qui n'ont pas été occasionnées par l'exécution du tunnel
même, on trouve que celui-ci a coûté environ 975.000 francs,
soit seulement 300 fr. environ par mètre courant.

Pour permettre le rapprochement de ce prix avec celui
qu'un travail analogue coûterait chez nous, nous ajouterons
que l'ouvrier mineur y était payé 10 fr. et le maçon 20 à 25 fr.
par jour. Le mille de briques coûtait 70 fr.

Le développement rapide de la ville de Chicago rendit bientôt ce tunnel d'adduction d'eau insuffisant, et dès 1872 on
construisit, à 19 m. 20 de distance du premier, un second tunnel aboutissant au même îlot. Il fut construit de la même façon que le premier, mais le puits a reçu un diamètre plus
grand, de 3 m. 05 ; il en fut de même du tunnel dont le profil
intérieur, de forme ovoïde, reçut 2 m. 14 de largeur sur
2 m. 19 de hauteur. Le revêtement en briques a été fait avec
0 m. 28 d'épaisseur.

Grâce à l'homogénéité de l'argile traversée, dont l'épaisseur au-dessus de la galerie n'a pas été inférieur à 9 mètres, on n'a pas eu à lutter contre des infiltrations d'eau. Il est de plus probable que la façon du revêtement, au fur et à mesure de l'avancement, a contribué à prévenir tout mouvement dans le terrain pendant la construction. Pour éviter qu'il ne s'en produise dans la suite, la maçonnerie du périmètre inférieur remplit entièrement l'excavation ; les vides, entre l'extrados de la partie supérieure du revêtement et le profil du déblai, ont été remplis d'argile ou bourrés de débris bien tassés.

La ventilation pendant la construction a été assurée par insufflation d'air, à travers un tuyau allant jusqu'au chantier souterrain.

Les transports se sont effectués sur une voie de fer établie sur le radier. Aux débuts, les wagonnets ont été poussés à bras d'hommes, mais on y a pourvu dans la suite en se servant de petits mulets.

La construction du second tunnel d'adduction d'eau a été donnée à l'entreprise au prix de 484 fr. le mètre courant. L'avancement mensuel s'est élevé à 115 mètres.

**151. Tunnel sous la Severn** (*Angleterre*). — La baie de la Severn fait une profonde entaille dans la côte de l'Angleterre. A l'endroit où le chemin de fer passe sous cette baie, celle-ci présente une largeur d'environ 3.600 mètres.

Les deux puits établis près des rives et par lesquels les travaux ont commencé, sous la direction de l'ingénieur M. Richardson, en mars 1873, sont distants de 3.701 mètres.

Le niveau des eaux subit les variations des marées, qui atteignent dans la baie jusqu'à 15 m. Le lit du fleuve se trouve creusé dans le rocher ; il est en partie recouvert d'alluvions, mais le chenal le plus profond est creusé sur plus de 400 m. de largeur dans la roche ; il est entaillé jusqu'à 18 m. 30 sous le niveau des basses eaux. Sous la partie la plus profonde de ce chenal et sur 300 mètres de longueur, le tunnel est horizontal, avec une épaisseur d'environ 10 mètres entre le fond du fleuve et le sommet de la voûte. Il s'élève par des pentes de 10 mm. et de 11 mm. vers les deux rives.

23

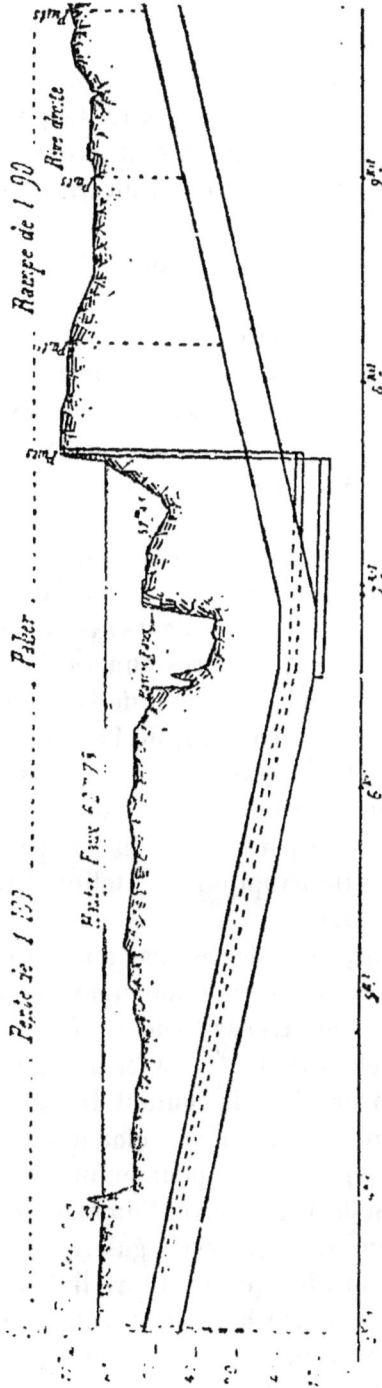

Fig. 180.

Au début des travaux, le programme tracé pour l'exécution de ce tunnel comportait le percement en partant du puits de Sudbrook, situé sur la rive droite. Ce puits a 5 m. 50 de diamètre ; il traverse à 67 mètres de profondeur les couches à peu près horizontales du terrain triasique, grès et schistes, qui forme le fond de la baie.

Au commencement de décembre 1874, on attaqua la galerie d'avancement.

Les premiers 92 mètres devaient rester galerie d'assainissement ; mais, une fois entrée dans l'emplacement futur du tunnel, cette galerie devenait une galerie de base, s'élevant avec la pente de 10 mm. par mètre. Les eaux d'infiltration étaient recueillies dans le puits et remontées à l'aide de fortes pompes.

Malgré l'irruption de sources, dont le débit total dépassait 400 mètres cubes par heure, le travail d'avancement de la galerie, poussé à l'aide de perforateurs système Kean, n'a pas subi, dans le courant des premières années, d'arrêts considérables.

La galerie exécutée sous le lit de la Severn avait progressé : en 1875, de 520 m.; en 1876, de 449 m.; en 1877, de 768 m., et en 1878 de 712 m. Mais, le 6 octobre 1879, la galerie poussée vers la terre ferme rencontra une source débitant plus de 1.600 mètres cubes par heure. Les pompes furent impuissantes à vaincre cette irruption et il fallut abandonner le travail qui fut noyé.

A ce moment, les galeries, partant du puits de Sudbrook, présentaient ensemble une longueur de 3.411 mètres, dont 3.081 mètres étaient creusés dans la direction de la rive opposée, et 330 mètres vers la terre ferme, rive droite.

Un puits ouvert dans le courant de l'année 1878 sur la rive gauche, et dont la profondeur n'était que d'environ 17 mètres, avait été mis à profit pour pousser une galerie à la rencontre de celle partant de l'autre rive. Commencée dans les premiers jours de décembre 1878, cette galerie avait atteint une longueur de 193 m., lorsque le 18 avril 1879 l'affluence de 127 mètres cubes d'eau par heure nécessita, pour l'addition d'une pompe, une interruption d'une semaine. Le travail fut repris, et le 18 octobre 1879 la galerie avait une longueur de 311

mètres et on n'était plus qu'à 109 mètres de la galerie de la
rive opposée, noyée à ce moment, lorsque les eaux arrêtèrent
également le travail dans la seconde galerie, en pente de
10 millimètres par mètre.

Simultanément avec la galerie qui s'étendait sous le lit de
la Severn, on avait, comme sur la rive droite, poussé une galerie vers la terre ferme, mais elle aussi avait été arrêtée par
les eaux, à une distance de 309 mètres de son point de départ,
le 26 juillet 1879.

Dans ces conditions, tous les travaux étant arrêtés, on con-
fia à un entrepreneur général, M. Walker, l'achèvement du
tunnel. Il se conforma au conseil de Sir Hawkshaw en abaissant de 4 m. 50 le seuil de tout le tunnel. Cet abaissement eut
pour conséquence de transformer la galerie qui devait être
galerie de base, en galerie centrale. Le tort de ne pas avoir
commencé, pendant l'avancement des galeries, l'exécution successive du tunnel sur son profil entier, permit bien, sans
abandon d'un travail exécuté, cette modification, mais on perdit
tous les avantages que devait présenter la galerie de base.

L'installation de pompes très puissantes (celle dans le puits
de Sudbrook pouvait élever 2.090 m³. par heure) et la fermeture des vannes qu'on avait eu l'heureuse précaution d'établir
dans la galerie allant de la rive droite vers la rive gauche,
permit la reprise des travaux, et le 27 mars 1881 on put opérer la jonction des deux galeries d'avancement, à 620 m. du
puits de la rive gauche et à 3.081 m. 50 du puits de Sudbrook.

Cinq puits supplémentaires, facilitèrent les travaux, et le

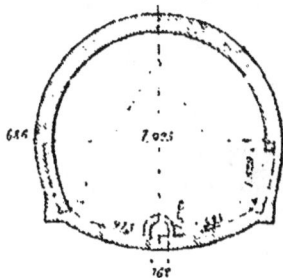

Fig. 181.

5 septembre 1885, le premier train
passa par le tunnel de la Severn.

La longueur entre les têtes de ce
tunnel est de 7.262 mètres ; le profil présente une largeur de 7 m. 93
aux naissances et la hauteur libre
au-dessus des rails est de 6 m. 10 ;
celle au-dessus de l'intrados du radier est de 7 m. 47. La voûte a généralement été exécutée, contraire-
ment aux habitudes anglaises, avant les piédroits, qu'on ma-

çonna en sous-œuvre. L'épaisseur des piédroits et de la voûte
varie, suivant la nature des terrains traversés, de 0 m. 46 à
0 m. 69 ; celle du radier est généralement égale à celle de la
voûte.

Sur la rive gauche, où l'on traversa une couche peu résistante, on augmenta l'épaisseur du revêtement. Il est entièrement exécuté en bonnes briques et en mortier hydraulique au
dosage de 2 volumes de ciment de Portland pour 1 volume de
sable. Afin de mettre les maçonneries, tant qu'elles étaient
fraîches, à l'abri des eaux d'infiltration, on les recouvrait
temporairement, ou de tôles qu'on retira au fur et à mesure de
l'avancement, ou bien de cartons goudronnés qui restaient en
place.

En général, le revêtement fut exécuté par sections de 5 à
7 mètres de longueur. Dans les parties présentant plus de difficultés, cette longueur fut réduite à 3 ou 4 mètres. Pour réduire
les chances d'infiltrations, ces sections de maçonnerie ne se
touchent pas par des faces planes, mais s'enchevêtrent.

Les boisages ont toujours été faits avec de grands soins ; ils
sont assez forts pour prévenir tout tassement du terrain ; les
cadres n'étaient souvent espacés que de 0 m. 75.

L'abattage s'effectua toujours avec une grande rapidité,
pour ne pas retarder le revêtement après l'élargissement de
la galerie. On a fait jusqu'à 4.500 mètres cubes de déblai en
une semaine.

Pendant la construction, l'air comprimé, qui activait les
perforateurs, assurait la ventilation. Depuis l'achèvement, un
ventilateur fonctionne pour renouveler l'air.

**152. Tunnel sous la Mersey** (*Angleterre*). — Les villes
de Liverpool et de Birkenhead sont séparées par la Mersey,
ayant en cet endroit environ 1.200 mètres de largeur. Les
relations de ces deux villes sont d'une importance majeure,
et l'on estimait avant l'ouverture du tunnel, c'est-à-dire à
une époque où tout le trafic était assuré par la navigation,
à 26 millions de voyageurs et à 3/4 de million de tonnes de
marchandises la circulation annuelle.

Dès 1866, la construction d'un tunnel était décidée, mais

ce n'est qu'en décembre 1879 que les travaux furent commencés.

Les conditions dans lesquelles ce tunnel devait être exécuté étaient difficiles : le terrain à traverser était le grès rouge et, bien que le fond du fleuve se trouve recouvert d'une couche d'argile et que la pénétration du limon dans le grès dut diminuer sa perméabilité, il fallait s'attendre à des infiltrations considérables. En égard à la nature du sol, on estimait avec raison que l'épaisseur du terrain au-dessus de l'extrados de la voûte du tunnel ne devait pas être inférieure à 9 mètres. Cette épaisseur ne paraîtra pas exagérée si l'on songe que les hautes mers montent à plus de 23 mètres au-dessus du fond. Comme les rives s'élèvent à plus de 28 mètres à partir du lit, il a fallu prolonger le tunnel considérablement au-delà des bords de la Mersey.

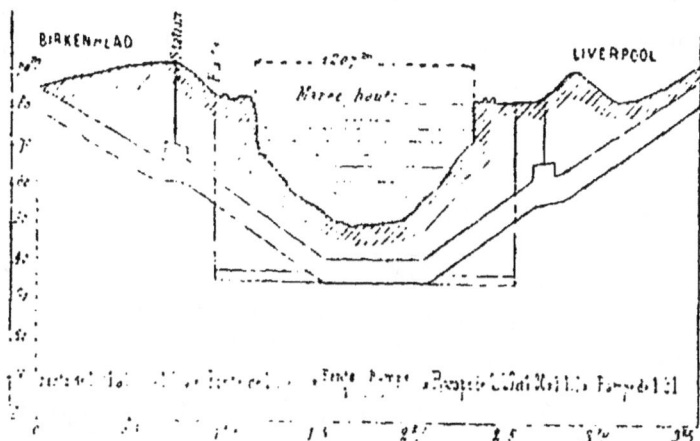

Fig. 142.

Le profil en long comprend au milieu une partie d'environ 450 m. presque horizontale, c'est-à-dire ne présentant que des pentes de 1 900 et de 1 10.220 à partir du centre ; mais du pied de ces deux pentes partent des rampes de 1 30 sur environ 1 300 mètres de longueur, ce qui porte à plus de 3 kilomètres celle du tunnel.

L'attaque du tunnel sous la Mersey s'est effectuée au moyen de puits creusés de 1 580 mètres, ayant environ 52 mètres de profondeur et auxquels on donna du côté de Liverpool 4 m. 60, du côté de Birkenhead 5 m. 35 de diamètre. On y installa des pompes pouvant enlever 85 m³. d'eau par minute et, bien que cette puissance eût suffi pour enlever plus du double du volume d'eau qui arrivait pendant la construction vers chaque puits, on ménagea au fond de chacun d'eux un réservoir pour environ 360 m³. Cette capacité, ajoutée à celle de la galerie d'amenée des eaux, dont il sera parlé, eût permis d'arrêter le fonctionnement des pompes pendant plusieurs heures, sans entraîner l'inondation du tunnel. En dehors de ces grands puits et dans leur voisinage, on fonça des puits spéciaux pour l'extraction des déblais ; leur profondeur était de 28 m. 7, leurs diamètres de 3 m. 05 et 3 m. 66.

Le tunnel a été construit pour double voie, son profil libre présente une largeur de 7 m. 93 et une hauteur sous clef de 5 m. 80 au-dessus du niveau des rails ; il est muni sur toute sa longueur d'un radier, dont le point le plus bas se trouve à 7 mètres sous la clef de la voûte. Sur son parcours sous le fleuve, l'épaisseur de la voûte, exécutée par rouleaux ou couches de briques superposées, varie de 0 m. 68 à 0 m. 90 ; elle est réduite à 0 m. 45 aux abords. Le radier en béton a 0 m. 45 d'épaisseur.

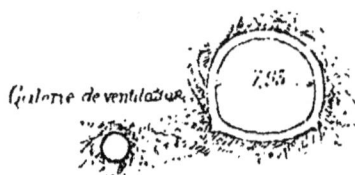

Fig. 184.

Pour le percement du tunnel, on a suivi le procédé usité en Angleterre : le déblai a été enlevé sur toute la section sur des longueurs variant de 3 à 4 mètres, et les maçonneries ont été exécutées en partant du bas. Des feuilles de tôle ont souvent été utilisées, comme au tunnel sous la Severn, pour mettre les maçonneries fraîches, jusqu'au durcissement du mortier hydraulique, à l'abri des eaux d'infiltration.

Une galerie d'avancement, logée généralement au bas du profil, ayant 1 m. 80 de largeur et 2 m. 49 de hauteur, précédait le déblai à plein profil, mais son avance sur la grande chambre de travail ne dépassait jamais 9 mètres à 12 mètres au plus.

Le percement du tunnel entre les puits avait commencé en novembre 1881 sur les deux rives et, malgré des arrêts résultant des gênes causées par les eaux, on avait pénétré, à la date du 1er mars 1883, du côté de Liverpool, sur près de 270 mètres et du côté de Birkenhead sur 300 mètres, tout en ne travaillant qu'à la main.

Le travail fut dès lors poussé avec plus d'énergie, car en juin 1885 le tunnel était terminé et fut livré à la circulation le 1er février 1886.

La question de l'éloignement des eaux d'infiltration avait dès le début été étudiée avec soin et on n'hésita pas à établir, de part et d'autre de la section centrale du tunnel, des galeries circulaires de 2 m. 45 de diamètre, revêtues sur 0 m. 34 d'épaisseur et descendant avec des pentes de 1/250 à 1/500 jusqu'aux puits d'assainissement. Des galeries obliques, souvent de simples trous forés, assuraient l'écoulement des eaux du tunnel dans ces puits d'assainissement. Tant que le travail y était fait à la main, on n'avançait que de 11 mètres par semaine de 6 jours, mais avec le perforateur Beaumont, employé à partir du mois de mars 1883, cet avancement fut porté à 30 mètres par semaine.

De même que la question de l'assainissement, celle de la ventilation donna lieu à l'exécution de galeries spéciales. Les galeries de ventilation exécutées à côté du tunnel, ont ensemble environ 2050 mètres de longueur; elles ont 2 m. 24 de diamètre. Quatre ventilateurs, aspirant par minute environ 16.000 m³. d'air, ont parfaitement assuré le service.

Ce qui caractérise les travaux du tunnel de la Mersey, c'est l'assainissement du chantier principal à l'aide d'une galerie à faible section, et l'établissement d'une autre galerie spécialement affectée au service de la ventilation, pour écarter du chantier principal l'encombrement et la gêne d'installations spéciales.

Ces dispositions, jointes à la précaution de procéder au fur et à mesure de l'avancement du déblai au revêtement du tunnel, ont été couronnées de succès et méritaient de l'obtenir.

Il serait intéressant de connaître le prix de revient du mètre courant du tunnel exécuté dans ces conditions. Nous n'avons pu le trouver, mais on sait que le kilomètre courant du chemin de fer de jonction de Liverpool-Birkenhead est revenu, matériel et a-quisitions de terrain compris, à environ 4.700.000 francs, et que la dépense pour l'établissement d'un second tunnel sous la Mersey, ayant 2.150 mètres de longueur et destiné au service des piétons et des voitures, a été estimé à environ 9 millions, soit à 4.230 fr. par mètre courant. Cela permet de se faire une idée de la dépense occasionnée par le tunnel existant.

**153. Tunnel sous l'Hudson** (*États-Unis*). — A l'intérêt de faciliter la circulation urbaine s'est joint à New-York l'intérêt qu'il y a à mettre la ville en communication avec les lignes de chemin de fer qui aboutissent sur la rive droite de l'Hudson, à Jersey-City, en face de New-York.

Malgré la grande largeur du fleuve, malgré la nature du lit, qui sur 30 à 40 mètres est formé de vase, au-dessous de laquelle on rencontre en quelques points du sable, on s'est décidé pour la construction d'un tunnel ou, pour être plus exact, de deux tunnels juxtaposés, et non pour l'établissement d'un pont. Le peu d'élévation des rives et la grande hauteur de la mâture des bâtiments circulant sur le fleuve justifient cette solution.

Nous ne voulons pas donner la description détaillée des procédés qui ont été employés pour commencer ce tunnel, description que l'on trouve dans un mémoire de M. G. Cadart,[1] mais nous croyons devoir signaler que c'est dans l'air comprimé que l'on a travaillé.

Les détails de l'opération n'ont pas été les mêmes sur les deux têtes, c'est-à-dire dans les galeries partant du puits de Jersey-City et dans celles partant du puits de New-York ; mais il suffit d'indiquer ici d'une façon générale que l'air était maintenu sous pression non seulement dans les parties voisines des chantiers, c'est-à-dire dans les portions de tunnel en construction, mais aussi dans les parties déjà achevées, que

1. *Annales des Ponts et Chaussées*, juillet 1885.

l'on séparait des chambres de travail par des murs munis d'un sas à air.

Sur la rive droite l'avancement en galerie s'opérait à l'aide d'un cylindre horizontal à parois métalliques démontables, appelé pilote, et dans lequel l'air était également sous pression. Ce pilote sert d'abord à la reconnaissance de la nature du terrain, puis de point d'appui pour le boisage de l'excavation à plein profil.

Chaque tunnel a 5m.40 de hauteur et 4m.88 de largeur. Le pilote avait 1m.98 de diamètre et se trouvait un peu au-dessus du milieu du profil.

L'avancement journalier était à peu près d'un mètre et le mètre courant de tunnel à simple voie revenait à environ 5000 francs.

Dans le chantier partant de la rive gauche (New-York) on attaquait le terrain par la calotte et l'on procédait à l'achèvement du profil par déblai de couches successives du haut vers le bas, en armant le front d'un bouclier, formé de plaques horizontales, et le pourtour de plaques contre le profil. Pour l'évacuation des déblais on se servait d'une pompe à sable.

Au fur et à mesure de l'avancement on exécuta le revêtement. Bien que les anneaux n'eussent que peu de longueur, on eut beaucoup de peine à maintenir l'excavation, vers laquelle le sable et la vase affluaient.

On n'avançait que d'environ 0m.20 à 0m.40 par jour, et le prix d'un mètre courant de tunnel à simple voie paraissait devoir atteindre au moins 8.000 francs.

L'écartement des puits de tête par lesquels ce tunnel a été attaqué est de 1647m. : les raccordements d'environ 900m. du côté de New-York et d'environ 800m. du côté de Jersey-City porteraient la longueur à environ 3 kilomètres. Commencés en 1874, les travaux ont été arrêtés à plusieurs reprises par des accidents qui ont coûté la vie à un grand nombre d'ouvriers.

Actuellement les travaux sont de nouveau arrêtés, et il serait difficile de dire quel sera le procédé que l'on emploiera pour relier les tronçons abandonnés de ce tunnel.

**158  Tunnel sous la Manche.** — Bien que l'ordre donné

en 1883 par le Gouvernement anglais, d'arrêter les travaux de
percement sur la côte anglaise, ait eu pour conséquence, en
avril 1884, l'arrêt des travaux sur la côte française, et qu'il
soit impossible de dire quand on si jamais le tunnel projeté
sous le détroit du Pas-de-Calais pourra être exécuté ; il ne
paraît pas permis de passer sous silence ce projet grandiose,
qui a eu un commencement d'exécution.

L'initiative de la construction de ce tunnel, dont la longueur
eût été d'environ 36 kilomètres, a été prise en 1834 par l'ingénieur français Thomé de Gamond, qui avait estimé à environ
70 millions de francs les dépenses. Avec le concours de l'ingénieur anglais Sir John Hawkshaw, il avait poursuivi avec
persévérance les études et avait réussi à faire reconnaître la
possibilité de l'exécution de ce tunnel, qui devait partir de la
côte française entre Calais et Boulogne, près du cap Gris-Nez,
pour aboutir sur la côte anglaise entre Douvres et Folkestone
près d'Eastware.

Le 1er février 1875 une société « du chemin de fer sous-marin entre la France et l'Angleterre » se constitua, et c'est elle
qui mena avec une grande énergie et sans reculer devant des
dépenses considérables les travaux préparatoires, dont le but
principal était la reconnaissance du terrain.

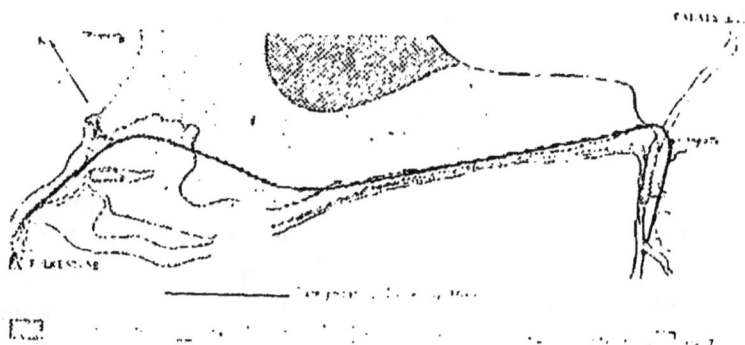

Fig. 184

Le plan et la coupe géologiques que nous donnons (fig. 184
et 185)[1] ont été établis par MM. Potier et De Lapparent, ingé-

---

1. Ces figures, ainsi que certains renseignements sur les travaux préparatoires, sont empruntés à la Notice publiée à l'occasion de l'Exposition universelle de 1889 par le ministère des travaux publics.

nieurs en chef des mines, en se basant sur 7.672 sondages
exécutés dans le courant des étés de 1875 et 1876 sur une
étendue de plus de 300 kilomètres carrés, comprise entre
deux lignes droites allant l'une de Folkestone au Cap-Blanc-
nez, l'autre de South-Foreland à Calais et sur les sondages
exécutés sur les côtes. Sur la côte française, cinq sondages
avaient été poussés jusqu'à environ 53 mètres sous le zéro hy-
drographique.

Une fois qu'il avait été bien reconnu qu'une couche puissante de craie grise, imperméable, s'étendait sur toute la
largeur du détroit au-dessus de l'argile grise du Gault et que
la profondeur moyenne du détroit dans la partie explorée est
généralement de 30 à 40 mètres, sans dépasser 53 mètres en
basse mer, on commença les travaux de fonçage de puits sur
la côte française et des travaux analogues sur la côte anglaise.

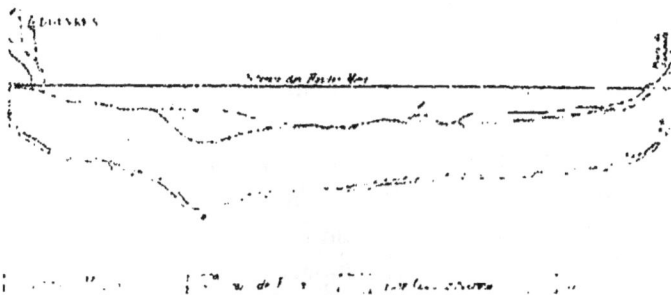

Fig. 185.

Un puits de 3 m. 40 de diamètre fut exécuté en moins de
10 mois sur 87 m. 50 de profondeur (du 11 avril 1881 au 4
février 1882), à environ 1500 mètres au Sud-Ouest du clocher
de Sangatte, après qu'un puits de faible section, poussé du 1er
juin 1878 au 22 décembre 1880 jusqu'à 86 m. de profondeur,
situé à seulement 30 m. du second, avait fourni les renseignements les plus sûrs sur les couches à traverser.

Ce puits de faible diamètre était destiné à l'aération et à
l'épuisement. Sur le grand puits s'embranchaient, à 42 m. 2
et à 55 m. 2 de profondeur, des galeries d'essai, dirigées vers
la mer. Ces galeries, ouvertes dans la craie, étaient percées :
la première à l'aide de la perforatrice de M. Brunton, la se-

conde (avec 2 m. 10 de diamètre) par la perforatrice du colonel Beaumont, qui fut reconnue supérieure à celle de Brunton. La galerie inférieure fut poussée sur environ 1840 m. de longueur, dont 870 m. sous la mer, par des profondeurs de 8 mètres d'eau, lors des plus basses marées, avec 30 mètres de terrain entre le sommet de la galerie et le fond de la mer.

La perforatrice Beaumont, agissant par rotation, comme une machine à fraiser, sur toute la surface du front d'attaque, est mue par l'air comprimé à 2 à 8 atmosphères, suivant les besoins. L'avancement journalier moyen, constaté en 53 jours, avait été de 15 m. 10, avec un maximum de 24 m. 80 en 24 heures.

Sur la rive anglaise, on s'était également servi de la machine Beaumont pour exécuter 1800 m. de galerie, dont 1400 m. avançaient sous la mer.

Les galeries de reconnaissance avaient donc en tout atteint une longueur d'environ 3640 mètres, dont près des deux tiers sous la mer, lorsque les travaux furent arrêtés.

Tous ces travaux de reconnaissance, dont les dépenses se sont élevées, dès la fin de 1882, à plus de 2 millions de francs, ont démontré que les couches du terrain dans le détroit du Pas-de-Calais ont une allure uniforme, s'abaissant dans la direction du Nord-Est avec une inclinaison d'environ un pour cent. Entre la craie blanche supérieure et l'argile grise du Gault s'étend, d'une rive à l'autre, une couche de craie grise d'une épaisseur moyenne d'environ 50 mètres. Cette couche descend jusqu'à 90 mètres de profondeur environ au-dessous du niveau des plus basses mers, elle se développe régulièrement d'un rivage à l'autre ; elle est homogène, à peu près imperméable, très tendre mais néanmoins assez résistante : elle convient donc parfaitement à l'établissement d'un tunnel.

Le tunnel avait été prévu avec une ouverture de 8 mètres et une hauteur libre de 6 mètres, et les progrès réalisés dans l'art de la perforation permettent de supposer que la dépense de 3.400 fr. par mètre courant, qui avait été énoncée par M. Thomé de Gamont, n'eût pas été dépassée.

C'est à la description des travaux de reconnaissance du terrain, les seuls qui aient été exécutés, que nous devons nous

borner. Il suffit d'avoir rappelé les dimensions projetées pour
cet ouvrage qui, situé à environ 100 mètres sous le niveau
de la mer, n'eût pas eu de puits sur plus de 30 kilomètres de
longueur. Au point de vue technique, la construction de ce
tunnel ne paraît pas présenter de difficultés insurmontables,
non plus que son utilisation pour le passage des trains.

Les motifs qui ont amené l'arrêt des travaux, poussés avec
énergie par l'Association présidée en dernier lieu par M. Léon
Say, sont d'un ordre politique.                                    .

On est en droit de se demander si le projet d'un pont franchissant le détroit du Pas-de-Calais ne rencontrera pas le
même obstacle, et si, comme pour le tunnel, des motifs étrangers aux questions techniques ne viendront pas empêcher la
jonction du réseau des chemins de fer de l'Angleterre à celui
de la France. Peut-être faut-il voir dans l'opposition de nos
voisins autre chose que les motifs invoqués, par exemple la
crainte de voir diminuer l'importance des ports anglais.

# TROISIÈME PARTIE

.

# TERRASSEMENTS SOUS L'EAU

# CHAPITRE VIII

# RECONNAISSANCE DU TERRAIN

## § 1.

## GÉNÉRALITÉS

De même que pour les terrassements a ciel ouvert, la reconnaissance de la configuration et de la nature du sol doit ici précéder tout travail, tant celui de rédaction du projet que celui d'exécution, car la forme à donner aux ouvrages et les moyens a employer pour leur exécution ne peuvent être arrêtés qu'après s'être rendu compte de la profondeur à laquelle le terrain se trouve sous le niveau de l'eau, des inégalités qu'il présente et de sa nature même, à la superficie et à l'intérieur.

**155. Conditions particulières des reconnaissances sous l'eau.** — Les eaux sous lesquelles on doit exécuter des travaux sont ou des eaux douces ou des eaux salées. Dans les deux cas, leur niveau peut être à peu près constant, comme dans les lacs, les canaux ou dans les mers sans marée ; ou bien il est sujet à des variations plus ou moins sensibles, fleuves ou rivières et mers à marée.

Les variations de la hauteur de la nappe d'eau qui recouvre le fond créent des conditions variables pour les travaux de terrassement ; il y a des cas où, les difficultés croissant avec la profondeur, on est conduit à préférer l'intermittence des travaux, en profitant de la baisse du niveau pour les exécuter, si les difficultés deviennent d'autant plus grandes que le niveau s'élève d'avantage.

En dehors de ces variations du niveau des eaux recouvrant le fond, la vitesse avec laquelle les eaux se déplacent crée souvent des sujétions considérables.

Certaines eaux, dans les lacs, les canaux et les anses des mers, n'ont que peu ou point de vitesse, tandis que celle-ci peut devenir considérable dans les rivières ou fleuves, et aussi dans la mer, où en dehors du va et vient des marées ou des courants existant le long des côtes, les vents peuvent déterminer des agitations d'autant plus gênantes qu'elles sont plus variables, produisant par les vagues des changements de niveau souvent très considérables, se succédant à de faibles intervalles.

De même que certains travaux sont interrompus lors des élévations du niveau de l'eau, il faut en général suspendre les travaux de terrassement sous l'eau dès que la vitesse ou l'agitation atteint une certaine importance.

On peut dire d'une façon générale que les fortes crues des rivières, comme les grandes agitations de la mer, à la suite de vents violents, arrêtent les travaux.

Le caractère essentiel des terrassements sous l'eau est donc leur dépendance de l'état superficiel, et dès lors, sauf le cas des travaux dans les canaux et les petits lacs, leur intermittence est nécessitée par des incidents indépendants de la nature du terrain.

**156. Détermination du relief du fond.** — Pour la détermination du relief du fond, on relève la profondeur de la surface du terrain sous le niveau de l'eau. Ce niveau étant variable, on a soin de noter à toute heure sa position par rapport à un plan de comparaison déterminé, pour pouvoir ramener à ce plan les hauteurs observées.

Cette opération du relevé du fond par rapport au niveau de l'eau est désignée par le mot « *sondage* ». On y procède à l'aide d'une corde graduée, c'est-à-dire portant des nœuds indiquant sa longueur. Un poids fixé à l'extrémité inférieure l'amène jusqu'au fond, ce dont l'opérateur est averti par le mou de la corde.

Lorsque la surface du sol est ramollie, ou si l'eau est animée d'une certaine vitesse, l'adresse de l'opérateur exerce une grande influence sur l'exactitude des observations. Dans le premier cas, il faut que le poids s'enfonce toujours de la même quantité dans la couche détrempée du fond ; dans le second, il faut arriver à lire la longueur de la corde immergée lorsqu'elle est verticale, ou bien, si elle subit une déviation sous l'effet du courant, saisir le moment où cette déviation est sensiblement uniforme, ce qui permet l'application d'un coefficient déterminé de correction. Malgré tous les soins, les résultats des sondages faits dans ces dernières conditions manquent de précision ; ils sont d'une exactitude très différente suivant l'habileté de l'opérateur.

Pour les sondages de faible profondeur, la corde peut être remplacée par une perche graduée, munie à son extrémité inférieure, suivant la nature du sol, d'une pointe ferrée ou d'un bouton ou plateau.

L'opérateur se trouve sur un bateau, et la détermination du point où se fait chaque sondage est confiée à un aide. Des repères fixes servent à diriger le bâtiment et à déterminer le lieu du sondage.

Des observations faites des rives à l'aide d'instruments de précision servent à contrôler cette détermination.

## § 2.

## APPAREILS POUR RECONNAITRE LE TERRAIN SOUS L'EAU

**157. Relèvement d'échantillons des terrains.** — Pour la reconnaissance de la nature du sol, on remonte à l'aide de cuillères des échantillons de la surface du fond.

En enfonçant des barres de fer munies de barbelures profondes, dans lesquelles de petites particules du terrain restent emprisonnées, on peut se faire une idée approximative de la nature du lit.

Si la reconnaisance superficielle ne suffit pas, il faut procéder à des sondages d'une autre nature, c'est-à dire à des forages.

Des appareils de sondage, analogues à ceux dont il a été parlé au début, peuvent être utilisés. Il suffit de mettre les échantillons retirés à l'abri des eaux traversées. Si ces eaux sont peu profondes, on établit des chevalets sur le fond pour opérer les forages. Dans les eaux profondes, et surtout lorsqu'elles sont agitées, ces opérations deviennent difficiles.

En opérant à l'aide d'un appareil installé sur un bateau, il faut s'appliquer à bien amarrer celui-ci et à prévenir ses déplacements pendant l'exécution du sondage.

Le moyen le plus sûr pour reconnaître le fond consiste à y faire descendre des hommes, pour l'inspecter et en rapporter des échantillons.

**158. Cloches à plongeur.** — Faire travailler des hommes sous l'eau était autrefois presque impossible. Les pêcheurs d'éponges se recrutaient parmi des hommes robustes, pouvant rester environ une minute sans respirer.

Vint ensuite l'emploi des cloches à plongeur, emmagasinant une provision d'air et permettant aux hommes de descendre à plusieurs reprises pour prolonger leur travail sous-marin.

Des perfectionnements successifs apportés aux cloches à plongeur ont considérablement amélioré les conditions dans lesquelles les travaux sous l'eau pouvaient être exécutés.

Le premier progrès notable fut l'emploi de tuyaux, permettant aux plongeurs d'aspirer l'air de la cloche tout en la quittant. L'injection d'air dans la cloche, pour remplacer et régénérer l'atmosphère confinée au fond de l'eau, fut une innovation plus importante encore. Mais le travail sous l'eau n'en restait pas moins très difficile et partant d'un prix si élevé qu'on se bornait en général à ne demander aux plongeurs que l'inspection des lieux et tout au plus l'attache hâtive de quelques amarres ou à la pose de quelques cartouches.

Le travail prolongé au fond de l'eau est devenu possible depuis que l'on a passé des cloches aux caissons remplis d'air comprimé, débouchant par des puits au-dessus du niveau des eaux et utilisant pour l'entrée et la sortie des sas à air, qui établissent une communication entre l'atmosphère et les espaces remplis d'air comprimé.

Le parti le plus considérable tiré de ces dispositions concerne l'exécution des fondations. Tout travail de ce genre commence par l'extraction des matériaux constituant le sol, que l'on remplace ensuite par d'autres, plus résistants, formant le massif de fondation. Nous renvoyons au chapitre consacré par MM. Degrand et Résal, dans leur traité des ponts en maçonnerie, aux parties inférieures des ouvrages d'art, pour tous les détails relatifs à cette application de l'air comprimé.

Fig. 186

En Angleterre, le fréquent emploi des cloches à plongeur s'est maintenu plus longtemps que partout ailleurs. Ces cloches y sont généralement en fonte et leur poids suffit, sans addition de lest, pour les faire descendre. Les dimensions les plus usuelles sont 2 mètres de hauteur et environ 1m.70 de longueur sur 1m.40 de largeur; elles sont un peu évasées vers le bas et pèsent à peu près 4 tonnes. Deux hommes peuvent être reçus par la cloche, qui est alimentée de 4 à 5 mètres cubes d'air par homme et par heure, au moyen d'une pompe foulante établie sur un bateau ou sur la terre ferme.

L'admission de l'air se fait par le haut, où aboutit le tuyau d'amenée, muni à sa partie inférieure d'un clapet s'ouvrant vers l'intérieur de la cloche. La lumière du jour pénètre par une dizaine de hublots pratiqués sur le pourtour. L'air vicié, qui par sa température plus élevée remonte vers la partie supérieure de l'appareil, peut être évacué par l'ouverture de robinets dont la manœuvre est à la portée des plongeurs, ou mieux par l'injection d'un surcroît d'air qui provoque un bouillonnement (dégagement d'air) sous les bords de la cloche. Ce second moyen assure également le re-

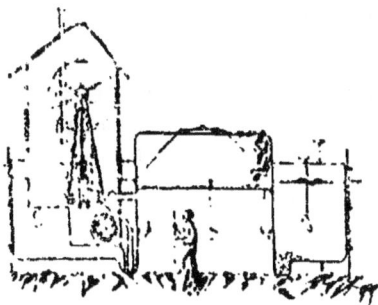

Fig. 187

nouvellement de la provision d'air, sans provoquer comme le premier une montée d'eau dans le bas de l'appareil.

Malgré la suspension à plusieurs câbles ou chaînes, la descente et le maintien de la cloche à un endroit voulu devient difficile dans une eau à courant prononcé.

En général les signaux, donnés par un certain nombre de coups frappés par les plongeurs contre la paroi de la cloche, sont considérés comme suffisants pour assurer la sécurité de ceux-ci.

En 1848, M. de la Gournerie employa pour faire le dérasement de roches dans le chenal du Croisic une cloche perfectionnée, faisant corps avec un bateau. A marée basse, ce bateau venait s'échouer sur la roche et les ouvriers pouvaient pratiquer des trous de mine dans le fond, mais à la marée haute le travail devait être interrompu. Cette cloche avait 3 mètres de largeur sur 3m.60 de longueur et 9 hommes pouvaient y travailler. Une machine de 2 chevaux assurait l'introduction de l'air et le refoulement de l'eau.

Une cloche plus grande, munie d'appareils lui permettant de remonter spontanément lorsque par accident la communication entre elle et le bateau venait à être brisée, a été construite en Amérique par MM. Hallet et Williamson; mais nous ne croyons pas devoir nous y arrêter, car l'appareil employé par le général Newton pour le forage de mines dans les écueils de la rivière de l'Est, et dont nous parlerons en décrivant les moyens employés pour le dérasement des roches sous-marines, constitue un perfectionnement de tous les appareils analogues antérieurs.

# § 3.

## SCAPHANDRES

**159. Descriptions des scaphandres en général.** — L'emploi de la cloche à plongeur est devenu très rare depuis l'invention des scaphandres.

Le scaphandre est un vêtement imperméable, avec casque métallique percé de hublots grillés à travers lesquels l'ouvrier peut voir.

Le casque étant lourd et les conditions d'équilibre de l'ouvrier vêtu du scaphandre étant changées, il faut que les souliers et même la ceinture de l'ouvrier soient bien lestés. Une pompe foulante envoie, par un tuyau qui aboutit à la partie supérieure du casque, de l'air sous pression au plongeur. Pour que l'excès de l'air et l'air vicié puissent sortir par la soupape dont le casque est muni à sa partie supérieure, il faut que la pression de l'air excède un peu celle de l'eau ; elle se règle donc d'après la profondeur à laquelle l'ouvrier travaille.

Le vêtement imperméable embrasse tout le corps du plongeur, il est muni d'une collerette métallique portant un anneau à pas de vis extérieur sur lequel on visse le casque. Les manchettes du vêtement, qui laissent passer les mains de l'ouvrier, sont serrées contre les poignets par des rondelles en caoutchouc, mais les pieds sont enveloppés comme le reste du corps du vêtement complet. Les souliers portent des semelles en plomb et de plus des plaques de plomb formant lest y sont attachées. Cet ensemble de vêtement laisse à l'ouvrier une certaine liberté d'allure lorsqu'il est plongé dans l'eau, mais ses mouvements sont très gênés dès qu'il s'élève hors de l'eau.

Sous le vêtement imperméable, le plongeur doit être vêtu de laine, car la respiration et la transpiration se condensent sous l'effet de la pression et de la basse température de l'eau, et des vêtements de laine peuvent seuls atténuer l'effet nuisible de cet état de choses sur la santé de l'ouvrier.

Une corde, partant de la ceinture, permet au plongeur de donner des signaux au personnel préposé au jeu de la pompe. Par les bulles d'air qui jaillissent à la surface de l'eau, onpeut du reste juger du fonctionnement régulier des soupapes et se rendre compte de l'endroit où se trouve le plongeur.

Une échelle sert à la descente et à la remonte du scaphandrier, mais le personnel du bateau portant la pompe doit l'aider dans ces déplacements au moyen de la corde attachée à sa ceinture. En cas de danger le plongeur peut, en coupant les cordes qui rattachent le lest à sa ceinture et à ses pieds, revenir à la surface de l'eau, au risque d'y arriver en position renversée et de subir un brusque changement de pression.

Tout changement de ce genre peut devenir fatal pour l'ouvrier, car il faut, pour que l'existence sous une pression d'air anormale ne soit pas une cause de malaise considérable, que l'équilibre ait pu s'établir successivement entre l'air ambiant et celui de l'intérieur du corps.

**160. Scaphandre Cabirol.** — Pour mettre le plongeur à l'abri des effets de la variation des pressions résultant du jeu de la pompe foulante, on interpose un réservoir d'air entre la pompe et le tuyau descendant vers le scaphandre.

Autrefois c'étaient les scaphandres fabriqués en France par Cabirol (figure 188) et par Heinke, en Angleterre, qui étaient considérés comme les meilleurs. Depuis lors, le nombre des fabricants a augmenté et divers perfectionnements ont fait cesser ces préférences.

L'appareil, tel qu'il est fourni par le fabricant, comprend en général :

Une pompe à air, à deux ou trois pistons;

Un casque avec des verres de rechange ;

Deux, trois ou quatre vêtements imperméables en coton tanné et croisé ou en toile. Entre ces étoffes une feuille de caoutchouc se trouve interposée ;

Trois tuyaux d'environ 10 mètres de longueur avec raccords en cuivre :

Cinq à huit mètres de tuyau d'aspiration ;

Une crépine pour le tuyau d'aspiration ;

Deux plastrons en plomb de 17 kilogrammes et demi chaque ;

Une paire de brodequins en cuir de vache, avec semelles de plomb du poids de 6 kilogrammes par semelle. De fausses semelles en tôle galvanisée de 2 millimètres d'épaisseur, pouvant être vissées pour le cas de travail sur un fond rocailleux, sont fournies avec les brodequins.

Fig. 188

Vêtements intérieurs en laine (4 bonnets, 4 gilets, 4 caleçons, 4 paires de bas, 4 cravates) ;

Une épaulière rembourrée de toile ;

Une ceinture de cuir avec son poignard et le porte-tuyau ;

Une paire d'extenseurs en cuivre pour ouvrir les manchettes lors du passage des mains ;

Douze bracelets en caoutchouc pour serrer les poignets ;

De plus une provision de boulons, d'écrous, de raccords, de ressorts à soupape et de clapets et de verres de rechange ; des feuilles d'étoffes et du caoutchouc liquide pour les réparations du vêtement.

Un tel lot coûtait il y a quelques années, suivant qu'il était plus ou moins complet, 2.500 fr. à 3.000 fr. Aujourd'hui un appareil complet avec pièces de rechange ne coûte plus que 1.500 fr. à 1.700 francs.

**161. Scaphandre Rouquayrol et Denayrouze.** — Un des perfectionnements apportés à l'appareil du plongeur est l'addition faite par MM. Rouquayrol et Denayrouze, du réservoir-régulateur que l'ouvrier porte sur son dos.

Ce réservoir est fait en fer ou en acier et peut résister à de fortes pressions. Il est surmonté de la chambre de régularisation, dont part le tuyau de respiration.

Si l'ouvrier n'a pas à travailler à une grande profondeur, il peut se dispenser de se coiffer du casque et il introduit seule-

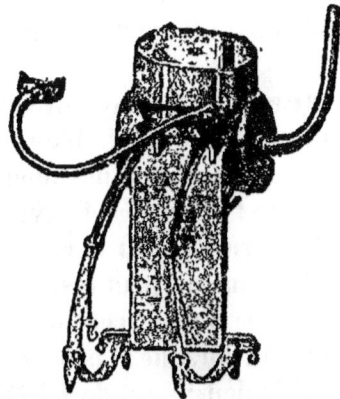

Fig. 189                              Fig. 190

ment ce tuyau de respiration dans la bouche. Dans ce cas le tuyau est muni d'une feuille de caoutchouc, dite ferme-bouche, que le plongeur serre entre les lèvres et les dents. Si le plongeur porte le casque, le tuyau de respiration débouche dans celui-ci.

Ainsi que le montre la figure 191, le réservoir d'air R est séparé par une paroi de la chambre B qui régularise la pression et dont part le tuyau de respiration T qui porte une sonpape latérale, se prêtant à l'expulsion mais s'opposant à l'introduction de l'air ou de l'eau.

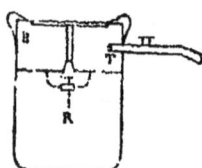

Le couvercle de la chambre B est rattaché à une feuille de caoutchouc et peut s'abaisser ou s'élever, suivant que la pression extérieure est plus ou moins forte que celle de l'intérieur. En s'abaissant elle ouvre la soupape conique qui interrompt la communication avec le réservoir contenant l'air comprimé ; mais, dès que la pression dans la chambre se trouve par ce fait égale à celle de l'eau ambiante, le couvercle remonte, ferme la soupape et met l'ouvrier à l'abri de tout excès de pression.

Fig. 191

On a soin de placer toujours la soupape d'expulsion de l'air vicié de côté et au-dessus des yeux de l'ouvrier, pour que les bulles d'air ne viennent pas troubler sa vue.

**169. Effets physiologiques de l'air comprimé.** — On sait que, sauf une faible quantité d'acide carbonique et de vapeur d'eau, l'air atmosphérique que nous respirons se compose de : 21 parties d'oxygène et 79 parties d'azote. L'asphyxie est déterminée par la réduction à 15 pour cent de l'oxygène, et l'homme ne peut respirer sans danger une atmosphère qui renferme 8 pour cent d'acide carbonique. Les lumières s'éteignent lorsque la proportion atteint 10 pour cent de ce gaz, dont la densité est de 1,524.

Des hommes renfermés dans un espace clos doivent donc être alimentés d'air frais et l'air vicié doit être éloigné.

Les ouvriers qui travaillent à une certaine profondeur sous le niveau de l'eau y respirent l'air comprimé à raison de cette profondeur, et l'expérience a prouvée que le séjour dans cet air cause des troubles d'autant plus considérables que la pression est plus grande. Avec des pressions d'une à deux atmosphères, le malaise qu'éprouvent les ouvriers est insignifiant ; mais entre deux et trois atmosphères les troubles physiologiques deviennent plus intenses et l'on n'a guère pu aller au-delà d'une profondeur de 35 mètres, soit une pression d'environ trois atmosphères et demie.

En se plaçant dans une atmosphère comprimée, l'air contenu

à l'intérieur du corps n'a pas la même tension que l'air extérieur et ce défaut d'équilibre provoque des douleurs dans les oreilles, des suffocations et quelquefois des hémorrhagies. Ce dernier phénomène se produit surtout au moment de la sortie, lorsque, à la suite d'un séjour prolongé dans l'air comprimé, celui contenu dans le corps se trouve à une tension supérieure à celle de l'air libre.

Les douleurs dans les oreilles résultent de la tension des tympans et il suffit de faire souvent des mouvements de déglutition, en avalant sa salive, pour pousser de l'air dans les trompes d'Eustache et faire cesser l'inégalité des pressions et dès lors les douleurs d'oreilles.

Il est de la plus haute importance, pour atténuer le malaise qui se produit par le passage d'une pression à une autre, de ne procéder que par transitions lentes.

L'ouvrier, après avoir passé dans l'air comprimé, se sent d'abord plus léger, mais à la longue ses membres s'allourdissent et tout mouvement lui cause une fatigue sensible et quelquefois des suffocations. Ce dernier malaise se trouve aggravé lorsque l'espace dans lequel se trouvent les plongeurs est éclairé par des bougies ou des lampes, chargeant l'air de fumée. Les scaphandriers n'ont pas à souffrir de la fumée, car s'ils ont à être éclairés, l'ouvrier se munit d'une lampe spéciale, bien close et alimentée par un petit tuyau particulier. Par contre cet inconvénient, sensible dans les cloches à plongeurs, devient une véritable calamité dans les caissons de fondation à air comprimé.

La production de fumée par les bougies ou lampes, c'est-à-dire la combustion imparfaite dans l'air comprimé, peut s'expliquer par la réduction de la surface de contact des gaz de la combustion et de l'air.

L'emploi de la lumière électrique se généralise dans les travaux sous-marins.

Le séjour dans l'air comprimé altère considérablement la circulation du sang. Les pulsations deviennent plus rapides, mais moins intenses. Le docteur A. H. Smith s'est livré à l'étude de ces phénomènes lors de la fondation à l'air comprimé du pont sur l'East-River, près de New-York. Il signale,

entre autres faits, que deux individus ayant eu avant leur
entrée dans le caisson, contenant de l'air à environ 1 1,2 atmosphère de pression, 82 et 84 pulsations par minute, en
avaient 126 et 114 après y avoir séjourné, le premier pendant
une heure et demie, et le second pendant une heure.

En même temps que cette accélération se produisait, les
battements du pouls devenaient très faibles.

Les vêtements des ouvriers qui sortent de l'air comprimé
sont généralement très humides. D'abord par l'humidité qu'entraîne l'air au passage par l'eau qui sert à abaisser sa température, puis par la transpiration qui se condense au contact
avec le vêtement imperméable. Ainsi qu'il a déjà été dit, les
plongeurs sont généralement vêtus de laine, pour être moins
exposés à subir des refroidissements dans ces conditions.

Les douleurs aux articulations, qu'éprouvent les ouvriers
travaillant dans l'air comprimé, ont souvent été considérées
comme résultant de refroidissements réitérés. D'après des
études récentes, il paraît que l'introduction de l'air dans les
cavités du corps, et dès lors aussi dans les articulations, est
souvent la cause de ces douleurs.

C'est également au dégagement de bulles d'air, qui se produit dans les veines et artères lors de la sortie des ouvriers
du milieu d'air comprimé, que l'on attribue des cas de décès
subits, survenus dans le personnel ayant fait un long séjour
dans l'air comprimé. Le sang se trouve imprégné d'air con-
densé, et si par hasard cet excès d'air, après la sortie du milieu comprimé, au lieu de diminuer lentement et par les voies
respiratoires, forme des bulles d'air dans les artères, ces
bulles peuvent, en pénétrant dans le cœur, provoquer la
mort.

L'air comprimé à 2 à 3 atmosphères pouvant produire ces
effets, on conçoit quelle réserve on doit apporter dans l'approbation de projets nécessitant des pressions bien plus élevées. Il serait téméraire de considérer les profondeurs jusqu'auxquelles on a pu faire descendre jusqu'ici des plongeurs
comme limites extrêmes au-delà desquelles on ne pourra pas
descendre ; mais il est certain que les études physiologiques
qui se poursuivent devront conduire à de nouveaux moyens

de préservation de la santé des ouvriers, avant qu'on puisse leur imposer le séjour prolongé dans un milieu d'air plus comprimé que trois ou au plus trois atmosphères et demie.

Des études et expériences entreprises à ce sujet par Paul Bert ont porté ce savant à penser que la quantité plus considérable d'oxygène, absorbée par la respiration dans l'air comprimé, contribuait à aggraver les phénomènes morbides. Il y aurait dès lors lieu de proportionner la quantité de ce gaz à l'élévation de la pression.

# CHAPITRE IX

# DRAGAGE

---

## § 1.

## DRAGAGE A BRAS D'HOMME

Tant que la nappe d'eau qui recouvre le sol est de très faible hauteur, c'est-à-dire tant qu'elle ne dépasse pas 0 m. 10 à 0 m. 50, on peut encore se servir pour attaquer le terrain du louchet, de la pelle ou du pic, manœuvrés à bras d'homme. Le travail devient toutefois plus difficile et plus coûteux à cause des sujétions résultant de l'obligation imposée aux ouvriers de se tenir dans l'eau, et par la diminution de l'effet utile du travail dans ces conditions.

**163. Drague à pelle simple.** — Pour que l'ouvrier devant extraire des déblais de dessous l'eau puisse tenir sur un plancher établi au-dessus ou dans une embarcation, on adapte à l'outil dont il se sert un manche de grande longueur et l'on prévient la chute des masses détachées en munissant la pelle qui les ramène de rebords. Les eaux qui se trouvent prises dans la pelle s'écoulent par des trous percés dans toutes les faces de l'outil. Cette opération de déblai sous l'eau s'appelle dragage, et la pelle dont nous

Vue de Côte

Vue en Plan

Fig. 192

venons de parler prend le nom de *drague à main*. Pour pouvoir, en pesant sur la tige, déterminer la pénétration de la tranche de cette drague dans un sol un peu résistant, la tige est inclinée de façon à former un angle aigu avec le fond de la pelle. Cette position de la tige par rapport à l'outil permet de remonter la drague, en tenant le manche vertical, sans que les matières détachées, reposant sur le fond de l'outil retombent à l'eau.

Malgré son tranchant et sa forme pointue, la drague à main n'est propre qu'au déblai dans un terrain très meuble.

**164. Drague à treuil.** — Pour faire mieux mordre l'outil et pour pouvoir, tout en augmentant sa capacité, le relever sans perdre une trop forte partie de son contenu, on l'a perfectionné par l'addition d'un étrier relié à une chaîne ou à un câble qui se manœuvre à l'aide d'un treuil. Cette drague à treuil se prête déjà plus avantageusement à l'exécution de dragages de quelque importance. Les hommes qui la manœuvrent, et ceux du treuil, peuvent être installés sur un bateau ou sur un radeau qui se déplace à volonté et peut recevoir en dépôt les matières draguées, à moins qu'on ne les déverse sur des bateaux spéciaux employés au transport aux décharges, pour éviter d'interrompre l'extraction. (La figure 193 donne la vue perspective d'une drague à treuil à échelle très réduite).

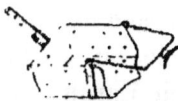

Fig. 193

L'outil étant employé à l'attaque du sol et au transport des déblais jusqu'au-dessus de l'eau, les efforts à exercer sont très variables et ce n'est que pendant une faible partie du temps que la force disponible se trouve entièrement utilisée.

**165. Origine des machines à draguer.** — En attachant à une chaîne sans fin plusieurs pelles ou godets, venant successivement attaquer le sol, le montage des déblais, leur dé-

versement et la descente des outils pour les remettre en activité, se font sans chômage du déblai proprement dit. Dans ces
conditions, l'effort à exercer subit moins de variations et le
travail s'exécute plus vite.

Tous ces avantages ne sont pas acquis sans quelques sacrifices ; ainsi le volume du déblai pouvant être détaché par
chaque pelle doit être moindre, si avec une force déterminée l'on veut faire agir d'une façon continue une série de godets ; puis l'outil devenant plus complexe, on s'écarte de plus
en plus des conditions du travail à bras d'homme, qui permettent de changer la direction et l'effort de l'attaque suivant
la résistance rencontrée, et de pouvoir même diriger le dépôt
de chaque pelletée à volonté.

Il paraîtrait naturel que chaque genre de dragues, c'est-à-
dire la drague à cuillère et la drague à chapelet ou à échelle,
(c'est le nom qui a été donné aux dragues constituées par une
série de godets fixés sur une chaîne sans fin), obtint la préférence suivant les conditions auxquelles telle ou telle construction de l'outil se prête le mieux.

Dans la pratique on s'est écarté de cette marche logique, car
nous voyons aujourd'hui la drague à chapelet ou à échelle,
employée de préférence sur les chantiers en Europe, tandis
que les Américains[1] persistent à se servir généralement de la
drague à cuillère, qu'ils ont, il faut le reconnaître, perfectionnée
à tel point qu'il n'est plus aisé de revendiquer pour la drague
à chapelet tous les avantages qui la caractérisaient au début.

La drague à cuillère se rapproche davantage de l'outil primitif ; elle a été souvent employée en France, non seulement
à faire des excavations pour des fondations, mais aussi pour
l'exécution de grands déblais tels que ceux du canal du Rhône
au Rhin[2]. Sans suivre les diverses étapes des perfectionnements apportés dans la construction de cet outil, nous com-
mencerons par le genre de dragues, connues aujourd'hui, à raison de la faveur dont elles jouissent aux États-Unis, sous le
nom de dragues américaines.

1. Une notice de l'ingénieur en chef des ponts et chaussées, Lavoinne, pa-
rue aux *Annales des ponts et chaussées* de 1880, traite à fond les divers procédés de dragage, employés dans les ports de l'Amérique du Nord.
De nombreux emprunts ont été faits à ce remarquable mémoire.
2. *Annales des ponts et chaussées*, 1833, 2º semestre.        25

## § 2.

## DRAGUES A CUILLÈRE

**166. Généralités.** — Tout en augmentant la puissance de
cet outil, on a tâché de lui conserver la faculté de pouvoir
être mû comme le serait une petite drague à cuillère manœuvrée à bras d'homme.

Au lieu de faire mouvoir la tige et la chaîne de suspension
par des treuils à bras d'homme, on a recours à la vapeur;
mais pour rendre les divers mouvements plus indépendants
les uns des autres qu'ils ne l'étaient, lorsqu'une même machine à vapeur pouvait par des embrayages et des désem-
brayages les commander alternativement, on est allé jusqu'à
établir des machines à vapeur distinctes pour la marche de
la cuillère proprement dite et pour celle du bâti entier qui
tourne pour amener les déblais de tel côté du bateau dragueur
qui a été choisi pour le dépôt.

La cuillère a sa tranche garnie d'un soc ou de griffes en
acier pour pouvoir, selon la nature du terrain, attaquer dans
les meilleures conditions; au lieu de vider la cuillère en la
renversant, on rend généralement son fond mobile autour
d'une charnière pour pouvoir par le simple jeu d'un déclique-
tage déterminer l'ouverture du fond et provoquer ainsi le déversement du contenu.

Lorsque l'eau n'est pas agitée, on peut opérer avec la cuillère adaptée à un manche rigide, jusqu'à des profondeurs nécessitant la position presque verticale du manche, mais, dès
qu'il y a des vagues, il faut s'arrêter à des profondeurs pouvant être atteintes sans trop rapprocher de la verticale la position du manche de la cuillère. Les variations de position du
bateau-drague exposent, malgré les béquilles dont il sera parlé
dans la suite, l'appareil à des chocs d'autant plus dangereux

que la tige de la cuillère occupe une position plus rapprochée de la verticale.

Pour parer à ces inconvénients dus à l'attache rigide de la cuillère à l'appareil dragueur, on la suspend souvent soit à une chaîne, soit à un cadre pouvant être soulevé.

Aux États-Unis, MM. Morris et Cummings, en Europe, M. Priestman, ont les premiers introduit dans les dragues à cuillère des dispositions répondant à ce but.

Suivant la construction de l'outil suspendu qui attaque le sol par le rapprochement des deux éléments dont il se compose, on donne à ce genre de dragues le nom de dragues à mâchoires (*clam shells*) ou de dragues à grappins (*grapples*).

Les premières sont plus particulièrement employées pour l'extraction des matières meubles et faciles à détacher, les secondes pour les terrains difficiles ou pour l'extraction de gros blocs.

**167. Drague à cuillère d'Osgood.** — Parmi les dragues à cuillère à manche rigide, celles construites, dès 1870, par l'établissement d'Osgood, pour les travaux du lac Michigan (États-Unis), doivent être citées comme un type très répandu.

Fig. 104.

Le manche de la cuillère peut avancer ou reculer à volonté, de même que son inclinaison peut être réglée à l'aide d'une chaîne, même par un cabestan à vapeur. L'arbre vertical, qui supporte la flèche à laquelle se rattache la cuillère, porte une poulie à gorge horizontale qui, au moyen d'un câble ou d'une chaîne, peut tourner dans le sens horizontal quelle que soit la position et l'inclinaison du manche de la cuillère.

Au moment de l'attaque du sol par la cuillère, la résistance que rencontre l'outil tend à repousser le bateau, et lorsque la cuillère, après avoir pénétré dans le sol, est sur le point de détacher la masse sous laquelle elle a pénétré, en la soulevant, le bateau tend à s'enfoncer verticalement. Pour parer à ces déplacements qui compromettent l'effet utile de la drague, elle a été muni à son avant de béquilles en bois, logées dans des gaînes qui permettent de les assujettir dans les positions voulues pour les faire porter sur le sol. Grâce à ces béquilles, les inconvénients d'une légère agitation de l'eau sont moins à redouter pour l'appareil de la drague.

**169. Drague à cuillère de MM. Starbuck frères.** — Pour rendre les positions pouvant être données à la cuillère plus variées et rapprocher ainsi davantage le fonctionnement de cet appareil de celui de la cuillère manœuvrée à bras d'homme, MM. Starbuck frères ont rendu la portée variable.

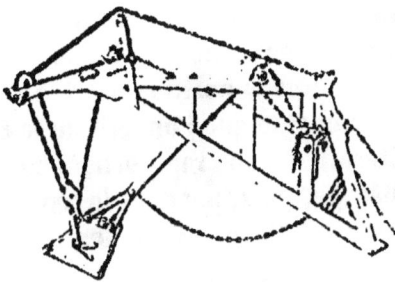

Ainsi que le montre la figure ci-contre, la poulie à laquelle la cuillère se trouve suspendue peut voyager sur la branche horizontale de la flèche de la grue. Cela facilite le remplissage de la cuillère et permet l'extension du travail à une plus grande distance du bateau portant l'appareil.

Fig. 195.

Les dragues de ce genre ayant des cuillères d'une capacité de 0 m.³ 75 à 1 m.³ 90 coûtent de 80.000 fr. à 115.000 francs, elles peuvent extraire dans la vase de 375 à 900 mètres cubes par jour et les déposer jusqu'à une distance de 9 mètres de l'axe de la grue. Dans le port de Boston on a dragué ainsi jusqu'à 11 mètres de profondeur et la production a pu être poussée à 2.300 mètres cubes par jour avec une drague fournie par l'Atlantic Dredging Company, dont la cuillère avait 3 mètres cubes de capacité.

## §3.

## DRAGUES A MACHOIRES

La drague à mâchoires est de fait une drague à deux cuillères réunies ; mais au lieu d'agir séparément et en râclant sur le sol, les deux cuillères, fixées à un cadre et pouvant par le jeu de deux poulies tourner autour de leur axe et rapprocher ou écarter leurs tranches, s'emplissent d'une façon différente.

**169. Drague Morris et Cumings.** — Le cadre qui porte les deux cuillères de la drague inventée par MM. Morris et Cumings est rattaché à deux chaînes ; l'une, la chaîne de suspension, assure aux deux cuillères la position écartée, tandis que, lorsque c'est par l'autre chaîne que l'on agit sur le cadre, le poids des cuillères détermine leur rapprochement. Cela amène d'abord leur remplissage, puis, pendant la remonte au moyen de cette chaîne de travail, le maintien des mâchoires dans la position de fermeture.

Lors de la descente, le cadre est soutenu par la chaîne de suspension et les cuillères sont écartées, ayant leurs bords tranchants à peu près verticaux. Le poids du cadre et des cuillères fait pénétrer les tranches dans le sol et il suffit d'agir sur la chaîne de travail, qui détermine le rapprochement des deux mâchoires, pour emprisonner les matières qu'elles embrassent.

En général ces mâchoires sont surmontées de longues perches, émergeant au-dessus du niveau de l'eau lorsque la drague touche le fond. Ces perches servent à la fois à charger le cadre pour assurer aux tranches des mâchoires une pénétration plus considérable dans le fond et à rendre apparente la position et la profondeur à laquelle s'arrête le cadre ; elles sont de plus guidées dans des gaînes fixées au bâti de la grue, ce qui prévient les déversements du cadre.

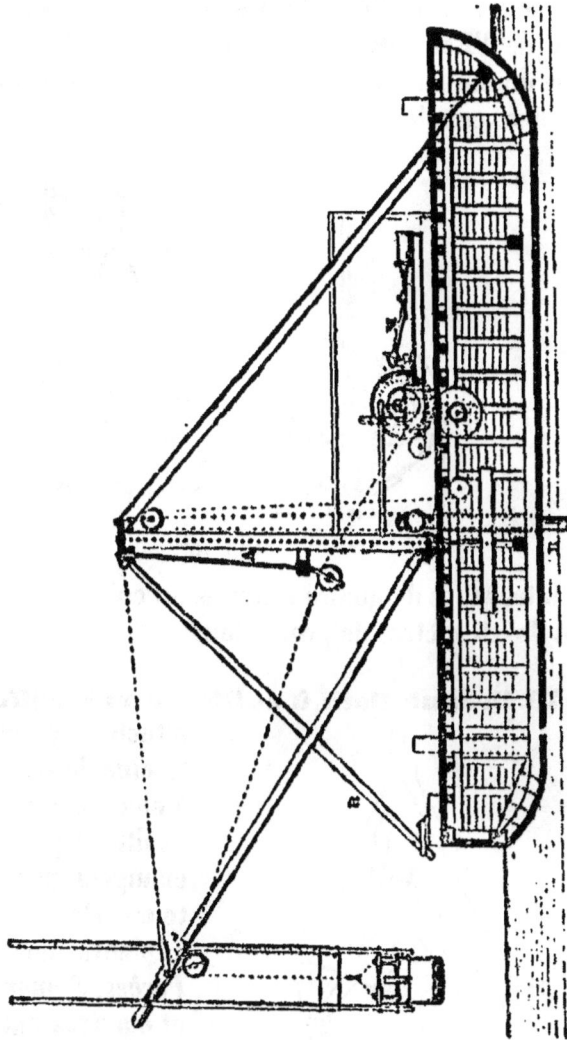

Fig. 196.

La figure 196 complète la description de cette drague, inventée par MM. Morris et Cumings. Elle est très employée aux extractions à faire dans les ports, parce qu'elle permet d'atteindre de grandes profondeurs et de travailler dans une eau agitée ; on peut en effet s'en servir encore lorsque toute autre drague se trouverait arrêtée.

Cette même disposition de dragues à mâchoires se prête au travail dans un espace restreint, aussi s'en est-on servi pour l'extraction des déblais dans les fondations des ponts de la rivière de l'Est entre New-York et Brooklyn. La figure ci-après donne les élévations (transversale et longitudinale) de l'un des couples de mâchoires employé; il fournissait à

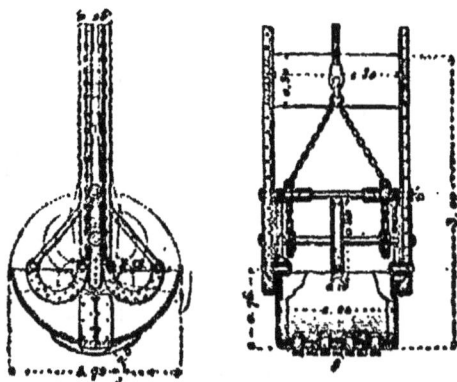

Fig. 107.

des intervalles de quatre minutes un cube de 1 m.³ 10 provenant de 15 mètres de profondeur.

**170. Drague Both, à cuillères ou à griffes.** — On s'est attaché à pouvoir recueillir le plus de matières possible à chaque descente et les dispositions premières ont été changées par divers inventeurs, c'est ainsi que les ingénieurs américains *Curtis, Forbes, Symonds, Hall, Both* et d'autres ont apporté des modifications plus ou moins efficaces au mode d'ouverture et de fermeture des mâchoires et à la forme donnée aux hottes. M. Both a conser-

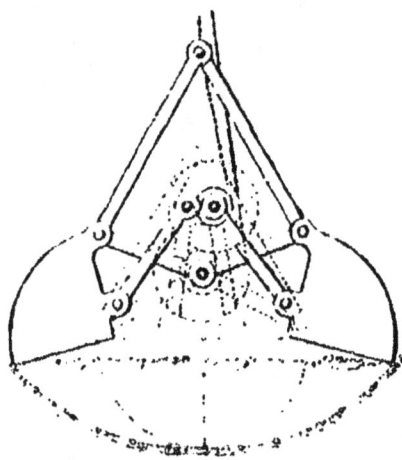

Fig. 108.

vé comme MM. Morris et Cumings l'arbre mobile dans les coulisses du cadre, pour faire manœuvrer les godets au moyen de la poulie qu'il porte et sur laquelle s'enroule la chaîne de travail, tandis que par exemple MM. Curtis et Forbes rendent les arbres fixes et provoquent le rapprochement des mâchoires au moyen de bras articulés sur lesquels agit cette chaîne.

La figure 198 montre la disposition donnée par M. Both aux dragues employées avec succès dans le port de Boston.

Suivant la nature du fond, on modifie la construction des hottes pour assurer le mieux possible leur remplissage.

La capacité des cuillères combinées en mâchoires est en général grande. On est allé jusqu'à 3 m.³ 75, et dans ce cas le cadre avec les cuillères pesait près de 5 tonnes et demie. Les machines à vapeur actionnant ces fortes dragues atteignaient la force nominale de 125 chevaux et le prix de la drague complète, montée sur un bateau de 50 mètres de longueur, de 10 mètres de largeur et 2 m. 70 de creux, exigeant un tirant d'eau de 1 m. 20, s'élevait à 175.000 francs. La production par heure pouvait s'élever à 300 mètres cubes environ.

**171. Soc de charrue.** — Lorsque le fond est dur, com-

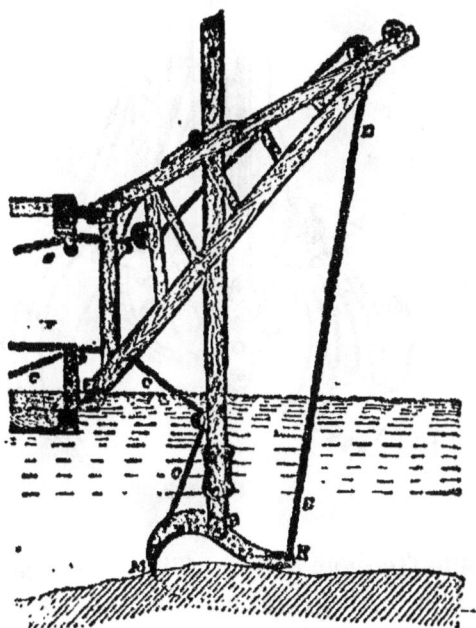

Fig. 199.

posé de galets agglutinés ou de blocs, les dragues à cuillère
simple, aussi bien que celles à mâchoires, ne pénètrent plus
aisément, et il faut modifier la forme de la tranche ou procéder à une préparation du sol.

Pour désagréger le sol on se sert quelquefois d'un soc de
charrue, manœuvré comme la cuillère; cette charrue sous-
marine présente les dispositions de la figure ci-contre et son
travail précède celui de la drague. Elle peut même être fixée
au bâti de la drague, pour être remplacée après le labourage
par la cuillère.

**179. Grappins.** — Plus généralement, lorsque la nature
du sol l'exige, on substitue à la cuillère des griffes ou grap-

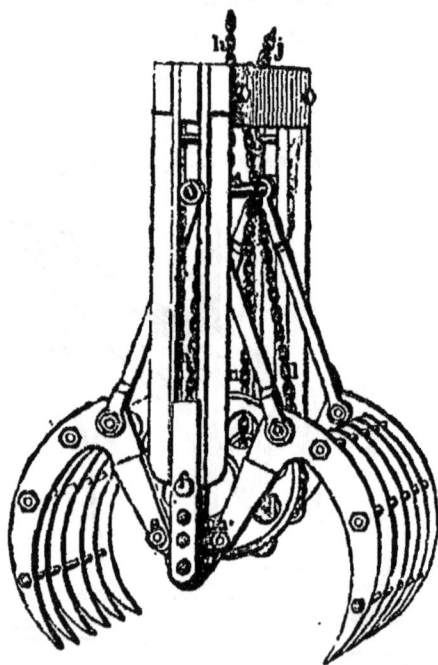

Fig. 200.

pins tels que l'indique la figure 200; mais avant d'en arriver à
cette substitution de griffes aux cuillères, et de sacrifier ainsi
la possibilité de pouvoir extraire à la fois les blocs et le menu

qui se trouve entre eux, on recourt aux cuillères armées de
griffes à leur tranchant.

M. Lagasse s'est livré, en 1876, à des calculs pour déterminer, d'après ses observations sur des dragues à mâchoires de
l'Américan Dredging Company, le prix de revient du dragage dans les rivières à marée de la Belgique. Il admet que le
dragage devra être fait jusqu'à 8 à 10 mètres de profondeur,
que la drague coûtera, avec les chalands de transport, 200.000
francs, que l'on ne travaillera que 180 jours par an et que la
production, avec des cuillères ayant 2 m³. 67 de capacité, s'é-
lèvera à 1 900 m³. par jour. Pour intérêts, amortissement et
usure, il compte 22 pour cent du prix de l'engin, et arrive, y
compris tous frais de main-d'œuvre et autres, à 0 fr. 29 à 0 fr.
32 par mètre cube, c'est-à-dire à un prix de beaucoup inférieur à celui qu'on payait pour les dragages faits à cette époque en Belgique.

**173. Dragues Priestman.** — MM. Priestman frères, de
Londres, ont à leur tour apporté quelques modifications aux
dragues à mâchoires, et ont amené l'introduction de ce système

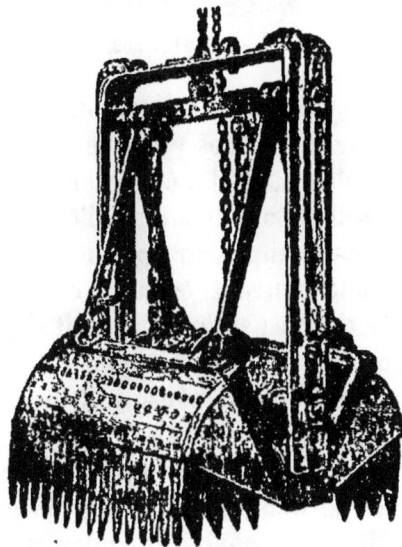

Fig. 201

de dragues dans un grand nombre de chantiers en Europe; les

figures 201 et 202 montrent la disposition donnée par MM.
Priestman aux cadres et aux chaînes de suspension et l'armature à griffe dont ils munissent les godets pour pouvoir
attaquer un sol plus résistant.

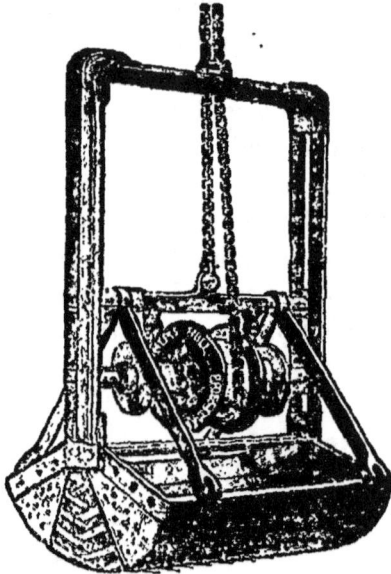

Fig. 202.

Des dragues système Priestman ont, entre autres, été employées à Dunkerque. Elles y ont permis de draguer à de très
grandes profondeurs, et il a été reconnu que ce genre de dragues présente de plus l'avantage d'être d'une première installation très économique, car on peut avoir à 35.000 francs une
drague complète pouvant extraire environ 300 m³. de vase
par jour de 10 heures ; si l'on disposait déjà d'une grue montée sur un ponton, il n'y aurait qu'à y adapter le cadre à cuillères, c'est-à-dire que la dépense se trouverait réduite à environ 3.000 francs. La possibilité de draguer à l'aide de cet outil
dans des emplacements restreints et d'opérer des dragages au
pied des murs de quai, en attachant la cuillière à une grue
roulante établie sur le quai, doit également être citée en faveur
de ce genre de dragues.

Quant au prix de revient des déblais opérés à Dunkerque
avec la drague Priestman, il a varié entre 0 fr. 33 et 1 fr. 76

par mètre cube de vase. Il faut toutefois reconnaître que si le prix de revient a souvent été très élevé, cela tenait pour une grosse part aux interruptions et déplacements réitérés subis par l'appareil pendant son fonctionnement.

**174. Drague Fouracres.** — Les ingénieurs anglais, qui ont souvent eu à faire de grands travaux de dragage dans les canaux qui sillonnent les Indes, ont donné aux dragues à mâchoires travaillant verticalement, une disposition qui leur

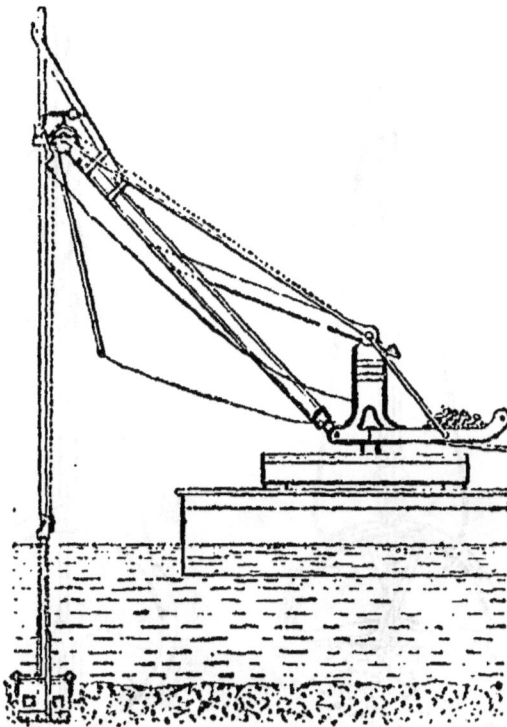

Fig. 203.

enlève l'avantage de pouvoir travailler sans inconvénient dans l'eau agitée, mais qui, par contre, assure le remplissage plus complet des godets et par cela même un rendement plus considérable et un prix de revient moindre.

C'est ainsi que la drague construite par M. Charles Foura-

cres, dont les deux godets sont mi-cylindriques et qui lui a
servi en 1878 et 1879 aux dragages dans le canal de Patna,
ramenait en moyenne 73 centièmes de la capacité des mâchoires de vase sablonneuse.

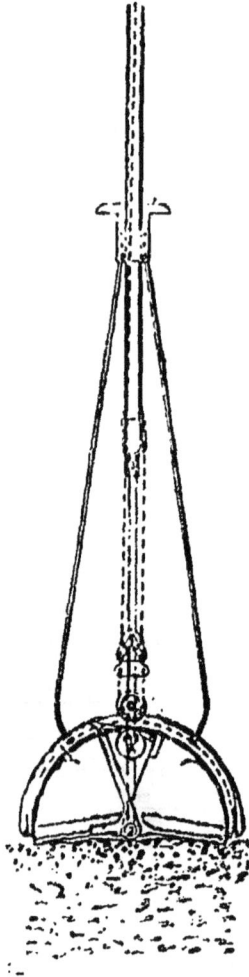 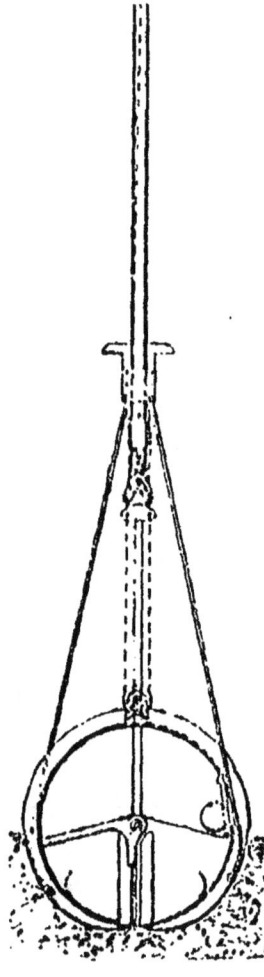

Fig. 201.                          Fig. 203.

La disposition de ces dragues, dont M. R. B. Buckley fit en
1879 un grand éloge devant l'*Institution of Mechanical Engineers*, se voit sur la figure 203, où l'on s'est borné à montrer
la grue supportant la drague, en supprimant la partie du bateau qui porte la machine à vapeur.

La cuillère à mâchoire se trouve représentée avec plus de détail par les figures 204 et 205. Le demi cylindre est fixé à une tringle en fer, prolongée par une perche qui passe par une gaîne située au sommet de la grue. Dans cette gaîne, la perche peut à volonté être arrêtée par le jeu d'un levier manœuvré par une corde et agissant sur un excentrique.

Les deux quarts de cylindre, qui doivent pénétrer dans le sol, sont rattachés par des étriers à une douille mobile et d'autre part par des chaines de rappel passant par une poulie à la pièce mobile, qui peut glisser sur la tringle et à laquelle est fixée la chaine de travail.

Dès que l'appareil est descendu au fond et qu'il y occupe la position que montre la figure 204, on arrête la tige ou perche dans la gaîne et l'on exerce ensuite un effort sur la chaine. La tige empêche l'appareil de remonter et la pièce mobile remonte le long de la tringle en faisant pénétrer dans le fond les deux mâchoires, qui prennent la position indiquée par la figure 205. Après avoir desserré la perche prise dans la gaîne et remonté l'appareil au moyen de la chaine, il suffit de le maintenir au moyen de la perche que l'on arrête de nouveau dans sa position élevée et de lâcher la chaine, pour que les mâchoires s'écartent en faisant descendre la pièce mobile et vident leur contenu. L'appareil est dès lors remis en état de reprendre l'opération.

Avec une drague de ce genre, ayant des godets d'une capacité de 450 litres et travaillant jusqu'à 2 mètres de profondeur, on a fait 45 opérations par heure de travail effectif, et produit par jour de 8 à 9 heures un cube de 105 mètres cubes, soit 2 m³. 6 par heure et par force de cheval de la machine actionnant la grue.

Malgré le prix élevé du charbon, le prix de revient par mètre cube de matière draguée et déposée, y compris les intérêts, n'a été que de 0 fr. 29.

Des dragages exécutés dans des conditions analogues, à l'aide de dragues à élinde, ont coûté aux Indes plus de 5 fois autant.

Le prix d'une drague système Fouracres pouvant extraire de 700 à 800 mètres cubes par jour, d'une profondeur de 6 à 7 mètres, est de 60.000 fr. et le prix de revient du mètre cube serait, d'après M. Buckley, en y comprenant 10 0/0 pour entretien et intérêts, de 20 centimes.

Des dragues qui ne diffèrent pas sensiblement de celle ci-dessus décrite ont été du reste employées en Angleterre pour le dragage de vases dans les ports de Plymouth et de Glasgow, par M. Bull, et pour l'extraction de la vase de cylindres de fondation par M. Bruce. Mais n'étant pas munies, comme la drague de M. Fouracres, d'une flèche maintenant pendant la fermeture des mâchoires l'appareil dans sa position, ces dragues n'appuient que de leur propre poids et n'assurent dès lors pas au même degré la pénétration des mâchoires dans les vases compactes.

§ 4.

DRAGUE A ROUE.

**175. Drague à roue.** — Il est permis de classer la drague à roue comme une transition vers la drague à échelle, quoiqu'elle paraisse avoir été imaginée postérieurement à celle-ci. Dans le port de New-York et dans celui de Baltimore, des dragues à roues ont été essayées, puis abandonnées parce qu'elles n'avaient pas produit ce qu'on en espérait. D'après M. Lavoinne, ces engins sont des dragues dans lesquelles, au lieu de l'échelle, une roue de grand diamètre se trouve au milieu du bateau. La roue porte des godets et peut à volonté être abaissée ou remontée dans le puits où elle est logée.

La drague employée à New-York avait 15 mètres de diamètre, chacun de ses 12 godets avait un demi mètre cube de capacité ; elle pouvait travailler jusqu'à 7 mètres de profondeur. On avait compté sur une production de 2.700 m³. de déblai par jour, mais ce résultat n'a pas été atteint. A égalité de dépense, elle ne donnait qu'environ le tiers du produit des dragues à cuillère. La masse à mettre en mouvement était en effet beaucoup trop considérable, par rapport à la capacité des godets opérant l'extraction des déblais.

## § 5.

## DRAGUES A CHAPELET

**176. Historique et généralités.** — Dès 1770, M. de Regemorte eut l'idée, lors de la construction du pont de Moulins, d'attacher à une chaîne sans fin des séaux ou godets en fer qui, de même que les norias montent l'eau, montaient le sable du fond des fouilles. Un bâtis en charpente maintenait au fond la chaîne, à laquelle des hommes imprimaient le mouvement.

En 1831, l'inspecteur général Kermaingant employa à Lyon un appareil analogue, mais y apporta divers perfectionnements ; ainsi les godets, au lieu de n'être attachés qu'à une chaîne unique, étaient fixés à deux chaînes parallèles et le travail à bras d'hommes fut remplacé par celui de chevaux.

Le remplacement des chevaux par des machines à vapeur, l'établissement de tout l'appareil sur un bateau, et d'autres perfectionnements furent successivement introduits, et l'on est ainsi arrivé aux dragues à chapelets ou à échelles très perfectionnées qui jouent un rôle des plus importants dans les grands travaux publics. On leur donne encore généralement en Europe la préférence sur les dragues ci-dessus décrites, et même en Amérique, elles ont des partisans.

Le chassis rigide, c'est-à-dire l'élinde sur laquelle passe la chaîne à godets, peut prendre à volonté des inclinaisons diverses ; elle porte à sa partie supérieure un tambour qui, par sa rotation, imprime à la chaîne son mouvement, tandis que le tambour du bas de l'élinde suit le mouvement tout en maintenant dans la chaîne la tension voulue. Les godets s'emplissent à leur passage, avant de quitter le tambour inférieur, et des rouleaux fixés sur l'élinde soutiennent la chaîne et les godets remplis sur le trajet ascensionnel.

L'emplacement de l'élinde par rapport au bateau dépend des besoins auxquels les dragues doivent répondre. Veut-on draguer jusqu'au pied de murs de quai, on place l'élinde

soit contre l'un des côtés du bateau, en dehors de la coque,
soit dans l'axe, mais dans une position telle que l'élinde le
dépasse à l'arrière. La première de ces positions présente
l'inconvénient d'exposer l'élinde à des avaries, surtout en
mer, et de compromettre par le défaut de symétrie la marche
du bateau ; c'est pour parer à cet inconvénient que l'on a
quelquefois fait des dragues ayant une élinde de chaque côté.
Parmi les exemples de ce genre de dragues on peut citer celles de la Clyde (Ecosse). La seconde disposition est plus fré-
quente, et l'on peut dire que la position centrale de l'élinde
est aujourd'hui la règle.

En établissant l'outil dans cette position centrale, les produits du dragage arrivent à se déverser à la hauteur du tambour supérieur dans l'axe du bateau, et à moins d'avoir une
drague porteuse, dont les puits pour la réception des matières draguées se trouvent en général à la suite du puits ouvert par lequel passe l'élinde, il faut avec cette position
centrale, des installations assurant le déversement des produits vers le côté, en dehors du bateau.

Des couloirs de faible longueur suffisent, lorsque c'est sur
des bateaux porteurs, placés contre la drague, que se déversent les produits ; mais ces couloirs prennent des dimensions
considérables, et exigent des dispositions particulières, dès
que le produit du dragage doit être directement déversé sur
les berges, comme on l'a fait par exemple au canal de Suez.

L'élinde centrale permet de travailler sans interruption, car
lors de l'achèvement de l'emplissage du bateau porteur, qui se
trouve d'un côté de la drague, il se trouve déjà contre le bord
opposé à celui-ci un autre bateau porteur tout prêt à recevoir
son chargement, et l'on n'a qu'à faire tomber les matières sur
le couloir qui y conduit pour continuer le travail.

L'interruption de la marche est un inconvénient inévitable
avec les dragues à élindes extérieures, car il faut les arrêter
pendant le temps qu'exige le remplacement du bateau transporteur.

La durée du travail utile d'une drague porteuse, quelle que
soit la position de l'élinde, est encore plus réduite, car le dragage se trouve interrompu pendant toute la durée du voyage

26

d'aller et de retour aux décharges et de la remise en place. Ce qui conduit souvent à donner néanmoins la préférence à cette réunion du dragueur et du porteur, c'est que la même machine peut actionner alternativement l'appareil dragueur et l'appareil locomoteur ; cela assure une utilisation continue de la vapeur produite et dispense du concours des bateaux remorqueurs, d'autant plus dispendieux que le rapport entre la durée du voyage et la durée considérable du remplissage des bateaux porteurs est moindre.

Lorsque le cube des dragages à opérer est grand, que l'on peut faire travailler simultanément plusieurs dragues et que des bateaux remorquant à la fois un certain nombre de chalands peuvent être en service continu, l'on n'emploie guère les dragues porteuses, sauf à la mer où l'autre système amène quelquefois des embarras.

**177. Dragues Castor.** — En 1840, M. Castor se trouvait chargé de dragages dans la Seine. Les perfectionnements apportés par lui aux dragues, mises à sa disposition par l'administration lui permirent de porter le rendement de 300 ou 400 mètres cubes par jour à 1.000 et même à 1.500 mètres cubes et de faire baisser le prix de revient, supérieur à 2 francs au début, à 0 fr. 80 et même à 0 fr. 40 par mètre cube.

L'entreprise de M. Castor, dont celle de ses anciens collaborateurs MM. Couvreux et Hersent peut être considérée comme la continuation, a exécuté un nombre très considérable de dragages. Son matériel a subi successivement tous les perfectionnements dont l'observation et l'étude avaient fait comprendre l'utilité. Une description rapide des dragues à godets employées par M. Castor montrera quels progrès ont été réalisés dans l'espace d'un quart de siècle.

La drague employée pour l'amélioration de la Seine portait de chaque côté du bateau une chaîne à godets. Les élindes de ces deux chaînes étaient inclinées, le mouvement leur était imprimé par une même machine à vapeur, mais les arbres commandant le mouvement étaient indépendants l'un de l'autre. L'arbre moteur, portant en son milieu le volant, était muni de pignons, qui pouvaient à volonté engrener avec des roues faisant tourner les tambours des chaînes à godets. Deux treuils servaient à régler l'inclinaison des élindes ; de plus, trois treuils situés à l'arrière et un treuil placé à l'avant servaient à régler les déplacements du bateau ou à le fixer en place.

Des tabliers en tôle servaient à faire arriver les produits des dragages dans les chalands de transport.

Le bateau avait 23 mètres de long sur 5 mètres de large et 2 m. 20 de creux ; il était entièrement en tôle de 4 et de 5 millimètres d'épaisseur. Les élindes étaient en bois, elles avaient d'axe en axe 9 m. 50 de longueur et supportaient des chaînes à 14 godets, d'une contenance de 85 litres. Ces godets, construits en tôle de fer de 5 mm. percée de trous, pour permettre l'écoulement de l'eau, étaient garnis à leur tranchant, sur 10 centimètres de largeur, d'une tôle en acier de 12 millimètres. Dès 1884, M. Castor avait, pour attaquer un terrain résistant, intercalé des griffes entre les godets.

La machine était alimentée par une chaudière à foyer intérieur, timbrée à 6 atmosphères. Le piston avait 310 mm. de diamètre, sa course était de 900 mm. Le nombre de tours de l'arbre moteur étant de 50 par minute, les tourteaux sur lesquels passent les chaînes à godets faisaient 11 tours par minute, ce qui correspondait par élinde à 22 godets par minute.

Le débit théorique des deux élindes eût dès lors été pour 10 heures de travail $2 \times 22 \times 60 \times 10 \times 0.085 = 2.244$ mètres cubes. De fait, le produit n'a guère dépassé 45 pour cent, c'est-à-dire 1.000 mètres cubes par 10 heures.

Le prix d'une telle drague avait été, lorsque le fer coûtait encore 80 fr. les 100 kilogrammes, de 60.000 fr., et dans un terrain facile le prix de revient d'un mètre cube de dragage variait de 0 fr. 50 à 0 fr. 70.

Dans la suite, pour des dragages à effectuer dans le Rhône, M. Castor passa à la drague à une seule élinde placée dans l'axe du bateau. Celui-ci avait 19 mètres de longueur, 3 m. 65 de largeur et 1 m. 92 de creux.

L'axe du tambour portant une élinde de 11 mètres de longueur se trouvait à une hauteur de 2 m. 50 au-dessus du pont et à 8 m. 50 de l'arrière du bateau ; il faisait 10 tours par minute, vitesse correspondant au passage de 20 godets de 70 litres de capacité par minute.

Le produit théorique de cette drague en 10 heures de travail était donc de 840 mètres cubes ; mais, en pratique, on considérait 500 m³. comme un très bon rendement en terrain facile.

Le prix de revient de cette drague était de 35.000 francs lorsque les fers de la coque (10.000 kg.) coûtaient 85 fr. les 100 kilogrammes et que la machine, les chaudières et les arbres et engrenages revenaient à 11.000 fr. La charpente pour l'installation du mécanisme avait coûté 5.000 fr. et l'élinde, avec les tambours, les godets, maillons et galets était revenue au même prix.

Le mètre cube de dragage, y compris le chargement dans les bateaux transporteurs, coûtait 0 fr. 70.

Pour l'exécution de remblais pour chemins de fer, M. Castor eut recours à des dragues qui venaient prendre des graviers et sables dans les bras morts des rivières. Le bateau n'étant pas soumis dans ces conditions à l'effet de vagues pouvant changer sa ligne de flottaison, l'élinde verticale, qui réduit pour une même profondeur la longueur du trajet des godets, tout en diminuant les frottements, a présenté des avantages sur l'élinde inclinée. A l'aide d'une drague à élinde verticale, passant par un puits central, on a pu, avec une machine de 15 chevaux, extraire jusqu'à 1.200 mètres cubes en 10 heures d'une profondeur pouvant atteindre 16 mètres, et le mètre cube revenait à 0 fr. 40.

Pour le chenal du port de Boulogne sur-Mer, qu'il s'agissait d'approfondir à 9 ou 10 mètres en déblayant un fond de roche calcaire sur une épaisseur de 1 m. 80 à 2 m. 50, M. Castor employa une drague à élinde centrale inclinée, montée sur un bateau ayant 27 mètres de longueur, 6 m. 50 de largeur et 2 m. 45 de creux, construit en tôles de 5 à 8 mm. Les godets avaient 140 litres de capacité, étaient armés en acier et alternaient avec des crocs en acier destinés à désagréger les couches de calcaire. La chaîne portant les godets et les crocs était double, formée de maillons ayant 50 mm. sur 100 mm. de section. Le mouvement était imprimé à cette chaîne au moyen d'une machine à vapeur verticale de 30 chevaux et, pour prévenir les ruptures dans les transmissions, le pignon qui imprimait à l'arbre du tourteau le mouvement de rotation agissait par friction sur cet arbre.

Le déplacement du bateau s'opérait à l'aide de treuils établis sur le pont, au moyen des chaînes et câbles d'amarrage. Une machine horizontale de 6 chevaux commandait ces treuils, mais ils pouvaient également être mis à bras d'homme.

Dans ces conditions difficiles, le rendement de la drague, qui avait coûté 125.000 fr., descendait quelquefois à 12 ou 15 m³. par jour et ne dépassait guère 100 mètres cubes. Aussi le prix par mètre cube de dérochement qui avait été fixé aux débuts, en 1862, à 9 francs, fut-il porté, transport à 5 kilomètres en mer compris, à 12 francs.

Dans des conditions normales, c'est-à-dire en travaillant dans un fonds non rocheux, cette drague pouvait rendre 100 m³. par heure de travail.

**178. Dragues Hersent.** — M. Hersent, l'ancien collaborateur de M. Castor, eut l'occasion de faire de nombreuses applications et d'apporter des perfectionnements aux dragues à godets.

Les travaux du creusement d'un nouveau lit au Danube, près de Vienne, donnèrent à M. Hersent l'occasion d'établir un chantier très considérable de dragage. Les 9 dragues qu'il y employa, pour déblayer le gravier jusqu'à des profondeurs de 7 mètres, avaient des coques en bois de 27 mètres de longueur, 6 mètres de largeur et 2 m. 40 de hauteur avec 1 m. 20 de tirant. Les machines pouvant produire 25 à 30 chevaux de force étaient verticales, avec cylindre de 400 mm. de diamètre et 900 mm. de course. Les godets en acier étaient d'une capacité de 250 litres. Les maillons en fer des chaînes à godets avaient 90 mm. sur 45 mm. de section.

Les produits du dragage devant être employés à l'exécution de remblais, et pour ce motif chargés dans des wagons circulant sur les voies de service, les dragues déversaient leurs produits ou bien sur des tabliers porteurs ou dans des roues élévatoires effectuant le chargement des wagonnets.

Le plus difficile dans le travail de dragage, dit M. Hersent, consiste à débarrasser régulièrement les outils d'extraction de leurs produits.

Sur les chantiers du Danube, les tabliers transporteurs ont rendu de bons services sous ce rapport.

On sait que le tablier transporteur est une bande sans fin, formée par l'assemblage d'un certain nombre de feuilles d'acier, reliées entre elles par des charnières ou maillons.

Dans le cas particulier, le tablier porteur était soutenu par une poutre de 14 mètres de longueur, sur laquelle il cheminait en roulant sur des galets.

Dans le courant des années 1872 et 1873, cinq dragues ont fonctionné chacune en moyenne pendant 229,4 jours par an et ont produit en totalité 3.246.620 mètres cubes, soit en moyenne par jour de travail et par drague 1.415 m³. de gravier.

**170. Dragues à chapelet employées en Allemagne.** — De même qu'en France, la position centrale de l'élinde est généralement adoptée en Allemagne. Malgré la plus grande facilité de manœuvre des dragues à élinde, passant par un puits fermé en avant et en arrière, l'avantage de pouvoir draguer jusqu'à l'aplomb et même au-delà des parties les plus saillantes des bateaux, conduit les ingénieurs allemands à loger l'élinde dans une entaille de la coque du bateau, qui se prolonge jusqu'à son extrémité et divise ainsi l'une des moitiés du bateau en deux branches. L'élinde se trouvant ainsi placée à l'une des extrémités du bateau, on renonce généralement tout à fait à la forme favorable à la navigation et les bouts sont taillés carrément. Pour faciliter le remisage des pontons portant les appareils de dragage et pour leur permettre le passage par des voies d'eau de faible largeur, on divise le bateau (ainsi que cela a été fait pour les dragues employées au port de Lindau, lac de Constance), dans le sens de sa longueur. On n'assemble les deux parties que lors de l'installation de la drague.

A l'avantage de pouvoir pousser les dragages jusque tout près des murs, ou autres obstacles, a été ajouté sur les dragues employées sur les canaux de Finow et de Ruppin et sur la Havel et la Sprée celui de déverser par la face de tête les produits du dragage, ce qui présente un grand intérêt, surtout dans les chenaux où les chalands rangés à côté de la drague interceptent la circulation. Ainsi que le montrent les

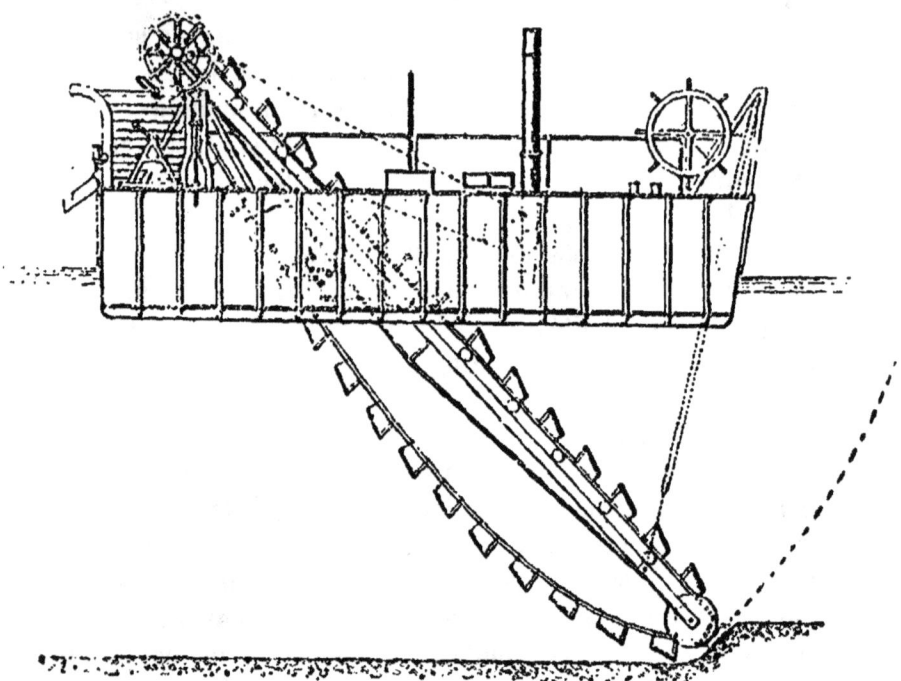

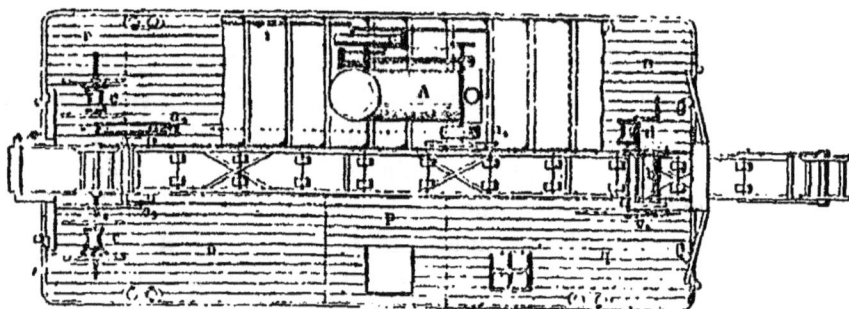

Fig. 206

figures ci-dessus, les deux pontons qui supportent la drague n'ont que 10 m. 30 de longueur et le tourteau supérieur est

assez rapproché de l'arrière pour que, tout en permettant à
l'élinde (qui a 11 m. 92 de longueur d'axe en axe des tambours) de draguer jusqu'à l'aplomb du bord antérieur du bateau, le déversement puisse se faire par un couloir à forte
pente vers l'arrière (39°).

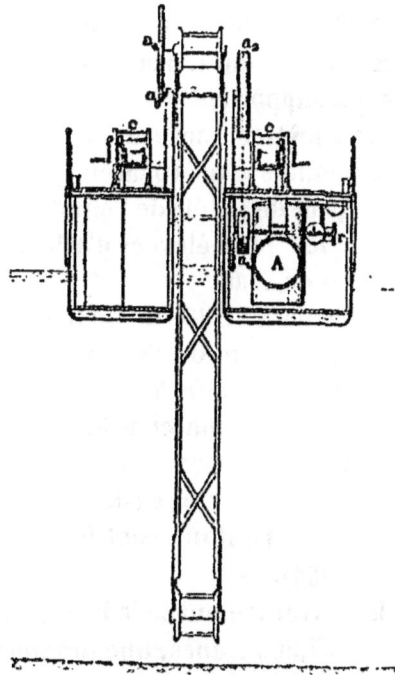

Fig. 207

Les dragues de ce genre sont construites, depuis 1879, par
les ateliers de Stettin, au prix de 16.000 fr. Les pontons sont
en fer (tôles de 4 mm.), la machine à vapeur est de 5 chevaux,
le cylindre a 177 mm. de diamètre et 274 mm. de course ; le
nombre de tours par minute est en moyenne de 85 et correspond à 5,5 révolutions du tourteau sur lequel passe la chaîne
à godets. L'élinde est en fer, les godets, au nombre de 32, ont
50 litres de capacité et il en passe en moyenne 11 par minute. On peut aller jusqu'à 6 mètres de profondeur sans dépasser l'inclinaison de 47° pour l'élinde.

En 1884, une drague de ce modèle a travaillé pendant 1852
heures et a extrait 16.732 mètres cubes de sable, de tourbe ou

de vase, soit en moyenne 9 mètres cubes de déblai par heure de travail effectif, en consommant 10 kilogrammes de charbon par heure. L'équipage se composait d'un conducteur, un timonier, quatre matelots et un mécanicien. Les dépenses d'exploitation, y compris le transport, qui s'effectuait par 7 chalands de 7 mètres cubes chacun montés de 3 hommes, se sont élevées à 13.600 fr., soit à environ 0 fr. 82 par mètre cube.

Comme ces dragues ont à passer sous des ponts peu élevés, les chevalets qui supportent le tourteau supérieur de l'élinde à une hauteur de 2 mètres, mesurés de l'axe au niveau supérieur du pont, ont été munis d'un appareil qui permet l'abaissement de tout le rouage et de la tête de l'élinde, jusqu'à un niveau tel que les parties les plus élevées n'atteignent que 3 m. 10 au-dessus du niveau de l'eau.

Le vérin effectuant cette manœuvre, de même que les treuils pour le relèvement de l'élinde et ceux pour le déplacement de la drague, sont mûs à bras d'hommes et la machine à vapeur ne sert qu'à faire marcher la chaîne à godets.

Le conducteur des travaux, le mécanicien et l'équipage sont logés dans les espaces q, s et o ; la cuisine est en p et dans le reste de l'espace des pontons sont logés le charbon et autres provisions (fig. 206).

En 1881, le gouvernement de la Prusse a fait construire à Elbing, au prix de 27,500 francs, une drague analogue à celle que nous venons de décrire, mais plus puissante. Tout en permettant le déversement à l'arrière, la fente dans laquelle se meut l'élinde n'entaille que sur 7m.20 de longueur le bateau qui a 11 mètres de longueur sur 5 m. 85 de largeur. Les godets, au nombre de 26, ont 100 litres de capacité ; ils sont mûs par une machine à vapeur de 8 chevaux, logée à l'intérieur du bateau. Cette drague a pu extraire par heure de travail, et jusqu'à 4 mètres de profondeur, 15 mètres cubes de sable agglutiné ou d'argile, ou bien 20 mètres cubes de gravier, de sable ou de tourbe, en consommant 28 kilogrammes de charbon. Le prix moyen par mètre cube variait de 0 fr. 56 à 0 fr. 63.

Contrairement à ce qui se fait en général sur les dragues puissantes, qui servent principalement dans les travaux de port, les dragues employées sur les canaux et rivières alle-

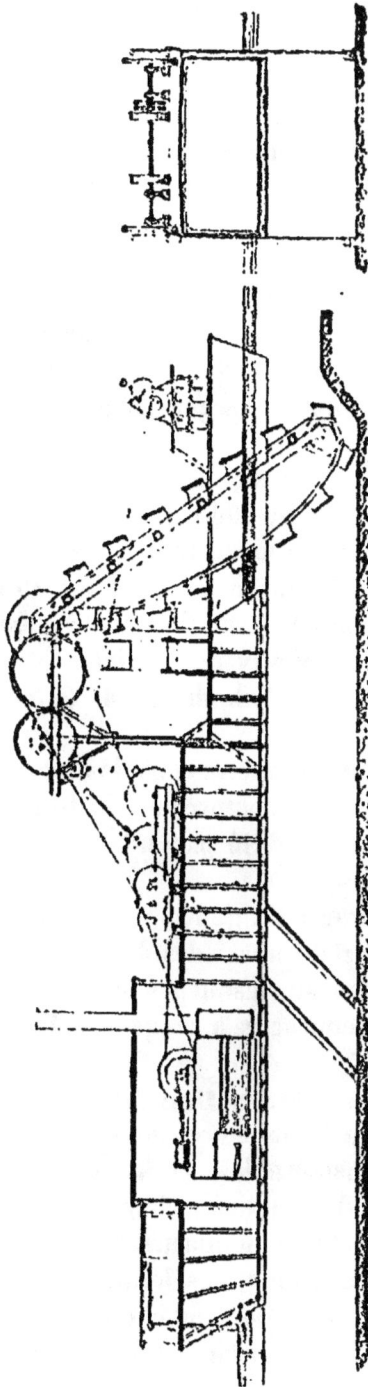

Fig. 208.

mands n'utilisent pas la force de la machine à vapeur
pour se déplacer. Signalons
toutefois l'exception faite à
cette règle par l'adjonction
d'un système de béquilles,
mues à la vapeur, qui a été
adapté en 1874 à une drague
qui fonctionne sur l'Oder.

Ainsi que le montrent les
figures ci-contre, deux paires
de béquilles en bois, armées
à leur partie inférieure de
sabots en fonte et inclinées
vers l'arrière, sont fixées à
mi-longueur et contre les parois latérales du bateau. Chaque couple de béquilles peut
être mù indépendamment
par la machine à vapeur. Pendant que les deux béquilles
d'arrière descendent et im-
priment par cela un mouvement d'avance à la drague,
le couple de devant se soulève pour venir ensuite, lorsque se relève à son tour le
couple de béquilles d'ar-
rière, appuyer en avant des
points précédemment occu-
pés par leurs sabots.

Si le fond n'est pas trop
irrégulier, surtout lorsqu'il
est formé de sable et de gravier, l'avancement de la drague se fait assez uniformément et peut atteindre 2 kilomètres à l'heure.

Il va de soi, qu'en dehors de cet appareil à béquilles, dont le fonctionnement est mis en rapport avec la progression du travail de dragage, des treuils manœuvrés à bras d'hommes permettent le déplacement de la drague dans tous les sens.

Pour les dragages qui s'effectuent dans le port de Stettin, le gouvernement allemand a fait construire en 1880 une drague pouvant travailler jusqu'à 8 mètres de profondeur et fournissant, d'après une expérience de 2 ans, 138 m³. 5 de déblai de sable et de vase par heure de travail.

Cette drague, construite à Stettin par l'établissement Vulcain au prix de 175.000 francs, est portée par un bateau en fer de 28m.90 de longueur et 7m.50 de largeur, ayant à pleine charge un tirant de 2 mètres.

La machine, système Compound, est de 25 chevaux ; elle fait mouvoir la chaîne à 38 godets. de 200 litres chacun, avec une vitesse correspondant à l'attaque de 13 à 14 godets par minute. L'axe du tourteau supérieur se trouve à 6m.80 au-dessus du pont et le déversement des produits du dragage se fait au moyen de couloirs transversaux alternativement vers bâbord et tribord. La longueur de l'élinde est de 21 m. 65 d'axe en axe des tambours.

La consommation de charbon par mètre cube de dragage a été de 1kg.02, et le prix de revient, comprenant le transport au large au moyen de chalands, a été par mètre cube de 0 fr. 24.

En dehors de ces diverses dragues à godets ou à chapelets, le gouvernement allemand possède aussi des dragues à cuillères et des dragues à aspiration, sur lesquelles nous donnons quelques détails aux chapitres consacrés à ces genres d'outils.

**180. Dragues employées sur le bas Danube.**—L'entretien des passes dans les bras du Danube près de son embouchure exige des dragages considérables, et la commission chargée de ces travaux se sert de dragues à chapelet de 16 et de 40 chevaux de force et de bateaux pompeurs. Là où le fond ne se compose que de sable et de limon, ces derniers concourent avec avantage à l'approfondissement du chenal ; ils déversent leurs produits sur les berges. le chenal dans lequel on tient à maintenir sur les hauts fonds, un tirant d'eau de 4 m. 60 n'ayant qu'environ 46 mètres de largeur. Mais les racines des roseaux et des troncs d'arbres nécessitent dans une très large mesure l'emploi des dragues à godets ; comme le personnel sur les dragues de faible puissance n'est pas sensiblement inférieur à celui des dragues de 40 chevaux, ce sont ces dernières que l'on utilise de préférence.

Ces engins sont établis sur des bateaux de 35 mètres de longueur et 7 m. 60 de largeur au maître couple et ayant un tirant d'eau de 3 m. 27. La machine est à basse pression, à balancier et alimentée par une chaudière tubulaire. En travaillant dans de bonnes conditions et jusqu'à 7 m. 30 de profondeur, cette drague peut produire en 12 heures près de 1.000 mètres cubes de matières. La drague en question a coûté 367.000 fr. ; pour la desservir, en transportant les déblais à plus de 1.200 m. de distance, il fallait deux barges d'une capacité de 68 mètres cubes coûtant ensemble 80.000 francs et deux barges de 23 mètres cubes coûtant ensemble 22.000 francs ; le bateau remorqueur à hélice de 15 chevaux coûtait 20.000 francs, ce qui constituait ensemble une dépense de 489.000 francs.

Les dépenses de dragage et de transport par mètre cube, pour un volume de 191.130 mètres cubes produit par an, en comptant 200 jours de travail, sont, sans tenir compte des intérêts et de l'amortissement du capital engagé :

| | | | |
|---|---|---|---|
| Dragage : | Équipage et manœuvre. . . | 0 fr. 0883 | |
| | Charbon (32 fr. 50 à 37 fr. 50 la tonne) et divers. . . . | 0 fr. 1661 | |
| | Réparations. . . . . . . . . | 0 fr. 1515 | |
| | | | 0 fr. 4059 |
| Transport : | Touage { Équipage. . . . . . | 0 fr. 0293 | |
| | Touage { Charbon. . . . . . | 0 fr. 0474 | |
| | Barges : Équipages et divers. | 0 fr. 0607 | |
| | | | 0 fr. 1374 |
| Ensemble par mètre cube. . . . . . . . . . . | | 0 fr. 5433 | |

**181. Drague Girdlestone.** — Contrairement à la pratique des entrepreneurs français, on trouve dans la drague à élinde, construite par MM. Simon et Cie de Renfrew, d'après les plans de M. Girdlestone pour la Bristol-Corporation, un dispositif qui permet d'utiliser les machines à la locomotion de cet engin à l'aide de quatre hélices. Cette disposition est d'autant plus justifiée qu'il s'agit d'une drague porteuse, pouvant recevoir dans son puits 700 mètres cubes de produits dragués, soit environ 1000 tonnes.

Le bateau a 66 m. 50 de longueur, 13 m. 10 de largeur et 5 m. 15 de profondeur ; son élinde est inclinée à 45° et permet de draguer à 11 mètres de profondeur. La capacité de chacun des 36 godets est de 500 litres et le rendement par heure peut atteindre 300 mètres cubes dans l'argile compacte.

Les machines à vapeur ont ensemble une force de 1300 chevaux et l'on peut faire marcher à volonté les deux hélices d'arrière, les deux hélices de devant ou les hélices de l'un ou de l'autre côté de l'axe du bateau, ce qui présente des avantages pour la mise en place et pour les déplacements. Les hélices ont 2 m. 54 de diamètre. Le prix de cette drague a été de 726.000 francs.

Une drague porteuse semblable, mais moins grande, a été construite en 1886 pour le service des ports de l'Hindoustan.

**152. Dragues du canal de Panama.** — Dans les travaux du canal de Panama (74 kilomètres), la mine et les excavateurs devaient jouer un grand rôle, car le cube des déblais hors de l'eau dépasserait 100 millions de mètres cubes si la grande tranchée projetée avec environ 120 mètres de profondeur devait être exécutée. Les dragages ont toutefois aussi leur importance et la grande drague Hercule [1], construite d'après les plans de MM. Angell et Lynch par les établissements « *Golden State and Miners Iron Works* » à San-Francisco, mérite être décrite.

La drague *Hercule* comprend une échelle unique, établie dans l'axe du bateau, dont les dimensions principales sont : 30 m. 50 de longueur, 18 m. 30 de largeur maxima et 3 m. 66 de hauteur. L'échancrure dans laquelle passe l'échelle portant la

---

1. *Annales des Ponts et Chaussées*, 1885, 1, 218. Mémoire de M. G. Cadart. Voir aussi : « *Engineering News and American Contract Journal* » du 3 février 1883.

chaîne à godets s'ouvre vers l'arrière ; elle a 14 mètres de longueur sur 2 mètres de largeur. L'échelle se compose de deux

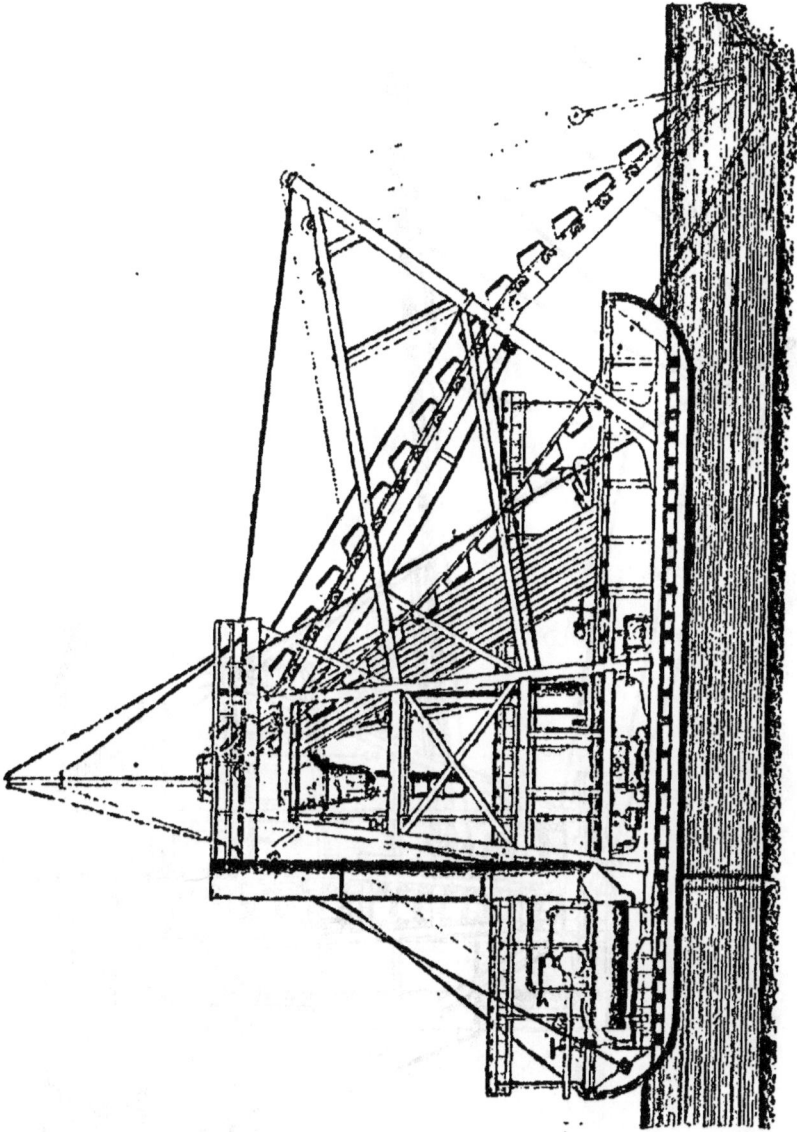

Fig. 209.

parties, dont l'assemblage est fait au moyen d'un arbre de 180 mm. de diamètre, permettant de relever la partie inférieure qui a 12 m. 20 de longueur, en maintenant la partie supérieure de 18 m. 30 de longueur ; l'arbre supérieur a 150 mm., celui du bas 200 mm. de diamètre. L'échelle a 1 m. 530 de largeur, la chaîne portant les 38 godets se compose de maillons de

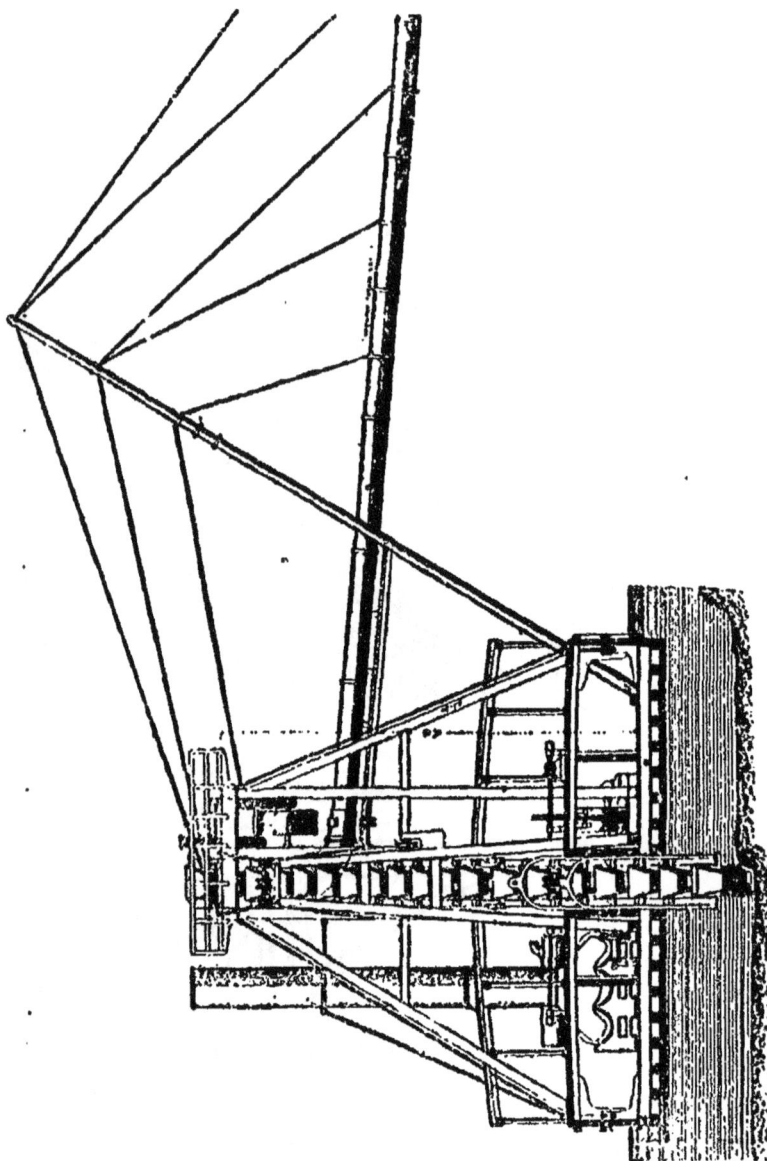

Fig. 210.

0 m. 915 de long. Les maillons simples portant les godets sont formés de fers de 200 mm. sur 32 mm. tandis que les

maillons doubles interposés sont en fer de 152 mm. sur 22 mm.; l'assemblage est fait au moyen de boulons en acier de 56 mm. de diamètre. Les godets ont un mètre de capacité et sont en tôle de 12 mm.; ils peuvent être facilement remplacés en cas d'usure.

Le déversement des matières draguées a lieu dans une trémie dont le bord supérieur se trouve à 15 mètres au-dessus de la ligne de flotaison. De là les matières tombent dans un tube de 0 m. 92, en tôle de 10 mm., évasé vers le haut à 1 m. 70. Ce tube est maintenu à une inclinaison d'environ un dixième au moyen de haubans. L'eau emportée par les godets suffit en général avec cette inclinaison à entraîner les matières; des pompes peuvent toutefois être mises en jeu pour lancer de l'eau et dans les godets et dans le couloir pour assurer le déversement des premiers, et l'écoulement dans le second du sable pur ou des mélanges argileux qui adhèrent davantage.

Trois chaudières tubulaires de 1 m. 52 de diamètre et 5 m. 88 de longueur, brûlant par jour environ 2 tonnes de charbon, alimentent les huit machines à vapeur servant à faire marcher les divers éléments de cette drague.

Deux machines à haute pression et à condensation de 125 chevaux chacune actionnent la chaîne à godets au moyen d'une courroie en caoutchouc de 925 mm. de largeur, passant sur des poulies de 3 mètres et 2 m. 50 de diamètre.

Deux machines de 40 chevaux chacune servent à la manœuvre de la partie inférieure de l'échelle.

Quatre autres machines sont consacrées à la manœuvre des treuils et cabestans réglant la position de la drague; elles peuvent être utilisées à l'extraction d'obstacles, tels que troncs d'arbre entravant le fonctionnement de cet engin.

Deux béquilles en chêne de 60 centimètres de diamètre, munies de sabots en fonte, passent à 8 m. 80 de distance de l'arrière, par des gaines en fonte. Elles ont 18 mètres de long et servent à volonté de point d'appui lorsque les godets rencontrent une grande résistance à s'enfoncer dans le sol, ou lorsque la drague doit, en tournant autour de son axe, faire des dragages par zones concentriques.

Pour déplacer la drague, on peut se servir des béquilles en

relevant alternativement l'une ou l'autre et en faisant ensuite, au moyen des amarres fixées des deux côtés du canal, tourner le bateau autour de la béquille en position.

Le tambour supérieur de la chaîne à godets fait en marche normale 9 tours à la minute, ce qui correspond au remplissage de 18 godets. Le travail théorique serait dès lors $18 \times 60$ = 1080 m³ ¹. par heure ou 10.800 mètres cubes en 10 heures. Mais il est bien certain que les godets ne seront jamais pleins et que les manœuvres de déplacement absorberont plus du dixième du temps. Le chiffre théorique de 10.800 m³. pouvait donc *a priori* être considéré comme très exagéré. De plus le rendement de la drague varie avec la profondeur à laquelle elle travaille.

On avait commandé trois dragues du type Hercules ; la première ne devait creuser que jusqu'à 3 mètres de profondeur et les deux autres devaient approfondir à 6 mètres et à 8 m. 40.

L'expérience a démontrée que ces dragues donnaient en 10 heures, dans la vase des marais ou dans la terre végétale, 5.000 mètres cubes et l'on peut compter sur 4.000 mètres cubes dans le sable pur, l'argile ou les coraux fossiles.

Le prix de revient d'une telle drague, rendue à Colon, a été d'environ 6.000.000 fr. et le personnel pour la manœuvre de ce puissant engin a pu être réduit à 7 hommes seulement.

*Dragues de 180 chevaux fournies par la Société des forges et chantiers de la Méditerranée.* — Les douze dragues de ce type, qui ont été commandées en 1884 par la Compagnie de Panama, sont montées sur des coques en fer ayant 34 m. 20 de longueur sur 9 mètres de largeur, 3m.50 de creux, et elles tirent 2m.25 d'eau lorsqu'elles sont complètement armées et chargées de 40 tonnes de charbon. Dans ces conditions leur poids total s'élève à 625 tonnes.

Elles peuvent draguer jusqu'à 12m.50 de profondeur et déverser les déblais dans des couloirs pour être reçus dans des chalands ou écoulés par des couloirs sur les berges. Dans ces dragues, tous les éléments du bâti sont comme le bateau lui-même entièrement métalliques, et toutes les manœuvres se font à l'aide de machines à vapeur. Pour assurer l'entraînement des déblais dans les couloirs, une pompe spé-

27

ciale peut y envoyer un jet puissant d'eau. Nous reviendrons
dans la suite sur ce moyen de refoulement des produits du
dragage.

**183. Dragues du port de La Plata** (*République argen-*
*tine*). — Pour exécuter, dans le port de La Plata, des dragages
dont le cube dépassera 5 millions de mètres cubes, et qui,
commencés en 1885, doivent être terminés dans l'espace d'environ 5 ans, on se sert de six dragues à élinde, dont trois sont
de fabrication belge ; les trois autres ont été fournies par des
établissements hollandais. Dans l'une de ces dernières, le bateau est fendu jusqu'à son extrémité par le puits situé dans
son axe pour recevoir l'élinde de la drague, qui peut ainsi
opérer jusqu'à une distance de 2m.50 au delà du bateau dragueur.

Dans les 5 autres dragues, l'élinde se trouve logée dans un
puits ouvert dans la cale. Elles permettent toutes de draguer
jusqu'à 8m.50 de profondeur.

Nous donnons ci-après les principales indications concernant ces dragues :

| Désignations | DRAGUES | | |
|---|---|---|---|
| | Hollandaises | | Belges |
| Longueur . . . . . . . . . . . | 26m00 | 35m00 | 28m00 |
| Largeur . . . . . . . . . . . . | 9.00 | 6.00 | 7.00 |
| Profondeur . . . . . . . . . . | 2.28 | 2.70 | 2.50 |
| Tirant d'eau . . . . . . . . . | 1.15 | 2.10 | 1.15 |
| Machines Compound . . . . . . | 80 chev. | 100 chev. | 90 chev. |
| Nombre de godets . . . . . . . | 33 | 31 | 33 |
| Capacité de chaque godet . . . . | 0m3.25 | 0m3.30 | 0m3.25 |
| Transmission de force au tambour | courroies | engrenage | — |
| Moyen de déplacement . . . . . . | — | 2 hélices | 2 hélices |
| Poids total . . . . . . . . . . | 135 T. | — | 160T. |
| Nombre de godets par minute . . | 13 | 13 | 13 |
| Volume dragué par heure { théorique . . . | 195m3 | 234m3 | 195m3 |
| effectif . . . . | 100m3 | 120m3 | 100m3 |
| rapport . . . . | 51 0/0 | 51 0/0 | 51 0/0 |

Les matières draguées sont du sable plus ou moins ter-
reux ; elles sont versées dans des récipients dont on les ex-
pulse au moyen d'appareils dits refouleurs, qui les transportent jusqu'à 400 mètres de distance sur les berges situées à une
hauteur de 4m.50.

Le refoulement nécessite deux opérations, d'abord l'addition d'une certaine quantité d'eau, puis le refoulement du mélange. Les deux pompes affectées à ces opérations se trouvent installées avec la machine à vapeur de 120 chevaux qui
les dessert sur un bateau ayant 23 mètres de longueur, 5 m. 25 de
largeur et 2m.40 à 2m.80 de profondeur.

La conduite par laquelle on fait passer le mélange de produits du dragage et d'eau est en acier, elle a 0m.45 de diamètre et repose sur des flotteurs. Le mélange d'eau et de
terres comprend en moyenne, sur 900 mètres cubes 135 m³.
de terres et 765 m³. d'eau.

On a constaté que les résistances dues aux frottements dans
ce tube correspondent à des pentes variant entre 8 et 15 millimètres par mètre linéaire, et qu'elles sont, bien entendu,
d'autant moindres qu'il y a plus d'eau par rapport aux terres
et sables.

Pour les dragages faits à grande distance des rives, on déverse les produits dans des chalands à clapets ayant sensiblement les dimensions du bateau portant les pompes, mais
ne calant à charge que 1m.45 et seulement 0m.45 à vide.

L'équipage de chaque drague se compose d'un capitaine,
d'un mécanicien, de deux chauffeurs et de quatre matelots.
Celle de chaque refouleur : d'un capitaine, d'un mécanicien et
de deux chauffeurs.

Pour desservir les six dragues on dispose de six refouleurs,
deux remorqueurs et quinze chalands à clapet. De plus, il y a
un petit vapeur, une grue flottante de 20 tonnes et une grue
fixe de 25 tonnes.

## § 6

## EXEMPLES DE DRAGAGES EXÉCUTÉS AVEC DES DRAGUES A CHAPELET ET PRIX DE REVIENT

Bien que l'on ait cherché à compléter la description de divers appareils par des indications sur le prix auquel revenaient les travaux exécutés à leur aide, il paraît intéressant de donner ici les résultats d'attachements spéciaux pris sur certains chantiers.

Le prix de revient du mètre cube de dragage se trouve en général plus ou moins confondu avec celui du chargement dans les engins de transport ou du dépôt à certaines distances. En tant que faire se peut, on a fait ci-après la distinction des divers éléments du prix de revient total des dragages.

**144. Dragages pour préparer la fondation de ponts**. — Pour exécuter, sous la protection des bâtardeaux, des fondations de ponts, il est souvent nécessaire de commencer par des dragages assez considérables, car ceux-ci doivent non seulement s'étendre sur l'emplacement des piles, mais aussi embrasser celui des bâtardeaux, dont le pied doit reposer sur une couche imperméable et résistante.

Si les couches de gravier et de sable devant être enlevées sont puissantes, on comprend que les entrepreneurs chargés de ce genre de travaux ont tout intérêt à se servir d'un outillage spécial, pouvant aisément être adapté aux conditions locales les plus variées et pouvant fournir un travail considérable en peu de temps.

En installant les chapelets à godets sur des bateaux, on n'arrive pas facilement à donner aux fouilles une forme tout à fait régulière. Les variations du niveau de l'eau et du courant rendent bien difficile d'assurer la fixité des bateaux portant les appareils d'excavation, et la multiplication des amar-

rages et la grande longueur des câbles ou des chaînes d'amarrage, qui réduit dans une certaine mesure les variations
de position, compromet par contre la circulation sur le fleuve
et doit dès lors être évitée. De plus, les fouilles subissent
pendant le cours des travaux, dans les lits à fond mobile, des
altérations par l'introduction de matières de l'amont et exigent ainsi un déblai excédant le volume prévu.

L'établissement d'une enceinte, qui embrasse l'emplacement du bâtardeau et qui le met pendant la fouille à l'abri des
apports, est donc très utile. On s'en sert avec avantage comme
support de l'appareil d'excavation, qui tout en étant destiné à
faire des déblais sous le niveau de l'eau, se rapproche des dispositions des excavateurs.

Le service de construction des chemins de fer de l'État de
Bavière s'est servi, pour l'exécution de fondations des ponts,
d'une drague de ce genre dont nous citons à titre de bon
exemple les dispositions essentielles :

Sur un plancher d'environ 12 mètres de longueur et 3m,80
de largeur se trouve installée une locomobile de 6 chevaux. En
avant de cette machine, qui sert à faire marcher la noria, est
établi le chevalet portant l'élinde et le tourteau supérieur, recevant son mouvement au moyen d'une courroie et par l'intermédiaire de roues dentées. L'élinde passe par le plancher,
sous l'emplacement de la locomobile, et est soutenue à son extrémité inférieure au moyen de chaînes rattachées à un treuil
qui est établi à l'arrière de la locomobile sur le plancher.

Le plancher repose au moyen de 8 roues sur deux voies
transversales, supportées par des poutres armées espacées de
7 mètres et portant sur des rails fixés sur les chapeaux des
pieux formant l'enceinte de la fouille. Les poutres armées
sont munies de roues pour pouvoir se déplacer sur les rails,
de sorte que l'ensemble de cette installation constitue un chariot roulant sur lequel le plancher qui porte l'excavateur peut
se déplacer en sens perpendiculaire à celui du déplacement du
chariot. Cela permet à la drague d'atteindre tous les points
compris dans l'enceinte.

Pour que la portée des poutres armées ne soit pas trop considérable, on peut établir une rangée de pieux dans l'axe lon-

gitudinal de l'enceinte et diviser ainsi le champ de fouille en deux chantiers d'excavation de moindre largeur, pouvant être attaqués successivement.

Pour la *fondation du pont sur l'Isar, près de Munich*, la longueur de l'élinde, c'est-à-dire la distance d'axe en axe des tourteaux, était de 15m.60 ; il y avait 28 godets ayant chacun une capacité de 50 litres. La locomobile faisant 100 tours par minute, le tourteau moteur supérieur en fit 5, ce qui correspond à une vitesse de déplacement de la noria de 12 mètres par minute, soit à l'attaque de 10 godets par minute. La plus grande profondeur atteinte sous le niveau des rails était de 7 mètres et correspondait à une inclinaison de 54°.

Dans le gravier on a fait jusqu'à 150 mètres cubes et dans les couches inférieures de sable compacte de 20 à 30m³. par jour. Le maximum de déblai par heure a été de 13 mètres cubes.

La consommation de houille variait de 40 à 60 kilogrammes par heure et l'équipe de service était de 6 hommes. Le mètre cube de dragage revenait à 0 fr. 75 et plus, suivant la profondeur et la nature du terrain.

Le déplacement de l'appareil se faisait à bras d'hommes au moyen de cabestans. La locomobile servait exclusivement à faire mouvoir la chaîne à godets.

Par le retrait de chaînons et d'éléments constituant l'élinde, on pouvait réduire jusqu'à 9 mètres la longueur de cette dernière, mais ces modifications de longueur exigeaient en moyenne 2 jours de travail de 8 hommes.

Des dispositions analogues à celles qui viennent d'être décrites ont été prises pour faire les fouilles de fondation pour le *pont de Dussern sur la Ruhr*, où le prix de revient du mètre cube de déblai transporté à 50 mètres de distance s'élevait suivant la nature du sol, composé de terres meubles et de sable vert, à 2 fr. 25 et 3 fr. 75.

**185. Dragages exécutés dans la Seine.** — Des dragages considérables ont été exécutés depuis une dizaine d'années dans la Seine, dans le bief de Rouen, à l'aide d'une drague à chapelets, dont le prix d'acquisition était de 180.000 francs.

Sans entrer dans des détails sur la drague, dont la chaîne à godets était mue par une machine compound de 70 chevaux et sur laquelle une machine à 2 cylindres, de 6 chevaux, servait à la manœuvre du treuil d'arrière, et une autre, à un cylindre, de 3 chevaux, à la manœuvre du treuil d'avant, nous croyons devoir, pour compléter les indications sur le prix de revient des travaux de dragage, donner les chiffres suivants que nous devons à l'obligeance de M. G. Lechalas, ingénieur des ponts et chaussées.

Ces chiffres présentent cet avantage qu'ils donnent séparément les frais occasionnés par l'extraction, par le transport et par le dépôt ; ce qui en général, parce que cela nécessite des attachements spéciaux, n'a pas été relevé pour les travaux analogues dont nous avons parlé.

*Extraction.* — On a travaillé pendant 18 mois pour extraire 314.830 m³.; mais sur ces 18 mois on a dû chômer 2 mois à cause des crues survenues, de sorte que le cube de déblais par mois de travail effectif ressort à 19.677 mètres cubes.

Les frais occasionnés par l'extraction des 314.830 mètres cubes sont :

|  | Pendant les 16 mois de travail | Pendant les 2 mois de chômage |
|---|---|---|
| Personnel...................... | 27.148 fr. | 2.010 fr. |
| Charbon........................ | 8.986 | — |
| Réparations et changements de place...................... | 15.032 | — |
| Huile et graisse.............. | 1.222 | — |
| Grosses réparations, intérêts et amortissement............. | 48.000 | 6.000 |
| Ensemble........ | 100.388 fr. | 8.010 fr. |
| Total............ | 109.028 francs | |

soit par mètre cube 0 fr. 3463.

*Transport.* — Le transport s'est effectué à l'aide de deux remorqueurs, dont l'un, de 125 chevaux, avait coûté 70.000 fr., l'autre, de 35 chevaux, 40.000 fr. Les déblais étaient versés dans des chalands pouvant recevoir 52 mètres cubes, et il y en avait quatre ayant coûté chacun 22.000 fr. Le prix du matériel de transport était donc d'environ 200.000 francs. Le cube transporté dans la période pendant laquelle les attachements ont été pris était de 323.160 m³. et les distances de transport variaient de 500 mètres à 6 kilomètres.

Les frais occasionnés par le transport des 323.160 mètres cubes sont :

|  | Pendant les 16 mois de travail | Pendant les 2 mois de chômage |
|---|---|---|
| Personnel .................. | 21.450 fr. | 2.310 fr. |
| Charbon .................. | 10.737 | — |
| Huile et graisse............. | 1.509 | — |
| Menues réparations.......... | 9.700 | — |
| Grosses réparations, intérêts et amortissements............ | 53.333 | 6.667 |
| Ensemble........ | 96.729 fr. | 8.977 fr. |
| Total........... | 105.706 francs | |

soit par mètre cube 0 fr. 3271.

*Déchargement.* — Le déchargement s'opérait à l'aide d'un chapelet de godets, prenant les déblais dans les chalands, pour les verser dans un couloir ouvert, ou dans un tuyau débouchant sur la rive où le dépôt devait se faire. La chaîne à godets était supportée par une charpente métallique reposant sur deux bateaux, qu'elle assemblait. Les godets déversaient à 10 mètres au-dessus du niveau de l'eau et pouvaient élever en une heure 200 m³. de vase, ou 150 m³. de sable ou 50 m³. à 100 m³. de galets ou d'argile. La machine qui actionnait la chaîne était de 25 chevaux, celle qui manœuvrait l'élinde était de 4 chevaux.

Le couloir qui recevait les matières élevées par les godets était souvent un tuyau en acier de 0 m. 40 de diamètre et de 40 mètres de longueur fixe, pouvant être allongé de 30 mètres. Son inclinaison variait avec la nature des matériaux, mais était en moyenne de un sur dix. Pour aider l'écoulement des matériaux par ce couloir, une pompe Greindl, actionnée par une machine à vapeur de 18 chevaux, lançait environ 4 mètres cubes d'eau à la minute au-dessus du point de déversement des godets.

Toute cette installation avait coûté environ 100.000 francs et les attachements ont été pris pendant la même durée et par rapport au même cube que ceux concernant les transports.

Les frais occasionnés par le déchargement des 323.160 mètres cubes sont :

|  | Pendant les 16 mois de travail | Pendant les 2 mois de chômage |
|---|---|---|
| Personnel des machines....... | 21.318 fr. | 2.640 fr. |
| Terrassiers.................... | 18.282 | — |
| Charbon............. ....... | 14.602 | — |
| Huile et graisse............. | 1.750 | — |
| Réparations.................. | 15.032 | — |
| Intérêts et amortissement...... | 26.607 | 3.333 |
| Ensemble........ | 97.681 fr. | 5.973 fr. |
| Total............. | 103.681 francs | |

soit par mètre cube 0 fr. 3208.

En prenant la somme des prix des trois opérations ci-dessus analysées, on trouve que le prix de revient du dragage, transport et dépôt d'un mètre cube a été de 0 fr. 9941, soit environ 1 franc.

*Chargement direct de wagons placés sur les bateaux.* — Ainsi que le montre l'analyse des prix que nous venons de donner, la reprise des déblais dans les barges donne lieu à des dépenses assez considérables, atteignant presque celles du dragage. M. Demuelle, entrepreneur de dragages, a réussi à éviter cette reprise, en installant dans les bateaux de transport une voie sur laquelle il amène les wagons qui reçoivent directement de la drague leur chargement [1].

Le fond horizontal des barges qu'il emploie a 13m.60 de longueur et il peut y loger six wagons d'une contenance d'un mètre cube. La voie sur laquelle se trouvent ces wagons se raccorde par un plan incliné de 160 mm. par mètre avec la voie établie sur la berge et conduisant aux dépôts des déblais. On

1. *Annales des ponts et chaussées*, 1880, mémoire de M. Gotteland.

s'est servi de chevaux pour la manœuvre des wagons et l'économie résultant de ce chargement direct des produits du dragage sur les véhicules qui doivent les transporter à l'intérieur
des terres a été estimée à environ 0 fr. 27 par mètre cube.

*Transporteurs par courroies métalliques.* — Il est difficile
de séparer entièrement la question du transport des déblais de
celle du dragage, car comme nous l'avons vu, et qu'on le
verra dans la suite, des dispositions spéciales ayant pour but
le dépôt des déblais à des distances plus ou moins considérables du lieu du dragage sont souvent des éléments essentiels
des dragues. Ainsi, pour pouvoir assurer l'écoulement des déblais par des couloirs de grande longueur, on ajoute aux dragues des pompes qui envoient de l'eau pour entraîner les matières. En vue du même but on a souvent disposé les godets
de façon à ne pas laisser fuir, pendant l'ascension des godets
remplis, l'eau qu'elles ramènent et qui lors du déversement
des matières détachées facilite leur envoi à grande distance.

L'emploi de courroies transportant les déblais qu'on y déverse dispense de cette addition d'eau. La vitesse imprimée à
une courroie sans fin, qui passe sous la trémie dans laquelle
les godets se vident, se règle de façon à éviter une accumulation des matières en un point et sa marche continuelle assure
leur transport et leur déversement à l'extrémité de l'échelle qui
soutient ces bandes chargées de déblais.

Les dispositions les plus variées ont été adoptées pour ces
transporteurs, qui permettent, non seulement de déposer les
déblais à 300 mètres et plus de distance des dragues, mais
aussi de les élever à un niveau supérieur à celui du départ.

Nous citerons entre autres l'emploi d'une courroie métallique de 1 m.15 de largeur construite d'après un système pour
lequel M. Liebermann s'est fait breveter. A l'aide de cette
courroie, les déblais exécutés pour l'amélioration de la Gironde ont été transportés à 300 mètres de distance. Le prix des
courroies de cette largeur varie suivant leur exécution avec ou
sans couverture en caoutchouc entre 78 et 55 francs le mètre
courant, et diminue proportionnellement à la largeur.

**186. Dragues du canal de Suez.** — Il est permis de considérer le percement du canal de Suez comme le plus grand chantier de dragage connu jusqu'ici.

Ce qu'il y avait de particulier dans le chantier, c'est que le sol se trouvait, sauf quelques bancs un peu plus agglomérés, composé dans toute son étendue de sable de même nature et que la presque totalité des produits du dragage devait être portée en dépôt de part et d'autre du canal, au moyen de couloirs de grande longueur. Le sable, obéissant à la pente des couloirs avec l'eau qu'on y déversait, arrivait à être déposé à de grandes distances.

Dans les terrains ordinairement rencontrés dans l'isthme de Suez, le prix de revient des dragages exécutés au moyen de dragues à couloirs était par mètre cube d'environ 1 fr. 50 ; dans le sable vaseux ce prix baissait pour les dragues à long couloir à 0 fr. 75.

Depuis que le canal se trouve achevé, son entretien nécessite toujours des dragages. Grâce à la bonne organisation du service, ce travail ne revient dans la vase et dans l'argile qu'à environ 1 fr. 10 et dans le sable, suivant que le travail s'effectue hors des jetées ou dans le canal même, qu'à 0 fr. 80 et 0 fr. 50.

**187. Refoulement ou éloignement des déblais fournis par des dragages.** — M. Thomas Figée, de Haarlem, a imaginé un système de refoulement [1] pour déposer sur les berges les produits des dragages faits par lui, à l'aide d'une drague à chapelet, sur le canal maritime d'Amsterdam à la mer du Nord.

M. Figée avait placé sur l'un des côtés de la drague, en dehors du couloir dans lequel les godets déversaient en moyenne 1.500 mètres cubes de déblai par jour, un cylindre vertical. A la partie inférieure de ce cylindre, se trouve une boîte en fonte, dans laquelle est introduite l'eau destinée à noyer le déblai. Une hélice à deux ailes peut tourner horizontalement dans cette boîte ; elle est actionnée par une courroie comman-

_____
1. *Annales des ponts et chaussées : chronique,* avril 1884.

dée par la machine de la drague. En tournant, cette hélice aspire l'eau, la mélange avec le déblai et refoule le mélange dans un tuyau rattaché à la boîte en fonte. Ce tuyau avait environ 300 mètres de longueur et était composé d'éléments de 6 mètres, assemblés entre eux par des raccords en cuir. Grâce à sa flexibilité, il peut suivre toutes les sinuosités du terrain et les mouvements de la drague. Des flotteurs soutiennent les parties du tuyau qui se trouvent entre la drague et la terre ferme.

Le propulseur étant bien disposé et proportionné au transport à effectuer, on a pu, tout en les conduisant à 300 mètres de distance, élever de 5 mètres les produits du dragage, et le prix de revient du mètre cube n'a été que de 0 fr. 257.

Le transport des produits du dragage sur les berges s'effectue souvent, ainsi qu'il a déjà été dit, au moyen de tabliers formés par des courroies ou des plaques de tôle réunies par des charnières, pour former une bande sans fin. Ce tablier mobile se déplace par un mouvement de rotation imprimé à l'un ou aux deux tourteaux fixés aux deux extrémités de longues poutres sur lesquels il est soutenu dans son parcours par des galets. Les produits du dragage déversés sur le tablier voyagent avec lui jusqu'à l'extrémité de la volée qui le supporte. (Voir figure 43, page 60).

Ce mode de transport, que nous nous bornons à rappeler, permet non seulement le déversement à une distance de 300 mètres et plus de la drague, mais il permet en même temps de faire arriver les déblais à un niveau plus élevé que celui auquel la drague elle-même amène les produits de l'excavation ; aussi a-t-il été très préconisé par les constructeurs français, sans empêcher certains d'entre eux, par exemple la maison Gobert frères de Lyon, d'apporter des perfectionnements au moyen du refoulement par injection d'eau dont il a été parlé ci-dessus. Certaines dragues construites par cette maison peuvent ainsi déposer leurs produits à 700 mètres de distance du lieu du dragage, sans nécessiter qu'on donne une pente aux tuyaux transporteurs, en provoquant l'entraînement au moyen de jets d'eau convenablement dirigés.

## § 7.

## MÉRITE COMPARATIF DES DRAGUES A CHAPELET ET DES DRAGUES A CUILLÈRE OU A MÂCHOIRES

**188. Examen critique des divers systèmes de dragues.** — Pour les dragages à effectuer à de grandes profondeurs, le poids des chapelets constitue une infériorité incontestable des dragues à chapelet sur celles à cuillère ou à mâchoires, de même que ces dernières sont incontestablement inférieures aux dragues à godets lorsqu'il s'agit de n'enlever qu'une faible couche. Par l'action continue des petits godets, venant successivement attaquer le sol, mouvement qui peut aisément être combiné avec un lent déplacement du bateau, ce genre de dragues peut en effet, même en n'enlevant qu'une faible couche de terrain, fonctionner avec un rendement normal. Par contre, les grands récipients des dragues à cuillères ou à mâchoires ne doivent en ce cas qu'effleurer le sol et remonter avec un volume de déblai de beaucoup inférieur à celui qu'ils pourraient saisir.

M. Malézieux compare l'effet des dragues à chapelet à celui d'un balayage à la main, tandis qu'il compare au balayage mécanique le travail des dragues à cuillère ou à mâchoires.

En faisant abstraction de ces deux cas extrêmes du genre de travail à effectuer, il n'est guère possible de donner d'une façon générale la préférence à l'un ou à l'autre système de dragues; mais on peut citer pour chacun d'eux ses avantages ou ses inconvénients.

Les dragues à chapelet sont sujettes à être avariées lorsqu'elles rencontrent de gros blocs ou des troncs d'arbres dans les fouilles; avec ce même genre de dragues, le chargement des produits du dragage sur des chalands, dans des wagons ou sur les berges, nécessite l'élévation des produits à une hauteur plus considérable qu'avec des dragues à cuillères ou à mâchoires. Ce n'est en effet qu'en descendant par les couloirs en pente que les produits du dragage au chapelet parcourent la distance de l'axe de l'élinde, où elles quittent les godets, au lieu de dépôt. Le travail à effectuer pour faire arriver les produits dans les puits des dragues-porteuses est par contre moindre avec les dragues à échelle qu'avec les dragues à cuillère.

Les dragues à chapelet doivent ordinairement être fixées par plusieurs amarres pour pouvoir au moyen de treuils et de cabestans opérer leur lent déplacement. Ces nombreuses amarres causent dans les ports ou dans les rivières des gênes sérieuses pour la navigation. Cet inconvénient n'existe pas avec les dragues à cuillères et à mâchoires, qui se fixent, au moyen des béquilles, en place et peuvent en général se contenter d'une seule amarre pour toute attache à distance. L'emploi des béquilles a du reste déjà été essayé dans les dragues à chapelet employées à Panama et dans celles employées par le gouvernement allemand sur l'Oder.

Pour draguer dans une eau agitée, les dragues à chapelet ne peuvent pas, sauf le cas d'élindes très longues, permettant de donner une très faible inclinaison à l'échelle, descendre à de grandes profondeurs. Plus la position de l'élinde se rapproche de la verticale, plus les oscillations résultant de l'agitation de l'eau deviennent dangereuses pour l'appareil.

Avec les dragues à cuillères ou à mâchoires, grâce à la flexibilité et en quelque sorte à l'indépendance de l'outil, on peut encore continuer le dragage avec une houle qui eût arrêté les opérations d'une drague à chapelet. Il n'y a que les béquilles qui, dans ce cas, deviennent une gêne et un danger pour le bateau, et ce sont elles qui forcent en cas de forte houle à arrêter le dragage à la cuillère ou aux mâchoires.

Cet examen des avantages et des inconvénients des deux systèmes de dragues explique la grande divergence des opinions, sur la préférence donnée à l'un ou à l'autre des deux systèmes.

De fait il faut avouer que les deux genres de dragues envisagés peuvent être employés avec le même avantage en certains cas, tandis que des circonstances particulières peuvent faire donner la préférence tantôt à l'un, tantôt à l'autre.

## § 8.

# DRAGUES A ASPIRATION

**189. Observations préliminaires.** — Les dépôts se forment au fond des eaux calmes et ils sont entraînés par les courants. On conçoit que cela ait fait naître l'idée d'opérer des dragages par la création de courants artificiels.

Tant que les matières mises en mouvement par un courant d'eau n'ont pas perdu leur vitesse, on peut les diriger dans un sens voulu. Certains appareils ne font qu'opérer des déplacements au fond même des eaux, pour amener des dépôts d'un endroit où ils constituent un obstacle en un autre point du fond. Nous nous réservons de parler dans la suite de ce genre d'appareils ; mais nous décrirons d'abord ceux où l'aspiration des eaux d'une zône voisine du fond provoque l'entraînement des matières du lit dans une conduite qui les déverse sur les berges, ou dans des récipients à l'aide desquels on les emporte [1].

Les dragues à aspiration ne peuvent naturellement, à raison de leur mode de fonctionnement, être utilisées que pour l'extraction de déblais susceptibles d'être entraînés par un courant déterminé. L'opinion que ce n'était qu'à du sable et de la vase qu'il fût possible de s'attaquer à l'aide de cet appareil a été démentie, car l'expérience a démontré que des galets de 15 centimètres, et même plus, de diamètre peuvent être entraînés par des dragues à aspiration. Il va de soi que l'ameublissement préalable du fond est avantageux, voire même indispensable, lorsque le fond est aggloméré.

1. Rapport de M. Malézieux sur les travaux publics aux Etats-Unis (1871); mémoire de M. Lavoinne sur les divers procédés de dragage aux Etats-Unis (*Annales des ponts et chaussées,* 1880) ; mémoire sur les dragues à mouvements discontinus aux Etats Unis par M. Lagasse et le journal l'« *Institution of Mechanical Engineers* » d'Angleterre 1879.

**190. La pompe à sable du capitaine Eads.** — La pompe à sable du capitaine Eads, employée pour l'extraction des déblais de l'intérieur des fondations du pont de St-Louis sur le Mississipi, mérite d'être citée en première ligne.

Cet appareil, que M. Malézieux décrit dans son rapport sur les travaux publics aux Etats-Unis, a été employé dès 1869 ; il repose sur le principe de l'aspiration produite par un courant et il présente les dispositions suivantes : l'eau sous pression descend par un tuyau de 80 millimètres de diamètre jusqu'à environ 0m. 35 au-dessus du niveau du sable imbibé d'eau ; elle passe ensuite par une conduite annulaire et pénètre, par un étranglement également annulaire, dans un tuyau ascendant. Ainsi que le montre la figure ci contre, un tuyau descend de cet ajutage jusque dans le fond du sable. En passant par l'étranglement annulaire, l'eau produit une aspiration et entraîne le sable qui remonte par le tube plongeur. Une pompe à sable de 88 millimètres de diamètre a pu entraîner jusqu'à 15 mètres cubes de sable en une heure, la pression d'eau nécessaire pour le jet étant d'environ dix atmosphères.

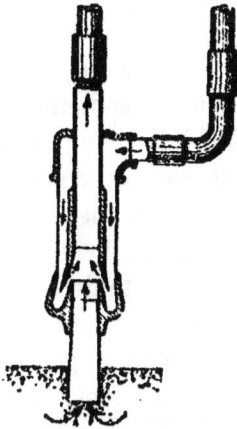

Fig. 211

Cette drague, qui peut servir à l'extraction du sable ou de la vase, présente l'avantage de n'occuper que très peu de place ; aussi a-t-elle été employée fréquemment depuis, tant en Amérique qu'en Europe, pour l'extraction des déblais de cette nature à l'intérieur des fondations d'ouvrages d'art.

**191. Ejecteur système Friedmann.** — On a voulu appliquer, en 1874, à la fondation des piles du pont sur le Limfiiord (Danemark) un éjecteur système Friedmann, qui présente, en principe, une grande analogie avec la pompe à sable du capitaine Eads ; mais on y a renoncé au bout de six semaines.

La matière à extraire n'était pas du sable, mais de la vase, et l'eau qui provoquait l'aspiration se trouvait sous 6 à 7 atmosphères de pression.

L'insuccès de cet essai a été attribué à la consistance trop ferme de la vase. — S'il en était ainsi, on peut se demander s'il n'eût pas été possible de remédier, par quelque moyen mécanique, à la trop grande consistance du terrain à extraire.

**192. Pompes employées pour l'enlèvement de la vase.** — Ainsi que le rapporte M. Leferme dans son intéressant mémoire sur l'envasement et le dévasement du port de Saint-Nazaire[1], l'inspecteur général Tostain, frappé de la ressemblance des vases de ce port avec les laitances de chaux, provoqua, en 1857, l'emploi de pompes d'épuisement pour leur extraction. L'essai ayant donné de bons résultats, des pompes d'épuisement furent appliquées sur une grande échelle et en une année près de 200.000 mètres cubes de vase ont été pompés à 3 ou 4 mètres au-dessous du niveau de l'eau et envoyés à la mer au moyen d'un couloir en charpente de 125 mètres de longueur, ayant une pente de 36 millimètres par mètre.

L'usure des tuyaux d'aspiration, des corps de pompe et des pistons était insignifiante ; on a pu attaquer et déplacer non seulement des vases récemment déposées dont la densité n'atteignait qu'environ 1.175 kg. par mètre cube, mais même des dépôts plus anciens dont la densité atteignait déjà près de 1.300 kilogrammes.

Des essais faits sur des dépôts dans lesquels les vases étaient mélangées de sables ou de graviers n'ont pas donné de bons résultats.

**193. Combinaison de pompes et d'éjecteurs pour l'enlèvement de débris de roche.** — Un autre emploi d'un jet d'eau pour le déplacement des matériaux meubles est celui fait dans le port de New-York pour déplacer les débris de roche, qui, après le jeu des mines sous-marines pour la destruction de récifs, et après l'enlèvement des blocs détachés, étaient encore des obstacles à la navigation[2].

1. *Annales des ponts et chaussées*, 1869, 2e semestre.
2. *Annales des ponts et chaussées*, 1881, I, chronique, p. 736.

Une pompe puissante, installée sur un bateau, envoie un fort jet d'eau au travers d'une tuyère vers les matières à déplacer. Si le fond avoisinant ces dépôts ne présente pas des dépressions suffisantes pour recevoir ces débris, il se forme bientôt un bourrelet qui entrave l'action du jet d'eau sous-marin. Pour pouvoir provoquer par ce jet d'eau des déplacements plus considérables, permettant d'entraîner les débris, les galets et le sable jusqu'aux dépressions pouvant les recevoir, on a complété l'installation par un tube de grand diamètre échoué sur le fond et ayant une longueur suffisante pour aller du dépôt devant être supprimé jusqu'au bas-fond vers lequel les matériaux doivent être transportés. La tête de ce tuyau, placé en face de la tuyère dont sort le jet d'eau, est munie d'un ajutage conique par lequel on introduit un jet de vapeur dans le grand tuyau. Il se produit alors un phénomène analogue à celui des éjecteurs Giffard ou plus tôt des éjecteurs Friedmann, et les matières désagrégées voyagent avec l'eau entraînée par le courant produit à travers le tuyau, jusqu'au bas-fond. Une grille à larges mailles empêche les fragments trop gros, qui pourraient obstruer le tuyau, de s'y introduire.

En réglant le jet de vapeur suivant la profondeur de l'eau et en donnant au tuyau une position ascendante, approchant de la verticale, on peut, à l'aide du jet d'eau et du jet de vapeur, faire arriver les déblais au-dessus du niveau de l'eau et les déverser, soit dans des barques qui les transportent au large, soit jusque sur la berge si elle n'est pas trop éloignée.

**191. Origine des bateaux pompeurs.** — Le succès obtenu avec les pompes d'épuisement dans la vase conduisit M. Leferme à proposer, dès le 12 juin 1858, la construction de bateaux pompeurs pouvant draguer d'abord, puis transporter les vases en pleine mer.

En juillet 1859 le premier bateau-pompeur était mis en service[1] ; en 1861 le port de Saint-Nazaire en possédait trois ; le

1. Il est juste de citer les constructeurs, MM. Jollet et Babin, car ils ont participé à la création d'un type qui n'avait été défini par l'administration que dans un simple programme.

premier, d'une capacité de 220 m³., les deux autres de 275 m³., ayant coûté ensemble 447.000 francs.

Les deux tuyaux d'aspiration, descendant de part et d'autre du bateau, étaient réunis par le bas horizontalement et portaient la crépine terminale. On draguait jusqu'à 8 m. 50 de profondeur, en ayant soin que la crépine ne s'engageât pas à plus de 0 m.40 à 0 m.50 dans la vase et que le bateau eût un lent mouvement d'avance au moyen des treuils, pour qu'il ne se formât pas d'entonnoirs au-dessus de la crépine, ce qui eût fait arriver de l'eau en excès dans les tuyaux.

De 1861 à 1867 on a dragué dans le port de Saint-Nazaire et transporté à 1500 mètres en rade 1.984.260 m³. de vase, au prix moyen de 0 fr. 231 par mètre cube.

En ajoutant pour amortissement du matériel et pour intérêts 0 fr. 247, le prix de revient total du mètre cube de vase extraite et transportée par les bateaux-pompeurs à 1.500 mètres de distance moyenne ressort à 0 fr. 478.

Sur ce cube total de 1.984.260 m³. il n'y a que 1.211.460 m³. pompés, tandis que 772.800 m³. ont été dragués au moyen de dragues à godets, spécialement affectées à l'extraction de la vase plus dense, mais transportés par les bateaux-pompeurs. La densité moyenne des vases pompées était de 1.210, celle des vases draguées de 1.310 kilogrammes par mètre cube.

M. Leferme trouve par une analyse détaillée que les prix moyens ci-dessus donnés se décomposent comme suit, par mètre cube de vase :

|  | Pompée | Draguée |
|---|---|---|
| Charbon, fournitures diverses, entretien et main d'œuvre.............................. | 0 fr. 143 | 0 fr. 366 |
| Amortissement et intérêts.................. | 0 fr. 149 | 0 fr. 399 |
| Ensemble........... | 0 fr. 292 | 0 fr. 765 |

On voit qu'au début de l'emploi des dragues agissant par aspiration on n'en fit pas usage, pour les fonds un peu résistants. On ne cherchait pas à réduire le nombre des voyages par la décantation des mélanges extraits, car la vase ne pourrait s'y prêter qu'avec une très grande perte de temps.

Pour pouvoir pomper les déblais provenant de fonds plus résistants, il faut préalablement amener la désagrégation.

**195. Dragues à aspiration aux États-Unis.** — Dans son mémoire, déjà cité, sur les procédés de dragage employés aux Etats-Unis, M. Lavoinne cite des bateaux-pompeurs qui par leur déplacement produisaient cet ameublissement préalable. Comme les bateaux de St-Nazaire, ces dragues étaient en même temps des bateaux-porteurs.

*Drague de M. Burden.* — La drague de M. Burden est installée sur un bateau à aubes de 40 mètres de long, 12 m. 40 de large et ayant à pleine charge 2 m. 10 de tirant d'eau. La machine a 120 chevaux de force et le bateau fait à la fois l'office de dragueur et de porteur.

Sur le pont du bateau est installée une pompe centrifuge qui aspire le sable en arrière du bateau au moyen d'un tuyau flexible. L'extrémité de ce tuyau qui plonge dans l'eau est supportée par une herse dont les dents traînent sur le fond et mettent le sable en mouvement dès que le bateau marche. Le sable aspiré est déversé dans un série de trémies d'où l'eau s'écoule en laissant le sable se tasser.

Le tuyau d'aspiration ayant 225 mm. de diamètre, l'on a pu draguer ainsi jusqu'à 50 mètres cubes de sable par heure, mais le rendement descendait à 115 m³. par jour et le mètre cube de sable revenait à 1 fr. 16 lorsque l'on opérait sur un banc exposé à la houle qui causait des intermittances de travail.

*Drague du système Bailey.* — La drague du système Bailey a de l'analogie avec celle de M. Burden, construite en 1877 pour l'amélioration de l'embouchure du Mississipi, elle est portée par un bateau ayant 56 m. 90 de longueur, 9 m. 60 de largeur et tirant avec plein chargement 1 m. 50.

Dans ce bateau le tuyau d'aspiration passe par un puits de 1 m. 20 de largeur. Ce tuyau a 0 m. 67 de diamètre et sa longueur est suffisante pour atteindre des fonds de 8 mètres avec une inclinaison de 30°.

L'aspiration se fait au moyen d'une pompe centrifuge de 1 m. 80 de diamètre.

Afin d'augmenter le rendement de cette drague aspirante,

on a été conduit par des tâtonnements à donner à l'extrémité inférieure du tube d'aspiration un évasement qui porte sa largeur à 1 m. 20. Le bord inférieur de la partie arrondie du tuyau porte sur le fond et l'attaque à mesure que la drague avance. On ménage dans l'arrière de la partie arrondie du tuyau un trou par lequel on fait pénétrer plus ou moins d'eau pour faciliter l'entraînement. Le sable argileux exige 3 fois plus d'eau que le sable pur.

En une heure on est arrivé à remplir trois fois les trémies du bateau, c'est-à-dire à extraire environ 1000 mètres cubes de sable. En moyenne l'eau entraînait, en poids, 9 pour cent de sable, soit 4,77 pour cent en volume.

Dix minutes suffisaient pour remplir les trémies, mais on continuait encore pendant 7 minutes pour leur donner une pleine charge de sable, en laissant déborder l'eau en excès.

En opérant sur du sable argileux, l'eau entraîne en s'écoulant la majeure partie de la vase qui se trouve en suspens et de plus on rencontre, à la suite du tassement qui se fait dans les trémies, des difficultés au déchargement. Le rendement de ces bateaux pompeurs est donc d'autant meilleur que le sable est plus pur.

Pour pouvoir opérer à l'aide de dragues à aspiration sur la vase, il faut recevoir et emmener les vases dans des trémies telles que celles des bateaux de St.-Nazaire, à l'état fluide, sans même chercher à opérer une décantation, où il faut faire écouler les vases aspirées soit à la mer en un endroit où des courants assurent leur entraînement, soit sur des terrains perméables où le dessèchement peut se faire dans de bonnes conditions.

Dans certaines circonstances il peut être avantageux d'avoir des bateaux porteurs pour augmenter ainsi la capacité des récipients ; mais la juxtaposition des bateaux pompeurs et des bateaux porteurs est encombrante, et présente des difficultés presque insurmontables lorsque l'on doit opérer dans une eau houleuse.

*Drague du capitaine Newton.* — Le capitaine Newton, de Chicago, construit depuis 1876 des dragues à aspiration, pouvant fonctionner sans déplacement du bateau. Ces dragues employées dans les ports de Chicago, de San-Francisco

autres, opèrent la désagrégation du sol au moyen d'un jet
d'eau à haute pression. Les matières mises en suspension par
ce moyen sont aspirées par un tube. La drague du port de
San-Francisco était montée sur un bateau de 22 m. 3) de longueur et 9 mètres de largeur, ayant 2 m. 40 de creux.

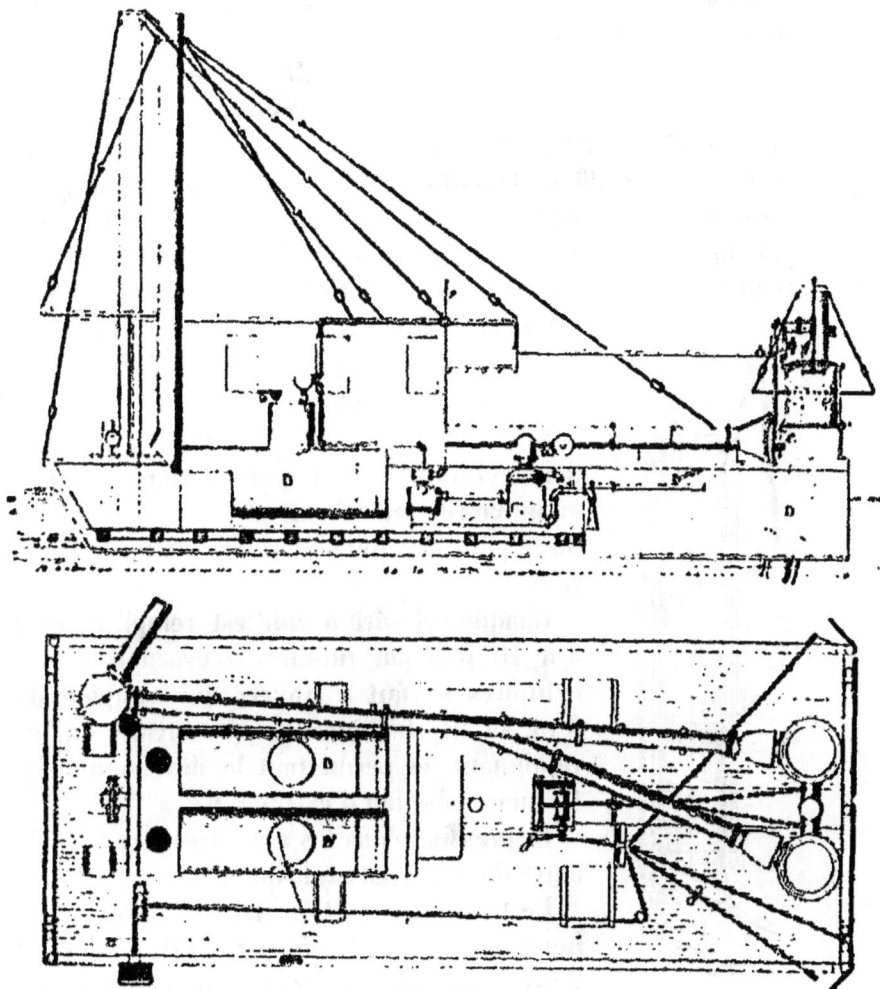

Fig. 212

A l'arrière règne sur 7 m. 50 un puits par lequel passe le
tube d'aspiration ; à l'avant se trouve une béquille verticale
que l'on peut affaler à l'aide d'un treuil.

Deux chaudières B, B, susceptibles de marcher à 8 atmosphères et ayant 122 mètres carrés de surface de chauffe alimentent la pompe à vapeur à action directe à deux cylindres de 0 m. 60 de diamètre et 0 m. 60 de course, faisant 120 coups par minute. Cette pompe alimente les trois lances à eau comprimée et fournit l'eau qui sert à condenser la vapeur dans les deux cylindres de vide.

Ces deux cylindres CC dans lesquels on introduit alternativement de la vapeur et des jets d'eau, opèrent l'aspiration. Ils ont 1 m. 25 de diamètre et 1 m. 64 de hauteur; ils sont garnis à l'intérieur de douves en bois et reliés par une conduite qui communique vers le haut avec un réservoir cylindrique K, ayant 0 m. 90 de diamètre et 3 mètres de hauteur, remplissant en quelque sorte la même fonction qu'un réservoir d'air par rapport aux pompes de compression. De la conduite qui réunit les deux réservoirs descend le tube d'aspiration D ; il

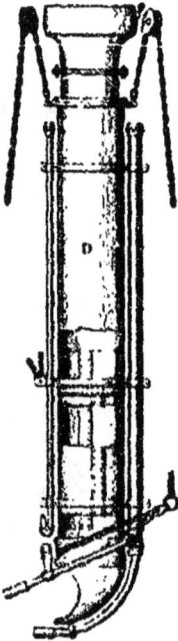

Fig. 213

est relié à la conduite au moyen d'un joint sphérique qui lui permet de prendre toutes les positions voulues.

Le vide se fait alternativement dans les deux cylindres C et C par la condensation, au moyen de jets d'eau, de la vapeur introduite pour le refoulement des matières aspirées.

Chaque cylindre à vide est rempli et vidé 8 à 10 fois par minute. L'évacuation des cylindres se fait à travers une soupape de 0 m. 45 de diamètre, par des tuyaux qui se rejoignent et permettent le déversement à 40 mètres du lieu d'extraction.

La pression dans les cylindres C et C varie entre 0.07 et 1.20 atmosphères.

Le tuyau d'aspiration D, dont nous donnons ci-contre le dessin (fig. 213), comprend deux parties, s'emboîtant l'une dans l'autre : celle d'en haut a 0 m. 50, celle du bas 0 m. 65 de diamètre. L'ensemble est suspendu par des chaines mues par un treuil. Le tuyau inférieur se termine par un ori-

fice autour duquel viennent déboucher les jets d'eau comprimée, amenés par un tuyau de 0 m. 125 de diamètre.

M. Newton estime que la vitesse du jet d'eau atteignant 60
mètres par seconde, l'argile et les schistes peuvent être dés-
agrégés.

Dans le port de Galveston, dans un terrain de gravier, la
drague Newton, aspirant 16 à 20 cylindrées par minute, élevées à 8 m. 40 de hauteur, dont 6 mètres au-dessous de l'eau,
a produit 360 mètres cubes de déblai par heure en consommant environ 500 kilogrammes de houille.

Les déblais forment environ un quart à un tiers du cube total élevé.

Il n'y a guère que 4 à 5 hommes de service par drague et
le prix d'une drague est d'environ 54.000 francs.

**190. Dragues à aspiration employées en France.** —
Postérieurement aux publications de MM. Malézieux et Lavoinne sur l'emploi des dragues à aspiration aux États-Unis,
publications qui ont appelé l'attention sur la généralisation
de ce genre de dragues et sur les avantages qu'il présente
dans certaines circonstances sur les dragues à cuillère ou à
godets, ces dragues à aspiration paraissent avoir pris faveur
en Europe.

On les a d'abord employées en Hollande et dans les ports
allemands, et en France depuis 1876. Dès le mois de juillet
1882, M. Guillain, alors ingénieur en chef des travaux maritimes du Pas de-Calais, résuma de la manière suivante ses
appréciations sur les bateaux aspirateurs-pompeurs employés
au dragage du sable dans les ports de Dunkerque, de Calais
et de Boulogne :

« *Généralités sur les dragues de Dunkerque, de Calais et de
Boulogne.* — Des bateaux aspirateurs-porteurs sont employés
avec succès depuis février 1876 à Dunkerque, depuis juin 1881
à Calais et depuis octobre 1881 à Boulogne, pour draguer du
sable au large de ces ports, en mer ouverte, sans aucun abri
contre le vent ni contre les lames.

Ces appareils ont les caractères suivants :

1° Le bateau extracteur est un navire à hélice tenant bien la
mer ;

2° Il porte lui-même ses déblais dans des puits à clapets, et va les décharger au large ;

3° Le déblai est amené dans le bateau par pompage d'un mélange d'eau et de sable au moyen d'une pompe centrifuge et d'un tuyau qui vient poser son orifice inférieur sur le fond de sable ; on pompe en moyenne 10 à 15 volumes de sable pour 100 volumes du mélange ; le sable se dépose dans les puits du bateau par décantation, l'eau retombe à la mer avec la vase qui se trouvait mêlée au sable ;

4° A sa jonction avec le bateau, le tuyau d'aspiration présente une partie flexible, de façon que le navire peut rouler et tanguer sans interrompre le travail de dragage et sans donner aucun choc à l'appareil extracteur. Le travail de dragage reste facile dans une houle de 0 m. 40 à 0 m 50 de hauteur, prenant le navire debout ; il est encore possible sans danger dans une houle de 0 m. 40 prenant le navire de travers, et dans une houle de 0 m. 80 à 1 mètre prenant le navire de bout ;

5° Le bateau se tient sur une seule ancre d'avant, aidée quelquefois d'une petite ancre à jet à l'arrière pour tenir contre les vents de travers. Il n'embarrasse pas l'entrée du port. Il peut se déplacer, quitter ou reprendre son travail en quelques instants ;

6° Le travail produit consiste en une série de trous en entonnoir creusés dans le fond mobile à draguer. Ultérieurement, l'action des courants et des lames comble les trous avec du sable pris aux parties voisines, et il se produit ainsi un abaissement général du fond.

Le volume total annuellement dragué par un bateau aspirateur-porteur dépend surtout de deux facteurs naturels :

1° *Nature du fond à draguer.* — Le sable pur de Calais est aspiré en plus grande proportion que le sable de Dunkerque qui est aggluiné par un peu de vase ; la décantation est, en outre, plus complète avec du sable pur, puisque la vase retombe à la mer ; deux bateaux d'un même type, ayant des machines identiques, ont produit par cheval indiqué et par heure de travail de dragage, à Calais 1 m³.075, et à Dunkerque 0 m³.306 de sable recueilli dans les puits, abstraction faite de ce qui retombe à la mer ;

2° *Régime local de la mer.* — A Dunkerque, où la rade est

abritée contre la mer du large par une série de bancs de sable, les bateaux aspirateurs-porteurs peuvent travailler en moyenne par année pendant 2.500 heures réparties sur 200 jours. A Calais, où les abords du port sont presque abrités par le Gris-Nez contre les vents dominants du Sud-Ouest, on peut travailler en moyenne par année pendant 1.900 heures, réparties sur 180 jours. A Boulogne, où l'on n'a aucun abri contre les vents du Sud au Nord par l'Ouest, on peut travailler en moyenne par année pendant 1.200 heures réparties sur 150 jours.

Si l'on peut draguer ainsi devant Boulogne, où la mer est si souvent mauvaise, il paraît certain que les bateaux aspirateurs-porteurs peuvent être utilisés en un point quelconque de nos côtes.

Le produit moyen par cheval indiqué et par heure de travail effectif de dragage et de transport dépend non seulement de ces facteurs naturels, mais encore de la capacité des puits du bateau, de la distance de transport et de la vitesse de marche, enfin de la perfection plus ou moins grande de l'appareil d'extraction. A Dunkerque, la distance de transport est de 2 milles ; le produit moyen a été trouvé respectivement de 0 m³. 26, 0 m³. 30, 0 m³. 34 et 0 m³. 43 par cheval indiqué et par heure de dragage et de transport pour les quatre bateaux employés devant ce port. A Calais et à Boulogne, la distance de transport est de 1 mille seulement, le produit moyen par heure de dragage et de transport et par cheval indiqué est de 0 m³. 70 pour l'unique bateau employé à Calais, d'après une expérience d'une année. Il paraît devoir être le même pour Boulogne, toutes choses égales d'ailleurs :

Un bateau du type le plus petit (120 chevaux indiqués, 150 à 170 mètres cubes de capacité de puits), valant neuf au plus 200.000 francs, peut produire annuellement :

| | | |
|---|---|---|
| A Dunkerque . . . . . | 80.000 mètres cubes. | |
| A Calais . . . . . . | 160.000 » | » |
| A Boulogne probablement. | 100.000 » | » |

Le prix de revient comprend : 1° les frais de fonctionnement (personnel, entretien, combustible et accessoires), 2° les frais relatifs à l'assurance, à l'intérêt et à l'amortissement du matériel ; 3° les frais généraux et le bénéfice de l'entrepreneur.

Les frais de fonctionnement ont été trouvés en moyenne :

De 0 fr. 41 à Dunkerque par mètre cube de sable recueilli, abstraction faite de ce qui retombe à la mer, et de 0 fr. 305 à Calais.

Le prix de 0 fr. 305 de Calais se répartit ainsi :

0 fr. 107 pour frais de personnel,

0 fr. 132 — construction,

0 fr. 0,066 — d'entretien et de réparation.

A Boulogne, les frais de fonctionnement paraissent devoir être de 0 fr. 40 au plus par mètre cube de sable recueilli.

En supposant l'amortissement de matériel réparti sur 6 années, on peut compter pour l'assurance, l'intérêt et l'amortissement :

0 fr. 66 par mètre cube recueilli à Dunkerque,

0 fr. 33 — — Calais,

0 fr. 53 — — Boulogne.

Ainsi, d'après l'expérience de Dunkerque, de Calais et de Boulogne, le prix d'adjudication, suivant les difficultés locales plus ou moins grandes du travail, pourrait varier entre 0 fr 75 et 1 fr. 20, pourvu que : 1° on assure à l'entrepreneur au moins 6 années de travail ; 2° on ait fait, avant l'adjudication, une expérience d'environ une année pour se rendre compte des conditions locales du travail.

Les prix payés effectivement aux entrepreneurs par mètre cube recueilli sont :

1 fr. 55 à Boulogne (durée de l'entreprise : 3 années. Pas d'expérience préalable) ;

1 fr. 40 à Dunkerque (moyenne de 3 années à 1 fr. 60, 1 fr. 40 et 1 fr. 20. Expérience préalable) ;

0 fr. 90 à Calais (durée de l'entreprise : 3 ou 4 années. Expérience préalable). »

Parmi les bateaux employés dans ces ports, on peut distinguer deux types qu'il est utile de décrire.

*Bateau aspirateur-porteur « Dunkerque. »* — Ce bateau aspirateur, employé depuis 1876 par M. Eyriaud-Desvergnes, alors ingénieur en chef des ponts et chaussées à Dunkerque, a été très bien décrit par M. Breynaert, conducteur des ponts et chaussées, dans une note que nous avons sous les yeux.

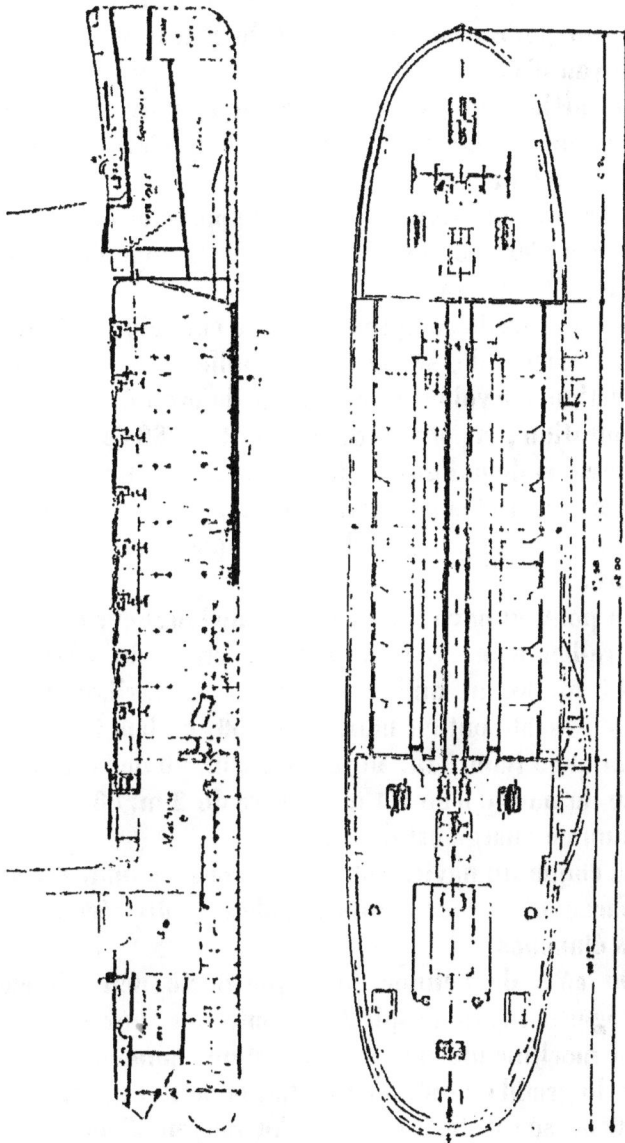

Fig. 215.

Ainsi que le montrent les figures ci-dessus, le *Dunkerque* est à élinde latérale, ce qui lui permet de draguer jusqu'au pied des murs ou estacades.

Ce bateau présente trois parties distinctes :

L'avant, où se trouvent le logement de l'équipage, un magasin pour les approvisionnements, une caisse à eau de 4 m³.5 pour l'alimentation de la chaudière et sur le pont un guindeau à vapeur pour servir au touage du bateau et à la manœuvre du tuyau d'aspiration.

La partie centrale, où se trouve le puits pour la réception des déblais, d'une contenance de 240 mètres cubes, muni de clapets de vidange.

L'arrière, où sont disposés les appareils de propulsion du navire et d'extraction des déblais et le logement pour le personnel mécanicien.

Ces appareils comprennent une chaudière tubulaire de 65 mètres carrés de surface de chauffe ; une machine à vapeur qui actionne à volonté soit l'hélice de propulsion, soit la pompe d'aspiration ; la pompe rotative de 1 m. 80 de diamètre, située au-dessous de la ligne de flottaison ; une élinde fixée par une de ses extrémités au navire et suspendue à l'autre extrémité par un chaîne au guindeau à vapeur, et enfin l'hélice du navire.

Le pont du navire a 42 mètres de longueur et il mesure au maître-bau 8 m. 30 de largeur, le creux du navire est à l'avant 3 m. 80, au milieu 3 m. 25 et à l'arrière 3 m. 80. Les puits à sable ont en haut 17 m. 58, en bas 16 m. 55 de longueur et en haut 6 m. 45, en bas 2 m. 90 de largeur. Le tirant d'eau du navire lège est à l'arrière de 2 m. 50 et le tirant maximum en charge est de 3 m. 50.

La coque du navire est en fer. Les chambres à air situées de part et d'autre des puits à sable sont divisées par trois cloisons étanches.

Du côté de l'élinde, la coque porte deux défenses pour protéger le tuyau d'aspiration contre les abordages.

La machine motrice est du système compound à condensation, le grand cylindre a 0 m. 69, le petit 0 m. 375 de diamètre et la course est de 0 m. 458. Au moyen d'embrayages, cette machine commande à volonté soit l'hélice, soit la pompe à vapeur.

En marche normale, la pression absolue de la vapeur dans

la chaudière est de 5 kilogrammes. La machine marchant
avec admission de vapeur au petit cylindre pendant les $^{63}/_{100}$
de la course et faisant 120 tours à la minute lorsqu'elle est attelée à la pompe, développe sur le piston un travail de 12.800
kilogrammètres.

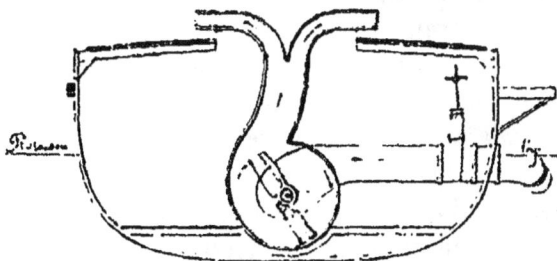

Fig. 215

Attelée à l'hélice et faisant 105 à 110 tours par minute, elle
imprime au navire une vitesse de 5 nœuds.

La consommation de charbon est de 1 kilogramme par cheval indiqué et par heure.

La pompe rotative dont le diamètre est, ainsi qu'il a été dit,
de 1m.80, a son arbre horizontal placé à 0m.75 au-dessous du
niveau de flottaison ; il est muni de deux palettes légèrement
convexes. Avec 120 révolutions à la minute, son débit est de
50 mètres cubes par minute.

Le tuyau d'aspiration, dit élinde, a 14 mètres de longueur
et 0m.50 de diamètre. L'ouverture inférieure porte une grille
pour prévenir l'aspiration d'objets de trop fortes dimensions.
L'élinde est rattachée à la partie supérieure par un tuyau flexible en cuir au tuyau en fonte qui débouche vers la pompe.
Pour pouvoir la relever, elle se trouve rattachée au navire par
une chaîne passant par un collier fixé près de son extrémité
inférieure.

Les clapets pour fermeture des puits sont au nombre de 16,
ils sont formés de deux cours de madriers en pitch-pine de
63mm.; ceux de dessus sont placés en travers. Chacune des
portes présente une surface de 2m².06. Une tôle de recouvrement, rivée contre les parois latérales des puits, empêche l'accumulation des matériaux contre les charnières.

Chacun des clapets porte deux pitons auxquels sont attachées des chaînes. Ces deux chaînes sont fixées à un balancier, suspendu à une chaîne qui passe pardessus une poulie et
se trouve fixée à quelque distance à une forte barre horizontale régnant sur le pont au-dessus du bord des clapets.

Pour permettre l'ouverture des clapets, il suffit de retirer
les coins qui retiennent chaque chaîne de suspension et de filer
la chaîne du treuil qui retient la barre horizontale. La charge
des remblais ouvrira les clapets en imprimant un mouvement
d'avance à la barre. Il suffira de ramener cette barre à la position initiale pour refermer les clapets. Par précaution on cale
de nouveau chaque chaîne de suspension.

Il va de soi qu'il y a une barre pour chaque rangée de trémies. Ces deux barres peuvent être manœuvrées séparément.

Des chaînes de sûreté limitent le mouvement de giration
des clapets.

L'équipage se compose du capitaine qui est à la fois chef-
dragueur, de son second, de trois matelots, du mécanicien et
de deux chauffeurs ; soit en tout de 8 hommes.

En général, le bateau ne travaille qu'aux marées hautes,
soit 15 heures par jour, mais en mortes eaux et par beau
temps il peut fonctionner même pendant la basse mer dans la
passe.

Pour travailler, le bateau mouille son ancre d'avant et se
place dans la direction de la chaîne d'ancrage, face au courant.

Une fois que le puits est rempli d'un mélange d'eau et de
sable, l'eau se déverse par dessus bord ; le déblai se dépose
par décantation. La quantité du déblai entraîné par cette eau
est d'autant plus grande que la mer est plus agitée et que le
sable est moins pur, car l'argile ne se dépose pas.

Dès que l'aspiration produit un entonnoir, la proportion de
sable entraîné diminue et l'on fait avancer le bateau au moyen
du guindeau sur sa chaîne de mouillage. Pour se diriger à la
décharge, on a soin de remonter l'élinde.

Le prix de revient du mètre cube dragué dans le port de Dunkerque, en 1884, avec deux dragues de ce genre de construction

a été, en le déduisant de la dépense de 14,000 fr., supportée pour l'extraction de 80.700 mètres cubes, de 0 fr. 175. Mais ce prix ne comprend que les salaires de l'équipage et les frais de consommation. L'entretien était encore nul, puisque les appareils étaient neufs; de plus, le travail envisagé s'était effectué dans la saison la plus favorable, en beau temps, ayant permis de draguer environ 700 mètres cubes par jour et par drague. On ne peut guère admettre pour moyenne annuelle plus que 500 mètres cubes par jour et par appareil et dès lors ce prix de 0 fr. 175 s'élève à $\frac{700}{500} \times 0.175 = 0$ fr. 245.

L'expérience acquise sur d'autres travaux analogues justifie une majoration de ce prix d'environ 50 pour 100 pour régie et frais d'entretien, ce qui porte à environ 0 fr. 40 ou même 0 fr. 45 le prix de revient du mètre cube de déblai effectué à l'aide de dragues du genre de celle qui vient d'être décrite, travaillant dans des conditions analogues à celles de Dunkerque.

Un tel bateau coûte environ 140.000 fr.; les primes d'assurance comptées à 6 0/0 et les intérêts du capital à 5 0/0, plus l'amortissement qu'il est prudent de baser sur une période de 5 à 6 ans font augmenter, en admettant une production moyenne annuelle de 450.000 mètres cubes, d'environ 0 fr. 30 le prix de revient, qui atteint ainsi 0 fr. 70 à 0 fr. 75.

Une entreprise s'était chargée du dragage au prix de 0 fr. 91 le mètre cube et ce prix, comparé à celui ci-dessus trouvé pour le travail en régie ne peut donc pas être taxé d'exagéré, en tenant compte des frais de direction et des bénéfices qui ne sont pas compris dans le prix de régie.

*Drague à aspiration employée à Calais.* — L'entreprise hollandaise de MM. Volker et Bos qui effectue depuis 1881 des dragages dans le port de Calais se sert également d'une pompe centrifuge mue par la vapeur, établie sur un bateau à hélice, recevant et transportant les produits du dragage.

Le bateau, construit en fer, a 34 mètres sur 7 m. 70 et 3 m. 04 de creux. Ainsi que le montre la fig. 216, il plonge davantage à l'arrière qu'à l'avant; son tirant d'eau lège est de

0 m. 50 à l'avant et de 2 m. 95 à l'arrière et même en charge, la différence reste encore de 0 m. 80, car il tire dans ce cas 2m. 80 à l'avant et 3 m. 60 à l'arrière.

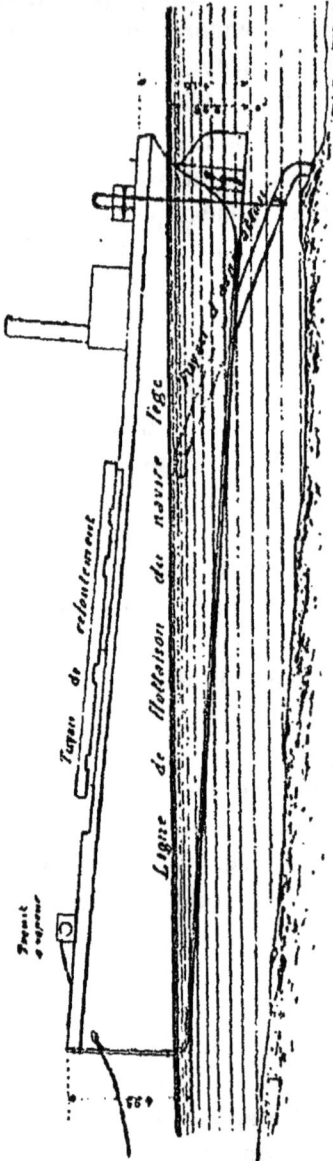

Fig. 216.

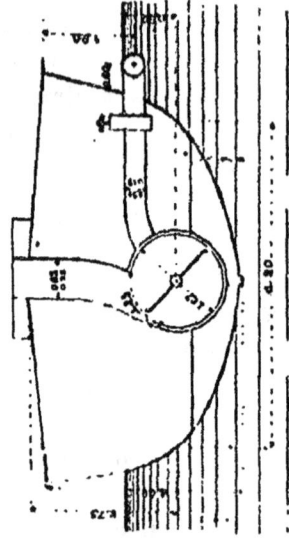

Fig. 218.

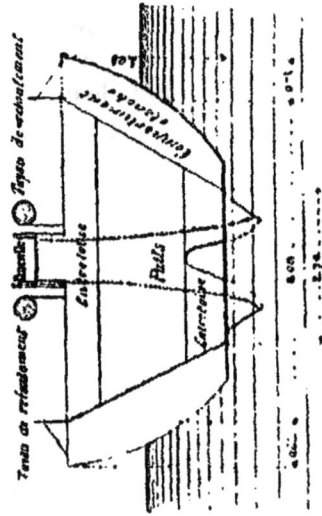

Fig. 217.

A l'arrière se trouvent la pompe et la machine, à l'avant le logement de l'équipage et la cale d'arrimage. Dans la partie centrale, ayant 13 m. 70 de longueur, sont établis les puits ou réservoirs pour la réception des déblais.

La pompe centrifuge est formée de deux ailes en fer, tournant normalement à 170 tours à la minute dans un tambour de 1 m. 87 de diamètre et 0m. 28 de hauteur. Le centre de la pompe se trouve, lorsque le bateau est lége, à 0 m. 90 sous la ligne de flottaison.

La machine peut alternativement et à volonté commander la pompe ou l'hélice de propulsion.

Le tuyau d'aspiration a 0 m. 45 de diamètre, il est recourbé vers le bas à son extrémité inférieure et se raccorde à la pompe en y pénétrant par le cylindre enveloppe. Il se trouve fixé unilatéralement et à 0 m. 60 de la coque. Quant au tube de refoulement, il se bifurque en deux branches de 0 m. 36 de diamètre, établies parallèlement à l'axe du bateau, au-dessus des puits ; quatre ouvertures servent à l'évacuation des matières déblayées.

Le réservoir peut contenir 170 mètres cubes de déblai, il a à sa partie supérieure 13 m. 70 de longueur sur 6 m. 08 de largeur et à sa base, c'est-à-dire à 3 m. 04 sous les arêtes supérieures, 12 m. 07 sur 2 m. 76. Il est divisé en 7 puits fermés par le bas au moyen de clapets.

Lorsque le bateau est établi de telle sorte que le tuyau d'aspiration se trouve au-dessus des fonds à draguer, on fait fonctionner la pompe en réglant au moyen du treuil la hauteur de l'extrémité inférieure du tube d'aspiration, suivant les indications fournies par la composition des eaux pompées. On arrive en 51 minutes à remplir les puits ; à partir de ce moment, l'eau chargée de sable qui afflue fait déborder et retomber à la mer l'eau dépouillée par décantation.

Les puits étant remplis de sable, on arrête le jeu de la pompe, on fait écouler l'excès d'eau par des portes ménagées à cette fin dans le garde-corps, et l'on se dirige, en faisant fonctionner l'hélice, vers le lieu de décharge, où il suffit de désembrayer les chaînes qui retiennent les clapets de fond, pour vider les puits et revenir à lège au chantier de dragage.

Le travail de dragage se poursuit nuit et jour pendant la

haute mer, et la drague se gare dans le port à marée basse, pour ne pas échouer sur les hauts fonds.

L'équipage se compose du capitaine ou chef dragueur, du mécanicien, de 2 chauffeurs, 3 matelots et un mousse.

D'après les attachements pris pendant 500 jours à partir du 20 juin 1881, jour où la drague a commencé son fonctionnement, on a pu travailler pendant 279 jours, soit 55,8 0/0 du temps. Sur les jours de chômage, 33 doivent être attribués uniquement aux réparations.

Dans le courant des 279 jours on a profité de 451 marées ; sur les 2810 heures de travail, 1866 heures ont été consacrées au dragage et 944 aux transports.

Il y a eu des mois où le temps était très défavorable ; ainsi par exemple celui d'octobre 1881 pendant lequel on n'a pu travailler que 3 jours.

Le cube total dragué a été de 219.475 mètres cubes, soit 117 m³.6 par heure de travail effectif ou 786 m³.6 par jour de travail.

Le maximum de cube dragué en un mois a été de 18.046 mètres cubes en 20 jours de travail effectif.

Les dragages en question ont été effectués au large jusqu'à environ 400 mètres de distance de la tête des jetées.

Pendant les marées de jour le rendement a atteint la moyenne de 510 mètres cubes, tandis que celui des marées de nuit n'a été que de 400 mètres cubes en moyenne. Le maximum de rendement par heure a été de 232 mètres cubes.

L'eau pompée contenait de 4 à 48 0/0 de sable et la proportion moyenne a été de 20 0/0. Celle qui retournait à la mer en débordant entraînait au plus 6 0/0 de sable, sans que la proportion moyenne ait dépassé 2 0/0.

La durée moyenne d'une opération comprenant : mise en place, chargement, transport (aller et retour et déchargement), a été de 2 heures 5 minutes, en variant entre les limites de 1 heure 20 minutes à 3 heures 45 minutes.

Le prix de revient des opérations, comprenant seulement les petites réparations, s'élève par mètre cube à 0 fr. 44, se décomposant comme suit :

| | | | |
|---|---|---|---|
| Personnel............... | 0 fr.17 | Pour l'extraction ....... | 0 fr.31 |
| Charbon (à 33 fr.la tonne) | 0 . 13 | Pour le transport....... | 0 . 13 |
| Matières diverses....... | 0 . 04 | | |
| Réparations............. | 0 . 10 | . Somme égale..... | 0 fr.44 |
| | 0 fr.44 | | |

A ce prix il y a lieu d'ajouter le traitement du directeur de l'entreprise, soit 12.000 fr. par an, se répartissant sur trois dragues en fonction ; de plus il faudrait ajouter l'intérêt et l'amortissement du capital engagé et les frais de grosses réparations et d'assurance.

En 1882 la même drague a fait 16.909 mètres cubes en travaillant 185 jours ; dans cette année le chiffre de 0 fr. 44 s'est abaissé à 0 fr. 375 ; même en ajoutant 0 fr. 07 pour traitement du directeur, il n'atteignait que 0 fr. 445, bien qu'on continuât à payer le charbon 33 fr. la tonne, ce qui est un prix de 10 fr. plus élevé qu'à Dunkerque par exemple.

L'administration ayant fait l'acquisition de bateaux pompeurs et transporteurs pour Dunkerque, le prix du mètre cube est descendu à 0 fr. 17, non compris les grosses réparations, ni les intérêts et l'amortissement, ni le personnel directeur. Mais il s'agit de bateaux neufs, conduits par des agents dont le zèle est aiguisé par la nouveauté des engins.

*Dragues mixtes employées dans la Garonne.* —Trois dragues dites *hollandaises*, construites par M. Th. Figée, ingénieur-constructeur à Haarlem, fonctionnent depuis plusieurs années dans la Garonne, pour enlever jusqu'à 3 mètres sous l'étiage un terrain vaseux dans sa partie supérieure, sablonneux dans les parties inférieures [1].

Ces dragues montrent une combinaison des dragues à godets et de celles à aspiration: Les terres sont détachées et montées au moyen d'une série de godets de 250 litres de capacité, soutenus sur deux élindes, pour être versées dans une caisse, dite distributeur. La partie inférieure de ce distributeur est formée d'un tambour à ailettes, par lequel passe un puissant

1. Note de M. Crahay de Franchimont, ingénieur des ponts et chaussées. 1889.

courant d'eau fourni par une pompe rotative. Le tuyau d'adduction a 0 m. 30 de diamètre et son débit est de 11 mètres cubes par minute.

Le tuyau par lequel le mélange est refoulé a 0 m. 35 de diamètre et est soutenu par des flotteurs jusqu'au point où se fait le déversement. En moyenne le mélange contient de 5 à 7 pour cent de déblais et le cube moyen dragué par heure est d'environ 4 mètres cubes.

La coque du bateau a 29 mètres de longueur, 5 m. 97 de largeur et le tirant d'eau est de 0 m. 97. La machine a 60 chevaux de force.

Grâce à cette combinaison due à M. Figée, les déblais sont détachés par des godets qui les versent dans le distributeur, d'où elles sont refoulés sans traverser la pompe elle-même.

On suppose que dans des terrains sablonneux les résultats seront plus satisfaisants qu'ils ne le sont dans les terrains argileux où ces dragues ont été employées d'abord.

*Appareil d'aspiration, système Casse.* — Pour pouvoir draguer par aspiration des terrains qui résisteraient à la succion, M. A. Casse, entrepreneur à Anvers, établit de part et d'autre de l'orifice inférieur du tuyau d'aspiration des hélices ou des lames de couteaux hélicoïdaux auxquels il imprime un mouvement de rotation, pour qu'ils puissent entamer un fond résistant tel que de l'argile compacte, en faisant l'office de malaxeurs. L'entreprise de MM. Vernaudon s'est servie d'une drague de ce genre pour des travaux exécutés dans la Gironde.

Les dragues employées agissaient par succion directe. Le tuyau d'aspiration est établi dans l'axe de la drague et le mélange d'eau et de terre est refoulé dans des tuyaux flottants de 0 m. 40 de diamètre, jusqu'à 250 mètres de distance.

Une drague, pouvant produire en moyenne 39 mètres cubes de déblai par heure, exige quatre hommes pour son service et celui de ses accessoires. Le mélange refoulé contient à sa sortie environ 8 à 10 pour cent de déblais, vase ou sable.

Si l'on dispose d'un matériel de dragues à aspiration, construit en vue des fonds mobiles tels que sable, vase ou graviers, on cherche naturellement à en tirer aussi parti pour l'enlèvement de quelques couches d'argile plus compacte rencontrées dans le cours du travail, en adaptant à ces dragues les roues piochantes imaginées par M. Casse. Il ne paraît toutefois pas démontré que les avantages que présentent les dragues à aspiration subsistent, lorsque ces appareils à désagrégation, assez puissants pour pouvoir attaquer l'argile, deviennent un élément indispensable; mais il est essentiel de n'avoir pas à affecter un second matériel à des matières exceptionnellement rencontrées, et sous ce rapport le système Casse présente un intérêt réel.

**197. Bateaux aspirateurs employés en Hollande.** — Pour l'approfondissement de l'avant-port d'Amsterdam, on s'est servi de bateaux-aspirateurs, construits en installant sur de vieux bateaux de pêche, réformés, des pompes rotatives, agissant sur des tubes d'aspiration attachés à l'arrière du bateau. Après avoir pu constater les bons services que rendaient ces appareils on fit construire pour les dragages dans l'embouchure de la Meuse des bateaux-pompes en fer, auxquels on donna des dispositions qui écartaient certains inconvénients des appareils précédemment employés.

Ces dragues, construites en 1878, sont comme celles de Dunkerque à coque en fer; elles sont porteuses, et peuvent recevoir 139 mètres cubes de déblais dans leurs trémies à clapets de fond, situées de part et d'autre du puits central par lequel passe le tuyau d'aspiration de 0 m. 40 de diamètre.

Le bateau a 31 m. 60 de longueur, 7 m. 80 de largeur et 3 m. 60 de creux; à l'état lège il tire 0 m. 60 à l'avant et 2 m. 30 à l'arrière et en pleine charge 2 m. 45 à l'avant et 3 m. 20 à l'arrière. En eau calme il peut faire 13 kilomètres à l'heure lorsqu'il est vide, et cette vitesse est réduite à environ 9 kilomètres lorsqu'il se trouve à pleine charge.

La machine à vapeur peut être utilisée alternativement à la propulsion du bateau, à l'aide d'une hélice, et à l'aspiration au moyen d'une pompe rotative système Woodford à deux ailes, faisant 150 tours par minute dans un tambour de 1 m. 68 de diamètre et 0 m. 30 de hauteur. La machine à deux cylindres, de 0 m. 32 de diamètre et 0 m. 43 de course, peut produire 120 chevaux de force.

Le tuyau d'aspiration a 8 m. 75 de longueur ; pour ne pas l'exposer à être endommagé par le mouvement qu'une houle de 0 m. 40 à 0 m. 60, prenant le bateau au cap, peut lui imprimer, ou ne dépasse pas l'inclinaison de 45°. Dans ces conditions et suivant la charge que porte la drague, celle-ci peut travailler jusqu'à des profondeurs variant de 5 m. 50 à 6 m. 50.

En 133 jours de travail une de ces dragues a employé 754 heures au dragage et 1.140 heures au transport des 74.755 m³. produits, ce qui correspond à 99 m³. de déblais par heure de dragage, mais à seulement 39 m³. par heure de travail de dragage et de transport.

Le prix de la drague avec tous ses accessoires a été de 106.500 francs.

Le prix de revient des 74.755 mètres cubes extraits a été en moyenne, par mètre cube, de 0 fr. 55, dont 2/5 pour le dragage proprement dit et 3/5 pour le transport à 5,5 kilomètres de distance en mer. Ce prix ne comprend ni les intérêts et l'amortissement du capital, ni les réparations que nécessitera dans la suite l'entretien de l'appareil.

**198. Dragues à aspiration employées en Allemagne.** — Pour draguer dans le port de Brême et dans l'embouchure de la Weser, jusqu'à 8 m. 50 de profondeur, de la vase et un mélange de sable et de vase, on se sert depuis 1876 d'une drague aspirante construite à Moabit, près Berlin, d'après les mêmes types que ceux qui ont été adoptés en France.

Le bateau, construit en fer (tôles de 11 mm.), a 21 m. 45 de longueur et 6 m. 84 de largeur, son tirant à pleine charge est de 1 m. 40 ; il n'est pas porteur, c'est-à-dire que les produits du dragage ne sont pas emportés par le bateau. Ils sont déversés alternativement par bâbord et par tribord dans des chalands dont la capacité varie de 35 à 50 m³. Les tuyaux par lesquels se fait ce déversement n'ont que 6° d'inclinaison, ce qui, vu l'état très fluide des matières aspirées, a été reconnu comme suffisant.

Une machine système Woolf à cylindres horizontaux, de

260 et 520 mm. de diamètre et 620 mm. de course, fournissant 24 chevaux de force, actionne la pompe aspirante à deux corps cylindriques, dont les pistons sont mûs par un arbre. Le diamètre de ces pistons est de 550 mm. et leur course est de 700 mm. La machine à vapeur fait 60 tours, l'arbre qui actionne la pompe 30 tours à la minute. Le tuyau d'aspiration est fait en tôle de 12 mm., il a 460 mm. de diamètre et 10 m. 50 de longueur ; il est rattaché à charnière, dans l'axe du bateau, au tube transversal qui relie les deux corps de pompe et se déverse dans un réservoir qui peut à volonté s'ouvrir sur l'un des deux couloirs.

L'extrémité inférieure du tuyau d'aspiration est évasée jusqu'à environ 1 m. 10 de largeur, recourbée pour former un capuchon et munie de lames de couteau insérées parallèlement à environ 80 mm. d'écartement et en sens perpendiculaire sur la direction du tuyau, pour pouvoir, lors du déplacement du bateau, faciliter l'aspiration en entaillant les masses sur lesquelles cette tête vient s'appuyer.

Ce déplacement du bateau s'opère à l'aide de quatre cabestans établis sur le pont et pouvant à volonté être commandés au moyen d'engrenages, reliés par des arbres de transmission à la machine à vapeur. L'avancement de la drague peut ainsi, selon la nature du terrain, varier entre 5 et 8 mètres par minute.

Le treuil qui sert à relever le tuyau dragueur est également actionné par la machine ; il permet de l'abaisser jusqu'à une inclinaison de 69° et de le relever, lorsqu'il ne travaille pas, pour le loger dans le puits ménagé à cette fin dans le milieu du bateau.

Les attachements pris pendant trois ans ont montré qu'en moyenne cette drague avait été pendant 1840 heures par an en activité, produisant 113 mètres cubes par heure en brûlant 57 kilogrammes de charbon. Le mètre cube de dragage, comprenant les dépenses pour l'équipage mais non celles du transport, est revenu à 0 fr. 125.

Quand le terrain est uniformément composé de vase sablonneuse et la mer belle, le volume extrait par minute peut atteindre 9 mètres cubes. Le prix de cette drague avec des pièces de rechange et avec tout son outillage a été d'environ 120.000 francs.

On voit que le déplacement de cette drague joue un rôle important dans son fonctionnement. Elle constitue par cela une transition vers les dragues dont nous allons parler.

## § 9.

## DRAGUES TRAINANTES

Pour faire disparaître des dépôts de sables mouvants ou de vase, on peut souvent se dispenser de l'aspiration et se borner à provoquer au-dessus de ces dépôts un courant assez énergique pour les mettre en suspension. Ces matières sont alors entraînées à une certaine distance du point où elles se trouvaient.

**199. Vanne employée par M. Fouache.** — Déjà, en 1833, l'ingénieur en chef, M. Fouache, eut recours, pour l'approfondissement du canal de la Somme [1], à un vannage trapézoïdal barrant le cours d'eau et armé à sa partie inférieure de dents propres à attaquer le fond.

Sous l'effet de la dénivellation, les bateaux portant cet écran se déplaçaient et les matières enlevées au sol étaient entraînées par le courant passant sous le bord de l'écran. Il paraît que les déblais ainsi opérés ne coûtaient que 10 centimes par mètre cube.

**200. Bateau-vanne du général Mac-Alester.** — Le général Mac-Alester construisit, dans ce même ordre d'idées, en 1867, un bateau pour le curage du Mississipi. L'hélice descendait au-dessous du fond du bateau et affouillait le lit. Dans la suite, le *colonel Long* modifia cette disposition en

[1]. *Rivières et canaux*, par M. Guillemain, tome I. page 87.

adaptant au bateau des rateaux ou herses pouvant être abais-
sés à volonté pour provoquer le déblaiement, sans exposer
l'hélice, élément essentiel du système, à des chances de rupture par la rencontre d'obstacles plus résistants.

Ces dragues se bornent donc à détacher les déblais et ne les
enlèvent pas ; elles ne fonctionnent, de même que certaines
dragues à aspiration dont on vient de parler, qu'en se dépla-
çant, et encore faut-il que l'eau dans laquelle elles fonctionnent soit animée d'une vitesse suffisante pour entraîner les
déblais détachés, à moins que la drague traînante ne suive
d'un bout à l'autre le cours d'eau, en allant de l'amont à
l'aval, et qu'elle en occupe à peu près toute la largeur pour
empêcher les dépôts de se former de part et d'autre.

**201. Bateaux et charriots-vannes des égouts de
Paris.** — Les bateaux-vannes et charriots-vannes employés
pour le curage des égouts de la ville de Paris, dus à M. Belgrand, méritent d'être cités comme des applications fort heu-
reuses de ce système de dragues. Par la position plus ou
moins abaissée des vannes et en réglant leur vitesse de marche, on peut déterminer, sous leur bord inférieur, la vitesse
qui convient pour l'entraînement des dépôts qui se forment
dans les égouts et dont l'enlèvement à bras d'hommes est toujours très coûteux.

**202. Applications des dragues traînantes.** — Parmi
les applications des dragues agissant par l'ameublissement du
fond, il y a lieu de signaler la tradition d'après laquelle, suivant M. Félix Martin[1], les Turcs obligeaient autrefois les navires franchissant la barre du Danube à traîner de lourds
grappins, ce qui aurait entretenu cette barre dans un état satisfaisant.

A l'embouchure du Mississipi, on a pu entretenir, dans les
passes les plus étroites, un chenal de 12 à 30 mètres de largeur, avec des profondeurs variant entre 5 m. 40 et 6 mètres au
moment de la pleine mer, à l'aide de deux dragues traînantes

---

1. *Annales des ponts et chaussées*, 1872, 2ᵉ semestre.

empruntant à la fois leurs dispositions à celles imaginées par M. Mac-Alester et par M. Long.

Les bateaux en question, devant servir au dragage et à la remorque des navires échoués sur les bancs, ont été munis, à l'avant comme à l'arrière, de gouvernails et d'hélices. Devant chaque hélice peut s'abaisser une cuillère, présentant une tranche horizontale de 2 m. 40 de longueur et ayant 1 m. 45 de hauteur. Le bateau a 18 mètres de longueur et 9 mètres de largeur, et grâce à sa construction en « *double ender* », il est très facile à manœuvrer. Il suffit de remonter au-dessus du niveau de l'eau ou d'abaisser près du fond la cuillère, pour rendre le bateau propre à l'un ou à l'autre des services très différents qu'il est appelé à faire.

# CHAPITRE X

# DÉRASEMENT DE ROCHES SOUS-MARINES

---

**203. Généralités.** — Lorsque les seuils ou écueils qui doivent être déblayés sont constitués par des roches dures, les dragues, quand même elles seraient munies de griffes, ne suffisent plus et il faut que l'on commence par le bris des roches avant de pouvoir procéder à les déplacer.

La désagrégation des roches peut se faire soit par l'emploi d'outils de percussion, soit au moyen de matières explosives. Pour l'éloignement des débris on a recours à des dragues opérant l'enlèvement et le chargement sur des engins de transport, ou bien on se borne à provoquer le déplacement des débris vers les creux que présente le fond à proximité des écueils. D'autres fois, et pour des motifs qui seront analysés dans la suite, on crée, avant la désagrégation des roches formant obstacle à la navigation, et au-dessous d'elles, des excavations dans lesquelles les débris peuvent s'effondrer.

## § 1.

## APPAREILS DE PERCUSSION

Pour désagréger au fond des eaux des roches stratifiées ou des roches présentant une surface crevassée, on a souvent employé avec avantage des ciseaux dont la chute amenait le bris successif des aspérités, sans compromettre, comme le fait dans certaines conditions l'emploi des explosifs, la sécurité du voisinage.

**204. Barre à percussion.** — Il y a plus de 40 ans que M. Baumgarten[1] a employé, dans la Garonne, pour créer une passe d'un mètre de profondeur, des barres en fer à tranches aciérées. En les faisant tomber sur la roche, il la désagrégeait par zones de 0m.40 à 0 m. 50 de largeur et enlevait les débris au moyen de pelles.

Le mètre cube de déblai exécuté dans ces conditions est revenu à 8 à 10 francs.

**205. Ciseau-Mouton.** — Pour la désagrégation d'un banc de poudingue très dur, rencontré dans le canal d'Arles à Bouc, M. Bernard[2] se servit d'une barre à pointe aciérée sur laquelle un mouton de 900 kilogrammes venait frapper. Mû à la vapeur, ce mouton battait jusqu'à 30 coups par minute et l'on arriva, en ne donnant qu'environ 0m.30 d'écartement aux trous faits à l'aide de cet appareil de percussion, à produire une dislocation suffisante pour pouvoir enlever les débris au moyen d'une drague à godets.

Pour détacher et briser des couches de roches au fond de l'eau, on recourt maintenant dans certaines circonstances à l'emploi d'un mouton installé sur un bateau et mû par la vapeur.

M. A. Pinguely, constructeur à Lyon, a construit, pour être employé dans les travaux du canal de Panama, un appareil qui d'après ses prévisions devait pouvoir détacher environ 300 mètres cubes de roche en 10 heures de travail, à des profondeurs pouvant atteindre 8 à 9 mètres.

Le bateau portant cet appareil est muni d'un bâti présentant un plan incliné, sur lequel le cylindre à vapeur, actionnant directement le mouton, peut être déplacé à volonté, pour se trouver toujours à peu près à la même hauteur au-dessus du

1. *Annales des Ponts et Chaussées*, 1er semestre 1848.
2. *Annales des Ponts et Chaussées*, nov. et déc. 1864.

rocher dont la surface d'attaque prend un talus de même inclinaison que le bâti portant le cylindre.

Ce cylindre peut osciller autour d'un axe perpendiculaire
à sa longueur et permet d'atteindre une hauteur de chute du
mouton voisine de 8 mètres. Le mouton est en acier, il porte
à sa partie inférieure une tranche et pèse 4 tonnes. Le travail
s'effectue en commençant par la partie supérieure et se poursuit sans déplacement du bateau, mais en faisant descendre le
cylindre le long du bâti, jusqu'au pied du talus d'attaque de la
roche. Une drague à godets ramasse les débris et après avoir
fait avancer le bateau de la quantité qui correspond à l'épaisseur de la couche de roche détachée, on recommence à faire
agir le mouton sur la partie la plus élevée du rocher.

Le bateau a coûté environ 97.000 francs ; il était disposé
de façon à pouvoir se mouvoir à la vapeur sur ses amarres.

*Le chisel-hoist*, c'est-à-dire *ciseau-mouton* a été employé avec
avantage en 1873 à la destruction d'un banc de calcaire, formant
un écueil dans le Mississipi, près de Rock-Island. Ainsi que l'indique le nom donné à cet engin, c'est un mouton qui, dans le
cas particulier, pesait 2.000 kilogrammes, et qui porte à sa
partie inférieure un ciseau pour désagréger par sa chute les
parties de roche qu'il frappe en tombant de 3 à 4 mètres de
hauteur.

A Rock-Island, on a poussé le dérasement jusqu'à 5 et 6
mètres sous le niveau des eaux et l'entrepreneur, qui était payé
à raison de 80 à 90 francs par mètre cube de déblai, y trouvait
largement son compte.

La manœuvre de ce ciseau-mouton exigeait quatre hommes
et le déblai produit par heure de travail variait, suivant la dureté du roc et la profondeur de l'eau, entre 6 et 9 mètres
cubes.

Le procédé de dérasement des roches au moyen d'appareils
à percussion a également été reconnu préférable à l'emploi
de la mine, dans des essais faits au printemps de 1887 aux environs d'Édimbourg. Des moutons de 4.000 kilogrammes,
portant des burins taillés en ciseau et tombant de 6 mètres
de hauteur, détachaient 0 m³. 1 à 0 m³. 5 à chaque coup ; il fut

établi que l'extraction de ces roches à 10 mètres sous l'eau par le procédé de percussion ne revenait qu'à environ 5 francs le mètre cube, tandis que le prix eût été cinq fois plus élevé en opérant par mines sous-marines.

Le même procédé fut également adopté pour la suppression d'un seuil cubant environ trois millions de mètres cubes, situé près de Suez, dans le canal interocéanique.

L'appareil employé pour ce travail était installé sur un bateau désigné sous le nom : *La dérocheuse*. Les moutons venaient frapper sur des pieux en métal munis à leur partie inférieure de tranches aciérées. La longueur de ces pieux portant les tranches aciérées peut être portée jusqu'à 15 mètres.

La *Dérocheuse* est un bateau de 60 mètres de longueur, 13 mètres de largeur et 4 mètres de profondeur, construit par MM. Lobnitz et Cie ; il présente les dispositions suivantes :

Le bateau est divisé en 18 compartiments étanches ; il est muni de deux hélices jumelles et de deux béquilles en acier, pour pouvoir se déplacer, se fixer et faire des évolutions à volonté. La puissance des machines dépasse 1000 chevaux et elles servent à la fois à la locomotion du bateau et au fonctionnement des 10 treuils pouvant élever à 20 mètres de hauteur les moutons pesant plus de 2 tonnes et demie.

Des cuillères de dragues peuvent venir jusqu'à 13 mètres de profondeur, prendre entre les burins et enlever les débris de roche.

Les leviers de commande des divers appareils du bateau peuvent être manœuvrés du même point, par un seul homme.

## § 2.

## EMPLOI D'EXPLOSIFS DÉPOSÉS A LA SURFACE.

Les secousses et surtout les projections de débris qui se produisent lorsqu'on dérase les aspérités rocheuses à l'aide d'explosifs ont souvent empêché l'emploi de la mine. Les effets utiles d'une charge sont toujours plus grands et les secousses et les projections moins redoutables lorsque la matière explosive, au lieu d'être simplement déposée sur la roche, se trouve logée dans des trous forés *ad hoc*. Aussi est-on revenu de la pratique d'autrefois, qui consistait à déposer sur les roches sous-marines les explosifs enfermés dans des récipients, et à considérer la charge de l'eau comme suffisante pour assurer l'action brisante sur la roche servant d'appui aux cartouches.

L'exemple du dérasement de la roche La Rose, que nous donnons ci-après, fournit quelques chiffres qui démontrent dans quelles conditions ce genre de dérasement s'effectuait.

**206. Dérasement de la roche La Rose dans le port de Brest**. — Un mamelon en gneiss très dur, à filons de quartz, s'élevait autrefois à l'entrée du port de Brest jusqu'à 0m.77 sous le niveau des plus basses mers et divisait la passe, ce qui constituait une très grande gêne.

Pour faire disparaître cet obstacle on disposa des tonques en grès ou des bombonnes contenant 50 à 60 kilogrammes de poudre, auxquels on mit le feu au moment des hautes mers au moyen de fusées de sureté.

Des plongeurs étaient employés pour la pose des charges de poudre et pour l'enlèvement des débris, qui étaient chargés dans des caisses en fer à claire voie ou engagés entre les mâchoires de tenailles. Une chèvre flottante opérait le soulèvement.

L'appareil de levage et les pompes pour les scaphandres se trouvaient établis sur des radeaux que l'on déplaçait suivant les besoins.

Un chef d'atelier et 8 à 9 plongeurs formaient le personnel, mais il n'y eut en général qu'un seul plongeur travaillant. La durée du travail journalier ne put dépasser 6 à 7 heures.

Chaque plongeur ne restait qu'environ 2 heures par jour sous l'eau et produisait ainsi 2 mètres cubes de déblais emmétrés. En moyenne on a tiré 12 mines par mois et on ne les fit partir que sous des charges d'eau variant de 7 à 13 mètres.

Commencé en avril 1857, ce dérasement a été achevé en septembre 1861 et dans ce laps de temps environ 2000 mètres cubes de rocher ont été enlevés.

La dépense s'est élevée à 64.502 fr. et la consommation de poudre de mine a été de 25.872 kilogrammes.

Dans ce travail, souvent assez dangereux, il n'y a pas eu d'accident; il a été dirigé par M. Debargne, ingénieur en chef, et M. Verrier, ingénieur des ponts et chaussées. Ainsi que le montrent les chiffres ci-dessus, le mètre cube enlevé est revenu à environ 33 francs.

Au début, c'est-à-dire du 19 mai 1858 au 30 juin 1859, le prix de revient a été plus élevé, bien que des condamnés aient été employés concurremment avec des ouvriers libres et que la journée des premiers n'ait coûté en moyenne que 0 fr. 48, tandis que celle des ouvriers libres revenait en moyenne à 2 fr. 21.

Dans le dit laps de temps de 13 mois et 13 jours, on a enlevé 360 mètres cubes de roc et la dépense s'est décomposée comme suit :

| | |
|---|---|
| Ouvriers libres : 1630 journées. . | 3.501fr.09 |
| Condamnés : 1373 journées . . . | 656 29 |
| Poudre : 4,672 kg. 75 à 1 fr. 12. | 5.233 43 |
| Caisses en tôle, réparations . . . | 2.270 52 |
| 4 vêtements en caoutchouc . . . | 480 » |
| Fusées et divers. . . . . . . . | 241 14 |
| | 12.382fr.52 |
| 5 0/0 du prix du matériel ayant coûté 9.970 fr. . . . . . . . . | 556 66 |
| Pour dépréciation du matériel. . | 760 82 |
| Total. . . . | 13.700 francs. |

Le mètre cube de roc solide enlevé a donc coûté en moyenne 38 fr. 08 ; ce prix eût même atteint 48 francs si l'on avait employé des ouvriers libres pour tous les travaux. Par contre, il eût été moindre si, dès le commencement, on eut fait usage des tonques en grès qui ne coûtaient que 1 fr.50, au lieu des cylindres en tôle coûtant plus de 20 francs, et contenant comme les tonques environ 50 kilogrammes de poudre. En ayant soin d'enlever du fond des tonques, qui avaient servi au transport d'acides, le vannage qui par son interposition entre

le roc et la charge diminuait l'effet de l'explosion, ces récipients de poudre rendaient les mêmes services que les boites
en tôle.

**207. Débuts du dérasement du Blossom-Rock.** —
De même qu'à la roche La Rose, c'est à l'aide de charges d'explosifs déposées à la surface des roches sous-marines que l'on
commença, dès 1826, dans le port de San-Francisco le dérasement de quelques roches compromettant l'entrée. Le plus gê-
nant de tous les écueils était celui sur lequel le navire *Blossom*
vint s'échouer en 1826, et qui depuis lors prit le nom de Blossom-Rock. A marée basse il n'était couvert que de 1m.50 d'eau.

La destruction de cet écueil très considérable ne fut entreprise qu'en 1867, et, comme pour les autres, on procéda au
moyen d'explosifs déposés à la surface du rocher.

Le peu d'effet utile produit par les explosions y fit toutefois
abandonner, de même que dans le port de New-York, l'emploi des explosifs simplement déposés à la surface. Ainsi
qu'il sera dit plus loin, le travail fut achevé en creusant un
vide à l'intérieur du rocher et en provoquant ensuite, par une
seule très forte détonation, l'effondrement du ciel de cette ca-
verne sous-marine.

Le mètre cube de roche, déblayé au moyen de la poudre
déposée à la surface de l'écueil, était revenu au prix exorbitant
d'environ 150 francs.

**208. Procédé du colonel Lauer pour le dérasement
de roches.** — Le colonel Lauer, de l'armée autrichienne,
a pris une part importante aux perfectionnements apportés à
l'emploi superficiel des explosifs modernes pour les dérase-
ments sous l'eau.

Il s'est particulièrement attaché à pouvoir placer les cartouches exactement à l'endroit voulu, contre la roche.

Les cartouches d'un quart à un demi-kilogramme de dynamite sont fixées contre des tiges en bois, que l'on introduit
dans la partie inférieure de tuyaux en fer d'une certaine longueur.

Un bateau, muni de béquilles et d'amarres pour pouvoir

être mis et maintenu en place pendant la pose et l'explosion des cartouches, sert de support à une série de porte-cartouches de ce genre. Le beaupré du bateau a, ainsi que le montre la figure ci-dessous, une forte saillie, et il est agencé de façon à permettre la manœuvre des tiges portant les cartouches.

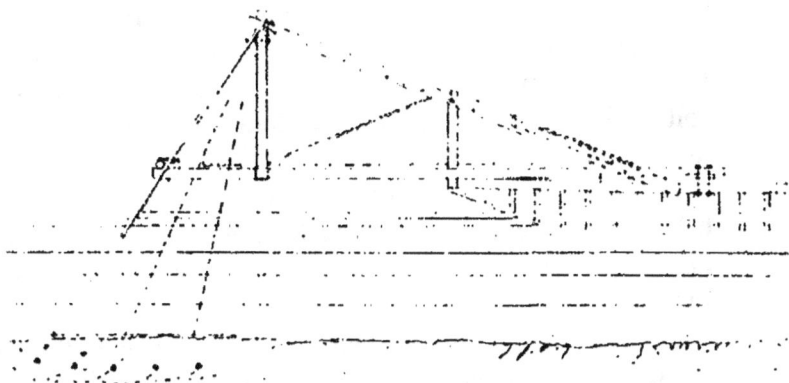

Fig. 219

Les cartouches forment, au bas des tiges, une rangée perpendiculaire au sens de la longueur du bateau.

Amenées jusqu'au contact avec la roche et à une certaine distance de son arête, leur détonation produit un gradin, dont la largeur et la profondeur dépend de l'emplacement et de l'importance des charges. En appliquant à plusieurs reprises des cartouches au même endroit, on peut augmenter la profondeur de ce gradin, après quoi on recule de 0 m. 60 à 1 mètre la batterie de cartouches, pour procéder au dérasement par destruction successive des marches ainsi formées.

Le feu est mis à l'aide de l'électricité. Les débris sont projetés à une certaine distance et ne dépassent pas les dimensions de moellons. On n'a pas signalé, dans les nombreux emplois faits de cet appareil, d'accidents ou de dégâts causés au bateau, par les explosions, qui pourtant se produisent à peu de distance de celui-ci. Il est vrai que l'on règle toujours l'importance de la charge des cartouches sur la hauteur de la nappe d'eau au-dessus de l'écueil à déraser.

En 1882, le colonel Lauer fit un dérasement dans le lit du Danube pour l'établissement de l'une des piles du pont de Peterwardein, nécessitant une surface d'appui de 20 mètres de longueur sur 9 mètres de largeur.

La profondeur d'eau variait de 12 à 13 mètres, la vitesse du courant s'est élevée à 1 m. 50. En employant 25 hommes, il a fallu 38 jours de 10 heures pour enlever 187 mètres cubes de syénite dure. La consommation de dynamite a été de 1.200 kilogrammes et la dépense s'est élevée à 5.790 florins, soit environ 11.600 francs. La profondeur du dérasement était de 2 m. 05 au maximum.

Le mètre cube de roche compacte détachée a donc exigé 6 kg. 41 de dynamite, soit 21 à 22 détonations et 4 heures de travail. Le prix de revient par mètre cube détaché a été en moyenne de 62 francs.

Ce prix ne comprenait pas les frais d'installation du bateau, des magasins, etc., qui ont atteint le chiffre d'environ 7.950 fr., ce qui porte le prix de revient total du dérasement, par mètre cube de roche, à environ 105 francs.

## § 3.

## EMPLOI D'EXPLOSIFS LOGÉS DANS DES MINES FORÉES

Pour le dérasement de quelques roches isolées, formant obstacle à la navigation dans la rivière de l'Est devant New-York, on a fait usage de mines sous-marines ; mais au lieu de se borner à déposer les explosifs à la surface des roches, on a pratiqué des trous de mine jusqu'à environ 1 m. 20 en contrebas du dérasement projeté.

Les trous de mine ayant environ 3 mètres de profondeur dans la roche, qui était du gneiss, ont été espacées de 1 m 80

à 2 m. 40 ; ils avaient 137 millimètres de diamètre et recevaient chacun une charge de 25 à 30 kilogrammes de nitroglycérine.

**200. Radeau porte-forets employé à New-York. —**
Pour forer les mines, on se servait d'un radeau très fort,
amarré dans tous les sens et portant en son centre un puits
d'environ 10 mètres de diamètre dans lequel une cloche hé-
misphérique, suspendue par 4 chaînes, pouvait être abaissée
à volonté. Pour que le bord inférieur soit soutenu et la cloche
invariablement maintenue en place, malgré les irrégularités
du fond, cette cloche était munie sur son pourtour de béquilles
que l'on faisait porter sur le fond.

Ce caisson bien établi, on introduisit dans les tubes les
trépans, suspendus à des cordes passant sur des poulies ; ces
tubes servaient de guides pour le forage. La cloche portait
21 tubes et l'on fit, suivant les indications des plongeurs, usage
de ceux d'entre eux qui paraissaient utiles. Chaque trépan
avec les tiges pesait 300 à 350 kilogrammes.

Dès que les forages étaient terminés, un plongeur plaçait
les cartouches, toutes rattachées à des fils électriques, et ce
n'est qu'après le chargement que le radeau était éloigné à
environ 100 mètres. Après l'explosion, les débris étaient enlevés au moyen de caisses que des plongeurs remplissaient, ou
au moyen de pinces saisissant les gros blocs.

**201. Cloche employée par M. Hersent pour le déra-
sement de la roche La Rose. —** En 1878, le ministère de la
marine mit en adjudication un nouvel approfondissement à
l'endroit de la roche La Rose, comportant 17.000 à 18.000
mètres cubes de rocher et de 3.000 à 4.000 mètres cubes de vase
et de sable à extraire.

M. Hersent, qui fut chargé comme entrepreneur de ce travail, eut recours à l'emploi de la cloche à plongeur et acheva
l'enlèvement de ce déblai en 1880.

Déjà en 1795, Coulomb avait proposé pour le dérasement
d'une roche qui entravait la navigation, dans la Seine près de
Quilleboeuf, l'emploi d'une cloche dans laquelle l'air était en-
voyé au moyen d'une machine à soufflets.

En 1866, M. Castor avait opéré avec succès, à l'aide d'une cloche un dérochement dans le port de Boulogne. La cloche

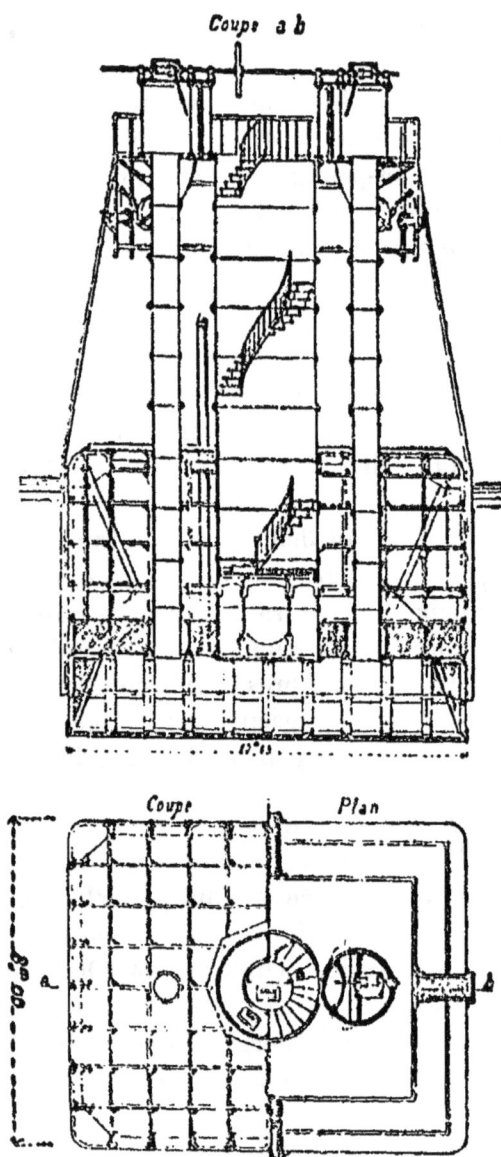

Fig. 220.

de Brest ne différait pas sensiblement de celle de Boulogne ;

elle avait 8 mètres de largeur sur 10 mètres de longeur, sa hauteur de 7 mètres était divisée par une cloison étanche en deux compartiments; celui d'en bas formant la chambre de travail avait 2 mètres de hauteur. Dans cette cloche le compartiment supérieur avait 5 mètres de hauteur.

Une tour circulaire de 2 m. 50 de diamètre s'élevait du diaphragme, jusqu'à une hauteur suffisante pour être toujours émergeante au-dessus des eaux. Un escalier établi dans cette tour permet de descendre dans un sas, ménagé au pied de la tour, pour pouvoir passer de l'air libre dans l'air comprimé de la chambre de travail. De part et d'autre de cette tour, des tubes de 0 m. 65 de diamètre pénètrent dans la chambre de travail et portent au-dessus de la plateforme, établie sur la tour, des écluses. Ces deux tubes servent à l'enlèvement des matériaux extraits du fond.

La partie métallique de cette cloche pèse 100 tonnes, les maçonneries qui entourent et recouvrent la chambre de travail pèsent 200 tonnes; en ajoutant 30 tonnes de lest, le flotteur émerge de 1 m. 50, ce qui fait que le bord inférieur de la cloche est à 5 m. 50 sous le niveau de l'eau.

Pour faire descendre la cloche et l'échouer sur le fond, il suffit de laisser pénétrer de l'eau dans le flotteur. On se sert de sacs remplis de sable et d'argile pour soutenir le bord de la cloche aux points qui n'appuient pas sur le sol, tout en enlevant au moyen de petits pétards les aspérités qui constituent des obstacles à son assiette.

Une fois que la cloche est bien établie sur la roche à enlever, on procède au forage des mines par les procédés usités pour ce travail en plein air.

Pour ne pas trop vicier l'air dans la cloche on se sert de fulmicoton comme explosif, et de bougies de stéarine ou de la lumière électrique pour l'éclairage.

Les ouvriers ont pu faire jusqu'à 10 heures de travail par jour et on est arrivé à extraire jusqu'à 50 mètres cubes de déblais par jour.

L'air était comprimé dans un atelier établi sur la terre ferme, au moyen d'une machine de 20 chevaux et la conduite passait sur des pontons jusqu'à la cloche. On déplaça celle-ci dès qu'elle eut pénétré d'environ 1 m. 30 ; c'est ainsi qu'on put arriver à procéder par couches s'étendant sur toute l'étendue du bas-fond à enlever.

Le prix de revient, comprenant le bénéfice de l'entreprise, a été de 62 fr. 50 par mètre cube de roche enlevée. On est descendu jusqu'à 12 mètres à basse mer. L'extraction de la vase trouvée sous la cloche est revenue à environ 10 francs le mètre cube.

Ce procédé, qui a l'avantage de déblayer les roches avec une régularité qui ne saurait être atteinte avec les autres mines sous-marines, présente l'inconvénient d'être comme on le voit très coûteux.

## § 4.

## DÉRASEMENT DE ROCHES PAR EFFONDREMENT

Même en logeant les explosifs dans des trous de mine forées dans les roches sous-marines, au lieu de les déposer à leur surface, la navigation doit lors du sautage être entravée ; des mesures de précaution sont commandées par le danger des projections et par la formation possible d'écueils par le bouleversement du fond. Une fois les mines sautées, on se hâte d'enlever les débris, et surtout ceux qui s'élèvent le plus. Il y a donc une série de sujétions pour la navigation pendant le cours des travaux de dérasement par les moyens jusqu'ici cités.

En creusant des vides à l'intérieur du rocher devant disparaître, et en provoquant en une seule fois l'effondrement de la croûte qui recouvre ce vide, la navigation n'est entravée qu'une seule fois et les débris de roche peuvent se loger, en s'effondrant, dans le vide fait au-dessous de la croûte de protection.

**211. Dérasement du Blossom-Rock dans la baie de San-Francisco.** — Le rocher sous-marin, dit Blossom-Rock, dont nous avons déjà parlé ci-dessus (207), est formé de grès dur présentant à une profondeur de 6 mètres sous la basse mer une longueur de 40 mètres et une largeur de 23 mètres ; à 7 m. 50 de profondeur la longueur était de 90 mètres et la largeur de 32 mètres.

Au commencement de l'année 1867 on essaya, ainsi qu'il a été dit, la destruction de cet écueil à la poudre ; les charges étant déposées à la surface du rocher, on les fit partir lorsque la nappe d'eau qui les recouvrait eut de 6 à 7 mètres de hauteur.

Sur la proposition du général Alexander, on se décida en 1868 à procéder d'une façon différente. Au lieu d'opérer l'enlèvement du rocher en l'attaquant par la surface pour procéder successivement à l'abaissement de cet écueil, le général Alexander fit établir sur un point du récif un bâtardeau, permettant d'attaquer à sec le foncage d'un puits de 4m.20 sur 2m.75 dans le rocher. Ce puits étant arrivé à une profondeur d'environ 11 mètres sous le niveau des basses mers, on poussa à partir de son pied et dans diverses directions des galeries horizontales, jusqu'au périmètre correspondant à l'étendue du rocher à détruire.

Des chambres de mine, convenablement ménagées dans ces galeries et leurs charges mises en communication au moyen de fils électriques, on comptait opérer d'un seul coup la destruction de toute la masse de l'écueil.

Les débris devaient être ou bien entraînés par l'explosion et par le courant ou, s'ils recouvraient l'emplacement du chantier en émergeant au-dessus du niveau à atteindre, on comptait les amener au moyen de griffes ou de dragues aux points les plus profonds de la baie.

Un entrepreneur, M. von Schmidt, se chargea à forfait du travail d'après ce programme.

Les travaux furent commencés en octobre 1869. Au lieu de faire des galeries dans la roche, il fit des excavations sur toute l'étendue en soutenant le ciel par des piliers ménagés et par des chandelles calées contre le ciel.

L'excavation s'étendait sur environ 42 mètres de longueur et 17 mètres de largeur, elle présentait une hauteur libre de

3m.60 au milieu, qui se réduisait à environ 2 mètres vers les bords et ménageait sur une épaisseur de 3 mètres à 4m.50 le rocher, formant la croûte protectrice de ce chantier sous-marin.

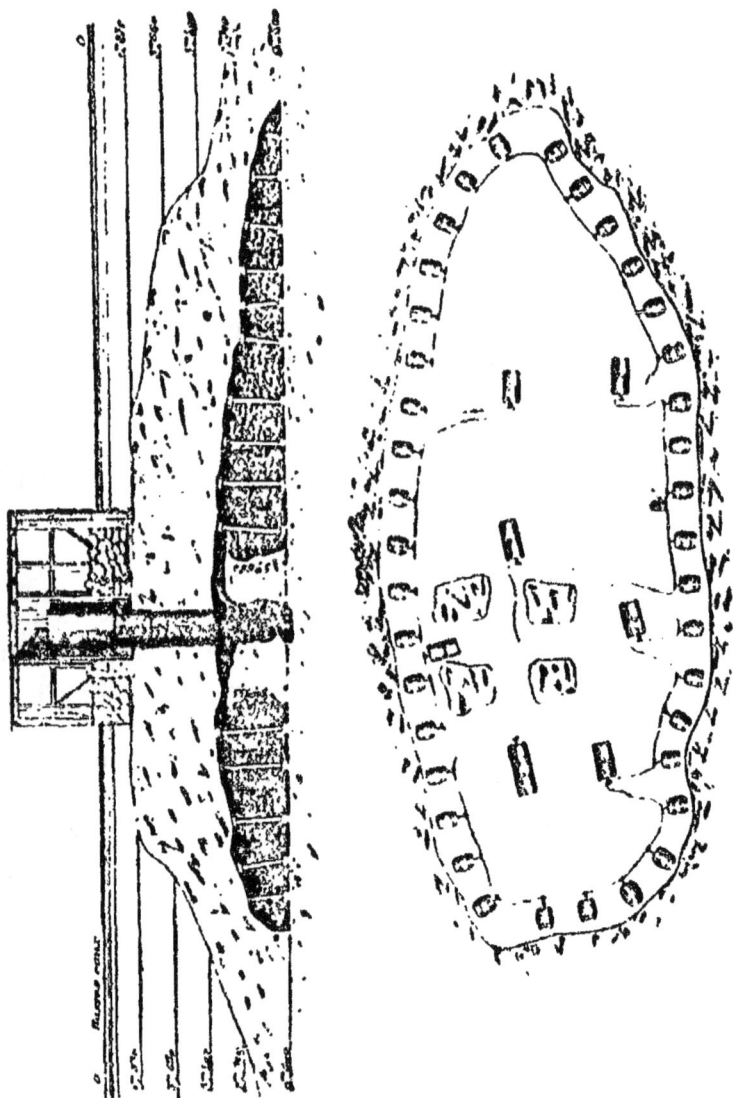

Fig. 221.

Arrivé à ce degré d'avancement, on introduisit 45 barils de poudre représentant la charge totale de 19.500 kilogrammes.

Le 23 avril 1870, la chambre de travail fut aux deux tiers remplie d'eau, puis on mit le feu à l'aide de l'électricité.

Une gerbe d'eau s'éleva jusqu'à près de 100 mètres de hauteur, mais le sondage fait ensuite montra que les débris s'élevaient par places jusqu'à 4 m. 30 sous le niveau des basses eaux. Pour abaisser l'écueil à 7 m. 32 au-dessous de ce niveau, il fallut de nouveau faire jouer la mine pour détruire quelques aspérités et pour réduire les blocs trop volumineux, afin de pouvoir les entraîner au moyen d'un grappin vers les parties profondes.

Ce n'est qu'en décembre 1870 que l'administration constata que l'entrepreneur avait rempli son engagement d'assurer un tirant d'eau de 7m.32 et que celui-ci toucha le prix de son forfait, soit 375.000 francs.

Ce premier essai de dérasement d'une roche sous-marine par son creusement démontra qu'il eût été plus avantageux d'augmenter le creux, pour que les débris pussent tous s'y loger, afin d'éviter les frais du déplacement ou de l'enlèvement des débris qui dépassaient le niveau assigné. Il fut de plus reconnu qu'il eût fallu remplir entièrement d'eau les cavités contenant les charges de poudre et réduire davantage l'épaisseur de la croûte protectrice, c'est-à-dire du ciel du chantier.

Tous ces enseignements ont été utilisés dans les travaux analogues exécutés près de New-York.

**212. Dérasement de la roche Hallets Point dans la rivière de l'Est, près de New-York.** — Un promontoire, dit *Hallets point*, s'avançait autrefois de l'île de *Long-Island* vers New-York et rendait l'entrée nord de la rivière de l'Est si étroite et si dangereuse pour la navigation qu'elle était désignée sous le nom de *Hell-Gate*, c'est-à-dire « porte d'enfer ».

Depuis 1856 le général Newton, chargé de l'amélioration des conditions de navigabilité du bras de mer connu sous le nom de « Rivière de l'Est », avait supprimé un grand nombre de récifs pour assurer un tirant d'eau d'au moins 8 mètres.

En août 1869, il commença les travaux de dérasement du promontoire de *Hallets point*, qui, en réduisant sur certains points à 2m.50 le tirant d'eau, constituait le principal obstacle à la navigation.

La partie rocheuse devant être dérasée présentait au niveau de 8 mètres sous les basses mers une surface ellipsoïdale ayant dans le sens de la côte environ 235 mètres de longueur, avançant de 91 mètres dans la rivière et cubant environ 40.000 mètres.

Fig. 222.

Le procédé de dérochement pour lequel on se décida était analogue à celui employé pour la suppression du Blossom-Rock. Un puits, protégé par un bâtardeau, fut foncé et de son pied on fit rayonner des galeries jusqu'à la limite du dérasement projeté. Des galeries concentriques et des galeries radiales, interposées entre celles partant du puits, furent exécutées pour ne laisser subsister que des piliers devant supporter la croûte de rocher protégeant le chantier d'extraction sous-marine.

Dès que ces travaux furent terminés et que le vide formé parut suffisant pour pouvoir loger les débris du ciel, de telle sorte que le tirant d'eau obtenu par son effondrement ne dépassât pas la côte de 8 mètres sous le niveau des basses mers, on fit sauter les piliers et la couche protectrice.

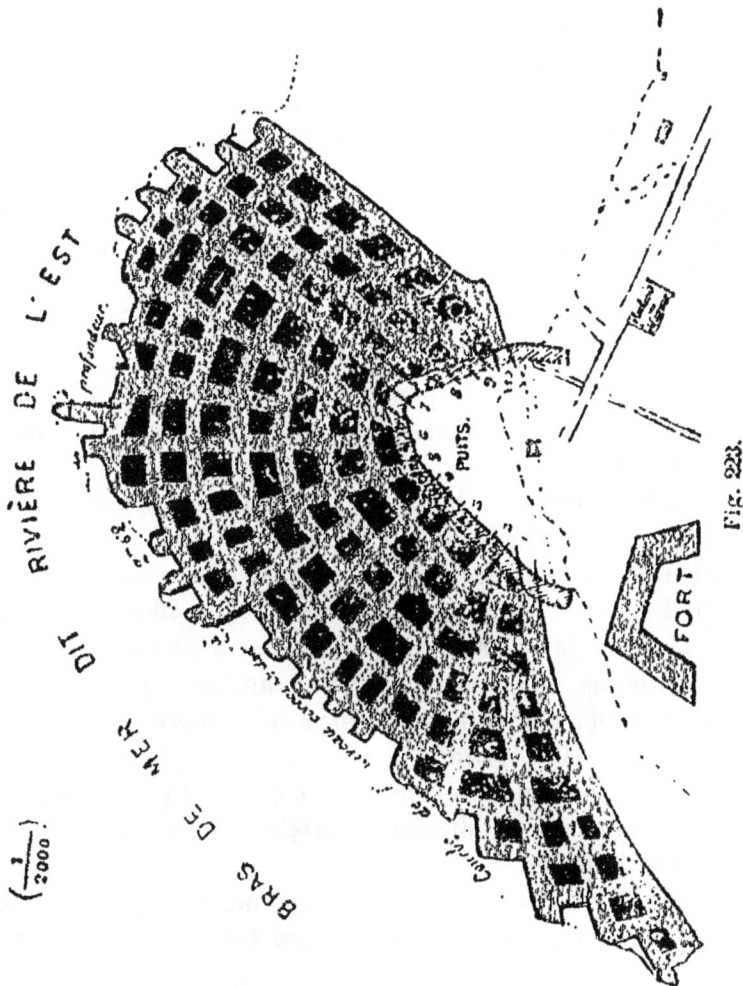

Fig. 223.

Le puits n'avait d'abord été descendu qu'à la côte de 10m.30, mais on le poussa dans la suite à 16 mètres.

Les galeries ont atteint un développement total de 2.885 mètres et 175 piliers soutenaient le ciel dont on voulait réduire l'épaisseur à seulement 1 m. 90. Pour être guidé dans l'extraction des roches à l'intérieur des galeries, il fallut avoir une connaissance précise du relief du rocher. La roche étant recouverte de vase et de débris, cette reconnaissance, si importante, présenta de grandes difficultés. Plus de 30.000 sondages ont été opérés pour élucider ce point capital.

Quelques infiltrations s'étant produites, on ne réduisit l'épaisseur de la croûte protectrice qu'à 2m.50 à 3 mètres. L'excavation terminée, on pratiqua environ 4.000 trous de mine dans les piliers et dans la croûte protectrice formant ciel. Ces trous avaient de 50 à 75 mm. de diamètre et en moyenne 2 m. 75 de profondeur. Le prix de revient du percement des trous fut en moyenne, par mètre courant de 16 fr. 14 à la main et de 6 fr. 25 à la machine Burleigh. Les charges composées soit de poudre, soit de dynamite, absorbèrent ensemble 13 tonnes de dynamite et 10 tonnes d'autres explosifs. On se servit de l'électricité pour mettre le feu et près de 40 kilomètres de fil furent utilisés pour assurer le départ simultané de toutes les mines.

Après avoir fait pénétrer dès la veille l'eau dans les galeries, on fit partir les mines le 24 septembre 1876. L'effondrement de la roche minée eut lieu dans toute son étendue, sans qu'il y ait eu, comme à San-Francisco, au Blossom-Rock, une projection dans le sens vertical; mais, de même que dans cette destruction sous-marine, il fallut après-coup recourir à des dragues et à l'emploi d'appareils de plongeurs pour établir dans toute l'étendue le tirant d'eau voulu.

Les chiffres des dépenses occasionnées par ce dérasement sont difficiles à établir avec précision, mais on peut les estimer comme suit :

Frais d'excavation jusqu'au 14 septembre 1876   5.000.000 fr.
Dragages après le sautage jusqu'en 1884 . . .   1.300.000
                                    Ensemble. . . .   6.300.000 fr.

Les cubes extraits ont été à peu près les suivants :

Travaux préparatoires . . . . . 36.300m³. }
Dragage et déplacement. . . . . 34.700 »  }  71.000m³.

Des travaux supplémentaires ayant été nécessaires après l'explosion, on contesta que l'opération ait été un succès. Mais le fait que, grâce au procédé choisi, la navigation n'a pas été gênée ou interrompue pendant tout le cours des travaux, est un avantage qu'on ne peut nier.

C'est sans doute pour ce motif que le même système de creusement sous-marin a été employé également pour faire sauter le récif dit le Flood-Rock, dans la rivière de l'Est.

**213. Dérasement du Flood-Rock dans la rivière de l'Est, près de New-York.** — L'île du Flood-Rock se trouvait au sud-ouest de Hallets Point, dans la rivière de l'Est, elle était formée de gneiss et de hornblende et avait près de 4 hectares d'étendue, dont 23 mètres carrés seulement émergeaient à mi-marée ; elle causait en moyenne soixante sinistres par an.

La destruction de cet écueil fut entreprise en 1875 par le général Newton, qui commença par établir sur l'île un mur d'enceinte de 2m.35 de hauteur à l'abri duquel on fonça deux puits. Le principal, foncé jusqu'à 20m.40 de profondeur, était le puits de travail dont partaient les galeries, l'autre n'avait que 12m.20 de profondeur et servait au passage des conduites, en partie ilier pour celles de l'air comprimé utilisé pour faire marcher les perforatrices.

Les galeries avaient 1m.85 de largeur et environ 3 mètres de hauteur ; 24 d'entre elles étaient dirigées dans le sens du nord au sud, 46 autres les croisaient en sens ouest-est ; leur développement total atteignait 6.440 mètres. La plus longue d'entre elles avait 366 mètres. Ces galeries partant du puits principal étaient étagées : il y en avait qui partaient d'une profondeur de 12m.20, les autres de 20 mètres.

Le croisement des galeries avait formé 467 piliers dont les côtés étaient d'environ 4m.50.

Après avoir extrait près de 2.240 mètres cubes de roche, la calotte de roche protégeant ce chantier sous-marin avait conservé 3 mètres à 7m.50 d'épaisseur.

Les piliers et la calotte furent criblés de 12.561 trous de mine dont 772 étaient pratiqués dans les piliers. Ces trous de mine, pour le forage desquels on se servit des appareils de la *Rand Drill Company*, avaient en général 75mm. de diamètre et en moyenne 2m.72 de profondeur ; elles recevaient les cartouches d'un explosif dit *Racka-rock*. Le nombre des cartouches de Rackarock était d'environ 47.000 ; elles avaient 62mm.5 de diamètre et 630mm. de longueur.

Des cartouches en dynamite, superposées, devaient être allumées par l'étincelle électrique, pour amener par influence l'allumage des charges en Rackarock. Il y eut en tout 108.901 kilogrammes de Rackarock, 19.176 kilogrammes de dynamite et 109 kilogrammes de fulminate de mercure, soit ensemble 128.186 kilogrammes d'explosifs qu'on fit partir le 10 octobre 1885. Il y eut effondrement de 207.370 mètres cubes de roche, sur trois hectares 2,3 d'étendue.

Dans ce dérasement de roche sous marine, la quantité d'explosifs était relativement plus forte que celle employée à Hallets-point, car on voulait amener le bris plus complet de la roche ; aussi, lors de l'explosion, vit-on une gerbe énorme s'élever par endroits à plus de 70 mètres de hauteur.

L'effondrement fut plus complet, mais néanmoins on n'a pas pu se dispenser d'opérer après coup un régalage et de procéder à l'extraction de blocs à l'aide de dragues.

Ces travaux supplémentaires sont toujours très difficiles et

31

coûteux. On peut en juger par les prix demandés pour l'enlèvement des blocs à l'aide de dragues ; ils ont varié de 43 francs
à 53 francs par mètre cube.

## § 5.

## EXAMEN DES MODES D'EMPLOI DES EXPLOSIFS POUR LES DÉRASEMENTS SOUS-MARINS.

**394. Comparaison des procédés.** — La question de savoir quel mode de dérasement de roches sous-marines mérite
la préférence a soulevé de vives discussions, notamment à
l'occasion du procédé employé pour l'ouverture de la passe du
Hell-Gate, dans la rivière de l'Est, et de ce qu'il convenait de
faire pour le dérasement du Flood-Rock.

Faut-il procéder par destructions successives ou par une
seule grande mine ? Est-il préférable, dans le premier cas, de
déposer les explosifs à la surface afin d'économiser le prix du
forage des trous de mine, malgré la consommation plus considérable d'explosifs ? Ou doit-on cribler le rocher de trous et
créer à cette fin un chantier sous-marin protégé par une cloche
ou par un batardeau ? Dans le second cas, est-il préférable de
se borner à désagréger la roche, sauf à opérer ensuite l'éloignement des débris, ou doit-on creuser sous la roche des vides assez grands pour que les débris de la croute supérieure
puisse s'y loger lors de l'effondrement ?

Il n'est guère possible d'adopter une solution générale. La
configuration et la nature de la roche, la profondeur à laquelle
elle se trouve et jusqu'à laquelle elle doit être arasée, le prix
de la main d'œuvre et des explosifs, et enfin l'importance du
mouvement de la navigation aux abords de la roche à enlever,
ont une large part dans le choix à faire.

Les avantages pécuniaires des procédés employés au
Blossom-Rock, à la roche La Rose, au Hallets-Point et au Flood-
Rock peuvent être discutés ; mais la question du minimum

d'entraves à la navigation, par la concentration de l'attaque, peut présenter une telle importance que malgré des frais plus élevés ce procédé peut et doit dans certains cas être préféré.

Le plus grand défaut qu'il a présenté, c'est qu'en cas de dispositions mal prises, s'il se produit avant l'achèvement des travaux une irruption des eaux, ou si l'effet des mines est insuffisant, la totalité ou la presque totalité des travaux et dépenses se trouve compromise du même coup.

Il faut une grande somme de connaissances et d'expérience pour bien proportionner tous les éléments d'une entreprise aussi considérable que le dérasement d'un îlot ou d'un promontoire important.

Ne pas laisser une croûte trop épaisse, ne pas créer un vide insuffisant, ne pas exagérer les dimensions des piliers, employer assez d'explosifs, faire partir toutes les mines simultanément, telles sont les conditions multiples à remplir. En se préoccupant par trop de l'économie, on risque de tout compromettre par l'insuccès. C'est cette dernière considération qui a conduit le général Newton à augmenter dans une très forte proportion la quantité des explosifs lors de la destruction du Flood-Rock.

# CHAPITRE XI

# REMBLAIS SOUS-MARINS

---

**215. Généralités.** — Les travaux de remblai que l'on peut avoir à exécuter sous l'eau ont pour but, soit de porter une rive plus en avant, soit de créer des digues enracinées ou entièrement séparées de la rive.

Les remblais ayant pour but de gagner du terrain sur l'emplacement occupé par les eaux peuvent en général être faits de la même façon que les remblais ordinaires, en amenant les matériaux dont on les forme, sur des wagons. Les voies servant à ces transports peuvent être établies sur le terrain ou sur des appontements ou estacades provisoires. Ces constructions en charpente finissent par être noyées dans les remblais ; on peut toutefois les retirer, en totalité ou en partie, lorsque le degré d'avancement du remblai le permet.

Pour remblayer des lits de rivière abandonnés ou des anses du littoral, on peut, si l'achèvement de ces remblais n'est pas urgent, avoir recours aux apports naturels.

Dans les lits abandonnés des rivières, on laisse à cette fin pénétrer les eaux troubles et charriant des sables ou galets, en ayant soin de réduire par des barrages, par des plantations, clayonnages ou épis, la vitesse des eaux.

Les dépôts que forme l'eau, grâce à la perte de sa vitesse, constituent des remblais qu'on n'a plus qu'à surélever. Il se forme de même des dépôts le long des travaux avancés, dits épis ; les sables et graviers ou galets que les courants font voyager sur les plages des lacs ou de la mer se déposent dans les angles formés avec la côte, d'un côté surtout.

Tous ces remblais formés par sédimentation doivent être protégés contre les corrosions que peuvent produire les eaux. Qu'il s'agisse de remblais en rivière, dans des lacs ou en mer, il faut toujours compter sur cette nécessité de protection, et elle constitue le caractère distinctif des remblais à l'eau.

Il y a toutefois quelques exceptions, et l'on pourrait citer des côtes maritimes, défendues par des épis, où il n'y a d'autre entretien à faire que celui des ouvrages eux-mêmes.

Nous avons bien vu que les remblais ordinaires avaient aussi souvent besoin de défenses pour mettre leurs talus à l'abri des corrosions ; mais ces talus, étant à l'air, se prêtent à des travaux de protection, tels que les plantations de toutes sortes, dont il ne peut être question pour les remblais dans l'eau[1]. De plus, l'agent destructeur par excellence des talus de remblais ordinaires, l'eau pluviale, n'agit que par intermittence et elle peut être concentrée et guidée de façon à ne suivre que les lignes spécialement préparées pour cela, tandis qu'il n'en est pas de même des eaux qui baignent les remblais noyés. Pour peu que les courants acquièrent de la vitesse, les terres sont emportées et il suffit que les vagues agissent contre des talus, quand même ils seraient exécutés en débris de roche, pour qu'ils puissent subir des dégradations. Plus la vitesse de l'eau courante est grande et plus le choc des vagues est fort, moins les talus résisteront ; les dégradations se produiront d'autant plus facilement que les talus sont plus raides et que les éléments les constituant seront plus petits et légers et leur forme moins propre à assurer un enchevêtrement.

Ainsi que nous l'avons dit, le transport des remblais peut généralement se faire par les voies de terre ; mais il y a des cas où les couches inférieures, jusqu'à une certaine distance sous le niveau des eaux, sont apportées par bateau.

Pour l'exécution d's digues ou jetées, on peut dire que le transport par bateaux est la règle et celui par wagons l'excep-

---

1. Toutefois, signalons les travaux de M. Baumgarten dans la Garonne (*Annales des ponts et chaussées*, 1849), où les plantations d'osiers, dans les atterrissements en voie de formation dans les cases latérales établies le long du fleuve, ont joué un rôle considérable.

tion. Ce n'est en effet que pour les digues ou jetées enracinées dans les rives qu'il peut être question d'approcher les matériaux par voie de terre.

§ 1.

## PRÉPARATION DU FOND

**216. Conditions nécessitant la préparation du fond.** — De même que pour les remblais ordinaires, la qualité et la configuration du fond ont leur importance pour la stabilité des remblais exécutés dans l'eau.

Nous désignerons souvent dans la suite, et d'une façon générale, ces remblais dans l'eau par l'expression de *remblais sous-marins*.

Lorsque le fond présente une forte pente, ou s'il est formé de substances susceptibles de se déplacer sous des charges, des travaux préparatoires sont généralement indiqués ; mais leur exécution est plus difficile que celle des travaux analogues à ciel ouvert ; aussi y recourt-on moins souvent.

Avec des fonds non compressibles, non refoulables, tels que sable, graviers ou galets, argile compacte ou roches, on se dispense en général de toute préparation de l'emplacement d'un remblai sous-marin. Si le fond est formé d'argile compacte ou de roche, il ne peut compromettre la stabilité d'un remblai que s'il présente une forte pente transversale.

**217. Moyens employés pour préparer le fond.** — Il suffit de quelques coups de mine pour interrompre la surface lisse de la roche, ou si le fond est formé d'argile compacte, il suffit d'attaquer les surfaces à l'aide de dragues pour créer des ornières qui conduisent au même but.

Le fond de vase, surtout lorsqu'il s'étend à de grandes profondeurs, ou s'il forme une couche recouvrant des bancs de roche ou d'argile compacte, peut constituer un réel danger pour la stabilité des remblais. Le poids du remblai fait fuir la vase et peut déterminer l'effondrement des talus, ou pour le moins le déplacement du pied du remblai.

L'enlèvement de la couche la plus mobile de la vase est en pareil cas le moyen le plus efficace, mais il n'est pas possible de l'employer radicalement, parce que ces couches atteignent souvent des épaisseurs très considérables. On doit alors se borner à enlever la partie supérieure qui compromet le plus la stabilité du remblai.

Lorsque l'étendue du remblai à exécuter est grande et que la couche de vase mobile s'étend sur toute la surface, on peut avoir recours à un moyen qui donne à la fois de bons résultats et est économique : on emprisonne la vase en commençant par clore l'espace. Le bourrelet de remblai faisant le tour du chantier empêche la vase de fuir lors du remplissage de l'intérieur du terreplein.

Le travail préparatoire de l'enlèvement de la vase se trouve ainsi limité à la zone qui borde l'emplacement du remblai sous-marin.

Plus la profondeur de l'eau est grande, moins il est facile de préparer le fond. Heureusement, sauf le cas de fonds vaseux, les circonstances nécessitant de pareils travaux préparatoires sont assez rares.

## § 2.

## MOYENS DE TRANSPORT ET DE MISE EN ŒUVRE

**214. Voies de terre**. — Lorsque les remblais peuvent être amenés à l'aide de wagons, ceux-ci sont déversés soit de côté, soit de bout, suivant que la voie longe le terrain à élargir ou qu'elle aborde plus ou moins directement l'emplacement à remblayer. Il faut que le remblai se fasse sur toute sa hauteur avant que la voie puisse être ripée ou prolongée, si c'est sur le nouveau remblai lui-même que la voie doit être établie.

On sait que le mode d'exécution par couches successivement superposées est préférable à celui par couches juxtaposées, qui résulte du déversement tel qu'il vient d'être indiqué. L'exécution de remblais sous-marins par couches superposées n'est possible que si la voie d'accès est supportée par des échafaudages. Cet avantage des estacades vaut bien celui que présente, au point de vue du tassement, l'utilisation du remblai lui-même pour supporter la voie de transport.

**210. Voies navigables.** — Pour l'exécution de remblais sous-marins qui ne se rattachent pas à la terre ferme, les matériaux doivent être amenés par bateaux. Il en est de même pour les remblais provenant de points avec lesquels la communication par des voies d'eau présente des avantages. Sans vouloir, contrairement à ce qui a été fait pour les remblais à ciel ouvert, entrer dans la discussion et description des moyens de transport pour les remblais sous l'eau, nous croyons devoir dire quelques mots des bateaux ou chalands qu'on y emploie, parce qu'ils diffèrent suivant la nature des matériaux et donnent lieu à des procédés variés pour l'exécution des remblais.

Les remblais amenés au moyen de bateaux ne peuvent être directement déversés sur l'emplacement qu'ils doivent occuper que jusqu'à une hauteur laissant encore un tirant d'eau suffisant pour les porteurs. Pour élever les remblais sous-marins au-dessus de ce niveau, il faut reprendre du bateau les matériaux à l'aide de dragues ou d'autres outils, et les déposer ou déverser sur le remblai à surélever. Il va de soi que la nécessité de cette reprise augmente le prix de revient des remblais ; aussi utilise-t-on dans les mers à marée le mouvement de celle-ci pour déverser directement à marée haute, à des niveaux qui ne pourraient être atteints à marée basse.

Pour les transports dans les rivières ou sur les lacs de faible étendue, on emploie des bateaux plats, tandis que les bateaux allant à la mer sont tous construits sur quille.

Les menus matériaux, tels que sable, terre, pierrailles et moellons employés pour remblais au-dessous du niveau qui laisse un tirant d'eau suffisant, sont transportés dans des

bateaux munis de dispositifs permettant le déversement par
le fond. Dès que ces mêmes matériaux doivent servir à surélever le remblai au-delà de ce niveau, on les reprend soit au
moyen de dragues qui puisent dans le bateau et déversent au
lieu d'emploi, soit au moyen de grues qui soulèvent les caisses
qu'on charge de matériaux et qui sont vidées sur l'emplacement voulu.

Quelquefois on reprend simplement les moellons à la main,
pour les jeter par dessus le bord.

Nous nous bornons à signaler ici une disposition ingénieuse, décrite ci-après (page 495), permettant de déposer
économiquement jusqu'au dessus du niveau de l'eau les moellons apportés par des bateaux.

*Chalands à clapets.* — Les trémies ménagées dans les bateaux sont fermées par des clapets s'ouvrant vers le bas, retenus par des chaînes qu'il suffit de lâcher pour faire tomber le
contenu. Généralement les trémies, qui sont à parois plus ou
moins inclinées, suivant la forme du bateau et suivant la nature des matières transportées, peuvent à volonté être manœuvrées par un arbre passant par dessus le pont et auquel les clapets sont rattachés par des chaînes.

Nous avons déjà donné à la page 443 (chapitre IX, § 8)
un bateau à clapets de fond; mais ce bateau était à la fois
muni d'une machine pour aspirer les matériaux tels que sable et galets à extraire du fond des eaux et qu'on logeait dans
ces trémies pour les transporter au large. Les chalands sont
souvent construits comme ceux employés au port de Marseille, pour le transport des menus matériaux devant servir
à la formation des remblais. Ces chalands ne sont pas munis
d'un appareil de propulsion, on les remorque généralement en
trains composés d'un nombre proportionnel à la puissance du
bateau remorqueur. Arrivés au lieu d'emploi, on les amène
successivement au-dessus de l'emplacement voulu et là, après
avoir bien déterminé leur position, on opère leur déchargement instantané par l'ouverture des clapets de fond.

Pour l'exécution des endiguements de la Loire-Maritime,
on s'est également servi de bateaux à clapets pour échouer

les moellons, extraits dans des coteaux de gneiss, et former jusqu'à une certaine hauteur la base des digues [1].

Ces bateaux avaient 27 m. 30 de longueur et 5 mètres de largeur ; ils étaient construits en tôle et étaient en quelque sorte formés de deux bateaux très étroits, réunis aux extrémités. Les bords extérieurs étaient verticaux, tandis que ceux tournés vers l'intérieur présentaient des faces inclinées sous environ 45°, laissant entr'elles un intervalle minimum de 1 m. 25.

Entre ces deux flotteurs constituant le bateau, des cloisons renfermant les pièces de manœuvre des clapets ou volets mobiles, divisent transversalement l'espace compris entre lesdits flotteurs et forment des trémies dans lesquelles on verse les moellons. Le bas de chaque trémie est fermé par deux volets pouvant pivoter autour des charnières fixées contre les flotteurs, dans le sens longitudinal du bateau, à une hauteur telle qu'étant ouverts leur bord ne dépasse pas le fond.

Des chaînes maintiennent les clapets fermés pendant le chargement et le transport. Dès que le bateau chargé se trouve amené au-dessus du lieu d'emploi, il suffit de manœuvrer une tringle pour dégager les leviers qui retiennent ces chaînes et le déversement de toutes les trémies se fait simultanément.

Le déplacement d'un tel bateau étant d'environ 164 tonnes et son propre poids n'atteignant pas 31 tonnes, la charge pouvait atteindre 133 tonnes. Le coût du bateau porteur, en fer, arrivait en moyenne à 480 francs par mètre cube de matériaux chargés.

Le chargement ne nécessitait pas de soins particuliers, car les cloisons transversales étaient recouvertes de plans inclinés dirigeant les matériaux vers les trémies voisines. Quant au déchargement il s'opérait en peu de secondes.

Nous donnons ci-après une partie du plan et de la coupe longitudinale d'un bateau construit à Nantes d'après le même système (pour le port de commerce de Brest), mais dans lequel les flotteurs laissent un vide de 4 m. 05 de large. Les

----

1. Ces bateaux ont été construits d'après un programme de M. l'ingénieur Léchalas.

parois latérales des trémies étant, ainsi que le montre la coupe
transversale de ce bateau (fig. 226), verticales, les volets mo-

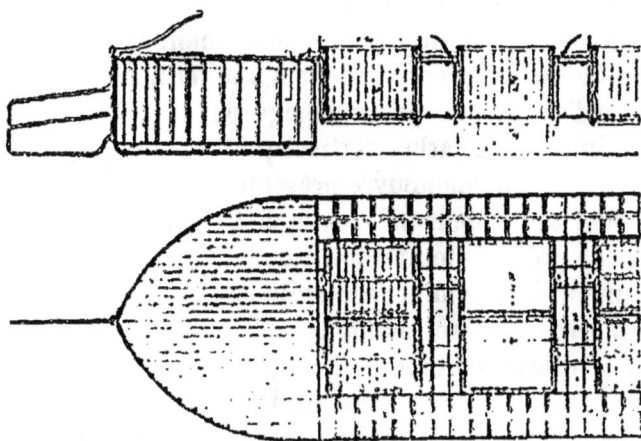

Fig. 225.

biles fermant les trémies par le bas auraient, si l'on avait
voulu ne fermer que par une paire de clapets l'ouverture inférieure de chaque trémie, une largeur d'environ 2 m. 75 ; il
est évident qu'il n'eut pas été possible de placer les volets, à
une hauteur suffisante pour prévenir la saillie des clapets ou-

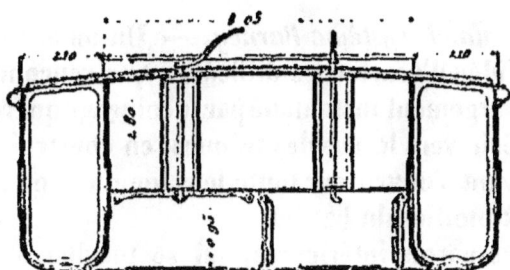

Fig. 226.

verts sous le fond du bateau. On a donc pris le parti de diviser le fond des trémies dans le sens longitudinal du bateau,
ce qui réduit à 0 m. 95 la largeur de chaque volet et à autant
la hauteur des axes de rotation au-dessus du fond.

Pour le reste, et en particulier le mode d'ouverture des clapets, on a également apporté quelques modifications : au lieu
d'être retenus par des chaînes, les clapets, après avoir été ramenés au moyen de chaînes, sont maintenus dans leur position horizontale, correspondant à la fermeture des trémies, à
l'aide d'un verrou qui se dégage par le mouvement de rotation imprimé à l'arbre vertical qui le surmonte.

Ce mode de manœuvre présente, comparativement au dégagement des clapets au moyen de la chaîne de retenue, l'avantage de prévenir le non fonctionnement au moment du déclanchement de la chaîne, par suite de l'enchevêtrement de débris
de pierres dans ses maillons.

Lorsque ce sont les chaînes qui retiennent les clapets, il arrive en effet assez souvent que les trémies ne se vident pas toutes après la manœuvre des leviers de retenue. Pour provoquer
le dégagement des chaînes coincées entre les matériaux em-
plissant la trémie, les ouvriers sont forcés d'intervenir en se
servant de tiges en fer. Cette opération expose les ouvriers à
tomber dans les trémies lorsque celles-ci se vident subitement.
Pendant que l'on travaille à dégager des chaînes prises dans
les matériaux, le bateau se déplace généralement, ce qui conduit les matériaux qui tombent tardivement à ne plus être déposés à l'endroit voulu.

*Chalands système Barney.* — Un américain, M. Barney, a
eu l'idée d'écarter les difficultés que rencontre quelquefois le
déchargement instantané par le coinçage qui résulte de la forme
rétrécie vers le bas des trémies, en construisant des chalands
pouvant s'ouvrir sur toute leur longueur en faisant pivoter les
deux moitiés du bateau.

Les parois intérieures, qui se touchaient par leurs bords
inférieurs (fig. 227), prennent alors des positions verticales et
même se trouvent plus écartées par le bas que par le haut
(fig. 228). Dans ces conditions les matériaux remplissant le
bateau, fussent-ils même de nature à s'agglutiner, tombent
instantanément. La pression de l'eau amène les deux moitiés
du bateau à se joindre, dès que le contenu s'est déversé et que
les armatures qui les maintenaient écartées le permettent.

Ces bateaux de M. Barney sont employés avec succès depuis
quelques années à New-York, pour porter au large les ba-
layures de la ville, mais les essais faits avec des matériaux
autres ont démontré qu'ils pouvaient aussi rendre de bons services dans l'exécution des travaux publics.

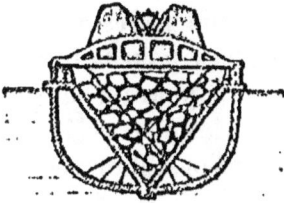
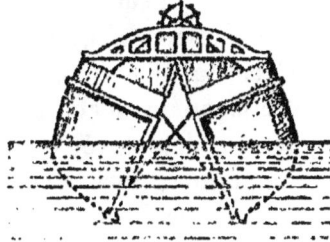

Fig. 227.                    Fig. 228.

*Chalands pontés.* — Pour le transport de gros blocs, qui ne
pourraient pas être logés dans des trémies, on se sert de chalands pontés sur lesquels on les dépose. Le déchargement
s'effectue par un mouvement de roulis très fort qu'on imprime
à ces bateaux, construits sur quille ; pour cela, on commence
par décharger un certain nombre de blocs rangés contre l'un des
bords. Afin que ce déchargement puisse se faire aisément et
simultanément pour un nombre suffisant de gros blocs, on
place ceux-ci sur des rouleaux ou rondins en les calant pendant
le voyage.

Fig. 229.

Une fois que le chaland chargé de gros blocs est arrivé à
destination et qu'il est amené au point voulu, des ouvriers
font culbuter et tomber à l'eau, sur un signal donné, la rangée

préparée *ad hoc*. Le bateau se soulève brusquement du côté allégé et fait tomber par-dessus le bord opposé la charge déposée sur son pont. Les blocs qui ne seraient pas tombés dans ce premier mouvement de roulis, tombent lors des oscillations violentes qui succèdent.

L'expérience acquise dans les travaux des ports de Marseille, de Trieste, et autres, où MM. Dussaud frères ont procédé de cette façon au déchargement des blocs pour la formation des jetées, a démontrée que les ouvriers, pouvant se garer et se cramponner, après avoir fait rouler les pierres d'un bord, ne couraient pas trop de danger et que l'opération réussissait généralement.

La capacité des chalands pour le transport des blocs varie suivant les conditions locales ; ainsi le tonnage de ceux employés à Trieste variait entre 140 et 200 tonnes.

Une disposition fort ingénieuse a été prise, lors de l'exécution des endiguements de la Loire maritime, pour approprier des chalands pontés au transport de moellons, sans nécessiter l'emploi des grues soulevant des caisses ou le jet à la main.

Ainsi qu'il a été dit ci-dessus, les moellons employés dans ces digues, jusqu'à une certaine hauteur sous le niveau des eaux, étaient amenés dans des chalands à trémies. Pour la couche supérieure les moellons étaient chargés dans des caisses établies sur des chalands pontés. Chacune de ces caisses occupait toute la largeur du bateau, et reposait sur deux paires de roues ; l'axe de l'une des paires de roues se trouvait sous le milieu, l'axe de l'autre, à l'arrière de la caisse. Le bord du devant de la caisse étant amovible, il suffisait d'enlever la cale qui soutenait le devant et de faire avancer la caisse sur les rails établis sur le pont, au-delà du bord, pour la faire pivoter autour de l'essieu du milieu et provoquer le déversement de son contenu.

Le bateau ayant 4m.25 de largeur, on donnait aux caisses 3 mètres de longueur ; leur largeur était de 1 m. 30 et les bords avaient 0 m. 50 de hauteur. Pour ne pas trop surélever le centre de gravité de la charge, les roues sur lesquelles se déplaçaient les caisses n'avaient que 25 centimètres de diamètre. Des dispositions spéciales étaient prises pour arrêter et provo-

nir la chute des caisses lorsque les roues de l'essieu du milieu
étaient arrivées jusqu'au bord du bateau.


## § 3.


# CONSTATATION DES QUANTITÉS DE MATÉRIAUX EMPLOYÉS


**220. Attachements au moyen du pesage.** — Pour les
terrassements à ciel ouvert, de même que pour ceux en souterrain, la constatation des cubes exécutés est chose facile. Il
n'en est pas de même pour les terrassements sous l'eau.

Pour obtenir le volume des matériaux dragués, on recourt,
de même que pour la constatation des matériaux employés
dans les remblais sous-marins, au jaugeage des bateaux servant au transport. Le jaugeage donne, par les échelles qui
indiquent la charge correspondant aux diverses profondeurs
d'immersion, le poids des matériaux portés. Le poids du mètre
cube des matériaux transportés étant déterminé, on en déduit
aisément le volume.

Pour les matériaux servant à l'exécution des jetées, les séries de prix fixent souvent, pour éviter les transformations,
non pas le prix par unité de volume, mais par unité de
poids.

Dans les carrières d'extraction fournissant les enrochements, on établit des balances à bascule sur lesquelles passent
tous les wagonnets amenant les matériaux.

Le poids propre de chaque wagonnet étant connu et ins-
crit d'une façon apparente, et le pesage se faisant d'une
façon très expéditive, l'enregistrement du poids net amené
sur les chalands n'entraîne pas trop de lenteur dans leur chargement.

Les wagonnets se déchargent généralement par un mouvement de bascule. Ce n'est que pour les très gros blocs qu'on

recourt à des treuils, qui les prennent du wagonnet pour les déposer à l'endroit voulu sur les chalands pontés.

La comparaison des poids, ainsi relevés avec exactitude, à ceux dérivés des jaugeages, ont fait constater que les erreurs auxquelles on s'exposait par ce dernier genre de constatation ne dépassaient pas 3 à 4 pour cent.

Il est utile de signaler ici que vu la difficulté, voire même l'impossibilité de vérifier le cube d'un remblai sous-marin, s'il est établi sur fond compressible ou fuyant, la constatation des quantités employées pour sa formation doit en tout cas se faire avant l'immersion.

**221. Attachements au moyen de jaugeages.** — En ne relevant les quantités qu'aux lieux d'embarquement, les pertes en route se trouveraient comptées comme ayant été utilement employées. Pour qu'il n'en soit pas ainsi et pour intéresser les transporteurs à prévenir ces pertes, on fait des jaugeages au départ et à l'arrivée, en admettant pour les écarts une tolérance qui peut varier de 1 0/0 à 1,5 0/0.

Les eaux n'étant pas toujours calmes, il faut, pour bien établir la jauge, prendre la moyenne de deux ou trois observations. Pour pouvoir constater la pénétration du bateau dans l'eau, on a souvent établi des tuyaux verticaux descendant dans la partie antérieure et dans la partie postérieure du chaland, à travers sa coque. En introduisant une perche graduée dans ces tuyaux, la ligne jusqu'à laquelle elle se trouve mouillée indique l'enfoncement du bateau à l'avant et à l'arrière. On en déduit l'enfoncement moyen pour chaque opération.

Dans les travaux d'endiguement de la Loire maritime, on se servait de quatre échelles peintes sur la coque de chaque chaland, à droite et à gauche de chaque extrémité.

Le rapport entre les échelles de la jauge et la charge du chaland était constaté par la mise à bord de poids successifs. On doit procéder de temps en temps à des vérifications, et s'assurer que les objets d'armement sont toujours à bord.

Le poids du chargement se constate par la déduction de la charge qu'indique la jauge lorsque le chaland est à vide, de celle qu'elle indiquait avant le déchargement.

## § 4.

## DIMENSIONS DES MATÉRIAUX EMPLOYÉS POUR LES REMBLAIS SOUS-MARINS

**222. Influence de la forme et du poids des matériaux**. — Les matériaux résistent d'autant mieux à l'entraînement par les eaux qu'ils sont plus lourds et que leurs dimensions sont plus grandes. La vitesse de l'eau devenant plus considérable, des matériaux qui n'avaient pas été troublés dans leur position pourront être entraînés, et s'ils pouvaient se maintenir sur un talus à inclinaison déterminée, il faudra que cette inclinaison diminue pour que, malgré la vitesse augmentée, ils puissent rester en place. La forme que présentent les matériaux exerce également une grande influence ; les galets roulés ayant une forme sphérique pourront être plus facilement déplacés par les eaux que des pierres cassées, de même poids, même grosseur, avec des talus de même inclinaison.

Pourvu que les matières ne soient pas exposées à se dissoudre, à fondre dans l'eau, il est permis de dire que les matériaux de toute grosseur peuvent être employés dans les remblais sous-marins.

Les ingénieurs anglais qui, comme il sera dit dans la suite, ne font pas de partage, suivant les dimensions, n'utilisent en général pour les jetées exposées à l'effet de la mer que les pierres ayant au moins la dimension de moellons. En France au contraire, où sauf quelques exceptions le triage est usité, l'intégralité des produits des carrières est utilisée. A Marseille on distingue : la *pierraille*, ce sont les débris dont le poids est inférieur à 5 kilogrammes ; les *moellons*, qui comprennent les pierres pesant de 5 à 100 kilogrammes ; viennent ensuite *les blocs* que l'on divise en trois catégories : la 1re comprend les échantillons pesant de 100 à 1300 kilogrammes, la 2e catégorie pèse de 1300 à 3900 kilogrammes, et enfin la 3ᵉ catégorie comprend les blocs pesant plus que 3.900 kilogrammes.

Le calcaire employé ayant un poids de 2.600 kilogrammes par mètre cube plein, on voit que les trois catégories de blocs ont des volumes de 0m³.04 à 0m³.50 ; de 0m³.50 à 1m³.50 et de plus de 1 mètre cube et demi.

Les blocs naturels qui dépassent 4 à 5 mètres cubes présentant les difficultés de maniement, et de plus, à cause de leur forme irrégulière, sans assises, étant plus facilement roulés et déplacés que des blocs, même moins lourds, ayant la forme de parallélipipèdes.

Pour se procurer des blocs ayant cette forme, et pour utiliser les pierres de faible dimension que l'exploitation des carrières dans les roches cassantes fournit dans une proportion plus grande qu'il n'est désirable pour la formation des jetées exposées à de forts coups de mer, on a eu l'heureuse idée de fabriquer, d'abord en béton, puis en maçonnerie exécutée à l'aide de chaux hydraulique ou de ciment, des blocs artificiels. On donne à ces blocs la forme de parallélipipèdes de dimensions très considérables.

On n'est arrêté dans la grosseur qu'on leur donne que par la difficulté, croissant avec leur poids, de les mettre en place. Après s'être arrêté à 10 mètres cubes par bloc, on est allé bien au-delà.

A égalité de poids, un bloc artificiel, de forme régulière, résiste mieux aux coups de mer qu'un bloc naturel.

Exposés aux mêmes points, des blocs artificiels de même poids permettent l'établissement de talus plus raides que les blocs naturels ; mais comme on donne en général aux blocs artificiels des poids qui dépassent ceux qu'il eût été possible d'admettre pour les blocs naturels, on acquiert par leur emploi une plus grande résistance aux assauts de la mer, tout en diminuant la largeur de base des ouvrages.

Souvent, comme à Marseille, à Oran, à Philippeville, à Trieste, les gros blocs artificiels ne sont employés qu'à la protection des parties supérieures des jetées, tandis que leur emploi a été généralisé sur toute la hauteur du revêtement à Alger et à Saint-Jean-de-Luz. On est allé jusqu'à la formation de tout le corps des jetées en blocs artificiels à Port-Saïd, mais là c'est l'absence de gros blocs naturels qui a été la cause déterminante.

L'emploi des blocs artificiels dans la partie supérieure des jetées a sa raison d'être, parce que l'action des lames est bien plus forte à la surface que dans les profondeurs. Cette décroissance des efforts tendant à altérer les remblais sous l'eau existe aussi dans les rivières, où la vitesse de fond est toujours inférieure à celle de surface.

**223. Mélange ou séparation des matériaux suivant leur dimension.** — Ce qui vient d'être rappelé prouve qu'on peut employer, dans les couches inférieures des remblais sous-marins, des matériaux d'un échantillon inadmissible pour les parties supérieures.

Cette considération seule justifie déjà le triage des matériaux. D'autres considérations viennent s'y ajouter : Le rapport entre le vide et le plein augmente lorsque les éléments du remblai présentent une moins grande variété de dimensions, et la stabilité des jetées est plus grande lorsque les blocs reposent directement les uns sur les autres sans interposition de petites pierres. Celles-ci facilitent, sous le choc des vagues, en faisant en quelque sorte office de galets ou de rouleaux [1], le déplacement des grandes, qu'elles empêchent de porter directement les unes sur les autres.

La question du mélange des pierres de toutes dimensions, ou leur séparation en catégories, est loin d'être jugée de la même façon par tous les ingénieurs.

Il suffit de jeter un coup d'œil sur le mode d'exécution de diverses jetées de ports de mer pour s'en convaincre.

On peut considérer comme témoignant d'opinions divergentes la jetée du port de Holyhead et celle du port de Marseille. Cette dernière a servi de modèle à beaucoup d'autres, en particulier à celles des ports d'Oran et de Trieste ; elle représente l'application du principe de la séparation suivant la grosseur,

---

1. L'écrasement des petits matériaux interposés est aussi une cause de trouble dans l'équilibre général.

tandis que dans la jetée de Holyhead, de même que dans celles de Cherbourg et de Cette, ce principe n'a pas été suivi.

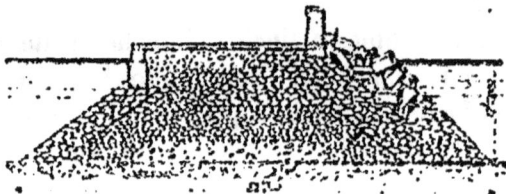

Fig. 230.

Un talus uniforme de 1 de base sur 1 de hauteur a pu être donné, même vers le large, aux jetées construites suivant le système préconisé par M. Pascal, inspecteur général des ponts et chaussées, pour la jetée de Marseille. Il a suffi d'employer les plus gros blocs dans la partie supérieure, en utilisant les moins gros sur une échelle décroissante vers les profondeurs.

Le talus du large n'est que de 7 de base sur 1 de hauteur à la partie supérieure de la jetée de Holyhead; il se raidit vers les profondeurs, passe à 2 de base sur 1 de hauteur et se termine par 1 sur 1. On utilise des blocs sensiblement pareils pour recouvrir toute l'étendue du talus et l'on admet le mélange dans le corps du remblai sous-marin.

Fig. 231.

La section transversale de jetées de même hauteur et de même largeur en crête est forcément beaucoup plus grande dans le second système que dans le premier.

La quantité de pierres entrant dans le même volume de remblai est, ainsi que nous l'avons déjà dit dans l'Introduction, au § 1 (page 7), en parlant du foisonnement, d'autant plus grande que les dimensions des matériaux du remblai sont plus va-

riées ; on voit donc que le volume de roche compacte nécessaire pour la formation d'une jetée se trouve augmenté dans
un rapport plus grand que ne l'indique la comparaison des
sections tranversales, lorsque, au lieu de suivre l'exemple de
Marseille, on suit celui de Holyhead.

Si la séparation des produits de carrière suivant leurs grosseurs, entraînait des gênes sérieuses sur le chantier de production et d'embarquement, si le prix de l'unité se trouvait
haussé par la séparation, on pourrait dire que l'avantage
indiqué n'est qu'apparant. Au contraire, la séparation permet
d'employer jusqu'aux moindres débris, dont la place au fond
et au centre du profil se trouve tout indiquée. Si les petits débris étaient mélangés aux blocs, dans les parties élevées et extérieures d'une jetée, ils seraient ou entraînés et perdus, ou
resteraient logés entre les pierres de grande dimension. Même
en admettant qu'elles ne causent pas les inconvénients qu'on
pourrait redouter en leur attribuant le rôle d'obstacles à la
bonne assise des gros blocs, ces petites pierres, logées dans
les vides des grandes, n'augmentent pas le volume du remblai
formé avec une masse déterminée de roche compacte ; elles ne
font que réduire la proportion des vides.

Les Anglais, qui préconisent l'emploi des matériaux sans
triage suivant leur grosseur, attribuaient aux pierres de faible
dimension, se logeant dans les vides laissés par les gros blocs,
l'avantage de diminuer l'importance des tassements et le temps
pendant lequel ils sont à craindre. Ainsi que le constate M. Voisin-Bey, l'expérience s'est prononcée contre cette assertion.

Nous ne voyons donc nul avantage à l'emploi mélangé des
produits des carrières, dont les plus beaux échantillons se
trouvent de ce fait, sans utilité, noyés à l'intérieur des massifs, lorsque ceux de faible dimension, placés près de la surface, nécessitent, pour prévenir l'effet destructif des vagues,
l'exécution de revêtements.

La constatation du rapport entre le vide et le plein dans un
remblai sous-marin n'est pas facile. Même lorsque le fond ne
cède pas sous la charge, le relevé des profils ne peut pas se
faire avec la même précision que pour les remblais à ciel ouvert.

En admettant, comme cela se fait quelquefois, que les vides représentent les 30 0/0 du volume d'une jetée de pierres, ou peut dire qu'on est au-dessous de la réalité pour les jetées faites avec des matériaux triés, mais au-dessus pour les jetées dans lesquelles le tout-venant a été employé sans triage.

M. Guérard, ingénieur en chef du service maritime à Marseille, a trouvé que sur une longueur de 700 mètres de jetée, exécutée par lui au port de Marseille, dans des profondeurs variant de 22 m. à 28 m.50, les vides atteignaient 31 0/0 pour les enrochements naturels.

Par suite de l'incertitude sur le contour des profils des jetées en blocs artificiels et du plus ou moins de soins apportés à l'arrimage, ce qui peut considérablement altérer le rapport des vides dans ce genre de jetées, cet ingénieur est amené à conclure que ce rapport peut varier entre 33 0/0 et 17 0/0.

M. Bœmches, qui a dirigé pendant un grand nombre d'années les travaux du port de Trieste, dont la jetée a été exécutée d'une façon semblable à celle de Marseille, estime que pour les parties faites en moellons à dimensions variant du simple au vingtuple, les vides représentent 25 0/0 à 30 0/0 du profil; mais il admet que dans la partie exécutée en blocs naturels, présentant de faibles écarts de dimensions, les vides atteignent 40 0/0 et même 45 0/0. Ces chiffres confirment nos propres observations, qui nous ont conduit à considérer les 30 0/0 de vide, admis *à priori*, comme restant au-dessous de la vérité pour l'ensemble de cette jetée. Les observations à Trieste sont du reste d'une difficulté toute particulière, à cause de l'enfoncement qu'y subissent les remblais.

Dans les digues de Cherbourg et de Holyhead, où, ainsi qu'il a été dit, on n'a pas fait de séparation de gros et petits blocs, les vides ne sont guère que de 10 0/0 d'après les indications fournies par le mémoire traitant plus particulièrement du port de Marseille, contenu dans les Notices publiées par le Ministère des travaux publics à l'occasion de l'Exposition universelle de Vienne en 1873.

## § 5.

## DÉFORMATIONS DES REMBLAIS SOUS-MARINS

**224. Tassements.** — Les remblais sous-marins se font en général avec des matériaux qui ne se désagrègent pas dans l'eau. Le bris de mottes de terre, qui dans les remblais à ciel ouvert s'effectue sous la charge et qui est facilité par l'humidité intérieure des remblais, n'a pas d'analogue dans le tassement des jetées formées en débris de roches.

Par contre l'action dynamique des eaux, jointe aux charges que supportent les matériaux, qui souvent ne se touchent que sur des surfaces de faible dimension, détermine le bris des angles ou arêtes des pierres et amène le tassement.

La nature des pierres employées et le mode d'exécution des jetées créent des conditions si variées qu'il n'est pas possible de chiffrer les limites des tassements qui pourront se produire dans tel ou tel cas de la pratique. On y arrivera peut-être un jour, après avoir multiplié les observations.

**225. Enfoncements ou pénétration dans le fond.** — Bien plus que les tassements se produisant dans la masse même des jetées, ce sont souvent ceux résultant de la nature du fond qui prennent une importance considérable.

En établissant une jetée sur un fond de vase, il n'y a pas seulement la pénétration verticale à redouter, mais plus encore l'élargissement de la base par la fuite du fond sous la charge. En fuyant, les vases entraînent les pierres qui s'y enfoncent et les bourrelets qui jaillissent de part et d'autre du remblai sont composés d'un mélange de vase et de pierres, ce qui rend leur enlèvement par dragage très difficile, car les enrochements que rencontrent les godets des dragues compromettent ces outils.

La préparation du fond par l'enlèvement de la couche supérieure de la vase, qui est la plus mobile, prévient dans une certaine mesure le déplacement horizontal.

Pour prévenir la pénétration verticale des jetées dans les fonds de vase, il n'y a que la diminution de charge par unité de surface qui puisse être tentée. Ce but peut être atteint par l'élargissement de la base, mais il en résulte une dépense considérable sans grand effet. L'établissement d'un matelassage à l'aide de fascinages superposés a été essayé dans les travaux hydrauliques exécutés dans les Pays-Bas, et les ingénieurs s'en louent.

La réduction du poids par unité de volume de la jetée, résultant de l'augmentation des vides, peut être considérée comme un moyen de diminuer la charge sur le fond. La séparation des matériaux suivant leur grosseur, qui contribue à augmenter les vides, présente donc aussi des avantages au point de vue des tassements ou des enfoncements dans le terrain.

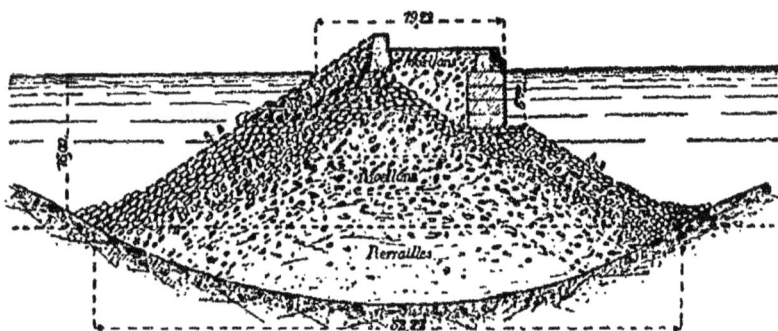

Fig. 232.

On ne saurait se trouver en présence d'un fond moins favorable à l'exécution d'une jetée que celui rencontré dans le port de Trieste. Dans l'emplacement de la jetée, l'eau présentait en moyenne 16 mètres de profondeur, et la pénétration dans le sol a généralement atteint 10 mètres (fig. 232). Une fois ce rapport bien établi, la formation du profil à l'aide de couches d'enrochements de diverses grosseurs a été réglée en conséquence, en tenant compte de la proportion dans laquelle la carrière les fournissait.

Il y a lieu de mentionner ici qu'au début la partie supérieure du talus extérieur devait être formée jusqu'à 4m.75 de profondeur sous le niveau de la mer, et sur une épaisseur do 4m.75, de blocs artificiels cubant 4m³.70. Dans la suite on s'est contenté pour cette protection de blocs naturels de 3° catégorie, c'est-à-dire de blocs pesant plus de 3000 kilogrammes et en moyenne au moins 5000 kilogrammes.

Dans cette jetée, au large, les tassements se sont produits assez régulièrement, en produisant par l'enfoncement dans le sol des surélévations de part et d'autre de la digue. La profondeur d'eau étant de 16 mètres partout, il n'en est pas résulté de gêne pour la navigation et on n'a pas été conduit à tenter de faire disparaître les bourrelets par des dragages. La largeur de l'emprise de la jetée subissait des augmentations sans que la direction de l'axe ait été altérée.

Les jetées exécutées pour border les remblais servant à l'extension des quais, pour la formation d'emprises, ont par contre subi à la fois des tassements, des pénétrations dans le sol et des déplacements vers le large. Ce fait s'explique par la consistance moins grande du fond près des rives, par le surchargement des jetées, qui portaient des murs de quai, et enfin par la pression unilatérale exercée par le terreplein établi derrière ces murs.

Ces difficultés et les moyens employés pour réparer les dégâts rentrent dans les questions de construction des murs de quai et non dans le cadre du présent volume.


§ 6.


## PRIX DE REVIENT


**220.** — Le prix de revient des remblais dans l'eau ne diffère guère, si les remblais peuvent se faire avec des matériaux quelconques, amenés par voie de terre, de celui que l'on payerait pour des remblais établis dans des conditions analogues à ciel ouvert.

Il ne peut plus être question de régalage, de pilonnage, de corroyage, d'établissement par couches de faible épaisseur, pour faciliter la compression par les engins de transport. La suppression de ces obligations permettrait la diminution du prix de revient; mais la nécessité d'établir souvent des estacades et des défenses pendant l'exécution sont par contre une cause d'augmentation de prix.

Pour les jetées établies à une certaine distance de la terre ferme et en enrochements devant être amenés sur des bateaux, les conditions sont tout à fait changées et nous croyons devoir donner, à titre de renseignement, les prix payés dans certains cas.

Le prix moyen de 2 fr. 50[1] par tonne d'enrochement mise en œuvre avait été consenti aux entrepreneurs de la jetée du port de Trieste.

La carrière, ouverte dans le calcaire compacte du Karst, se trouvait à Sistiana, à plus de 20 kilomètres de distance, par mer, du lieu d'emploi. Suivant la dimension des matériaux amenés, des prix différents étaient attribués à la tonne.

Ces prix étaient fixés en florins et correspondaient sensiblement à :

1 fr. 05 par tonne de pierraille,
2 fr. 30      —      moellons,
2 fr. 95      —      blocs de 1<sup>re</sup> catégorie,
3 fr. 55      —      —   2°   —
3 fr. 80      —      —   3°   —

On avait prévu, en se basant sur l'expérience acquise dans des carrières analogues, un certain rapport entre les produits de diverses dimensions. Ces prévisions ont en partie été démenties, car plus on pénétrait vers l'intérieur de la roche, plus la proportion pour laquelle les blocs de belle taille entraient dans la production totale augmentait.

1. Le prix avait été fixé en florins, valeur autrichienne, dont le cours est très variable. Eu égard au change qui existait dans le courant des travaux, la transformation a été faite en comptant le florin à 2 francs 10 et non à 2 fr. 50, cours au pair

Le tableau qui suit donne ces rapports :

| Désignation | Rapports prévus par le marché | Rapports constatés dans les 7 premiers mois d'exploitation de la carrière | Rapports constatés dans les 11 premiers mois d'exploitation de la carrière | Rapports constatés au bout de 10 années d'exploitation de la carrière |
|---|---|---|---|---|
| Pierrailles .... | 18 | 16.7 | 17.6 | 16.4 |
| Moëllons ..... | 40 | 42.5 | 38.9 | 27.6 |
| Blocs : De 1re catégorie | 18 | 18.2 | 19.2 | 20.5 |
| De 2e      » | 14 | 15.0 | 16.0 | 20.0 |
| De 3e      » | 10 | 7.6 | 8.3 | 15.5 |
|  | 100 | 100.0 | 100.0 | 100.0 |

Le prix moyen de 2 fr. 50 par tonne fait ressortir le mètre cube plein, pesant 2.500 kilogrammes, à 6 fr. 10.

Pour déduire de ce prix celui du mètre cube d'enrochements en œuvre, on avait admis 30 0/0 de vide [1], ce qui a conduit à 4 fr. 55 comme prix moyen du mètre cube de jetée, en blocs naturels.

La couche protectrice de la partie supérieure du talus extérieur, prévue en blocs artificiels et exécutée dans la suite en blocs naturels de 3e catégorie revenait par mètre cube, en supposant toujours 30 0/0 de vide et en appliquant aux blocs naturels de 3e catégorie le prix de 3 fr. 80 par tonne, à environ 6 fr. 90.

Quant aux blocs artificiels, fabriqués à la chaux hydraulique du Theil, on les payait à raison de 19 fr. 60 le mètre cube plein,

1. Ainsi qu'il a été dit ci-dessus, il y a lieu de compter sur plus que 30 pour cent de vide dans des jetées dont les différentes parties du profil sont faites avec des matériaux de même grosseur.

mis en œuvre. En supposant que les vides dans une jetée en tels blocs aient été également de 30 0/0, le mètre cube de jetée en blocs artificiels eût coûté 13 fr. 70, c'est-à-dire le double du prix payé pour la jetée en blocs naturels de 3ᵉ catégorie.

Au port de Marseille, les prix accordés en 1859 pour les jetées du bassin Napoléon ont été établis par mètre cube plein pesant 2.600 kilogrammes ; il en fut de même pour ceux des jetées du bassin Impérial construit dans la suite.

Le tableau qui suit donne les proportions prévues pour les diverses catégories d'enrochement et les prix par mètre cube plein de 2.600 kilogrammes.

| Désignation | Bassin de la Gare maritime (autrefois bassin Napoléon) | | Bassin National (autrefois bassin Impérial) | |
|---|---|---|---|---|
| | Proportion | Prix par mètre cube plein (2.600 kilog.) | Proportion | Prix par mètre cube plein (2.600 kilog.) |
| Pierrailles............ | 20.0 | 2 fr. 50 | 17.0 | 2 fr. 50 |
| Moellons............ | 17.8 | 7 » | 32.0 | 6 20 |
| Blocs de 1ʳᵉ catégorie. | 26.6 | 9 48 | 24.0 | 7 70 |
| — 2ᵉ — | 17.8 | 11 24 | 14.0 | 9 45 |
| — 3ᵉ — | 17.8 | 13 24 | 13.0 | 11 45 |
| Sommes et moyennes | 100.0 | 8 fr. 62 | 100.0 | 7 fr. 07 |

Le prix du mètre cube plein d'enrochements a été de 5 fr. 79 de 1874 à 1878 ; depuis 1884, il a baissé à 5 fr. 68.

Au port de Gênes, les grands travaux d'enrochements ont été faits vers 1865 avec des matériaux pesant environ 2.700 kilogrammes le mètre cube. Pour les enrochements faits avec des matériaux dont le poids ne dépassait pas 2.500 kilogrammes, la tonne fut payée à raison de 1 fr. 75 ; pour les blocs dont le poids variait entre 2.500 et 10.000 kilogrammes, le prix par tonne était de 2 fr. 45, et pour ceux au-dessus de

10.000 kilogrammes de 3 fr. 53. Le prix moyen fut établi, par mètre cube plein de 2.700 kilogrammes, comme suit :

70 0/0 de matériaux à 4 fr. 72 le mètre cube
15 0/0        —        à 6 , 61        —
15 0/0        —        à 9 , 53        —

Moyenne : 5 fr. 73 environ.

Les perfectionnements apportés dans l'exploitation des carrières, où des explosifs plus puissants remplacent la poudre ordinaire dont on s'est exclusivement servi dans les carrières ayant produit les enrochements dont nous parlons ci-dessus, ont permis d'abaisser le prix de revient d'extraction des roches. On peut donc affirmer que si le prix du mètre cube plein de calcaire employé en jetée a baissé à Marseille de 8 fr. 62 à 7 fr. 07, puis à Trieste à 6 fr. 50, il serait aujourd'hui encore moins élevé, tout en laissant le même bénéfice à l'entreprise.

Dans les travaux d'endiguement de la Loire maritime (1860-1864), le mètre cube d'enrochements a été payé d'abord 3 fr. 30, puis est descendu graduellement à 2 fr. 90.

# ANNEXES

---

---

# ANNEXE A

# ENTREPRISES DE TERRASSEMENT

---

## RÈGLES PRESCRITES PAR M. J. MANIEL

Ingénieur en chef des ponts et chaussées, directeur général de la Société
autrichienne des chemins de fer de l'État. [1]

**Reconnaissance du tracé de l'axe et complément de piquetage.** — L'entrepreneur devra reconnaître :

1° Le piquetage du tracé de l'axe fait par les agents de la compagnie ;

2° Les repères des alignements et des courbes du tracé.

---

1. Lorsque, en 1855, Jacques Maniel fut appelé à la direction de la Société autrichienne des chemins de fer de l'État, il eut à construire un vaste réseau de lignes.

Il apporta à cette tâche toute son activité, utilisant la grande expérience qu'il avait acquise dans la direction des travaux du chemin de fer du Nord de France.

Bien que la construction des chemins de fer en Autriche et en Hongrie ne fût plus alors à ses débuts, on manquait encore de règlements bien définis et suffisamment précis.

Maniel se mit avec ardeur à la tâche et rédigea des règlements et types généraux appropriés aux besoins du pays, servant à la fois de cahiers des charges pour les entrepreneurs et de guides pour l'instruction de son nombreux personnel.

Il produisit ainsi un vrai code pour la construction des chemins de fer, qui depuis lors a été, avec peu de modifications, adopté par la majeure partie des chemins de fer en Autriche et en Hongrie.

On retrouve, dans toutes les instructions laissées par Maniel, l'ingénieur de grande expérience pratique doublé du savant professeur du cours de chemins de fer à l'École des Ponts et Chaussées.

Les règles posées par Maniel pour l'exécution des travaux de terrassement

33

Il sera responsable de la conservation des piquets et repères et devra remplacer ou rétablir tous ceux qui seraient enlevés ou dérangés par une cause quelconque.

Le piquetage sera complété par les soins de l'entrepreneur en ce qui concerne les hauteurs des déblais et des remblais et les largeurs de la plate-forme, des talus, fossés, banquettes, etc., etc.

La crête des talus de déblai et le pied des talus de remblai seront tracés au moyen de rigoles continues sur le terrain par le soin de l'entrepreneur et à ses frais. Il devra établir aussi tous les gabarits qui seront jugés nécessaires pour bien définir les terrassements à exécuter. Faute par l'entrepreneur de faire ces travaux préliminaires indispensables avant de commencer les terrassements, les ingénieurs de la compagnie pourront les exécuter d'office à ses frais après avertissement donné deux jours à l'avance.

**Profils en long et en travers.** — Les terrassements du chemin de fer seront réglés, tant en déblai qu'en remblai, conformément aux profils en long et en travers qui seront remis à l'entrepreneur, sauf les modifications que la nature du terrain pourra exiger en quelques cas et celles que l'on jugera convenable de prescrire en cours d'exécution.

L'entrepreneur se conformera aux ordres qui lui seront donnés par les ingénieurs pour ces modifications comme pour la surélévation des remblais en prévision des tassements. L'intervention des ingénieurs ne décharge en aucune manière l'entrepreneur de sa responsabilité sous ce dernier rapport.

Les travaux en dehors du chemin de fer devront être exécutés avec les mêmes soins que ceux du chemin de fer même. L'entrepreneur suivra à cet égard les plans et profils particuliers, ainsi que les instructions qui lui seront données en cours

sont de celles qui ne vieillissent pas. Nous en donnons ci-après un extrait, convaincu que nous ne nous exposons qu'au reproche de ne pas avoir donné plus d'étendue à cette reproduction.

Nous avons cru devoir nous en tenir à cet extrait, parce que ce qui concerne les terrassements pour fouilles de fondation de travaux d'art ne s'applique pas aux matières comprises dans le présent volume.

d'exécution par les ingénieurs de la compagnie. Les travaux concernant les voies publiques et les cours d'eau devront d'ailleurs satisfaire les administrations compétentes.

**Exécution des déblais.** — Avant d'ouvrir une tranchée, l'entrepreneur devra faire et entretenir ensuite avec le plus grand soin, le tout à ses frais, les bourrelets et autres travaux accessoires indispensables pour détourner les eaux de superficie partout où les ingénieurs reconnaîtront que cela est nécessaire dans l'intérêt des travaux ou pour la conservation des ouvrages.

Les déblais devront d'ailleurs être exécutés méthodiquement, de manière à tirer le meilleur parti possible des moyens de transport dont on devra se servir, sans fausse manœuvre et en restant dans les limites tracées par les profils du projet.

Pour les tranchées à exploiter au wagon, l'entrepreneur sera tenu d'ouvrir à l'avance des cunettes de section suffisantes et de longueur telle qu'on puisse mettre en chargement le nombre de waggons qui sera jugé nécessaire en raison de l'activité à donner au travail.

Dans les tranchées profondes et les remblais très élevés, l'entrepreneur sera tenu, si on le juge nécessaire pour la prompte exécution des travaux, de procéder par étages.

Dans les déblais par havage, on veillera à ce que les hommes ne soient pas exposés à être pris sous les éboulements ; on défendra notamment d'ébranler des masses avant qu'elles soient limitées par des cheminées et tant que les ouvriers au pied de la fouille ne se trouveront pas loin de l'espace compris entre les cheminées.

En tout cas, les profils du terrain naturel avant l'ouverture des travaux doivent être exactement pris, rapportés à des points invariables et signés par l'entrepreneur ; en outre, des témoins de forme convenable et en nombre suffisant seront, s'il est possible, laissés à des points indiqués d'avance pour servir de base aux vérifications.

**Transports.** — Les déplacements de terres seront faits au jet de pelle, à la brouette, au camion, au tombereau, à la voi-

ture à quatre roues ou au wagon, suivant ce qui sera prescrit
au projet.

**Emploi des déblais en remblais.** — Les remblais, quel
que soit le mode de transport employé, pourront être exécutés
d'emblée sur la hauteur totale du profil ou, s'il y a lieu, de
l'étage ; les brouettes, les tombereaux et les voitures comme
les wagons devront toujours passer sur les remblais déjà faits,
pour arriver au point de déchargement.

Il y aura toujours au lieu de déchargement des ouvriers en
nombre suffisant pour briser les mottes et faire disparaître les
chambres qui pourraient se former dans le remblai.

Les déblais de terre glaise susceptibles de s'imbiber d'eau et
de former par là des remblais sujets à glissement ou à épate-
ment, ne seront employés en remblais que par autorisation
spéciale et avec les précautions qui seront prescrites, comme
par exemple de les employer par couches bien régulières et
damées alternant avec des couches de sable.

On n'emploiera jamais en remblai des terres glaises déjà
humectées d'eau et détrempées.

Les déblais peu favorables au dressement des talus ou à la
végétation seront placés dans le corps des remblais et on
emploiera autant que possible sur les talus des terres de bonne
qualité.

On réservera pour les abords des ouvrages d'art, sur une
longueur double de la hauteur, des terres légères selon les indications qui seront données par les ingénieurs dans chaque
cas particulier. Quel que soit le mode de transport du chantier, les terrassements sur cette étendue seront exécutés à la
brouette, en reprenant au besoin les terres amenées dans le
voisinage par le mode de transport ordinaire. Ces terrassements seront faits par couches de 0 m. 25 d'épaisseur, le tout
bien pilonné de manière à éviter les secousses qui pourraient
ébranler les ouvrages ou nuire à leur stabilité, et à prévenir
les ressauts brusques que pourraient produire ultérieurement
tout à côté des ouvrages les tassements des terres.

L'entrepreneur devra se conformer aux ordres qui lui seront
donnés par les ingénieurs pour la mise en réserve de la terre

végétale, ou de toute autre nature de déblais dont la compagnie jugerait convenable de faire un usage spécial, ou pour la mise en dépôt des déblais surabondants et de ceux qu'on jugerait de trop mauvaise qualité pour être employés en remblai.

Le sol, sur lequel devront être établis les remblais, sera dégazonné et pioché si la compagnie l'exige et moyennant un prix spécial à régler, mais l'entrepreneur sera tenu dans tous les cas d'arracher et d'enlever du sol, et de retirer des terres de remblai, les souches d'arbres ou de haies, ainsi que tous débris de végétaux ou autres qui pourraient, en se décomposant, produire des vides dans les remblais ou à leur base, et cela sans indemnité spéciale.

Lorsque les remblais devront être assis sur un terrain présentant une inclinaison transversale prononcée, il sera fait dans ce terrain, aux frais et par les soins de l'entrepreneur, des entailles par gradins de 0m.60 à 0m.90 de hauteur dont la face supérieure sera inclinée vers le coteau.

Si le sol est tourbeux, glaiseux ou en général de nature à tasser ou à se déplacer sous la charge, des ordres spéciaux indiqueront dans chaque cas les mesures à prendre pour prévenir ou réduire les tassements et déplacements, soit en diminuant la charge, soit en assainissant ou consolidant le sol.

**Déblais mis en dépôt.** — L'entrepreneur se conformera strictement aux ordres qui lui seront donnés par les agents de la compagnie pour l'emplacement, la forme et l'aménagement des dépôts.

L'entrepreneur séparera d'ailleurs avec soin les diverses espèces de déblai selon ce qui lui sera indiqué.

Il sera tenu, en outre, de diriger son exploitation de manière à recouvrir autant que possible la surface des dépôts d'une couche de terre végétale suffisante pour les mettre en bon état de culture.

Les lieux de dépôts seront fixés par les ingénieurs, et les indemnités de terrain à payer pour l'exécution des dépôts seront à la charge de la compagnie ; mais si l'entrepreneur sortait des limites fixées, il devrait payer les indemnités de terrain auxquelles cette circonstance donnerait droit.

**Emprunts.** — Lorsqu'il y aura lieu de faire des emprunts de terre, ce qui, comme pour les dépôts, sera indiqué par le mouvement des terres ou prescrit par des ordres spéciaux, l'entrepreneur sera tenu de se conformer aux instructions qui lui seront données par les ingénieurs de la compagnie, tant pour l'emplacement que pour la forme des emprunts.

La forme et les dimensions des chambres d'emprunt seront conformes aux prescriptions de l'ordre de service ; le fond sera réglé de manière à offrir une surface bien régulière et disposée de façon à assurer autant que possible le bon assèchement de la fouille par un facile écoulement des eaux.

Les emprunts latéraux seront séparés du pied du remblai par des banquettes de deux mètres, à moins d'ordre contraire, et leur talus adjacent à cette banquette aura la même inclinaison que le talus du remblai même.

Les emprunts seront, si les ingénieurs le demandent, remis immédiatement en état d'être cultivés par le répandage d'une couche déterminée de terre végétale réservée ; mais ce travail sera payé au prix de la série pour les terrassements ordinaires, en y ajoutant le prix du régalage pour toute indemnité.

Les indemnités de terrains seront payées comme il a été dit pour les dépôts. L'entrepreneur n'a pas le droit d'étendre arbitrairement la surface des emprunts. Toute indemnité à payer pour les terrains fouillés en dehors des limites prescrites restera à sa charge.

**Dressement des talus.** — Les talus devront être dressés avec le plus grand soin, de manière à présenter exactement les surfaces géométriques définies par les plans et les profils du projet.

En faisant les déblais, on aura soin de ne pas atteindre tout à fait la surface du talus, de manière à laisser quelque chose à enlever pour façonner celui-ci.

Quand on n'aura pas pris cette précaution, on devra, avant de rapporter des terres, former dans le talus naturel des rédans inclinés vers le terrain, sur lesquels on fera les petits remblais nécessaires en les damant avec le plus grand soin à la dame plate.

Pour les talus de remblai, on devra prendre des précautions analogues; mais il sera indifférent, dans ce cas, de faire le talus définitif en procédant par enlèvement ou rechargement des terres; dans les deux cas, ces talus devront être rigoureusement battus à la dame plate, afin d'affermir les terres et de les mettre en état de résister à l'action des pluies.

Les surfaces des talus seront sans flaches ni bosses et ne devront pas présenter des traces de la bêche ou de l'outil qui aura servi à leur exécution.

Dans les tranchées ouvertes dans le roc, il suffira par exception d'ébaucher les talus à 0m.10 près, en plus ou en moins; mais on devra soigneusement enlever toute roche qui n'adhérait pas suffisamment aux masses restantes.

**Règlement de la plate-forme des terrassements.** — La surface supérieure des terrassements sera parfaitement dressée suivant la forme des profils transversaux qui seront remis à l'entrepreneur.

Quand les terres du remblai seront de nature à se laisser détremper par les eaux, le dressage de la surface supérieure se fera avec un petit dos d'âne au milieu, pour rejeter autant que possible les eaux hors du remblai.

Dans le cas contraire, on pourra dresser la surface avec une légère pente vers l'axe, afin d'accélérer le tassement par l'absorption des eaux.

Dans tous les déblais et sur les remblais de moins d'un mètre de hauteur, la plate-forme sera réglée suivant les pentes définitives du profil en long; mais pour les remblais de plus grande hauteur, il sera dressé, pour tenir compte des effets ultérieurs du tassement, des profils en long transitoires auxquels l'entrepreneur devra se conformer.

Le dressement des surfaces ne pourra être fait pour chaque partie de la ligne qu'après l'achèvement des terrassements dans toute l'étendue du chantier correspondant. Le profil surhaussé ne sera remis à l'entrepreneur qu'au moment où ce dressement devra être fait.

Ce surhaussement sera réglé sur la hauteur et l'âge des remblais à dresser, en tenant compte de la présence des ou-

vrages d'art. Si, au moment où ce travail devra être effectué, il
était nécessaire de recharger les terrassements pour obtenir
les hauteurs indiquées aux profils transitoires, cette opération serait exécutée par l'entrepreneur sans augmentation de
prix ni indemnité sous prétexte de faux frais qui en résulte-
raient.

S'il y avait, au contraire, des terres à enlever pour opérer
le règlement, l'entrepreneur serait tenu de les retrousser sur
les talus et même de les reprendre et de les transporter de
nouveau sur les points qui lui seraient indiqués, soit que l'excédant fasse défaut là où il aurait dû être immédiatement employé, soit que par suite de circonstances particulières il y ait
inconvénient à le rejeter sur les talus.

Dans tous les cas, l'entrepreneur se conformera ponctuelle-
ment aux ordres des ingénieurs et ne pourra rien réclamer
pour cette fausse manœuvre dont il est entièrement responsable.

**Régalage et pilonnage des remblais**. — Pour les remblais où le travail de régalage sera demandé, les terres divisées à la bêche, s'il y a lieu, seront étendues par couches successives de 0m.25 d'épaisseur et arrosés avec le plus grand
soin.

Quand les ingénieurs le demanderont, chaque couche sera
fortement tassée avec des pilons du poids de 6 kilogrammes.

L'entrepreneur sera tenu d'employer le nombre de réga-
leurs et de pilonneurs qui lui sera demandé par les ingénieurs. Les pilonneurs seront d'ailleurs choisis parmi les manœuvres les plus forts.

**Gazonnements**. — L'entrepreneur devra exécuter, partout
où cela lui sera demandé par les ingénieurs, des revêtements
en gazon pour défendre les talus. Ces revêtements en gazon
seront posés par assises ou à plat.

Les gazons proviendront des terrains qui seront désignés à
l'entrepreneur ; ils seront bien chevelus, levés à l'épaisseur de
0m.10 et taillés suivant un carré de 0m.30 de côté.

*Gazonnements par assises.* — Dans les gazonnements par

assises, les gazonnements seront posés l'herbe en dessous ; les
assises seront posées au cordeau, toujours bien de niveau et
à joints croisés, chacune d'elles en retraite sur la précédente
suivant l'inclinaison du talus.

On aura soin, après avoir garni de bonne terre végétale le
vide derrière chaque assise, de la damer en parfaite liaison
avec le terrain à revêtir. Les gazons seront recoupés de quatre
en quatre assises suivant les indications du profil, de manière
à représenter des surfaces géométriques parfaitement exactes.
On arrosera pendant l'exécution du travail par deux, quatre
ou six assises, suivant le degré de sécheresse. On emploiera,
pour les deux ou trois premières assises qui devront être en-
terrées pour servir de fondation, des gazons de 0 m. 50 de
queue, faisant risberme de 0m.08. Le reste du revêtement sera
établi en retraite sur cette base. Quand le revêtement devra
être continué jusqu'à l'arête du talus à revêtir, la dernière
assise sera posée l'herbe en dessus et tous les gazons de cette
assise seront recoupés à une largeur bien uniforme de manière
à former bordure.

*Gazonnements à plat.* — Dans les gazonnements à plat, les
gazons seront posés par lignes horizontales et à joints croisés, l'herbe en dehors sur un lit de bonne terre végétale ; on
arrosera ce gazonnement au fur et à mesure de sa confection.

Si cela est jugé nécessaire pour la stabilité du revêtement,
chaque gazon sera fixé par deux petits piquets en bois blanc
de 0m.30 de longueur et de 2 centimètres de diamètre au gros
bout. Les lignes de bordure seront faites avec un seul rang de
gazons posés à plat et l'herbe en dessus, comme il a été dit
pour les gazonnements par assises. Les gazonnements de cette
espèce ne doivent être exécutés que sur des terres bien tassées,
soit par l'effet du temps soit par un bon pilonnage, et sur des
surfaces bien damées.

Les revêtements doivent être rigoureusement damés eux-
mêmes après la pose. On aura soin aussi de les arroser après
l'achèvement, surtout en temps de sécheresse.

**Semis des talus. Rechargements en terre végétale.**
— Les talus seront semés, de gazon, de luzerne ou de chien-

dont par les soins de l'entrepreneur, suivant les instructions de l'ingénieur, partout où on jugera utile de le demander.

L'entrepreneur fera toutes les mains d'œuvre nécessaires pour assurer une bonne végétation.

Il devra même, quand il en sera requis, commencer par rapporter à la surface des talus de remblai et de déblai une couche de terre végétale de 0m.10 au moins d'épaisseur à employer avec toutes les précautions prescrites.

On paiera en sus pour ce travail le prix du régalage, à moins qu'il n'y ait à la série un prix spécial pour cette façon.

**Remblais à défendre contre l'action des eaux.** — Outre les gazonnements et les plantations, on peut avoir à exécuter des travaux de défense plus importants, des perrés, des fascinages, des murs de soutènement ; les travaux de cette nature, s'ils ne rentrent pas dans la catégorie des ouvrages dont il sera question dans les articles suivants, feront l'objet de projets spéciaux.

Lorsqu'il s'agira de combattre l'action des eaux de source ou de filtration, ou de mettre des talus à l'abri des glissements et éboulements, on se conformera aux instructions de l'ingénieur.

# ANNEXE B

## DÉBLAIS SOUTERRAINS

### Procédés employés dans l'antiquité.

Les excavations faites dans l'antiquité dans des roches dures, c'est-à-dire dans des circonstances qui leur ont permis de se maintenir jusqu'à nos jours, avaient pour but soit la création de tombeaux, soit l'exécution de temples.

Les outils employés pour faire ces travaux agissaient par friction ou par percussion. Tout en employant les corps les plus durs, en particulier le diamant, pour user la roche, on conçoit combien lents devaient être les progrès des travaux, surtout lorsque l'on procédait par le frottement d'outils mus à bras d'homme.

L'emploi du ciseau, tout en assurant une marche plus rapide, surtout dans la roche de dureté moyenne, laissait encore beaucoup à désirer; aussi eût-on souvent recours dans les mines à un procédé sur lequel il nous paraît intéressant de donner quelques indications, car il s'est maintenu en usage jusque bien avant dans le moyen-âge.

Ce procédé, sur lequel on trouve des indications très complètes dans l'ouvrage d'Agricola [1], paru en 1657 à Bâle, consiste dans le chauffage de la roche au moyen de bûchers établis contre le front d'attaque et l'aspersion des masses calcinées avec de l'eau.

Il est aisé de comprendre combien ce procédé viciait l'air

1. Georgii Agricolæ, *De Re Metallica*. Libri XII. Basileæ, sumptibus et typis Emanuelis König, anno MDCLVII.

et exposait les hommes chargés de l'entretien du feu et de l'arrosage des parois chauffées au danger d'asphyxie, en même temps qu'il les condamnait à des souffrances perpétuelles résultant de la haute température régnant dans les chantiers.

Fig. 233.

Une ventilation abondante eut seule pu amoindrir ces souffrances et ces dangers, généralement imposés à des esclaves ou à des prisonniers ; mais les moyens dont on disposait alors pour faire pénétrer l'air frais dans les chantiers souterrains étaient très primitifs.

La figure 233, empruntée à Agricola, représente une mine

dans laquelle la roche est attaquée par le feu. Nous tirons de la même source la figure 234, qui fait connaître d'une façon caractéristique l'un des moyens de ventilation employés au XVIIᵉ siècle. Lorsqu'on ne recourait pas à l'agitation de draps

Fig. 234.

au-dessus des orifices de la mine, on disposait des tonneaux présentant une large ouverture tournée contre le vent; un tube dirigeait vers la mine l'air qui s'engouffrait dans ce tonneau. Un gouvernail, mobile autour de son axe, ramenait toujours l'orifice contre le vent.

En appliquant le feu pour déterminer la désagrégation des roches, il n'était guère possible d'en limiter les effets, et les parois des excavations devaient être plus ou moins criblées de fissures. Les bordages indiqués par Agricola étaient indispensables pour prévenir la chute des parties altérées.

Les Nubiens, Égyptiens et autres peuples de l'antiquité, qui, pour orner l'intérieur de leurs monuments souterrains, taillaient dans les parois de la roche des statues, des bas-reliefs et des pilastres, et laissaient subsister des piles ou colonnes pour soutenir le ciel des grands espaces creusés, ne pouvaient pas recourir à ce procédé par chauffage de la roche.

L'usage des coins en bois très sec enchâssés dans des failles naturelles ou dans des rainures faites au ciseau, et mouillés après coup, paraît avoir été employé en pareilles circonstances, sauf à recourir à la taille au ciseau dès que l'excavation approchait des piliers ou colonnes à ménager ou des parois devant être ornées par les sculpteurs.

En tenant compte de l'imperfection des moyens pour opérer les déblais souterrains, la grandeur des œuvres artistiques et l'énorme étendue de monuments souterrains qui ont survécu après des dizaines de siècles méritent d'autant plus notre admiration.

# ANNEXE C

# FONCTIONNEMENT DES DRAGUES A ASPIRATION[1]

## PORT DE CALAIS

Le dragage par succion s'exécute au port de Calais au moyen de deux dragues porteuses à hélice nommées « Calais I » et « Calais II. »

**Drague « Calais I. »** — La drague « Calais I » est l'ancienne drague « Fives-Lille » de la compagnie de Fives-Lille.

Les dimensions et dispositions de cette drague sont les suivantes :

Longueur de perpendiculaire en perpendiculaire : 48 m. 60.

Largeur au maître couple : 8 m. 50.

Creux maximum : 3 m. 60.

Tirant d'eau maximum { en charge : 3 m. 20. lège : 2 m. 70.

Capacité des puits à déblais : 271 mètres cubes.

Coque en fer. Un seul mât, à l'avant.

Machine motrice, actionnant alternativement l'hélice et la pompe à déblais, type Compound, à condensation par surface et constituée comme suit :

Deux cylindres. Diamètre du grand cylindre : 0 m. 975.

Diamètre du petit cylindre : 0 m. 550.

Course commune des pistons : 0 m. 600.

Nombre de tours par minute : 67 lorsque la machine actionne la pompe à déblais et 80 lorsque l'hélice est actionnée.

Force en chevaux (de 75 kgm.) pendant le dragage : 176 ; pendant la marche de la drague en charge : 235, donnant une vitesse de 6 nœuds.

1. Renseignements recueillis sur les travaux dirigés par M. l'ingénieur en chef Vétillard.

Chaudière tubulaire à retour de flammes de 130 m.² de surface de chauffe, à deux foyers intérieurs, timbrée à 5 kilogrammes et placée vers l'avant du bateau.

Pompe à déblais, placée vers l'avant du bateau, de 1 m. 80 de diamètre intérieur et 0 m. 253 de largeur intérieure, système centrifuge avec une turbine à deux ailes de 1 m. 796 de diamètre et 0 m. 230 de largeur. Cette pompe est actionnée par l'intermédiaire d'engrenages produisant 140 tours par minute à la turbine. Son rendement en eau pure est de 62 m.³.

Tuyau d'aspiration dit élinde de 12 mètres de longueur et de 0 m. 600 de diamètre intérieur, rendu flexible au moyen d'un tuyau en caoutchouc de 0m.600 de diamètre et de 2 m.350 de longueur fixé à la tuyère de la pompe.

Ce tuyau d'aspiration fonctionne sur l'avant et s'incline, suivant les profondeurs à atteindre, dans un puits établi dans l'axe longitudinal du bateau sur toute la longueur des puits à déblais.

L'élinde se manœuvre à l'aide d'un treuil à vapeur placé à l'avant de la drague. Un poteau en bois de 8 mètres de longueur, et de 0 m. 93 sur 0 m. 35, guide cette élinde dans son puits.

Deux tuyaux de refoulement, en tôle de fer comme le tuyau-élinde, de 0 m. 600 de diamètre intérieur et 17 mètres de longueur, déversent l'eau chargée de sable au-dessus des puits à déblais. Pour régulariser le chargement du bateau, des portes à charnières sont ménagées dans ces tuyaux de refoulement.

Enfin, deux treuils à bras assurent après le déchargement la fermeture des portes formées de panneaux de bois de chêne, garnis de lames de caoutchouc, qui constituent le fond des puits à déblais. Pendant le chargement, ces mêmes portes sont retenues par des chaînes raidies par des clavettes et fixées à une barre de fer roulant sur des galets sous l'action des deux treuils à bras.

La drague « Calais I » a été fournie par la compagnie de Fives-Lille pour une somme de 150,000 francs. Elle a été construite en 1882 et est affectée au dragage en régie du port et de la rade de Calais, depuis le 3 mars 1889.

**Drague « Calais II. »** — La drague « Calais II » présente les dimensions et dispositions suivantes :

Longueur de perpendiculaire en perpendiculaire : 34 mètres.

Largeur au maître couple : 7 m. 68.

Creux maximum : 3 m. 47.

Tirant d'eau maximum } en charge : 3 mètres.
                         lege : 2 m. 58.

Capacité des puits à déblais : 150 mètres cubes.

Coque en fer. Un seul mât, à l'avant.

Machine motrice, actionnant alternativement l'hélice et la pompe à déblais, type Compound, à condensation par surface et constituée comme suit :

Deux cylindres. Diamètre du grand cylindre : 0 m. 629.

     —         Diamètre du petit cylindre : 0 m. 346.

Course commune des pistons : 0 m. 432.

Nombre de tours par minute : 145 lorsque la machine actionne la pompe à déblais et 137 lorsque l'hélice est actionnée.

Force en chevaux de 75 kgm. pendant le dragage : 134; pendant la marche de la drague en charge : 152, donnant une vitesse de 5 nœuds 8/10.

Chaudière tubulaire à retour de flammes de 37 m.² de surface de chauffe, à deux foyers intérieurs, timbrée à 6 kilogrammes et placée vers l'arrière du bateau.

Pompe centrifuge à déblais, placée vers l'avant du bateau, de 1 m. 670 de diamètre intérieur et 0 m. 290 de largeur intérieure avec une turbine à deux ailes de 1 m. 660 de diamètre et 0 m. 225 de largeur. Cette pompe est actionnée directement par l'arbre des manivelles de la machine. Son débit en eau pure est de 38 m.² par minute.

Tuyau d'aspiration dit élinde de 14 mètres de longueur et de 0 m. 450 de diamètre intérieur relié par un tuyau en cuir de 1 m. 20 de longueur à un tuyau coudé en fonte fixé au bateau par tribord et communiquant avec la pompe à déblais. L'élinde aspire sur l'avant et se manœuvre à l'aide d'un treuil à vapeur placé sur l'avant.

Deux tuyaux de refoulement, en tôle de fer comme l'élinde, de 0 m. 365 de diamètre intérieur et 12 mètres de longueur déversant par trois portes l'eau chargée de sable au-dessus des puits à déblais.

Les portes formant le fond des puits à déblais présentent des dispositions de construction et de manœuvre analogues aux portes des puits de la drague « Calais I. »

La drague « Calais II » a été fournie par MM. J. et R. Smit, constructeurs à Rinderdik, pour une somme de 117,357 francs; elle a été construite en 1888-1889 et est affectée au dragage en régie du port et de la rade de Calais, depuis le 5 avril 1889.

**Résultats obtenus.** — Les travaux de dragage ont été commencés à Calais le 10 juin 1881 et ont été continués à l'entreprise du 20 juin 1881 au 31 décembre 1888 et en régie à partir du 3 mars 1889.

Les volumes dragués annuellement sont les suivants :

| Années | Rade | Chenal intérieur | Avant-port | Totaux |
|---|---|---|---|---|
| 1881 | 150.895m³ | » | » | 150.895m³ |
| 1882 | 160.909 | » | » | 160.909 |
| 1883 | 185.950 | » | » | 185.950 |
| 1884 | 242.022 | » | » | 242.022 |
| 1885 | 231.364 | 38.060m³ | » | 269.424 |
| 1886 | 121.566 | 19.114 | » | 140.680 |
| 1887 | 77.946 | 29.183 | » | 107.129 |
| 1888 | 178.055 | 37.004 | » | 215.059 |
| 1889 | 163.791 | 61.826 | » | 225.617 |
| 1890 | 172.301 | 56.685 | 73.497m³ | 302.483 |
| Totaux... | 1.684.799 | 241.872 | 73.497m³ | 2.000.168 |
| Total général. | 2.000.168m³ | | | |

Les modifications produites dans les profondeurs ont été relevées et indiquées sur des plans. Il résulte de ces attachements que les cotes d'eau rapportées au zéro des cartes marines n'avaient été, en juin 1881, que de 0 m. 50 sur 400 mètres de longueur et n'atteignaient que 2 m. 50 à 3 m. 50 sur les derniers 100 mètres d'une longueur de 500 mètres, sur laquelle portaient les observations dans la rade.

En juillet 1885 et en juin 1886, on constatait que les profondeurs sur cette même base d'observation variaient entre 3 m. 40 et 4 m. 60. Les apports qui se forment près du musoir, à partir duquel les observations ont lieu, ont ensuite réduit les profondeurs près de ce musoir jusqu'à environ un mètre, mais le dragage a été poursuivi pour l'entretien de l'entrée du port de Calais, et l'on a constaté en juin 1890 que les profondeurs avaient été amenées à 3 m. 80 au minimum et 4 m. 80 au maximum.

Il en a été de même dans le chenal intérieur; les profondeurs y étaient de 1 m. 50 à 2 m. 30 en novembre 1884 et elles ont été successivement augmentées. En janvier 1890 elles variaient de 3 m. 40 à 6 m. 10.

Dans l'avant-port, les dragages n'ont commencé que dans les premiers jours du mois de mai 1890; le 31 décembre de la même année des profils relevés à 80 mètres, à 170 mètres et à 240 mètres de distance de l'écluse Carnot ont montré que les profondeurs avaient augmenté de deux à trois mètres.

Les tableaux suivants font ressortir que pendant neuf mois de l'année 1889 le cube total extrait a été de 225.617 m.³ moyennant une dépense totale (surveillance et sondages compris) de 69.732 francs, soit par mètre cube 0 fr.308, dont 0 fr.229 comptés pour l'extraction et 0 fr. 079 pour le transport; on remarquera que dans les dépenses d'extraction sont comprises toutes les dépenses de réparation du matériel.

En 1890, le prix de revient a été de 0 fr. 325 dont 0 fr. 233 pour l'extraction et 0 fr. 092 pour le transport.

Ces prix sont élevés, ce qui provient du travail exécuté dans le chenal et l'avant-port, où le sol dur et vaseux se prête mal à l'enlèvement par une pompe aspirante. Ce résultat est mis en évidence par la constatation du cube horaire moyen dragué de jour et celui dragué de nuit (la nuit on ne travaille que sur la rade, dans le sable et à une distance moindre du lieu de décharge). Ces résultats sont les suivants :

| DÉSIGNATION | Calais I | | Calais II | |
|---|---|---|---|---|
| | 1889 | 1890 | 1889 | 1890 |
| Cube horaire moyen de jour... mètres cubes | 111,28 | 109,10 | 86,76 | 78,28 |
| »      »      » de nuit...    »      » | 162,12 | 172,02 | 95,12 | 144,23 |

Enfin, le cube horaire maximum dragué par le « Calais I » a atteint le chiffre de 814 m.³ 26 sur la rade et est descendu à 43 m.³ 43 dans le chenal et l'avant-port.

Pour le « Calais II » ces chiffres ont été respectivement de 500 m.³ 34 et 27 m.³ 37. En outre, les détériorations de l'engin sont beaucoup plus fréquentes et plus graves pour le travail dans le chenal, où l'on drague des boulets, des pierres, des boulons, des chaînes, etc. On peut admettre que pour un travail en plein sable le prix de revient ne serait pas de 0 fr. 20 le mètre cube.

La proportion des jours où l'on peut travailler n'atteint pas 50 0/0 du nombre total, par suite de l'état de la mer.

## ANNÉE 1889

| DRAGUE **Calais I** | | | | | DRAGUE **Calais II** | | | | |
|---|---|---|---|---|---|---|---|---|---|
| Du mois de mars au mois de décembre | | | | | Du mois d'avril au mois de novembre | | | | |
| Cube extrait : 122.855ᵐ³ | | | | | Cube extrait : 102.762ᵐ³ | | | | |
| Cube extrait en mètres cubes | | Heures de dragage | | Jours de travail | Cube extrait en mètres cubes | | Heures de dragage | | Jours de travail |
| jour | nuit | jour | nuit | | jour | nuit | jour | nuit | |
| 111.455 | 11.399 | 993 | 70 | 127 | 98.859 | 3.902 | 1.046 | 40 | 112 |

## ANNÉE 1890

| DRAGUE **Calais I** | | | | | DRAGUE **Calais II** | | | | |
|---|---|---|---|---|---|---|---|---|---|
| Du mois de janvier au mois de décembre | | | | | Du mois de janvier au mois de décembre | | | | |
| Cube extrait : 147.804ᵐ³ | | | | | Cube extrait : 154.680ᵐ³ | | | | |
| Cube extrait en mètres cubes | | Heures de dragage | | Jours de travail | Cube extrait en mètres cubes | | Heures de dragage | | Jours de travail |
| jour | nuit | jour | nuit | | jour | nuit | jour | nuit | |
| 137.701 | 10.042 | 1.203 | 59 | 129 | 146.274 | 8.406 | 1.698 | 174 | 174 |

## CALAIS I

| | Années 1889 | | Années 1800 | |
|---|---|---|---|---|
| Proportion des journées de travail ..... | $\dfrac{127}{225}$ | $= 0,46$ | $\dfrac{129}{304}$ | $= 0,49$ |
| Cube horaire moyen.. | $\dfrac{122.854}{1.063}$ | $= 115,45$ | $\dfrac{147.803}{1.224}$ | $= 121,05$ |
| Cube horaire moyen de jour .... ........ | $\dfrac{111.455}{993,55}$ | $= 112,24$ | $\dfrac{137.761}{1.263}$ | $= 109,07$ |
| Cube horaire moyen de nuit............ | $\dfrac{11.399}{70}$ | $= 162,84$ | $\dfrac{10.042}{58}$ | $= 173,13$ |

| Cube horaire | maximum..... | 814 m.³ 260 | (1889 et 1890) |
|---|---|---|---|
| | minimum ..... | 43 » 427 | |

## CALAIS II

| | Années 1859 | | Années 1894 | |
|---|---|---|---|---|
| Proportion des journées de travail..... | $\dfrac{112}{244}$ | $= 0,46$ | $\dfrac{174}{365}$ | $= 0,48$ |
| Cube horaire moyen.. | $\dfrac{102.761}{1.086}$ | $= 94,62$ | $\dfrac{154.680}{1.772,}$ | $= 87,29$ |
| Cube horaire moyen de jour........... | $\dfrac{98.859}{1.046}$ | $= 94,51$ | $\dfrac{146.274}{1.698}$ | $= 86,14$ |
| Cube horaire moyen de nuit........... | $\dfrac{3.902}{40}$ | $= 97,55$ | $\dfrac{8.406}{74}$ | $= 113,59$ |

| Cube horaire | maximum.... | 500 m.³ 240 | (1889 et 1896) |
|---|---|---|---|
| | minimum .... | 27 » 372 | |

## DÉPENSES en 1889 et 1890

### ANNÉE 1889

| | Extraction | Transport | Total |
|---|---|---|---|
| Calais I............. | 24.41 f.002 | 9.105 f.51 | 33.515 f.53 |
| Calais II........... | 16.448 34 | 8.902 69 | 25.351 03 |
| Surveillance, sondages, réparations... | 10.865 71 | » | 10.865 71 |
| Totaux....... | 51.724 f.07 | 18.008 f.20 | 69.732 f.27 |

Dépenses moyennes par mètre cube

$$\text{Extraction} = \frac{51.724,07}{225.615} = 0 \text{ f. } 220$$

$$\text{Transport} = \frac{18.008,20}{225.615} = 0 \text{ f. } 070$$

$$\text{Total.......} \quad 0 \text{ f. } 308$$

### ANNÉE 1890

| | Extraction | Transport | Total |
|---|---|---|---|
| Calais I............. | 24.243 f.11 | 13.091 f.45 | 37.334 f.56 |
| Calais II........... | 23.898 37 | 14.825 27 | 38.723 64 |
| Surveillance, sondages, réparations.. | 22.523 37 | » | 22.523 37 |
| Totaux....... | 70.664 f.85 | 27.916 f.72 | 98.681 f.57 |

Dépenses moyennes par mètre cube

$$\text{Extraction} = \frac{70.664,85}{302.483} = 0 \text{ f. } 233$$

$$\text{Transport} = \frac{27.916,72}{302.483} = 0 \text{ f. } 092$$

$$\text{Total.......} \quad 0 \text{ f. } 325$$

## PORT DE BOULOGNE

**Indication des dragues.** — Les travaux de dragage du port de Boulogne qui s'effectuent par voie de régie s'exécutent au moyen de deux dragues « Boulogne I », « Boulogne II », dont la deuxième ne fonctionne que depuis le commencement du mois. Une troisième drague, le « Boulogne III », tout à fait identique au « Boulogne II », sera adjointe prochainement aux deux premières.

Ces dragues ont été construites par MM. J. et K. Smit, constructeurs à Kinderdijk (Hollande), moyennant la somme de 153.564 fr. 40 pour le « Boulogne I » et 195.300 fr. pour le « Boulogne II ».

Le tableau suivant donne les principaux renseignements relatifs aux dimensions et au mode de construction des dragues « Boulogne I » et « Boulogne II ».

| DÉSIGNATION | Boulogne I | Boulogne II |
|---|---|---|
| Coque........... | Longueur............ 42ᵐ10<br>Largeur............ 8 30<br>Creux............ 3 25 | Longeur.... 47ᵐ20<br>Largeur..... 9 00<br>Creux....... 3 04 |
| Ordre de distribution des différentes parties de la construction en commençant par l'avant. | Caisse à eau douce. Logements de l'équipage. Treuil sur le pont. Puits à sable et caisses à air latérales. Pompe centrifuge.<br><br>Machine  (Soutes à charbon,<br>Chaudière)sur le côté.<br><br>Logement des chauffeurs. Hélice. | ............Id.<br><br>Machine  (Soutes à charbon,<br>         caisses à eau et<br>Chaudière) à air sur le côté.<br><br>Logement des chauffeurs. Hélice. |
| Capacité totale des puits à sable ............. | 243 m.³ 5 | 243 m.³ 0 |

| DÉSIGNATION | Boulogne I | Boulogne II |
|---|---|---|
| Capacité totale des puits a sable en y comprenant les rehausses. | 311 m.³ 4 | 460 m.³ 0 |
| Générateur de vapeur. | Une chaudière tubulaire à deux foyers intérieurs et retour de flamme. Corps cylindrique et dôme réservoir de vapeur. Retour de flamme par les tubes. Surface de chauffe totale, 61 m.²41. Timbre, 5 kilogrammes. | Deux chaudières tubulaires à deux foyers intérieurs et retour de flamme. Corps cylindrique et dôme réservoir de vapeur. Retour de flamme par les tubes. Surface de chauffe totale, 104 m.²22. Timbre, 6 kilogrammes. |
| Machine motrice. | Système Compound verticale Condensation par surface. Changement de marche à vis. Diamètre des cylindres : Haute pression, 0°,375. Basse pression, 0°,685. Nombre de tours par minute : Au dragage, 125ˡ. En route pour vider, 116ˡ. Puissance indiquée sur les pistons (chevaux de 75ᵏ) : Au dragage, 125 ᵏ. En route pour vider,132ᶜʰ. | Système Compound verticale Condensation par surface. Changement de marche à vis. Diamètre des cylindres : Haute pression, 0°,457. Basse pression, 0,°8635. Nombre de tours par minute : Au dragage, 110ˡ. En route pour vider, 118ˡ. Puissance indiquée sur les pistons (chevaux de 75ᵏ) : Au dragage 330ᶜʰ. En route pour vider, 302ᶜʰ. |
| Pompe centrifuge. | Une. Diamètre, 2°,20. Nombre de tours par minute. 120ˡ. Débit par seconde, 54 m.³. Diamètre des tuyaux : D'aspiration, 0°,50. De refoulement, 0°,37. Elinde latérale. Profondeur maximum de dragage, 13°,50. | Une. Diamètre, 2°,50. Nombre de tours par minute, 120ˡ. Débit par seconde 72 m.³. Diamètres des tuyaux : D'aspiration 0ᵐ,55. De refoulement, 0°, 44. Elinde latérale. Profondeur maximum de dragage, 15°. |
| Vitesse de marche du navire. | A vide, 13ᵏᵐ à l'heure. Chargé, 11ᵏᵐ id. | A vide, 14ᵏᵐ à l'heure. Chargé, 12ᵏᵐ id. |
| Equipage. | Un capitaine, chef dragueur. Un second. Un mécanicien. Deux chauffeurs. Trois matelots. Un mousse. (En tout neuf hommes.) | Un capitaine, chef dragueur. Un second. Un mécanicien. Deux chauffeurs. Trois matelots. Un mousse. (En tout neuf hommes.) |

**Conditions dans lesquelles s'est effectué le dragage.**
— Ces dragues ne peuvent travailler par une houle supérieure
à 0m.70 ni par une profondeur inférieure à 4 mètres d'eau (tirant d'eau arrière en charge 3m.25).

Le tableau ci-dessous résume divers renseignements relatifs
au fonctionnement de la drague « Boulogne I », qui a commencé son travail le 3 décembre 1888 et dont on a pu par
suite apprécier très exactement les conditions de travail.

Nous ne dirons rien de la drague « Boulogne II », qui commence à peine à fonctionner.

| DURÉE DU TRAVAIL | MARÉES HOULE DE | | | Marées du chômage | | Marées de travail | Heures de travail | | | Heures d'arrêt | | Dépenses | Cubes dragués |
|---|---|---|---|---|---|---|---|---|---|---|---|---|---|
| | plus de 0m.60 | 0m.30 à 0m.60 | moins de 0m.30 | mauvais temps | réparations | | Dragage | Déplacements | Transports | Réparations | Divers | | |
| | Nombre | | | | | | heures | | | heures | | francs | milliers de mètr. cubes |
| Décembre 1888 et 1889 | 179 | 11 | 509 | 119 | 180 | 280 | 986,55 | 187,30 | 737,08 | 5,83 | 13,33 | 41.664 | 216.096 |
| 1890 | 213 | 4 | 493 | 184 | 116 | 302 | 1.246,75 | 180,58 | 690,41 | 11,17 | 11,75 | 42.203 | 231.952 |
| Total | 392 | 15 | 1.002 | 303 | 296 | 582 | 2.233,30 | 367,88 | 1.427,49 | 17,00 | 25,08 | 83.867 | 448.048 |

Le tableau suivant donne les renseignements relatifs au
rendement de la drague :

[1] Du 9 avril au 18 mai 1889 inclus, la drague est allée travailler à Calais ; les chiffres relatifs à cette absence ne sont pas compris dans ceux du tableau ci-dessus.

| ANNÉES | NOMBRE D'HEURES de : drayage proprement dit. | NOMBRE D'HEURES de : travail total (y compris déplacements, transports et arrêts). | NOMBRE de : jours de travail. | NOMBRE de : heures de travail. | DURÉE moyenne du travail : Par jour. | DURÉE moyenne du travail : Par marée. | Nombre total de chargements | CHARGEMENT complet : Durée moyenne d'un chargement. | CHARGEMENT complet : Cube moyen d'un chargement. | RENDEMENT horaire : Maximum. | RENDEMENT horaire : Minimum. | RENDEMENT horaire : Moyen. | RENDEMENT quotidien : Maximum. | RENDEMENT quotidien : Minimum. | RENDEMENT quotidien : Moyen. |
|---|---|---|---|---|---|---|---|---|---|---|---|---|---|---|---|
| | h. | h. | | | h. | h. | | h. | m³ | m³ | m³ | m³ | m³ | m³ | m³ |
| Décembre (1888 et 1889). | 986.33 | 1.930.07 | 177 | 280 | 10.54 | 6.54 | 888 | 1.09 | 242.35 | 402.4 | 181.9 | 219 | 2.434.8 | 243.5 | 1.991 |
| 1890. | 1.246.44 | 2.140.40 | 192 | 302 | 11.09 | 7.0 | 814 | 1.32 | 285.00 | 327.5 | 51.8 | 186 | 2.337.8 | 205.2 | 1.208 |
| Totaux ou moyennes. | 2.233.18 | 4.670.47 | 369 | 582 | 11.62 | 7.00 | 1.702 | 1.30 | 263.25 | | | 200 | | | 1.214 |

OBSERVATIONS : Jusqu'à la fin de l'année 1889, les chargements ont été comptés au maximum à raison de 213ᵐ479, c'est-à-dire sans tenir compte des rehausses.

Nous donnons ci-après deux autres tableaux s'appliquant aux dépenses de fonctionnement et au prix de revient du mètre cube pour la période considérée ci-après (non compris l'amortissement du capital d'établissement) :

| ANNÉES. | MATIÈRES | | MATÉRIEL | | | | | Total. | Cube dragué. |
|---|---|---|---|---|---|---|---|---|---|
| | Combustible. | Huile, graisse, saif, pétrole, eau, etc. | Grosses réparations. | Réparations ordinaires. | Entretien courant. | Personnel. | Divers. | | m³ |
| Décembre 1888 et 1889. | 6.207,48 | 2.298,59 | 11.863,40 | 901,59 | 1.243,76 | 17.281,91 | 1.806,90 | 41.663,72 | 216.096 |
| 1890. | 10.179,65 | 1.846,56 | 8.122,82 | 452,38 | 1.768,47 | 17.832,40 | 2.006,98 | 42.203,26 | 231.952 |
| Total. | 16.457,12 | 4.139,15 | 19.986,31 | 1.353,97 | 3.012,23 | 35.114,31 | 3.813,88 | 83.866,98 | 448.048 |
| Prix de revient par mètre cube. | 0f.0367 | 0f.0095 | 0f.0445 | 0f.0030 | 0f.0030 | 0f.0783 | 0f.0085 | 0f.1872 | |
| Proportion en 0/0 pour chaque nature ce dépenses. | 19.6 | 5.1 | 23.8 | 4.6 | 3.6 | 41.8 | 4.5 | 100 | |
| | 24,7 | | 29,0 | | | 46,3 | | 100 | |

**4**

*Prix de revient par nature de travail.*

| Années | Cubes dragués | EXTRACTION | | TRANSPORT | | ENSEMBLE | |
|---|---|---|---|---|---|---|---|
| | | Dépenses totales | Dépenses par mètre cube | Dépenses totales | Dépenses par mètre cube | Dépenses totales | Dépenses par mètre cube |
| décembre 1888 et 1889 | 216.096.000 | 25.910 | 0,1199 | 15.754 | 0,0729 | 41.664 | 0.1928 |
| 1890 | 231.952.000 | 28.497 | 0,1228 | 13.706 | 0,0591 | 42.203 | 0,1810 |
| Totaux ou moyennes | 448.048.000 | 54.407 | 0,1412 | 29.460 | 0,0658 | 83.867 | 0,1872 |

Les dragages primitivement entrepris au port de Boulogne
avaient pour but d'enlever un banc de sable, d'une largeur de
500 m. environ, qui se trouvait en avant des jetées. La partie
la plus élevée de cette barre se trouvait à 1 mètre environ au-
dessus du zéro des cartes hydrographiques. On se proposait
tout d'abord de creuser au travers de ce banc un chenal de
2m.80 environ de profondeur au-dessous du zéro des cartes
marines; pour diverses raisons, ce dernier chiffre fut, en
cours d'exécution, augmenté et porté à 4 mètres.

Les travaux ont été commencés le 18 octobre 1881, en vertu
d'un projet approuvé le 7 juillet 1881 et adjugé le 1er octobre
en faveur de MM. Volker et Bos. Ces entrepreneurs mirent
d'abord en service des dragues d'un modèle primitif, consistant en un chaland sur lequel était installée une pompe centrifuge refoulant les déblais dans des chalands indépendants
remorqués par un vapeur spécial.

Des dragues du type « Boulogne 1 », décrit ci-dessus, leur
furent substituées et continuèrent les travaux jusqu'à leur
achèvement. Le cube total dragué jusqu'à la fin de 1888 a été
de 1.077.168 mètres cubes.

# ANNEXE D

# DÉROCHEMENTS

---

**Travaux en cours d'exécution dans le lit du Danube aux Portes de fer** [1].

L'importance toujours croissante de la navigation du Danube fait de plus en plus ressortir la nécessité de la suppression des obstacles qu'elle rencontre sur un parcours d'environ 136 kilomètres, entre Moldawa et Turn-Severin. Le fleuve présente sur ce trajet une série d'étranglements entre des rochers, créant des cataractes. De plus, de nombreux écueils se trouvent disséminés dans les parties comprises entre les étranglements.

L'endroit le plus périlleux, plus particulièrement désigné par le nom de *porte de fer*, situé près de Greben, où la largeur du lit passe de 700 mètres à 425 mètres pour s'épanouir ensuite, en donnant lieu à une dénivellation considérable, à une largeur de 1.400 mètres.

Depuis de longues années la question de la suppression de toutes ces entraves est à l'étude. Le plan des travaux à exécuter a finalement été arrêté après de nombreuses expertises auxquelles des ingénieurs français [2] ont été appelés à prendre part. Il comporte la création de quatre tronçons de chenaux en pleine rivière, nécessitant l'exécution de longues digues

1. Extrait d'une communication faite par M. *Fr. Boemches* à la Société pour l'amélioration de la navigation intérieure en Autriche, dite *Donau-Verein*.

2. MM. Gros et Jacquet, inspecteurs généraux des ponts et chaussées.

resserrant le lit, et l'établissement d'un canal en lit de rivière contre la rive droite (Serbie), canal maintenu entre des digues insubmersibles.

Un tirant d'eau de 2 mètres en étiage sera assuré sur tout le parcours et la largeur des chenaux sera de 60 mètres, celle du canal de 80 mètres.

Sans vouloir nous étendre ici sur le projet, nous croyons devoir, pour donner une idée de son importance, rappeler quelques chiffres du devis :

|  | Mètres cubes. |
|---|---|
| Dérochements dans les forts courants . . | 161.700 |
| Dérochements dans des eaux stagnantes . | 226.900 |
| Enrochements (jetées) . . . . . . . | 889.900 |
| Remblais en menus matériaux. . . . . | 271.700 |

|  | Mètres carrés. |
|---|---|
| Pavages . . . . . . . . . . . . | 68.400 |
| Perrés . . . . . . . . . . . . | 135.400 |

Les roches qui constituent le lit du fleuve sont des calcaires en grande partie stratifiés, formant un angle d'environ 60° avec l'horizon. Dans la partie amont du défilé on rencontre des filons de granite et de serpentine.

Les travaux ont été inaugurés le 15 septembre 1890; ils sont confiés, sous la direction de M. Wallandt, conseiller du gouvernement hongrois, à l'entreprise Hajdu et Luther, dont le premier soin a été l'ouverture de grandes carrières sur la rive serbe, pour l'exécution des enrochements.

Les dérochements en eau courante se feront en majeure partie en se servant d'installations flottantes. Les unes seront construites d'après les plans de M. Gilbert, ingénieur américain, qui a déjà fait ses preuves sur le fleuve Saint-Laurent; les autres, d'origine française, sont du système Fontana et Todesco qui a été reconnu fort bon sur les chantiers du canal de Panama.

L'appareil américain se compose d'un bateau très robuste, pouvant s'appuyer sur quatre béquilles et portant à l'arrière, en encorbellement, trois machines perforatrices.

La machine à vapeur établie à bord sert alternativement à la manœuvre des béquilles et au fonctionnement des perforateurs. Les forets passent par des tubes en fonte qui s'appuient sur le fond. Ces tubes servent non seulement à guider et à protéger les tiges contre le courant, mais aussi, après l'achèvement du forage, à la descente des cartouches de dynamite.

Les perforateurs agissent par percussion et un jet d'eau comprimée opère le curage des trous.

En général, et surtout en faisant partir successivement les coups de mine, on ne déplace pas le bateau lors du tirage de ceux-ci.

L'appareil de MM. Fontana et Todesco se compose de deux bateaux jumeaux espacés de 12 mètres, reliés par un tablier portant sur rails une batterie de huit perforateurs pouvant forer jusqu'à 3 mètres de profondeur des trous de 80 millimètres de diamètre.

Ces perforateurs agissent par rotation, l'outil est en acier, mais sera remplacé par une couronne garnie de diamants dès que la dureté de la roche justifiera cette substitution. On peut forer jusqu'à 40 trous sans avoir à déplacer les bateaux.

De même que pour les appareils américains, le curage des trous se fait à l'aide d'eau comprimée et l'allumage des charges à l'électricité.

En dehors de ces appareils flottants, on dispose d'un certain nombre de perforateurs à percussion, de provenance américaine (système Ingersoll), montés sur des trépieds bien lestés pouvant être établis en eau peu profonde. Mus à la vapeur, ces perforateurs forent de 1 mètre à 1 m. 50 de trou de 127 millimètres de diamètre par heure.

Lorsque le dérochement doit se borner à l'enlèvement d'une faible épaisseur de roche, on se dispense du forage en utilisant l'appareil du colonel Lauer (voir page 467), qui opère au moyen d'explosifs déposés à la surface du rocher.

La dynamite est l'explosif dont on se sert à présent, mais des essais se poursuivent avec diverses autres substances explosives, en particulier avec des liquides dont l'effet paraît l'emporter de beaucoup sur celui de la dynamite, mais dont la manipulation présente des dangers sérieux.

En dehors des explosifs, on aura également recours aux dérocheuses agissant par la chute de moutons (voir pages 462 à 464). Le mouton pèse 8 à 10 tonnes, il est muni à sa partie inférieure d'un ciseau et peut tomber de 33 à 40 fois par heure, d'environ 5 mètres de hauteur. Une machine à vapeur sert à imprimer le mouvement à la chaîne sans fin, à laquelle le mouton est rattaché par un appareil de déclanchement. Pour pouvoir utiliser cet appareil, monté sur bateau, au dérochement en eau trop peu profonde pour faire arriver le bateau à l'aplomb des rochers, le mouton peut être avancé au delà du bord sur un bâti en encorbellement.

L'ensemble de cet engin, étudié par M. Lobnitz, ingénieur anglais, a déjà rendu de bons services aux travaux du canal de Suez.

On compte pouvoir faire avec ce mouton des dérochements jusqu'à 1m.50 d'épaisseur, en opérant au besoin à deux reprises.

Pour retirer les gros blocs détachés par les mines, ou par les dérocheuses du système Lobnitz, on se sert de griffes système Priestman (voir page 394). Le dragage pour l'enlèvement des alluvions qui recouvrent les roches et des menus débris de celles-ci se fait à l'aide de dragues à chapelets et de dragues à cuillère.

La durée totale des travaux doit être de 4 années et demie. Chaque année peut comprendre 8 mois propices à la marche des travaux; à 22 jours de 10 heures de travail par mois, on dispose en tout de 7.920 heures de travail. Il faudra faire en moyenne environ 20m³.4 de dérochement en eau à fort courant et 28m³.6 de dérochement en eau stagnante.

Le gros matériel dont l'entreprise s'est munie à cette fin se compose de quatre bateaux portant des perforateurs, dont deux du système Gilbert, deux du système Fontana et Todesco; de cinq dérocheuses système Lobnitz; de douze perforateurs Ingersoll; de trois dragues, dont deux à cuillère et une à chapelet; puis d'un certain nombre de griffes Priestmann, de chalands, grues, remorqueurs et d'un outillage complet pour l'exploitation des carrières, comprenant des voies et un matériel de transport sur rails.

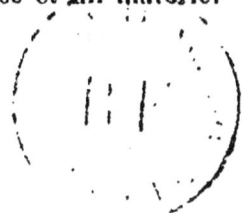

# TABLE DES MATIÈRES

## PREMIÈRE PARTIE

## TERRASSEMENTS A CIEL OUVERT

———

### CHAPITRE PREMIER

### Terrassements à bras d'homme.

### CHAPITRE II

### Terrassements à l'aide de machines.

## CHAPITRE III

### Déblai de rocher.

## CHAPITRE IV

## Mode d'exécution des déblais et des remblais.

# DEUXIÈME PARTIE

## DÉBLAIS SOUTERRAINS

### CHAPITRE V

### Des tunnels en général.

§ 1. — *Nature particulière des travaux.*

§ 2. — *Le boisage.*

§ 3. — *Revêtement des souterrains.*

# CHAPITRE VI

## Monographies de tunnels.

# CHAPITRE VII

## Tunnels en terrains difficiles.

# TROISIÈME PARTIE

# TERRASSEMENTS SOUS L'EAU

---

## CHAPITRE VIII

### Reconnaissance du terrain.

## CHAPITRE IX

### Dragage.

## CHAPITRE V

## Dérasement de roches sous-marines.

## ANNEXES

---

### ANNEXE A

## Entreprises de terrassement.

*Règles prescrites par M. Maniel.*

### ANNEXE B

## Déblais souterrains.

### ANNEXE C

## Fonctionnement des dragues à aspiration.

*Port de Calais.*

*Port de Boulogne.*

## ANNEXE D

## Dérochements.

Laval — Imp. et Stér. E. JAMIN, 41, rue de la Paix.

www.ingramcontent.com/pod-product-compliance
Lightning Source LLC
Chambersburg PA
CBHW031345210326
41599CB00019B/2658